Welt im Wandel

Ein Informations- und Arbeitsheft für die Sekundarstufe II

Karl-Heinz Otto (Hrsg.)
Hans-Jürgen Albers
Dieter Appelt
Karl Engelhard
Leif Mönter

westermann *GRUPPE*

Druck A1/Jahr 2017
Alle Drucke der Serie A sind im Unterricht parallel verwendbar.

Redaktion: Christine Wenzel
Umschlaggestaltung: boje5 Grafik & Werbung, Eckhard Schönke, Braunschweig
Druck und Bindung: westermann druck GmbH, Braunschweig

ISBN 978-3-14-**100872**-2

Einleitung

Die Welt ist im Wandel, und dieser findet aktuell in vielen verschiedenen Bereichen zum Teil in dramatischer Weise und auf unterschiedlichsten Ebenen statt. Dazu tragen insbesondere globale Phänomene und Prozesse bei, wie z. B. die Globalisierung, der Klimawandel, die Zunahme der Naturrisiken, die Verknappung natürlicher Ressourcen, der Verlust an Biodiversität sowie das Ausmaß an Bevölkerungswachstum und globaler Armut. Aber auch eine wachsende Einschränkung politischer Rechte und ziviler Freiheiten, die Bedrohung durch Terrorismus und Kriege sowie Risiken und Krisen der Finanzsysteme stellen das Leben und die Gesellschaften auf unserem Planeten zunehmend vor große ökonomische, ökologische, gesellschaftliche und politische Herausforderungen.
Eine zukunftsfähige Entwicklung auf unserer gemeinsamen Erde wird nur durch nachhaltige Entwicklung gelingen, die als zukunftsweisender Grundsatz bereits auf der UN-Konferenz für Umwelt und Entwicklung in Rio de Janeiro 1992 formuliert wurde. Die hierfür notwendige inhaltliche Ausrichtung geben derzeit die am 01.01.2016 in Kraft getretenen und in der Agenda 2030 beschriebenen Sustainable Development Goals (SDGs) vor.
Nachhaltige Entwicklung bedarf gezielter kompetenzorientierter Bildung. So erhält Bildung für nachhaltige Entwicklung (BNE) wachsende Bedeutung. Das vorliegende Schülerarbeitsheft „Welt im Wandel", das für die Sekundarstufe II konzipiert ist, will hierzu einen Beitrag leisten.
„Welt im Wandel" kann auf eine langjährige Tradition zurückblicken. Es wurde bereits in den 1980er-Jahren von Prof. Dr. Karl Engelhard erstmals konzipiert und herausgegeben. In der vorliegenden aktualisierten und völlig neu überarbeiteten Version erscheint dieser Band erstmals beim Westermann Verlag.
Nach einer Einführung zum Thema „Welt im Wandel" (Kapitel 1) bilden die vier Themenblöcke „Wirtschaft", „Politik", „Gesellschaft" und „Umwelt" (Kapitel 2–5) den Schwerpunkt dieses Bandes. Das abschließende Kapitel 6 „Entwicklungsdimensionen in ihrer Vernetzung" zeigt an zwei Beispielen die Komplexität nachhaltiger Entwicklung. Die einzelnen Kapitel werden durch kurze Autorentexte eingeleitet, in denen auch Leitfragen und Aufgabenstellungen zu den darauf folgenden Materialien (Texte, Karten, Grafiken, Tabellen etc.) formuliert sind.
Die in diesem Schülerarbeitsheft angebotenen Materialien können/sollten durch eigenständige Literatur- und Internetrecherchen ergänzt und aktualisiert werden.

Herausgegeben von
Prof. Dr. Karl-Heinz Otto
Geographisches Institut der Ruhr-Universität Bochum

unter Mitarbeit von
Prof. em. Dr. Hans-Jürgen Albers
ehemals Pädagogische Hochschule Schwäbisch Gmünd sowie Berichterstatter der Kultusministerkonferenz für entwicklungspolitische Bildung/Bildung für nachhaltige Entwicklung

Dieter Appelt
ehemals Staatsinstitut für Schulqualität und Bildungsforschung München

Prof. em. Dr. Karl Engelhard
ehemals Institut für Didaktik der Geographie der Westfälischen Wilhelms-Universität Münster

Prof. Dr. Leif Mönter
Geographie und ihre Didaktik im Fachbereich VI der Universität Trier

1 Welt im Wandel – eine Einführung

Dieter Appelt, Karl Engelhard, Karl-Heinz Otto

Für Mobilität im Job sprechen finanzielle Vorteile, interessante Aufgaben und der Nutzen im Karriereplan. Gegen die Mobilität sprechen für 74 % der Berufseinsteiger Familie und Partnerschaft, für 48 % die Unsicherheit über die berufliche Zukunft und 39 % fühlen sich mangelhaft vorbereitet.

Für einen berufsbedingten Aufenthalt im Ausland bevorzugen 76 % die USA, 55 % die Schweiz und 23 % Japan. 60 % wollen eine Befristung auf zwei Jahre.

55 % der deutschen Berufseinsteiger wollen in ihrer Region arbeiten, 39 % in anderen deutschen Regionen und 30 % gern im Ausland.

Viele Berufseinsteiger sehen die Arbeitsplätze durch technische Entwicklungen international vernetzt, darunter 54 % durch virtuelle Konferenzräume sowie je 29 % durch Cloud-Computing und Videokonferenzen.

Abb. 1 **Ergebnisse aus der repräsentativen Studentenumfrage 2014 und der Karriere-Umfrage für Berufseinsteiger 2015 der Fa. Continental (nur Berücksichtigung der deutschen Teilnehmer)**

Die heutige virtuelle Vernetzung hat den realen Ort des Arbeitsplatzes zweitrangig gemacht und so eine deutliche Vorliebe für die heimatliche Region ermöglicht, hinter der die hohe Bedeutung der Familie und Partnerschaft steht. Auch haben viele Jugendliche zwischen Ausbildung und Beruf bereits die Welt bereist und wollen nach dieser Orientierungsphase lieber in der Nähe arbeiten. Also: Virtuell mobil, (aber) lokal verbunden!

Diese Sichtweisen lassen ein neues Verhältnis zwischen lokal und global erkennen, das deutlich vom globalen Wandel beeinflusst ist. Welche Rolle spielt er in unserem Leben?

Wir im globalen Wandel

Der Wandel der Welt erfasst alle Bereiche. Die Unterscheidung zwischen nah und fern verschwimmt zusehends, weil auch ferne Ereignisse über die globalen Bezüge Auswirkungen auf das Hier und Heute haben können. Umgekehrt beeinflusst unser eigenes Handeln globale Entwicklungen, auch wenn der Einfluss des Einzelnen auf den ersten Blick unbedeutend erscheinen mag.

So ist auch die engere Lebenswelt des Einzelnen vielfach mit Entwicklungen anderswo verbunden: Waren aus anderen Ländern und Weltregionen bereichern unseren Speisezettel, unser Outfit. Unser Arbeitsplatz und unsere Kommunikationsmöglichkeiten hängen von anderen ab. Wir können Nachrichten und Mitteilungen aus der ganzen Welt empfangen sowie Verbindung mit Menschen in anderen Weltregionen aufnehmen. Unsere Reisemöglichkeiten haben sich fast global erweitert, manche Schulabgänger planen schon eine Reise in ferne Welten für die Zeit „danach“. Dem könnte auch eine Arbeitsaufnahme in anderen Ländern folgen.

Hat die liberalisierte Weltwirtschaft – nach den Bedrohungen des Kalten Krieges – endlich das „Schöner, Schneller, Weiter“ realisiert? Für alle? Globalisierungsprozesse haben ambivalente Wirkungen: Parallel zu erfreulichen Fortschritten werden auch Probleme und Rückschläge erkennbar – bis in die engere Lebenswelt. Die weltweite Nachrichtenlage ist oft düster, durchzogen von Konflikten und Grenzerfahrungen unserer politischen, wirtschaftlichen und ökologischen Gestaltungsmöglichkeiten. Auch auf der persönlichen Ebene wird deutlich, dass Konsum bei uns mit den Arbeitsbedingungen in Niedriglohnländern zu tun hat, unser Plastikverbrauch mit zerriebenem Plastikmüll in den Meeren, unser Energiebedarf mit klimaschädlichen Gasen usw. Reisen in konfliktbeladene Länder sind gefährlich, auch Touristen wurden schon von Rebellen oder Fundamentalisten angegriffen. Und in vielen Ländern könnten wir weder arbeiten noch leben. Aus zusammenbrechenden Staaten entfliehen Menschen der täglichen Lebensgefahr und suchen Schutz bei uns und in ganz Europa. Selbst regionale Macht-, Kultur- und Religionskonflikte wirken sich bis nach Europa aus, und Terror kann jeden von uns bedrohen.

In dieser unsicheren Situation richtet sich der hoffnungsvolle Blick auf die internationalen Bemühungen, über die Konfliktbewältigung hinaus zukunftsfähige Lösungen für die dringenden globalen Fragen zu entwickeln. Es geht um die entwicklungsförderliche Zusammenarbeit zwischen den Kontinenten und Wirtschaftszonen, um die Bekämpfung der Armut besonders in den Entwicklungsländern ebenso wie um die Bewältigung der globalen Klimagefahren. Alle Maßnahmen zusammen zielen auf nachhaltige Entwicklung, d. h. einen gemeinsamen und möglichst stabilen Weg in die Zukunft abzusichern.

Erfreulicherweise ist Verzweiflung keine Option für Jugendliche. Sie wollen lieber ihre persönliche Lebenswelt erobern und gestalten. Die globalen Entwicklungen sind dabei den meisten Jugendlichen als wichtige Einflussgrößen bekannt. Deshalb ist auch die aktive Mitgestaltung der Gegenwart und Zukunft ein Teil ihrer drängenden Fragen:

- Wie wird die Welt aussehen, in die ich hineinwachse?
- Welche Erklärungsansätze helfen mir, die Welt besser zu verstehen und meine eigenen Möglichkeiten in ihr zu erkennen?
- Wie kann ich meine engere Lebenswelt lebenswert gestalten, Positives aufgreifen und Negatives so weit wie möglich ausschließen?
- Wo liegt meine persönliche Mitverantwortung für den Wandel in der Welt?
- Was besagen die Beschlüsse der internationalen Gemeinschaft zur nachhaltigen Entwicklung für mich?
- Welche Wertorientierungen verfolge ich bewusst und wie bewältige ich mögliche Widersprüche zu anderen kulturellen, religiösen oder politischen Grundsätzen?
- Welche Perspektiven für Lebensplanung und Berufswahl ergeben sich?
- Habe ich Mitwirkungsmöglichkeiten (z. B. im freiwilligen oder politischen Rahmen) für die Gestaltung einer lebenswerten Zukunft?

Der Umgang mit solchen Fragen kann ambivalent sein: Jugendliche berichten von Altersgenossen, die sich total verweigern und in den Konsum flüchten, „solange es noch geht“, und dem anderen Extrem, dass jugendlicher Idealismus in Protestkultur und politische Radikalisierung umschlägt. Eine rationale Auseinandersetzung mit dem globalen Wandel zu unterstützen und so auch die Extreme einzudämmen, ist eine ebenso wichtige wie schwierige Aufgabe.

Der Blick über den Tellerrand

Im Mittelpunkt der Welt?

Damit unsere eigenen Sichtweisen nicht unreflektiert auf die ganze Welt übertragen werden, müssen andere Weltregionen und/oder Kulturen nach ihrer eigenen Einschätzung/ihren eigenen Maßstäben wahrgenommen und beurteilt werden – auch und gerade dann, wenn sich dabei Widersprüche zu deren eigenen Maßstäben ergeben. Erst im Kontrast zu anderen Gesellschaften und Kulturen werden fremde und eigene Besonderheiten, aber auch Gemeinsamkeiten deutlich. Informationen aus den Medien können dabei aufschlussreich sein, mehr aber noch das persönliche Eintauchen in fremde Rahmenbedingungen/Lebensweisen im Ausland oder die interkulturelle Begegnung mit Menschen anderer Herkunft (z. B. Flüchtlinge) im Inland.

Scheinbare Selbstverständlichkeiten reicher Industriegesellschaften sollten nicht auf ärmere Länder übertragen werden. Besonders in Entwicklungsländern, aber auch in Teilen von Schwellenländern, herrschen oft noch bedauerliche Verhältnisse (vgl. Abb. 2). Für Anhänger von Political Correctness sei angemerkt: Die Herausstellung dieser Unterschiede soll nicht die dortigen Menschen und ihre Bemühungen herabwürdigen, die oft erheblich härter und riskanter um ihr tägliches Überleben kämpfen müssen und trotzdem glücklicher sein können als der „Westler“ in seinem anspruchsvollen Selbstverwirklichungsdrang.

Die genannten defizitären Aspekte beziehen sich nicht auf ein bestimmtes Land, sondern sind als Kontraste zu den scheinbaren Selbstverständlichkeiten unserer eigenen Lebenswelt zu verstehen. Der Reichtum der Industrieländer, der uns in der Innenperspektive kaum bewusst wird, bedingt eine ganz andere Weltsicht als die verbreitete Armut in Entwicklungsländern. Not und Hunger machen dort an jedem einzelnen Tag das pure Überleben zur ersten Priorität, selbst auf Kosten der künftig benötigten Ressourcen.

Für viele Millionen, ja Milliarden Menschen sind das bittere Realitäten. Für eine realistische Problemsicht ist es notwendig, sich die globalen Zahlenverhältnisse der Weltbevölkerung vor Augen zu führen: Dem Westen kann man einschließlich der Brückenköpfe in den Megacities der Welt circa eine Milliarde Menschen zurechnen. Doch stehen dem Westen heute schon sechs Milliarden Menschen in ärmeren

Für uns selbstverständlich	Realität in vielen Entwicklungsländern
flächendeckende Präsenz und Funktion des Staates in allen Landesteilen	In weiten Landesteilen fehlen Straßen, Strom, Schulen, Verwaltung. Staatliche Präsenz meist nur im Zentrum.
demokratische Beteiligung und nationales Bewusstsein der gesamten Bevölkerung	Arme oder Minderheiten werden ausgegrenzt, fehlende Bürgerrechte.
Kontrolle der gewählten Machtträger durch Parlament, Verfassungsgericht usw. sowie Begrenzung der Wiederwahl	Autoritäre Machthaber beherrschen den Staat, beuten ihn aus, beugen Verfassungen zum Machterhalt, demokratische Kontrollen fehlen.
Der Staat sichert das demokratische Zusammenleben unabhängig von Ideologien oder Religionen.	Dominante Ideologien oder Religionen stellen sich oft über rechtsstaatliche Prinzipien und Gesetze.
Das Militär ist in die demokratischen Strukturen eingebunden.	Häufig verselbstständigt sich das Militär, hat einen eigenen geheimen Etat und verlängert Konflikte. Korrupte Bereicherung.
breite gesellschaftliche Mittelschicht	Oft herrscht eine ausbeuterische Machtelite über eine arme Mehrheit.
einheitliche Verkehrssprache im ganzen Land	Die Vielzahl und Konkurrenz lokaler Sprachen/Dialekte erschwert die Nationbildung.
Medienfreiheit, Meinungs- und Informationsfreiheit auch im Internet	Häufig unterdrücken autoritäre Regime alles, was ihre Herrschaft gefährden könnte.
Menschenrechte, gleiche Rechte von Mann und Frau	Menschenrechten stehen oft kulturelle/religiöse Traditionen entgegen. Der Machterhalt korrupter Eliten setzt Menschenrechte mittels gelenkter Justiz, Folter usw. außer Kraft.
freier Zugang zu Grundbildung, Berufsbildung und Beschäftigung	Grundbildung ohne ausreichende Berufsbildung führt in eine Sackgasse; fehlendes Wirtschaftswachstum verursacht hohe Jugendarbeitslosigkeit.
soziale Absicherung bei Krankheit, bei Lebensrisiken, im Alter usw.	Zerfall der traditionellen Großfamilie als soziales Auffangbecken, staatliche Sozialversicherungen fehlen oder sind ineffizient.
gesicherte Grundversorgung und Bedürfnisbefriedigung	Landflucht lähmt die Versorgung, Kapitalflucht und Druck von Billigimporten.
Relativ stabile Umweltbedingungen mit ausreichenden Niederschlägen sorgen für Ernährungssicherheit, meist fruchtbare Böden.	Oft unregelmäßige Niederschläge, Dürren gefährden das Überleben. Fruchtbare Böden sind häufig von der Exportwirtschaft belegt.
Strom und sauberes Wasser mit Hausanschluss	Die Stromversorgung ist trotz hohen Potenzials an Solarenergie noch unzureichend. Brunnen sind oft weit entfernt und verschmutzt, zunehmende Konflikte um Wasser.
ausreichende finanzielle Reserven für die Bewältigung von Veränderungen und Katastrophen	Meist können die Lebensrisiken nur in der Großfamilie aufgefangen werden, größere Probleme führen zu Fluchtbewegungen.

Abb. 2 **Selbstverständlichkeiten überall auf der Welt?**

Ländern einschließlich der Armen (auch in den Schwellenländern) gegenüber. Die dortigen Gesellschaften bieten allenfalls den schmalen Eliten individuellen Wohlstand, die große arme Mehrheit lebt in ihren kulturellen und religiösen Traditionen oder auch – erzwungen – in autoritär regierten Staaten. Dieses Ungleichgewicht droht sich immer weiter zu verschieben, da das globale Bevölkerungswachstum ausschließlich in den Entwicklungs- und Schwellenländern insbesondere in Afrika stattfindet (vgl. Kapitel 6.2).

Global gesehen hat die wirtschaftliche Entwicklung vielen Menschen geholfen, die Armutszone zu verlassen. Und doch werden die unbezweifelbaren Fortschritte überschattet von Konflikten, die das Erreichte bedrohen und ganze Länder im Chaos versinken lassen. Wie kann man sich in dieser kaum überschaubaren komplexen Situation orientieren?

Innenperspektive – Außenperspektive

Der (umgekehrte) Blick anderer Weltregionen auf die westlichen Gesellschaften ist oft mit widersprüchlichen Reaktionen verbunden: Einerseits erfolgt Bewunderung für die reichsten und friedlichsten Zonen der Welt, andererseits gibt es Vorbehalte und Unverständnis, was als grenzenlose Individualisierung, zügelloser Materialismus, Gottlosigkeit oder auch als moralische Dekadenz angesehen wird. Für solche Zerrbilder sorgt – unfreiwillig – auch der Westen selbst mit dem Export seiner Medienprodukte. Diese projizieren eine Scheinwelt ohne Arbeit und voller Luxus, selbst bis in die ärmsten Hütten (vgl. Abb. 3).

Die unbedachte globale Verbreitung solcher Medieninhalte über Fernsehen und Internet – und insbesondere der Export kritischer Satiren – kann verheerende Folgen auf der Empfängerseite haben. Das Unverständnis beginnt schon damit, dass es in Staaten mit autoritären Strukturen die hiesige Pressefreiheit ebenso wenig gibt wie Informations- und Diskussionsfreiheit. Die weltumspannenden Kommunikationsmöglichkeiten bringen also nicht nur Nutzen.

Schwerwiegende Konflikte wurden auch ausgelöst durch Versuche westlicher Länder, im Nahen Osten „Demokratie“ mit militärischer Macht in teilweise archaische Strukturen zu verpflanzen. In vielen islamisch geprägten Gebieten entstand eine Gegenreaktion in Form des aggressiven Fundamentalismus, zusätzlich angeheizt durch innerislamische Glaubenskriege und die Machtinteressen ihrer Hauptakteure. Als eine Bedrohung für den Frieden hat sich der pseudoreligiöse Terrorismus entwickelt, der die Globalisierung auf seine Weise blutig nutzt, um die friedliche Welt im Lebenskern zu treffen. Sein menschenverachtender Fanatismus setzt dem

Abb. 3 Afrikanische Kinder schauen eine amerikanische Fernsehshow

offenen Gesellschaftsmodell des Westens und allen Modernisierungsprozessen eine überholte altertümliche Einheit von Religion und Gesellschaft entgegen, die er mit Gewalt weltweit durchsetzen möchte.

Zu verhindern, dass das steigende Konfliktpotenzial der gegenwärtigen Globalisierungsphase eskaliert, wird auf allen Seiten Dialog- und Verständigungsbereitschaft erfordern, die leider nicht in Sicht sind. Selbst die großen Weltreligionen konnten sich nicht einmal auf ein gemeinsames Weltethos einigen, dessen Entwicklung der Theologe Hans Küng anregte. Samuel Huntington (1998) sah den „Kampf der Kulturen" voraus. Doch ist heute sein Lösungsvorschlag, die USA müssten eine weltweite Ordnungsrolle übernehmen, wohl nicht mehr opportun, nachdem gerade die USA mit ihrer Insensibilität für andere Kulturen und Gesellschaftsformen die Probleme gravierend verschärft haben.

Damit wird deutlich, dass trotz aller wechselseitigen Beziehungen und Verbindungen die Innenperspektive unserer freiheitlichen Gesellschaft nicht mit der Außenperspektive anderer Weltregionen zur Deckung gebracht werden kann. Die Innenperspektive darf den Blick für die reale Vielfalt der Welt nicht verdecken und/oder die Wahrnehmung von Unterschieden nicht vorschnell als Vorurteile oder gar als Rassismus verdammen. Hinter der moralischen Fassade und den Tabuzonen der Political Correctness verbirgt sich allzu leicht die Überzeugung, die eigene Wertordnung verkörpere die Spitze der Zivilisation und sei deshalb für alle Menschen selbstverständlich. Auch das damit verbundene Postulat der Gleichheit aller Menschen wird widerlegt durch die wirtschaftlichen und soziokulturellen Unterschiede auf der Erde. Die Träume vom „Ende der Geschichte" nach dem Ende des Ost-West-Konflikts oder von einer Weltgesellschaft ohne Grenzen erweisen sich mit der erschreckenden Zunahme von blutigen Konflikten und brutalem Terror immer mehr als ethnozentrische Fiktion aus westlicher Sicht.

Könnte es sein, dass die Einstellung zur Globalisierung stark davon abhängt, ob es sich um ihre Nutznießer oder um Benachteiligte handelt, oder gar um Menschen, die ihre lokalen Strukturen und ihre kulturelle Identität bedroht sehen? Selbsternannte „Weltbürger", die die Möglichkeiten, die Mittel und die Ausbildung haben, die Globalisierungsvorteile zu nutzen, reden leicht von den Idealen einer „Weltgesellschaft", während die Textilnäherin in Bangladesch oder der Kindersoldat in Afrika das wohl anders sehen.

Die sich mit der Globalisierung verdichtenden weltweiten Beziehungen bedürfen daher einer realistischen Ausgestaltung, nicht um Gräben weiter aufzureißen, sondern um tragfähige Brücken dort zu bauen, wo das noch möglich ist. Dabei müssen die politischen, wirtschaftlichen, gesellschaftlichen und ökologischen Unterschiede zwischen den Weltregionen, ja auch innerhalb der Länder, berücksichtigt werden. Dies setzt Konzepte für eine möglichst offene, aber auch kritische Wahrnehmung der globalisierten Welt und Konzepte für eine entsprechende Analyse der globalen Entwicklung voraus.

Augen auf für Perspektivenwechsel!

Jugendliche wollen die zukünftige Entwicklung ihrer eigenen Lebenswelt mitgestalten und auch Einfluss auf die globale Entwicklung nehmen. Jedoch ist die globale Welt nicht unmittelbar/direkt und in ihren unterschiedlichen Ausprägungen erfahrbar. Vielmehr ist die „Eine Welt" ein gedankliches Konstrukt. Und dieses ist je nach dem Standort des Betrachters und nach den gesellschaftlichen Rahmenbedingungen verschieden und damit selektiv. Ein Industrieunternehmer in Bayern macht sich ein anderes Bild von der Welt als ein Reisbauer im kommunistischen China oder ein vietnamesischer Fischer an der Pazifikküste. Ein arbeitsloser Taxifahrer in den USA sieht die Welt mit anderen Augen als ein Familienvater im belagerten, unter Bombenhagel leidenden syrischen Aleppo oder ein indischer Hotelier im ladakhischen Leh. Ein hochrangiger Politiker in Frankreich hat eine andere Vorstellung von der Welt als sein Kollege in Moskau. Außerdem hält zunächst jeder sein Weltbild (fälschlicherweise) für allgemein gültig, d. h., er nimmt an, dass das Weltbild anderer mit dem seinigen identisch sei. Jedoch wird diese Sicht eingeschränkt durch die begrenzte Wahrnehmungsfähigkeit des Menschen, die sich nur auf beobachtbare Sachverhalte der lokalen Handlungsebene des jeweiligen Betrachters erstreckt. Hinzu kommt, dass die Wechselwirkungen zwischen den verschiedenen Teilsystemen und Systemebenen so komplex sind, dass in der Regel nur eine individuell gewichtete Auswahl aus den beteiligten Faktoren zum Verständnis des Wahrgenommenen ausreicht. Dieser Prozess wird unterstützt durch die Eigenschaft des Menschen zur selektiven, ethnozentrisch eingeengten Problemwahrnehmung (beispielsweise Informationsverarbeitung mit ihrer auf Existenzsicherung ausgerichteten Hier- und Jetztbezogenheit sowie von kulturell bestimmten Bewertungsmaßstäben). Werden fremdkulturelle wie auch eigenkulturelle Konstrukte der „Einen Welt" verabsolutiert, entsteht ein verzerrtes Weltbild. Umso wichtiger ist es, Jugendliche und alle entwicklungspolitisch Engagierte vor Fehlentscheidungen zu bewahren, d. h., sie zum Perspektivenwechsel zu befähigen (vgl. Kasten 1).

Schwieriger ist es, die Grundlagen der eigenen Gesellschaft und Kultur von innen heraus zu beschreiben. Denn die formal festgelegten Grundwerte (Verfassung,

Kasten 1: Perspektivenwechsel

Perspektivenwechsel bedeutet, sich in Konflikt- und in anderen wichtigen Entscheidungssituationen in die Situation anderer/von Kontrahenten zu versetzen, ihre Meinungen/Standpunkte zu verstehen, sich damit auseinanderzusetzen, das Für und Wider abzuwägen und eine Kompromisslösung anzustreben. Die sorgfältige Analyse einer fremden Gesellschaft/Kultur setzt breites und differenziertes Wissen voraus, das durch sorgfältige Informationsbeschaffung (Internet, Fernsehen, Literatur etc.) erworben werden kann. Noch tiefer aber lässt es sich durch das Leben in der betreffenden Gesellschaft unmittelbar erfahren.
Perspektivenwechsel eröffnet so den Zugang zu Strukturen, Prozessen, Wandlungen usw. anderer Kulturen/Religionen. Es geht um das Erkennen/Aufdecken (meist) multikausaler Prozesse in vernetzten Zusammenhängen. Solche Analysen setzen die Fähigkeit voraus, sich möglichst umfassend in die Gedankengänge anderer Menschen versetzen zu können, die unter anderen Rahmenbedingungen wie wir leben, oder um die Ergründung anderer (uns fremder) Lebenswelten.
Perspektivenwechsel ermöglicht, die eigenen und die fremden Lebensverhältnisse sowie ihre Rahmenbedingungen in ein realistisches Licht zu rücken und damit Grundlagen für einen Dialog zu erschließen – eine Voraussetzung für jede Verständigung. Ein wirklicher Perspektivenwechsel ist allerdings leichter gesagt als getan. Er verlangt Offenheit und Ehrlichkeit, um der Gefahr der selektiven Wahrnehmung zu entgehen.

Menschenrechte usw.) machen den kleineren Teil aus gegenüber gemeinsamen Konventionen, Verhaltensnormen, Rollenbildern usw., die als kulturelle Selbstverständlichkeiten kaum rational zu fassen sind, uns aber aus dem Unterbewusstsein stark beeinflussen.

Auch Wertorientierungen sind keine Tabuzone bei Perspektivenwechseln. Dies bedeutet, die Identifizierung mit den eigenen Werten zurückzustellen, um über eigene und fremde Werte im Vergleich frei sprechen zu können. Mögliche Absolutheits- und einseitige Wahrheitsansprüche werden gerade dann abgebaut, wenn man erkennt, dass sie sich widersprechen (können), trotzdem aber für den Einzelnen in seinem Kulturkreis bindend sind. Das Ziel ist nicht, die eigenen Werte zu relativieren, sondern aufgrund der erkannten Unterschiede die kulturelle Diversität der Völkergemeinschaft zu erkennen und anzuerkennen, und so den sozialen Frieden und den gesellschaftlichen Zusammenhalt zu sichern.

Wer Perspektivenwechsel eingeübt hat, wird auch erkennen, wie problematisch es wäre, immer nur mit Gleichgesinnten zu kommunizieren und sich in der wechselseitigen Bestätigung hochzuschaukeln. Unter Gleichgesinnten kann eine Scheinsicherheit entstehen bis hin zum Gefühl der kulturellen Überlegenheit, ja bis zur Aggression gegenüber scheinbaren „Gegnern".

Das Leitbild „Nachhaltige Entwicklung"

Nachhaltigkeit

Die Reduzierung der Armut in der Welt ist eine ebenso zentrale Aufgabe des 21. Jahrhunderts wie die Bewältigung des Klimawandels und anderer Gefahren/Probleme. Diese Aufgaben können nur in internationaler Zusammenarbeit und in den Rahmenbedingungen der Globalisierung gelöst werden. Die zentralen Entwicklungsfragen sind jedoch zu komplex, vielschichtig und voller Widersprüche, als dass sie mit eindimensionalen Lösungsansätzen (z. B. Förderung des industriellen Aufbaus) bewältigt werden können. Mit dem Leitbild der nachhaltigen Entwicklung (Sustainable Development) ist erstmals ein vielversprechender mehrdimensionaler Ansatz zu einer sozial gerechten, ökologisch tragfähigen Weltentwicklung entstanden, dem alle Staaten der Welt zustimmen können.

Auf der Weltkonferenz in Rio de Janeiro 1992 haben sich die Regierungen von 178 Staaten darauf verständigt, das Leitbild „Nachhaltige Entwicklung" zur Grundlage ihrer Politik zu machen. In der Erklärung von Rio heißt es im Grundsatz 3: „Das Recht auf Entwicklung muss so erfüllt werden, dass den Entwicklungs- und Umweltbedürfnissen heutiger und künftiger Generationen in gerechter Weise entsprochen wird." und in Grundsatz 4: „Eine nachhaltige Entwicklung erfordert, dass der Umweltschutz Bestandteil des Entwicklungsprozesses ist und nicht von diesem getrennt werden darf ..."

Die Mehrdimensionalität von nachhaltiger Entwicklung hat der indische UN-Diplomat Nitin Desai folgendermaßen präzisiert: „Since the Rio Earth Summit in 1992, sustainable development has emerged as a new paradigm of development, integrating economic growth, social development and environmental protection as interdependent and mutually supportive elements of longterm development." Damit werden die politischen Ziele soziale Gerechtigkeit, wirtschaftliche Leistungsfähigkeit und Schutz

Abb. 4 Perspektivenwechsel

> **Kasten 2: Nachhaltigkeit**
>
> **Die Verwendung des Adjektivs „nachhaltig" geht auf den französischen Finanzminister Jean Baptiste Colbert (1619–1683) und den sächsischen Oberberghauptmann Carl von Carlowitz (1645–1714) zurück. Sie erkannten die Endlichkeit der Ressource Holz und beschrieben mit diesem Terminus ein forstwirtschaftliches Bewirtschaftungsprinzip, bei dem nicht mehr Holz geerntet werden darf als jeweils nachwächst. Diese Erkenntnis erfuhr eine Ausdehnung auf das gesamte Naturpotenzial der Erde.**

der Umwelt eindeutig als miteinander verknüpfte, voneinander wechselseitig abhängige Elemente langfristiger Entwicklung beschrieben.

Die Beschlüsse von Rio wurden durch Folgekonferenzen (u. a. in Johannesburg 2002 und Rio+20 2012) bestätigt und weitergeführt (vgl. S. 14 f.). Mittlerweile hat sich die Erkenntnis durchgesetzt, dass Nachhaltigkeit weltweit als Richtschnur entwicklungspolitischen Handelns gilt. Aber als offenes und abstrakt formuliertes normatives Leitbild kann nachhaltige Entwicklung nicht unmittelbar in Handeln umgesetzt werden. Deshalb ist es notwendig, die Zieldimensionen der nachhaltigen Entwicklung genauer zu analysieren und zu beschreiben, die Handlungsebenen zu unterscheiden und so die Möglichkeiten einer besseren Abstimmung der Entwicklungsdimensionen auszuloten.

Dimensionen nachhaltiger Entwicklung

Auf dem Erdgipfel in Rio 1992 wurde nachhaltige Entwicklung zunächst durch drei politische Zielsetzungen definiert: (1) wirtschaftliche Leistungsfähigkeit, (2) soziale Gerechtigkeit, (3) ökologische Verträglichkeit. Dieses „Zieldreieck von Rio" wurde später in Deutschland um die Zieldimension (4) politische Stabilität (d.h. gute Regierungsführung/Good Governance) zu einem „Zielviereck" erweitert (vgl. Abb. 5).

Handlungsebenen

Alle vier Entwicklungsdimensionen weisen System- oder Handlungsebenen auf. Ihr Ausgangspunkt ist das Individuum, eingebettet in die Mikroebene oder Lebenswelt von Familie oder Kleingruppe und der Gemeinde. Oberhalb folgen regionale Strukturen (Bundesländer, Provinzen usw.) und schließlich die staatliche Ebene. Jenseits der staatlichen Grenzen bestehen transnationale Einheiten wie z. B. die EU und schließlich die globale Ebene. Die Ebenen der Entwicklungsdimensionen unterscheiden sich in ihren

- Organisationsformen, Strukturen und Funktionen
- Entwicklungs- und Steuerungsprozessen
- Normen und Wertbezügen.

Während die Mikroebene von den persönlichen Beziehungen in Ehe, Familie und in der gemeindlichen und regionalen Lebenswelt geprägt wird, bilden rechtliche Normen der privaten und staatlichen Institutionen und vertragliche Vereinbarungen auf nationaler und internationaler Basis (Meso- und Makroebene) die wichtigsten Formen innerstaatlicher bzw. zwischenstaatlicher/internationaler Verständigung (vgl. Abb. 6).

Das individuelle Handeln ist stärker in die gesellschaftlichen Strukturen eingebunden, als dies vielen Menschen bewusst ist. Selbst das scheinbar rein persönliche Handeln in der Familie ist von kulturellen Prägungen, Übereinkünften und Rollenerwartungen beeinflusst, mehr noch die Lebenswelt im gemeindlichen Umkreis. Je höher die soziale Ebene, desto stärker greifen formale Regeln, d.h. rechtliche Normen, institutionelle Regeln, Gesetze, Verträge usw.

Die konkrete Ausformung dieser Strukturen, Funktionen und Verhaltensregeln unterscheidet sich sehr stark je nach der Gesellschaftsform eines Landes und ihren kulturellen, religiösen und politischen Rahmenbedingungen. Die pluralistischen „freiheitlichen" Gesellschaften des Westens erlauben große individuelle Freiheiten, während traditionelle Gesellschaften das Individuum in den Familienverband oder Clan einbinden oder totalitäre Systeme ihre kollektiven Zielsetzungen mit Zwang durchsetzen.

Die Modelle der Entwicklungsdimensionen und der System- oder Handlungsebenen werden in Abb. 7 integriert dargestellt. Die Entwicklungsdimensionen lassen sich jeweils nach Subsystemen und Teilaspekten untergliedern. Im Bereich der Lebenswelt beschreiben diese Teilaspekte partielle Rollen und Funktionen von Individuen, Familien oder Gemeinden. Da aber Personen oder Gemeinschaften als Ganzes handeln, können bei ihnen Konflikte zwischen unterschiedlichen Erwartungen oder Zwängen auftreten.

Auf den höheren sozialen Ebenen hingegen werden die Funktionen überwiegend von speziellen Institutionen wahrgenommen. Deren Erwartungen richten sich auf sachangemessene, demokratisch ausgehandelte Problemlösungen.

Allerdings stößt systemorientiertes Arbeiten auch an Grenzen. Das strukturelle Denken kann helfen, komplexe Zusammenhänge aufzudecken und dabei zu Aussagen mit einer hohen Wahrscheinlichkeit zu kommen. Diese müssen aber nicht für jeden Einzelfall zutreffen, weil es immer auch singuläre Ereignisse oder charismatische Persönlichkeiten mit einer großen Veränderungswirkung – und leider auch gezielte Verbrechen – geben kann.

In den schematisch dargestellten Entwicklungsdimensionen und Systemebenen lassen sich Strukturen, Beteiligte und Funktionen von der individuellen bis zur globalen Ebene beschreiben und verorten. Allerdings sollte dieses Modell nicht nur zweidimensional und statisch verstanden werden. Alle Beteiligten handeln (auch) in veränderlichen Quer- und Mehrfachbezügen. In vernetzten Prozessen sind einfache

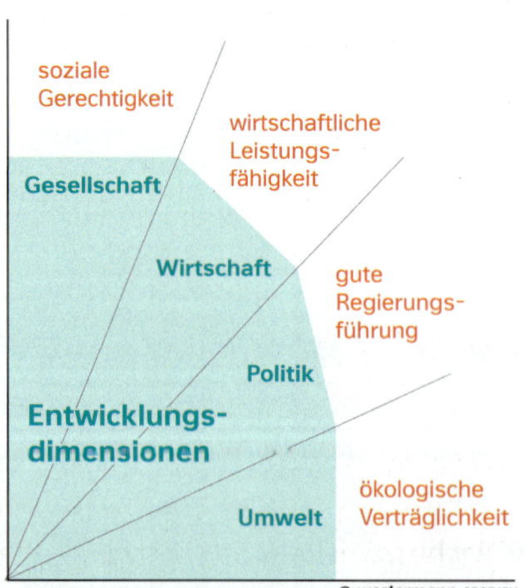

Abb. 5 Entwicklungsdimensionen und ihre politischen Ziele (nach Appelt)

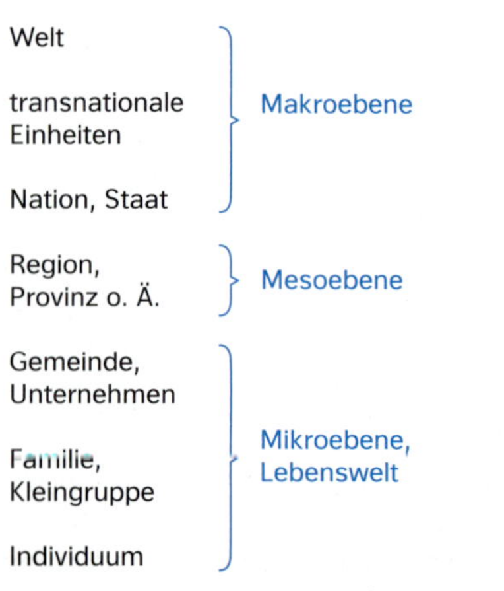

Abb. 6 System- und Handlungsebenen (nach Appelt)

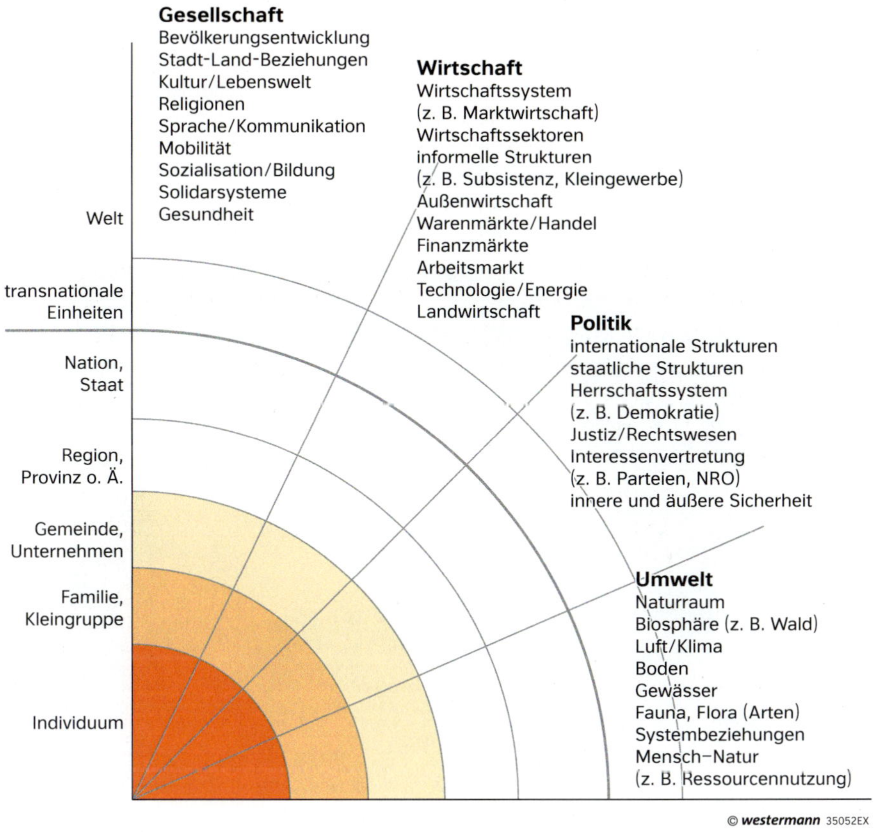

Abb. 7 Entwicklungsdimensionen und Systemebenen (nach Appelt)

Ursache-Wirkung-Relationen selten. Anstöße des globalen Wandels wie z. B. die Digitalisierung können unterschiedlichste Auswirkungen haben, die jeweils auch unterschiedlich bewertet werden müssen. Im Folgenden wird diesen Aspekten nachgegangen.

Entwicklungsdimensionen und Handlungsebenen bilden Systeme

Systeme bilden sich aus vielen Einzelelementen, sei es in der Natur oder im Bereich des sozialen Zusammenlebens. Ihr Zweck kann geplant sein wie z. B. eine staatliche Verwaltung oder ein Wirtschaftsunternehmen. Es gibt aber auch die spontane oder allmähliche Selbstorganisation von Systemen wie z. B. die Entwicklung von Städten in der Menschheitsgeschichte, die Bildung einer politischen Partei oder die Organisation von Bienenvölkern. Durch eine zahlenmäßige Zunahme einzelner Elemente (z. B. der Menschen bzw. der Bienen) können sich neue Strukturen, Funktionen und Aufgaben herausbilden. Der Verlauf der Selbstorganisation lässt sich aus der Kenntnis der Einzelelemente oft nicht ableiten oder voraussagen. Von den Vorgängen auf einer System- oder Handlungsebene kann nicht zwingend auf die Bedingungen anderer Ebenen geschlossen werden. Systeme können auch Subsysteme aufweisen oder selbst Teil größerer Systeme sein. Das Emergenzprinzip bezeichnet die Tatsache, dass das Ganze (d. h. das System) mehr ist als die reine Summe seiner Teile.

Systeme erhalten sich selbst durch flexible Selbstregulierung. Diese zielt auf eine laufende Anpassung in Richtung Gleichgewicht und auf das Überleben des Systems auch bei sich wandelnden Rahmenbedingungen, die sog. Resilienz.

Beispiele für Emergenz und Systembildung sind im menschlichen Bereich die Stufenfolge Individuum → Familie → Gruppen → Gesellschaften → globale Völkergemeinschaft oder im Naturbereich Wassermoleküle → Wassertropfen → Bäche → Flüsse → Meere (vgl. Abb. 8). In beiden Fällen kann nicht von den Eigenschaften einer Stufe auf die nächste geschlossen werden – obwohl es sich durchgängig um Menschen bzw. um Wasser handelt.

Das Emergenzphänomen erklärt auch das Paradox, dass die Bewertung eines Elements durchaus auch von seiner Menge abhängen kann. Ein Automobil z. B. kann viele Vorteile haben. Dies wird wahrscheinlich auch noch für die Automobile der Nachbarn gelten. Ein Umschlag kann aber eintreten, wenn viele Automobile auf der nahen Schnellstraße fahren. Dann geht es auch sprachlich nicht mehr um „Automobile“, sondern um „Verkehrslärm“, „Luftbelastung“ bzw. „Dreckschleudern“. Bei Migrationsereignissen kann z. B. das Verhältnis zu einzelnen Flüchtlingen auf persönlicher Basis sehr positiv sein, während gleichzeitig Bedrohungsgefühle und gesellschaftspolitische Grundsatzfragen ausgelöst werden können.

Die Eigendynamik globaler Entwicklungen scheint diesen Mustern zu folgen. Große quantitative Steigerungen haben in vielen Bereichen, z. B. transnationale Unternehmen, bei der Entstehung von Megastädten oder infolge des Klimawandels, neue Systeme und Strukturen entstehen lassen. Ihre Eigendynamiken widersetzen sich oft Steuerungsversuchen, weil multikausale Prozesse ablaufen und daher oft nicht erkennbar ist, welche Akteure welchen Einfluss auf welche Prozesse ausüben. Neue Größenordnungen und Zusammenschlüsse bedeuten daher auch neue Risiken, die wenig voraussehbar sind. Systemdenken heißt, in den eigenen subjektiven Vorstellungen ein Ordnungsgefüge zu erstellen, um zugrundeliegende Strukturen und daraus sich ergebende funktionale Zusammenhänge aufzudecken. Systeme sind aber nicht die Wirklichkeit selbst, sondern gedankliche Konstrukte, die einen Sachverhalt nach seinen Elementen, nach seinen Beziehungen zur Außenwelt und nach inner- und übersystemischen Struktur- und Funktionszusammenhängen sowie nach hierarchischen Systembeziehungen zu erfassen versuchen. Als subjektiv gefärbte kognitive Konstrukte beinhalten Systeme bereits eine Interpretation des realen Sachverhalts/der Welt. Die wachsende Komplexitätssteigerung infolge der Globalisierungsdynamik führt durch Zunahme der Vernetzungen zwischen den Entwicklungsdimensionen und ihren Systemebenen zu dramatischen Veränderungen, die nur durch den Systemansatz angemessen erfasst werden können. Eindimensionale Erklärungsversuche führen meist in eine Sackgasse.

Zwar unterliegt der Systemansatz auch mehreren Gefahren (z. B. Subjektivität der Fragestellungen, einseitige Entwicklung des Ansatzes auf naturwissenschaftlicher Grundlage schränkt seine Anwendung auf Sachverhalte sozialer Zusammenhänge ein). Trotz dessen Schwächen stellt der Systemansatz eine beachtliche Optimierung der Analyse komplexer Sachverhalte dar. In der Regel tendieren langfristig existente Gesellschaftssysteme auf Herstellung und Erhaltung von Gleichgewichtszuständen innerhalb des Rahmens gewisser

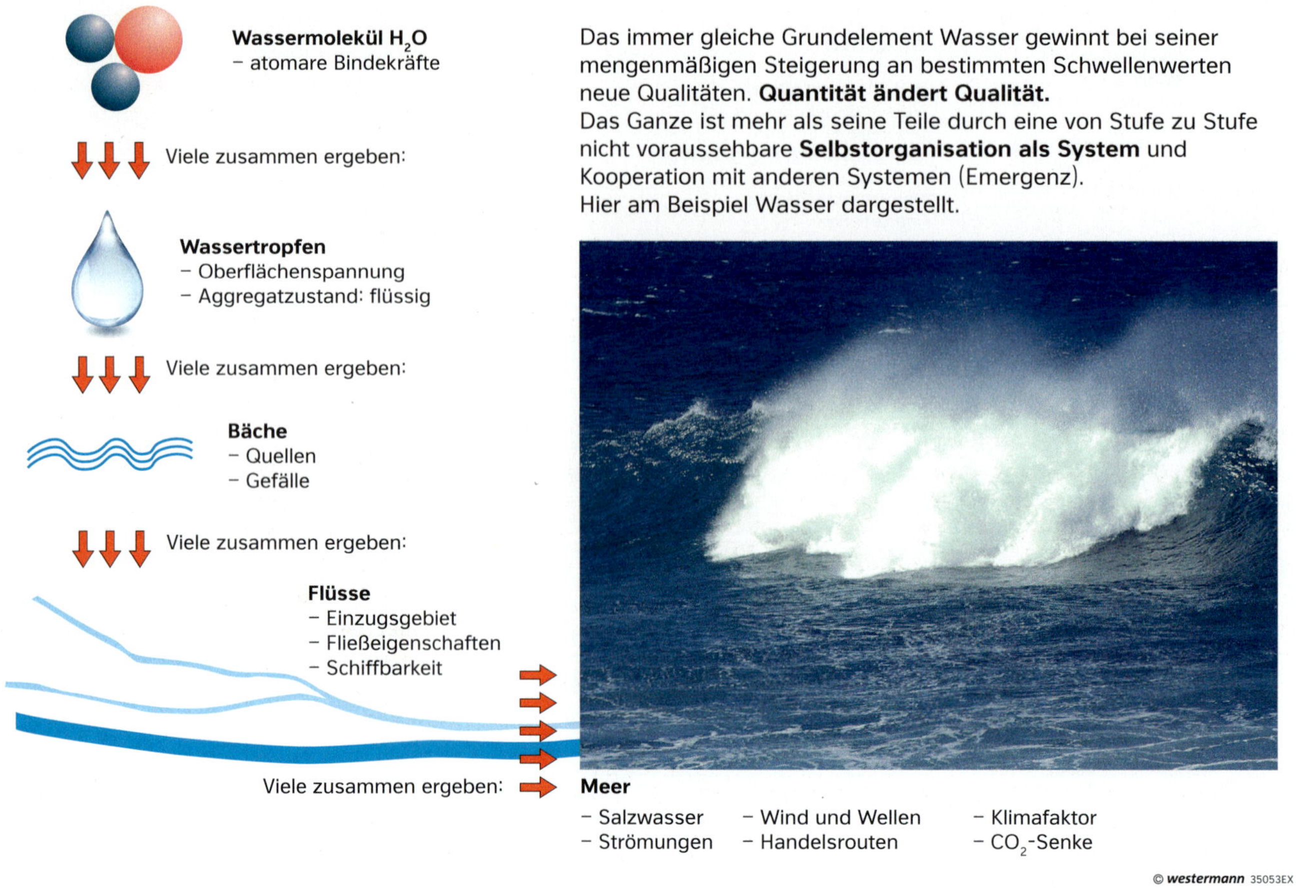

Abb. 8 Das System Wasser (nach Appelt)

Schwankungen (Fließgleichgewicht), während kurzfristig existente Systeme durch Implosion oder Explosion zerfallen. Die globalisierungsbedingten Umbrüche in allen Gesellschaftssystemen sind gekennzeichnet durch Phasen der Veränderung, münden aber in eine neue Phase stabiler Gleichgewichtszustände. Mit der Strategie der Systemorientierung bildet sich durch mehrfachen Perspektivenwechsel eine Möglichkeit an, destabilisierende Umbrüche besser analysieren und Strategien zur Herstellung eines neuen Gleichgewichts entwickeln zu können.

Zielkonflikte zwischen den Entwicklungsdimensionen vermeiden

Mit der Forderung, die Entwicklungsdimensionen kohärenter aufeinander abzustimmen, sind u. a. folgende Überlegungen verbunden:

- Wahrnehmung von Umwelt und Entwicklung (in Gesellschaft, Wirtschaft, Politik) als gleichrangige und voneinander abhängige Ziel- und Wirkungsbereiche
- Vermeidung von linearen, eindimensionalen Entwicklungen ohne Abstimmung mit anderen Dimensionen
- Vermeidung von nicht nachhaltigen Prozessen und Handlungen
- Überwindung von Zielkonflikten zwischen den Dimensionen
- Gewinnung von Synergien zwischen Entwicklungsdimensionen und -ebenen durch abgestimmte Maßnahmen
- gemeinsame globale Verantwortung bei unterschiedlichen Rahmenbedingungen und Handlungsoptionen der Industrieländer, Entwicklungsländer und Schwellenländer.

Die kohärente Abstimmung der Entwicklungsdimensionen zielt auf möglichst langfristige Stabilität im menschlichen und natürlichen Bereich. Dies steigert die Resilienz, d. h. die Widerstandsfähigkeit von Systemen gegenüber Veränderungen und Gefahren von innen oder außen.

Kohärenz und Resilienz sind angewiesen auf Abstimmung mit allen Entwicklungsdimensionen und -ebenen. Bei allen Prozessen ist anzustreben, dass die Entwicklungsdimensionen ineinandergreifen und sich gegenseitig stützen (Erzielung von Synergien). Das setzt voraus, dass die jeweiligen Zielsetzungen, Prozesse, Dynamiken und ihre Folgen untereinander abgestimmt werden müssen, damit eventuelle Konflikte erkannt und bereinigt werden können.

Kohärente Entwicklungszusammenarbeit trägt zur Überwindung/Vermeidung von Konflikten/Problemen bei. Die Orientierung am Kohärenzprinzip ist auch bei der Realisierung komplexer Aufgaben geboten. Für Letzteres ist der Aufstieg Südkoreas von einem der ärmsten Agrarländer der Welt zum modernen Industriestaat beispielhaft (vgl. Kasten 3).

Abb. 9 zeigt, dass trotz legitimer und sozial und ökologisch erwünschter Zielsetzungen die verschiedenen Entwicklungsdimensionen miteinander in Konflikt geraten können. Potenzielle Zielkonflikte ergeben sich aus der Arbeitsteilung, Spezialisierung und Differenzierung der modernen Gesellschaften. Einerseits kann auf solche Entwicklungen nicht verzichtet werden. Andererseits müssen zur Verhütung und Lösung von Konflikten Kompetenzen für eine Analyse und Synthese der Entwicklungsdimensionen und ihrer Ebenen und für eine größere professionelle, institutionelle und politische Dialogfähigkeit gefördert werden. Wachsende diesbezügliche Interessenkonflikte weisen darauf hin, dass Nachhaltigkeit unter den Postulaten der Kohärenz und Resilienz ein Fernziel ist, das nicht mit einem raschen Paradigmenwechsel zu erreichen ist. Vielmehr geht es um die Lösung eines fortlaufenden und langwierigen Prozesses.

Die in Abb. 9 skizzierten Zielkonflikte sind allerdings nur typisch für durchorganisierte Industrieländer.

In ärmeren Ländern gelten andere Prioritäten

In Schwellen- und Entwicklungsländern hängt nachhaltige Entwicklung in erster Linie von der Überwindung der Armut ab, die ein Großteil der Bevölkerung kaum an der wirtschaftlichen und politischen Entwicklung teilhaben lässt, weil diese häufig außerhalb der staatlichen Strukturen lebt. Für unzählige Menschen in prekären Lebenssituationen sind Familie und Clan die einzigen Absicherungen, weil auf den Staat und die zumeist schmalen, nur auf Eigeninteressen ausgerichteten Machteliten kein Verlass ist. Auch eine Entwicklungspolitik, die nur Symptome kuriert, hilft letztendlich nicht weiter. Selbst Bildungsanstrengungen bleiben wirkungslos, wenn sie nicht von Maßnahmen begleitet werden (z. B. Schaffung von Arbeitsplätzen, Auf- und Ausbau von Infrastruktur), die aufeinander abgestimmt nachhaltige Entwicklung anstreben.

Vermehrt Globalisierung die Konflikte?

Die Globalisierung hat die Komplexität des wirtschaftlichen und politischen Handelns weiter erhöht. Der Wegfall von Grenzen und Handelsbarrieren bedeutet, dass Unternehmen und Akteure von außen über Ressourcenkonkurrenz, Preisdumping, Aufkauf von Unternehmen, über Medienkanäle oder Migrantengruppen massiv auf innere Vorgänge einwirken können. Andererseits bieten sich im Gegenzug einheimischen Investoren, Banken und international tätigen Unternehmen Wachstums- und Gewinnchancen auf Auslandsmärkten.

Mit dem Kohärenzgebot nachhaltiger Entwicklung verbindet sich die Erwartung, dass der Nutzen globaler Beziehungen alle Gesellschaftsbereiche und sozialen Schichten erreicht. Es wäre alles andere als nachhaltig, wenn nur Banken und Wirtschaft die Globalisierungsgewinne kassieren. Wenn der Eindruck entsteht, Globalisierung sei nur etwas für die Reichen und Schönen, und dass die Politik

Kasten 3: Der Aufstieg Südkoreas

Die Aufgabe, ein armes Agrarland zu einem modernen Industriestaat zu entwickeln, ist höchst komplex und erfordert koordinierte Entwicklungsmaßnahmen in allen Bereichen und die Orientierung am Konzept „Nachhaltige Entwicklung“. Die industrielle Entwicklung konnte nach dem Korea-Krieg (1953) in wenigen Jahrzehnten erfolgreich gelöst werden, weil die Zielsetzung durch eine Reihe weiterer aufeinander abgestimmter Maßnahmen flankiert wurde:

- Modernisierung der traditionellen Landwirtschaft (Ersatz von für die Industrie freigesetzten Arbeitsplätzen durch maschinelle Modernisierung, Vergrößerung der Betriebsgrößen, Landgewinnungsmaßnahmen, Ertragssteigerung)
- Ausbau des Verkehrsnetzes (Modernisierung und Ausbau des Eisenbahnnetzes, Ausbau eines alle Landesteile erfassenden Autobahnnetzes und eines nationalen und internationalen Luftverkehrsnetzes, Ausbau und Neugründung von Häfen für den Interkontinentalverkehr)
- Aufbau eines international konkurrenzfähigen Bildungssystems, insbesondere Gründung zahlreicher Universitäten für die in Angriff genommenen Entwicklungen (Wissenschaft, Verwaltung, Bildung, Gesundheit, Umwelt …)
- eine am Entwicklungsfortschritt angepasste Umweltpolitik (Bekämpfung der zunehmenden Luftverschmutzung, Abfallbeseitigung, Natur- und Gewässerschutz, Reduzierung des Monokulturanbaus …)
- Ausbau einer naturschonenden Forstwirtschaft (Aufforstung agrarisch nicht nutzbarer Flächen, Artenschutz, naturnahe Bewirtschaftungsformen …)
- durch Spezialisierung industrieller Hochleistungsbranchen (Automobilindustrie, kommunikationsspezifische Branchen) Vorstoß in industrielle Spitzenbereiche.

Dank der konsequenten engen Abstimmung der wichtigsten Entwicklungsbereiche, ihres Aufbaus und ihrer Weiterentwicklung sowie der Orientierung am Prinzip der Kohärenz (durch Koordinierung der Entwicklungsdimensionen) und insbesondere der Befolgung des Grundsatzes der nachhaltigen Entwicklung ist es in wenigen Jahrzehnten gelungen, nicht nur Armut und hohe Arbeitslosigkeit zu überwinden, sondern auch eine stabile, im internationalen Vergleich konkurrenzfähige Wirtschaft aufzubauen und ein hohes Wohlstandsniveau für den weitaus größten Teil der Bevölkerung zu erreichen. Begleitet war dies allerdings auch mit den für Industrieländer typischen Begleiterscheinungen, z. B. einem spektakulären Rückgang des Bevölkerungswachstums oder der mit zunehmender Mechanisierung verbundenen steigenden Arbeitslosigkeit und sich verstärkender Einwanderung von Ausländern.

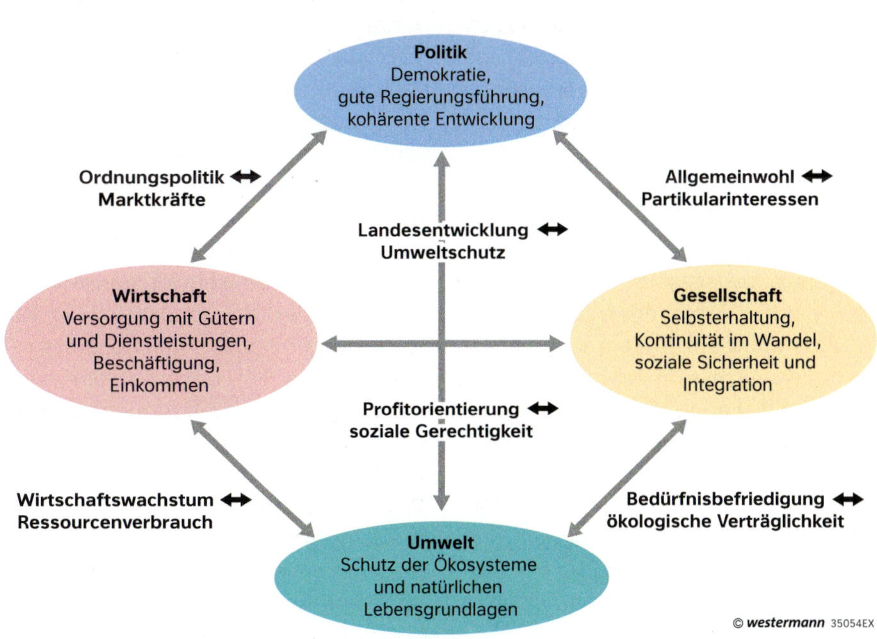

Abb. 9 Zielkonflikte zwischen den Entwicklungsdimensionen (nach Appelt)

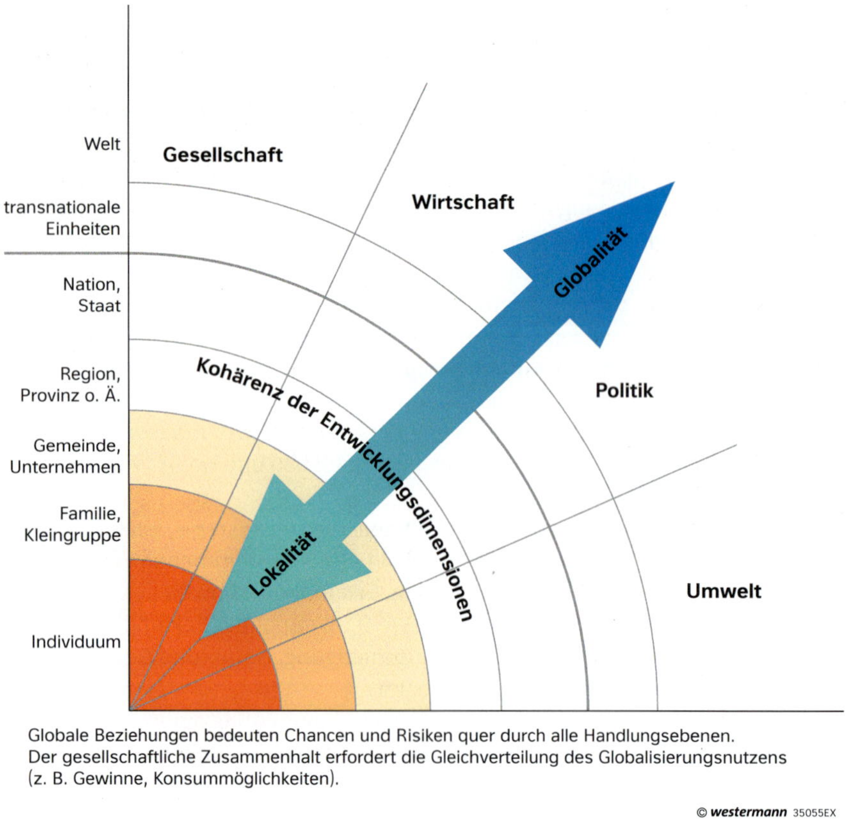

Abb. 10 **Globalität und Lokalität (nach Appelt)**

sie dabei unterstützt, sind Polarisierungen die Folge.

Die durch die Globalisierung verursachten Spannungen sind in vielen Entwicklungsländern besonders stark. An der Globalisierung verdienen hier häufig nur schmale Eliten, weil sich die politische und wirtschaftliche Macht meist auf wenige Familien konzentriert und das gesellschaftliche Allgemeinwohl kaum zählt. Das Grundpostulat neoliberaler Wirtschaftspolitik, Wirtschaftswachstum komme über einen Trickle-down-Effekt auch der armen Bevölkerungsmehrheit zugute, hat sich aus diesem Grund als unrealistisch erwiesen. Während die Machthaber ihre Gelder ins Ausland transferieren und so der lokalen Wirtschaftsentwicklung entziehen, verstärken Benachteiligung und Hunger die Konfliktpotenziale und die Gefahr des Staatszerfalls.

Zwar hat die bisherige Globalisierungsdynamik ein breites weltweites Wirtschaftswachstum gebracht und zu einer erfreulichen Minderung der globalen Armut geführt. Durch die einseitige Konzentration des Globalisierungsnutzens auf eine schmale, z. T. korrupte Elite und den Ausschluss der breiten, armen Bevölkerungsmehrheit der meisten Entwicklungsländer von den sozialen Wirkungen des Wirtschaftswachstums kam es jedoch zur Bildung deutlicher Gegenbewegungen. Während die Nutznießer der Globalisierung ihre Vorteile, insbesondere die Öffnung der Grenzen und die dadurch bewirkten liberalen/fast unbegrenzten Handlungsmöglichkeiten, verherrlichen, bleibt dem größten Teil der Bevölkerung in den Entwicklungsländern, die vom Nutzen der Wirtschafts- und Sozialentwicklungen ausgeschlossen und auf die lokale Basis zurückgewiesen sind, nur die Möglichkeit des Protests. Ausgerechnet dieser Globalisierungsprozess hat aufgrund seiner ambivalenten Wirkungen den von der Globalisierung Ausgeschlossenen mit dem rasanten Wandel im Kommunikationswesen, d. h. mit der Verbreitung von Nachrichten über Kontinente hinweg in Echtzeit, eine starke „Waffe“ zur Gegenwehr in die Hand gegeben: Mit der raschen Verbreitung von Fernsehen, Computern und dem Internet können kriminelle Missbräuche, unsoziales Verhalten und Korruption nun nicht nur klarer angeprangert werden, damit lassen sich auch Massendemonstrationen usw. organisieren und Protestpotenziale aufbauen. Gegenbewegungen fordern insbesondere mehr Subsidiarität, Selbstbestimmung und Souveränität. Vor allem multiethnische Bevölkerungsstrukturen ver-/behindern die Nationbildung und lassen in Entwicklungsländern Sessionsbestrebungen aufkeimen (z. B. in Mauretanien, Nigeria), wie sie in europäischen Staaten (z. B. Spanien, Belgien, Großbritannien) schon seit langem schwelen. Die z. T. unübersichtlichen Globalisierungsfolgen bedürfen unbedingt einer demokratischen Klärung. Dabei müssen die Ziele und Perspektiven nachhaltiger Entwicklung den Maßstab bilden. Nachhaltige Entwicklung ist nur realisierbar, wenn sie alle Menschen mitnimmt.

Wichtige internationale Beschlüsse zur nachhaltigen Entwicklung

Wesentliche Schritte zur Definition und Durchsetzung des Leitbilds der Nachhaltigkeit

Die 2030 Agenda steht am vorläufigen Endpunkt eines entwicklungspolitischen Diskurses, der mit dem 1972 veröffentlichten Bericht des Club of Rome „Grenzen des Wachstums“ begann und 1987 die Brundtland-Kommission „Nachhaltigkeit“ im Sinne der Generationengerechtigkeit wie folgt definieren ließ: „Dauerhafte Entwicklung ist Entwicklung, die die Bedürfnisse der Gegenwart befriedigt, ohne zu riskieren, dass künftige Generationen ihre eigenen Bedürfnisse nicht befriedigen können.“

Die Vereinten Nationen veranstalteten 1992 den „Erdgipfel“ über Umwelt und Entwicklung in Rio de Janeiro, dem bis 2012 weitere Weltkonferenzen folgten. Mit dem „Leitbild der nachhaltigen Entwicklung“ wurden durch die Rio-Konferenz 1992 erstmals Entwicklungs- und Umweltziele zusammengeführt, die bis dahin von den Entwicklungs- bzw. den

> **Kasten 4: Subsidiarität**
>
> Gesellschaftliches Prinzip, nach dem übergeordnete gesellschaftliche Einheiten (u. a. Provinz, Staat, Staatenbündnis) nur solche Aufgaben übernehmen sollen, zu deren Wahrnehmung untergeordnete Einheiten (z. B. Familie, Bundesland) nicht in der Lage/nicht befugt sind.

Industrieländern gesondert favorisiert wurden. Die drei Entwicklungsdimensionen soziale Gerechtigkeit, wirtschaftliche Leistungsfähigkeit und ökologische Tragfähigkeit wurden mit den folgenden Grundprinzipien verbunden:

- Generationenverantwortung, d. h. die Verantwortung für nachfolgende Generationen, aber auch für die heute lebenden Generationen
- das Kohärenzprinzip als Verknüpfung von sozialen, politischen, ökonomischen und ökologischen Zielen
- das Partizipationsprinzip, das die verschiedenen Akteure (Wirtschaft, Wissenschaft, gesellschaftliche Gruppen, einzelne Bürger) stärker in die Entwicklung und Umsetzung von Nachhaltigkeitsstrategien einbezieht
- die gemeinsame Verantwortung, aber unterschiedliche Rahmenbedingungen und Handlungsoptionen der Industrie- und Entwicklungsländer.

Da die Umsetzung dieser Ziele nur schleppend erfolgte und nicht in verbindliche politische Ziele gegossen wurde, beschlossen die Vereinten Nationen im Jahr 2000 die Millenniums-Entwicklungsziele (engl. Millennium Development Goals [MDGs]):

- MDG 1 Extreme Armut und Hunger beseitigen
- MDG 2 Allgemeine Grundschulbildung verwirklichen
- MDG 3 Gleichstellung der Geschlechter fördern und Rechte und die Rolle der Frau stärken
- MDG 4 Kindersterblichkeit senken
- MDG 5 Gesundheit von Müttern verbessern
- MDG 6 HIV/AIDS, Malaria und andere Krankheiten bekämpfen
- MDG 7 Ökologische Nachhaltigkeit sichern
- MDG 8 Eine weltweite Entwicklungspartnerschaft aufbauen.

Auch hier fiel die Bilanz gegen Ende der geplanten Umsetzung bis 2015 gemischt aus. Während z. B. im Bildungsbereich und in einigen anderen Zielbereichen wesentliche Fortschritte erzielt wurden, gelang es nicht, die Armut wie geplant bis 2015 wenigstens zu halbieren. Entgegen den Intentionen des Rio-Ansatzes, Umwelt und Entwicklung zu integrieren, folgten die beiden Bereiche weiterhin ihren eigenen Interessen und Dynamiken. Ferner fehlten verbindliche politische Zielsetzungen und Kontrollen. Auch ist offensichtlich, dass die aktuellen europa- und weltpolitischen Krisen von der Verfolgung der langfristigen Ziele ablenken.

Abb. 11 **Die 17 Sustainable Development Goals der 2030 Agenda**

Die 2030 Agenda – zentraler entwicklungspolitischer Zukunftsvertrag der Weltgemeinschaft

Ein breiter Diskussionsprozess mit der Zivilgesellschaft erbrachte eine Post-2015 Agenda, nachdem bereits die Rio+20 Konferenz Sustainable Development Goals (SDGs) formuliert hatte. Alle Diskussionsstränge wurden in einem anspruchsvollen Gesamtkonzept zusammengefasst, das ab 2016 in einer globalen Partnerschaft von Industrie- und Entwicklungsländern umgesetzt werden soll. Die Verbindung der Entwicklungs- und der Umweltaspekte wird deutlich in dem Statement: „Wir können die erste Generation sein, die die weltweite Armut beendet – ebenso wie wir die Letzten sein könnten, die die Chance haben, den Planeten zu retten.“ Die Leitmotive sind:

- Armut und Hunger beenden und Ungleichheiten bekämpfen
- Selbstbestimmung der Menschen stärken, Geschlechtergerechtigkeit und ein gutes und gesundes Leben für alle sichern
- Wohlstand für alle fördern und Lebensweisen weltweit nachhaltig gestalten
- ökologische Grenzen der Erde respektieren: Klimawandel bekämpfen, natürliche Lebensgrundlagen bewahren und nachhaltig nutzen
- Menschenrechte schützen – Frieden und Rechtsstaatlichkeit fördern
- eine neue globale Partnerschaft aufbauen.

Es wurden insgesamt 17 Sustainable Development Goals (SDGs) definiert (BMZ 2015, S. 7 ff.; vgl. Abb. 11).

Literatur

BMZ (2015): Der neue Zukunftsvertrag für die Welt. Die 2030 Agenda für nachhaltige Entwicklung. Bonn/Berlin.

Continental (2016): Karriere-Umfrage 2015. (http://www.continental-corporation.com/www/download/presseportal_com_de/themen/initiativen/karriereumfrage/2015/praesi-long-de.pdf).

Pollack, D./Müller O. u. a. (2016): Integration und Religion aus der Sicht von Türkeistämmigen in Deutschland. Münster.

2 Entwicklungsdimension Wirtschaft

Hans-Jürgen Albers

2.1 Grundlagen der Weltwirtschaft

Dieses Kapitel beschäftigt sich mit folgenden Fragen:

1. Welche Bedeutung haben Arbeit und Arbeitsteilung für wirtschaftliche Prozesse?
2. Was bedeutet „Strukturwandel" im ökonomischen Sinn?
3. Warum werden Güter weltweit ausgetauscht?
4. Wie sieht die Situation der Entwicklungsländer in der Weltwirtschaft aus?
5. Welche Probleme ergeben sich bei internationalen Wirtschaftsvergleichen?

Grundlage jeder Wirtschaft ist Arbeit. Gegenstände und Bedingungen von Arbeit unterliegen langfristigen Trends und hängen von den jeweiligen temporären und regionalen Wirtschaftsstrukturen ab. Zu den langfristigen Trends gehört vor allem eine fortschreitende Arbeitsteilung. Diese ist – neben dem zunehmenden Maschineneinsatz im Produktionsprozess – eine wesentliche Ursache der wachsenden Arbeitsproduktivität. Seit etwa Mitte des 20. Jahrhunderts hat sich zudem eine wachsende Internationalisierung der Arbeitsteilung und – damit zusammenhängend – ein immer größerer internationaler Wettbewerb entwickelt. Ebenfalls weltweit zeigt sich – wenn auch je nach Entwicklungsstand der Volkswirtschaft in unterschiedlicher Intensität – die als Strukturwandel bezeichnete Verlagerung der gesamtwirtschaftlichen Aktivitäten vom Agrarsektor zum industriellen und schließlich zum Dienstleistungssektor. Zu den problematischen Seiten von Arbeit gehören u. a. Arbeitslosigkeit und Kinderarbeit. Die in globalem Maßstab stattfindende Arbeitsteilung hat in den vergangenen Jahrzehnten zu einem stark wachsenden Welthandel geführt. Vor allem Kostenvorteile und die Vielfalt der Verbraucherwünsche sind hierfür die Triebfedern. Während die überwiegende Mehrheit der Menschen in Schwellen- und Entwicklungsländern lebt, ist deren Anteil an der Weltproduktion und am Welthandel unterproportional. Dafür gibt es eine Reihe von Gründen. Allerdings eröffnen sich durchaus gute Entwicklungschancen für Entwicklungsländer, wenn bestimmte Voraussetzungen erfüllt sind. Im folgenden Kapitel werden immer wieder internationale Vergleiche vorgenommen. Da die Länder unterschiedlich ausgebaute Statistiken besitzen, über unterschiedliche Erfassungsmethoden und unterschiedliche Währungen verfügen, sind derartige Vergleiche oft nur bedingt möglich.

Literatur

Albers, H.-J. (2017): Volkswirtschaftslehre. 12. Aufl., Haan-Gruiten.

Albers, H.-J. (1997): Soziale Marktwirtschaft. Köln.

Allen, R. C. (2015): Geschichte der Weltwirtschaft. Stuttgart.

Deutsche Gesellschaft für die Vereinten Nationen e. V. (2015): Bericht über die menschliche Entwicklung 2015. Arbeit und menschliche Entwicklung. Berlin. (http://hdr.undp.org/sites/default/files/hdr_2015_web.pdf)

Harms, B. (1912): Volkswirtschaft und Weltwirtschaft. Versuch der Begründung einer Weltwirtschaftslehre. Jena.

Hoppen, D. (2014): Internationale Wirtschaft. Stuttgart.

Kompakt-Lexikon Internationale Wirtschaft (2013). Wiesbaden.

Reich, R. B. (1997): Die neue Weltwirtschaft. Das Ende der nationalen Ökonomie. Frankfurt a. M.

Töpfer, K./Yogeshwar, R. (2013): Unsere Zukunft. München.

AUFGABEN

1. Beschreiben Sie die langfristigen Trends „Arbeitsteilung“ und „Strukturwandel“ und erläutern Sie deren Auswirkungen auf die menschliche Arbeit. Versuchen Sie, bei den Auswirkungen Unterschiede zwischen Industrieländern und Entwicklungsländern herauszuarbeiten. (M2, M3, M4, M5, M6, M10, M11, M12)
2. Beschreiben Sie Vor- und Nachteile einer wachsenden Arbeitsproduktivität. Unterscheiden Sie dabei zwischen Wirkungen für den Einzelnen, für den Betrieb und für die Volkswirtschaft. (M4)
3. Erläutern Sie, gegebenenfalls mithilfe von Beispielen, warum internationale Arbeitsteilung für alle Beteiligten Vorteile bringen kann. Nennen Sie jedoch auch Nachteile internationaler Arbeitsteilung. (M6)
4. a) Erläutern Sie, wie sich ein steigender Wechselkurs auf Import- und Exportgüter auswirkt. (M24, M25)
   b) Weisen Sie diese Wirkungen mit folgendem Zahlenbeispiel nach:
   Ein deutsches Unternehmen importiert jedes Jahr für 20 000 US-$ Waren aus den USA; gleichzeitig exportiert es jedes Jahr für 20 000 € Waren in die USA. Im Jahr 2008 lag der Euro/Dollar-Kurs bei 1,47, 2015 bei 1,11. Wie viele Euro musste das deutsche Unternehmen jeweils für seine Importe bezahlen und wie viele Dollar musste der amerikanische Partner jeweils für die deutschen Exportgüter aufwenden? (M24, M25)
5. Nennen Sie einige Gründe für die wirtschaftliche Unterentwicklung der Entwicklungsländer. (M26–M31)
6. Begründen Sie, warum internationale Wirtschaftsvergleiche nicht ohne weiteres möglich sind. Erläutern Sie zwei Kennziffern, mit deren Hilfe solche Vergleiche aussagefähiger gemacht werden sollen. (M24, M25, M32, M33)

Arbeit und Arbeitsteilung

M1 Arbeit

Arbeit ist jede zielgerichtete, planmäßige und bewusste körperliche und geistige Tätigkeit. In der Volkswirtschaftslehre wird Arbeit als Produktionsfaktor bezeichnet; weitere Produktionsfaktoren sind Boden und Kapital (Kapital = Sachkapital: Gebäude, Maschinen, Werkzeuge). Durch die Kombination dieser Faktoren im Produktionsprozess entstehen Produkte. Die Anteile der Produktionsfaktoren an der gesamtwirtschaftlichen Produktion hängen vom Entwicklungsstand der jeweiligen Volkswirtschaft ab (arbeitsintensive, kapitalintensive Wirtschaft). Auch für den Menschen selbst ist Arbeit von grundlegender Bedeutung. Sie prägt sein Selbstverständnis, sein Selbstwertgefühl und sein Selbstbewusstsein. Sie dient seiner Existenzsicherung, bestimmt seinen Lebensstandard, bringt soziale Kontakte und ermöglicht ihm gegebenenfalls ein hohes Maß an Selbsterfüllung. Während in weniger entwickelten Ländern oft der Besitz von Arbeit und eine damit verbundene Existenzsicherung im Vordergrund stehen, gewinnen mit steigendem Wohlstand die weiteren Funktionen an Bedeutung.

M2 Arbeitsteilung

Arbeitsteilung ist die Zerlegung eines komplexen Arbeitsvorganges in Teilleistungen, die in der Regel von unterschiedlichen Wirtschaftssubjekten (Personen, Betrieben usw.) verrichtet werden. Durch eine weitgehende Partialisierung wurden und werden einstmals zusammenhängende Arbeitsvorgänge in immer kleinere Einheiten zerlegt. Während früher ein Produkt häufig von einer einzelnen Person allein hergestellt wurde (z. B. ein Pferdekarren) sind heute am Zustandekommen eines Produkts (z. B. eines Autos) in der Regel viele Menschen beteiligt. Eine extreme Form der Arbeitsteilung ist die Fließbandproduktion, die erstmals 1913 in einer Fabrik der Ford-Werke in Chicago (USA) eingeführt wurde.

M3 Formen der Arbeitsteilung

<table>
<tr><th>personale Arbeitsteilung</th><th colspan="4">institutionelle Arbeitsteilung</th><th>territoriale Arbeitsteilung</th></tr>
<tr><td rowspan="2">geschlechtsspezifische Arbeitsteilung

Bildung von Berufen

Spaltung von Berufen

Aufgliederung von Tätigkeiten</td><td>Haushalte</td><td colspan="2">Betriebe</td><td>Gemeinwesen (Staat)</td><td rowspan="2">regionale Arbeitsteilung

internationale Arbeitsteilung</td></tr>
<tr><td></td><td>zwischenbetriebliche Arbeitsteilung</td><td>innerbetriebliche Arbeitsteilung</td><td></td></tr>
</table>

M4 Arbeitsproduktivität

Hauptgrund für die fortschreitende Arbeitsteilung ist der Wunsch nach einer Steigerung menschlicher Arbeitsleistung. Adam Smith (1723–1790), englischer Philosoph und Nationalökonom, auch als „Vater der Marktwirtschaft" bezeichnet, hat die durch Arbeitsteilung bewirkte Effizienzsteigerung eines einzelnen Arbeiters (Produktivität) anschaulich in seinem „Stecknadelbeispiel" dargestellt. Vor Einführung der Arbeitsteilung konnten die zehn Arbeiter einer Stecknadelfabrik 200 Stecknadeln pro Tag fertigen; nach Einführung der Arbeitsteilung konnten die zehn Arbeiter 48 000 Stecknadeln pro Tag herstellen. Die Zerlegung eines Arbeitsvorgangs in kleine Schritte war und ist auch Voraussetzung für die Mechanisierung und Automatisierung des Produktionsvorgangs. Für kleine und einfache Teile des Produktionsprozesses lassen sich Maschinen entwickeln, die diese Schritte durchführen können.

Arbeitsproduktivität gibt die durchschnittliche Leistung je Beschäftigten bzw. je Arbeitsstunde an.

$$\text{Arbeitsproduktivität} = \frac{\text{Ausbringung}}{\text{Arbeitseinsatz}} = \frac{\text{Output}}{\text{Input}}$$

M5 Produktivitätsentwicklung in Deutschland 1991–2015

Jahr	Produktivität (Index, 1991 = 100)	für den gleichen Produktionswert wurden so viele Erwerbstätige benötigt
1991	100	100
1995	107,5	93,0
2000	112,3	89,0
2005	117,3	85,2
2010	119,6	83,6
2015	123,0	81,3

Quelle: Grunddaten: Statistisches Bundesamt; eigene Berechnungen

M6 Internationale Arbeitsteilung

Eine länderübergreifende Arbeitsteilung wird als internationale Arbeitsteilung bezeichnet. Das Grundprinzip lautet: Jedes Land stellt die Güter her, die es am besten bzw. am günstigsten herstellen kann und tauscht diese Güter mit Ländern, die andere Güter besser oder günstiger herstellen können. Da auf diese Weise die Güter weltweit zu den jeweils günstigsten Bedingungen produziert werden, überwiegen für alle Beteiligten die Vorteile. Internationale Arbeitsteilung ist heute ein wesentliches Merkmal der Weltwirtschaft im Allgemeinen und der Globalisierung im Besonderen.

Bereits Adam Smith erkannte die Vorteile der Arbeitsteilung zwischen verschiedenen Ländern:

„Bei jedem klugen Hausvater ist es eine Regel, niemals etwas im Hause machen zu lassen, was ihn weniger kosten würde, wenn er es kaufte. Dem Schneider fällt es nicht ein, seine Schuhe zu machen, sondern er kauft sie vom Schuhmacher; dem Schumacher fällt es nicht ein, sich seine Kleider zu machen, sondern er beschäftigt den Schneider, und dem Landmann fällt es nicht ein, sich eines oder das andere zu machen, sondern er setzt jene beiden Handwerker in Nahrung. Alle diese Leute finden es in ihrem Interesse, ihren Gewerbefleiß ganz auf diejenige Art anzuwenden, in der sie etwas vor ihrem Nachbarn voraushaben, und dann ihren übrigen Bedarf mit einem Teile ihres eigenen Erzeugnisses […] zu kaufen.

Was aber in der Handlungsweise einer Familie Klugheit ist, das kann in der eines großen Reiches wohl schwerlich Torheit sein. Wenn uns ein fremdes Land mit einer Ware wohlfeiler versehen kann, als wir sie selbst zu machen imstande sind, so ist es besser, dass wir sie ihm mit einem Teile vom Erzeugnis unseres eigenen Gewerbefleißes, in welchem wir vor dem Auslandes etwas voraushaben, abkaufen."

Quelle: Smith, Adam: Der Reichtum der Nationen, 2. Band, 1776

Viele Güter können in anderen Ländern häufig kostengünstiger hergestellt werden als im Inland – z. B. wegen der dort geringeren Arbeitskosten. Da Transportkosten heute insgesamt recht niedrig sind, ist es oft günstiger, ein bestimmtes Produkt in Ostasien zu kaufen als bei einem inländischen Unternehmen. In neuerer Zeit macht sich verstärkt noch ein weiteres Phänomen der internationalen Arbeitsteilung bemerkbar. Unternehmen kaufen nicht mehr nur Güter bei ausländischen Unternehmen, sondern errichten selbst Produktionsstätten in anderen, kostengünstigeren Ländern. Zum Teil geschieht dies, um zusätzliche Produktionskapazitäten möglichst nahe bei Kunden aufzubauen, zum Teil wird aber auch die Produktion von einem teureren Land in ein billigeres Land verlagert (Produktionsverlagerung). Auch Unternehmensdienstleistungen (Datenverarbeitung, Buchhaltung usw.) werden zusehends in kostengünstigere Länder ausgelagert.

M7 Arbeitslosigkeit

Das Gegenteil von Arbeit ist Nicht-Arbeit, also die Arbeitslosigkeit. Die positiven Begleiterscheinungen von Arbeit gehen bei fehlender Arbeit naturgemäß weitgehend verloren. Internationale Vergleiche über das Ausmaß der Arbeitslosigkeit sind schwierig, da unterschiedliche Erfassungen bestehen. Während die Arbeitslosigkeit in Industrieländern umfassend und nach weitgehend einheitlichen Maßstäben erfasst wird (nach Kriterien der International Labour Organization [ILO]; dt. Internationale Arbeitsorganisation) liegen über die Arbeitslosigkeit in Entwicklungsländern häufig kaum zuverlässige Daten vor. Viele Entwicklungsländer verfügen gar nicht über eine formalisierte und systematisch durchgeführte Erfassung von Arbeitslosigkeit. Darüber hinaus können Tagelöhner, mithelfende Familienangehörige in Subsistenzwirtschaften* und ähnliche Arbeitsverhältnisse nur schwerlich in einer formalisierten Arbeitslosenstatistik abgebildet werde. Generell ist der Anteil der informellen Wirtschaft, d. h. der statistisch nicht erfassten Tätigkeiten, in Entwicklungsländern vergleichsweise hoch. Soweit Daten vorliegen, zeigen diese ein – im Vergleich zu Industrieländern – hohes Maß an Arbeitslosigkeit. Dass die Arbeitslosigkeit in vielen Entwicklungsländern kaum abnimmt, teilweise sogar zunimmt, liegt auch daran, dass die Erwerbsbevölkerung wegen der hohen Geburtenraten in diesen Ländern stärker wächst als der Arbeitsmarkt.

Arbeitslosigkeit ist zumeist mit finanziellen (Verarmung, zumindest Wohlstandsminderung) und sozialen Folgen (Geringschätzung, Isolation, Stigmatisierung u. Ä.) verbunden. Diese Folgen sind zwischen Industrieländern und Entwicklungsländern nicht ohne weiteres zu vergleichen. In Industrieländern sind die sozialen Folgen für die Betroffenen oft gravierender als die finanziellen Folgen, die durch soziale Netze zu einem beträchtlichen Teil aufgefangen werden. In den sozial zumeist anders strukturierten Gesellschaften in Entwicklungsländern bildet hingegen die (Groß-)Familie ein finanzielles und soziales Auffangnetz. In Industrieländern ist Arbeitslosigkeit in erster Linie ein individuelles, in Entwicklungsländern ein familiäres Problem.

* Subsistenzwirtschaft (Bedarfswirtschaft): Die Produktion dient vorrangig der Selbstversorgung. Im Unterschied zur reinen Selbstversorgung schließt sie jedoch auch den Tauschhandel eigener Erzeugnisse auf lokalen Märkten ein.

M8 Weltweite Arbeitslosenquoten 2014

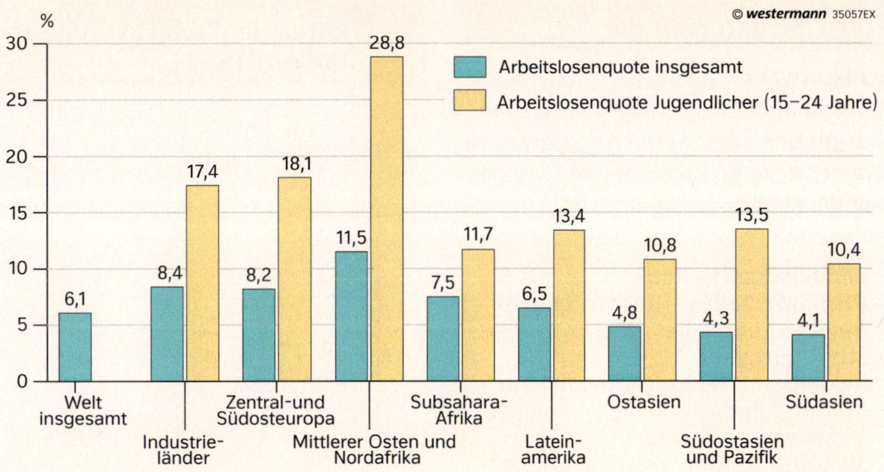

Quelle: ILO: Global Employment Trends 2014

M9 Kinder- und Zwangsarbeit

Nach der Konvention 138 der Internationalen Arbeitsorganisation (ILO) („Mindestalter-Konvention") liegt – unter normalen Umständen – die Obergrenze für Kinderarbeit bei 15 Jahren. Allerdings hat nur etwa ein Viertel der ILO-Mitgliedsstaaten diese Konvention ratifiziert. Die UN-Kinderrechtskonvention (KRK) definiert Kinderarbeit als Tätigkeiten von unter 18-Jährigen, die ihnen schaden oder sie am Schulbesuch hindern.

Seit Menschengedenken gibt es Kinderarbeit in unterschiedlichen Formen und in allen Regionen der Erde. Mit der Industrialisierung nahm sie in Europa und den USA jedoch größere Ausmaße an. Kinder arbeiteten nicht nur als Hilfskräfte und Dienstboten, sondern auch in großen Zahlen besonders in der Textilindustrie und im Bergbau. Manche Arbeiten im Bergbau konnten nur von Kindern wegen ihrer geringen Körpergröße ausgeführt werden. Zu Beginn des 19. Jahrhunderts war ein Drittel der Fabrikarbeiter in den USA zwischen sieben und zwölf Jahren alt. Nicht zuletzt auf Druck des Militärs, das den kinderarbeitsbedingt schlechten körperlichen und geistigen Entwicklungszustand der Rekruten beklagte, erließ das Königreich Preußen 1839 ein Kinderarbeitsverbot, das für Kinder unter neun Jahren den Einsatz in Fabriken untersagte, und für die 9- bis 16-Jährigen die tägliche Arbeitszeit auf maximal zehn Stunden begrenzte.

Vor allem Schwellen- und Entwicklungsländer verzeichnen traditionell einen hohen Anteil an Kinderarbeit. Nach Einschätzungen von UNICEF arbeiten heute knapp 200 Millionen Kinder zwischen fünf und vierzehn Jahren. Besonders viel Kinderarbeit gibt es in Asien, im Pazifikraum und in Afrika südlich der Sahara:

- Asien und Pazifik: 122 Millionen
- Afrika südlich der Sahara: 49 Millionen
- Lateinamerika und Karibik: 6 Millionen
- sonstige Regionen: 13 Millionen.

Nicht zuletzt auf Druck aus Industrieländern, insbesondere Boykottdrohungen durch Kinderschutzorganisationen, ist die Kinderarbeit jedoch seit einigen Jahren rückläufig.

Ebenfalls weltweite Probleme sind Zwangsarbeit und moderner Sklavenhandel. Terre des hommes und die UNO gehen davon aus, dass etwa 12 Millionen Menschen als Sklaven betrachtet werden müssen, davon die Hälfte Kinder und Jugendliche. In Indien, Bangladesch und Pakistan leben die meisten Zwangsarbeiter. Schätzungsweise 80 Prozent der heutigen Sklaven sind weiblich und bis zu 50 Prozent von ihnen sind jünger als 18 Jahre. Gut 40 Prozent der Sklaven müssen als Prostituierte arbeiten, gut 30 Prozent verrichten andere unbezahlte niedrige Arbeiten und der Rest muss beides tun.

Strukturwandel

M10 Strukturwandel

Strukturwandel im ökonomischen Sinne bezeichnet die langfristige Verschiebung der gesamtwirtschaftlichen Gewichte (Wertschöpfung, Beschäftigte) zwischen den Wirtschaftssektoren.

Wirtschaftssektoren
Primärer Sektor (Rohstoffgewinnung): Land-, Forst- und Fischwirtschaft, Bergbau
Sekundärer Sektor (Rohstoffverarbeitung): produzierendes Gewerbe (Handwerk, Industrie, Bau)
Tertiärer Sektor: Dienstleistungen (Handel, Verkehr, sonstige Dienstleistungen, Informationswirtschaft)

Die Einteilung der Wirtschaft in drei Sektoren geht im Wesentlichen auf Jean Fourastié, französischer Ökonom (1907–1990), zurück. Nach der sogenannten Drei-Sektoren-Hypothese nimmt in einem längerfristigen Entwicklungsprozess die Bedeutung des primären Sektors im Laufe der Zeit ab, der sekundäre und der tertiäre Sektor nehmen an Bedeutung zu, wobei schließlich der tertiäre Sektor den Industriebereich überflügelt.

Während in den Industrieländern heute die Mehrzahl der Erwerbstätigen im Bereich Dienstleistungen und Information tätig ist, dominiert in den Entwicklungsländern in der Regel der Agrarbereich. Auch die Stellung der Beschäftigten variiert; die in Industrieländern vorherrschende Erwerbstätigkeit als abhängig Beschäftigte ist in Entwicklungsländern weit weniger verbreitet. Entsprechend sind in Entwicklungsländern die Anteile der Selbstständigen (Landwirte, Viehwirte, Händler, Handwerker) und mithelfenden Familienangehörigen, insbesondere auch in Subsistenzwirtschaften, recht hoch. Unterschiede bestehen auch in der Beteiligung von Männern und Frauen am Erwerbsleben. Während sich die Erwerbsquoten beider Geschlechter in den Industrieländern nicht wesentlich voneinander unterscheiden, herrscht in den Entwicklungsländern, z. T. traditions-, z. T. auch religiös bedingt, noch eine recht starke geschlechtsspezifische Differenzierung der Berufsrollen.

M11 Anteil der Erwerbstätigen nach Sektoren in Deutschland 1882–2015

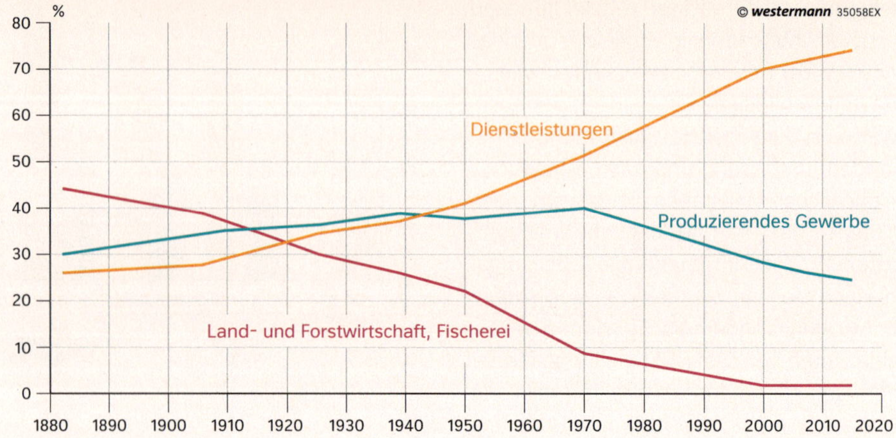

Quelle: Statistisches Bundesamt

Welthandel

M12 Arbeitsteilung bedingt Handel

Wenn die benötigten Güter nicht von jedem selbst hergestellt werden, ist eine bedarfsgerechte Güterversorgung nur durch Austausch von Gütern möglich. Arbeitsteilung setzt daher einerseits Handel voraus, andererseits verstärkt sie diesen.

Handel gibt es, seitdem es Menschen gibt und Waren produziert werden. Waren wurden früh auch schon über große Entfernungen getauscht. Seit etwa 10 000 v. Chr. kann Fernhandel durch archäologische Funde belegt werden.

1978 wurde in Hochdorf bei Stuttgart das unversehrte Grab eines Keltenfürsten entdeckt, der um 530 v. Chr. begraben wurde. In dem Grab wurden u. a. folgende Beigaben gefunden:
- eine 3 m lange bronzene Liege aus dem Südostalpenraum
- ein großer Bronzekessel, der in der Mitte des 6. Jhs. v. Chr. in Griechenland angefertigt wurde
- Stickereien aus chinesischer Rohseide
- griechische Münzen.

Entdeckungen und Erschließungen von Regionen und Kontinenten hatten ihre Ursache vor allem im Wunsch der Menschen, Rohstoffe und Waren zu erhalten und Verkehrswege aufzubauen. Die ersten großen Fernstraßen waren Fernhandelsstraßen. Sie wurden oft nach dem Handelsgut benannt, das vorzugsweise auf ihnen transportiert wurde: Seidenstraße, Salzstraße, Bernsteinstraße usw. Heute werden Rohstoffe, Vorprodukte, Halbfabrikate und Fertigprodukte in riesigen Mengen rund um den Globus transportiert. Von 1950 bis 2015 hat sich die Weltproduktion um etwa das 9,5-Fache erhöht; der Welthandel (gemessen am Exportvolumen) hingegen hat im gleichen Zeitraum fast um das 40-Fache zugenommen.

M13 Entwicklung von Weltwirtschaft und Welthandel 1950–2015

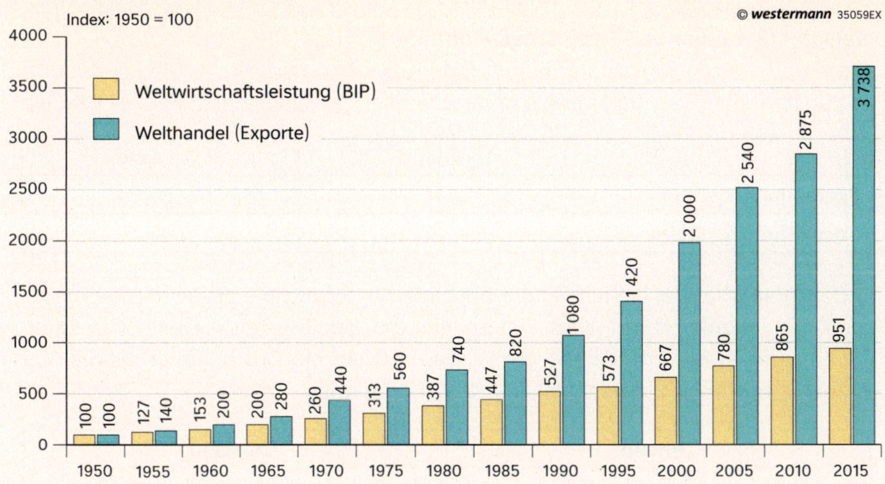

Quelle: WTO, IWF

M14 Weltweite Exporte nach Warengruppen 2014 (Mrd. US-$)

Energierohstoffe	3 068
Maschinen, Kraftwerke, Schiffe Flugzeuge	2 923
EDV, Telekommunikation, Büromaschinen	1 794
Nahrungsmittel, Agrarprodukte	1 765
Chemieprodukte	1 503
Kraftfahrzeuge	1 395
Konsumgüter	1 220
Halbwaren	1 185
Sonstige	3 647
gesamt	**18 500**

Quelle: WTO (https://www.wto.org/english/res_e/statis_e/its2015_e/appendix_e/a12.xls)

M15 Zahlungsbilanz

Die grenzüberschreitenden wirtschaftlichen Vorgänge werden in der Zahlungsbilanz erfasst. Die Erfassung der Vorgänge und die Struktur der Zahlungsbilanz sind weltweit – zumindest in den Mitgliedsländern des Internationalen Währungsfonds (IWF) – einheitlich und richten sich nach dem Balance of Payments Manual (Handbuch zur Zahlungsbilanzstatistik) des IWF. Besondere Aufmerksamkeit verdient die Leistungsbilanz, da in ihr die eigentlichen wirtschaftlichen Leistungen festgehalten werden. Wenn allgemein von einer nicht ausgeglichenen Zahlungsbilanz gesprochen wird, ist zumeist eine nicht ausgeglichene Leistungsbilanz gemeint. Bei einem Leistungsbilanzüberschuss fließen zusätzliche Devisen ins Inland, die dort die Geldmenge vermehren. Ein Leistungsbilanzdefizit muss durch Ankauf von Devisen finanziert werden, was in der Regel mit einer Verschuldung im Ausland verbunden ist.

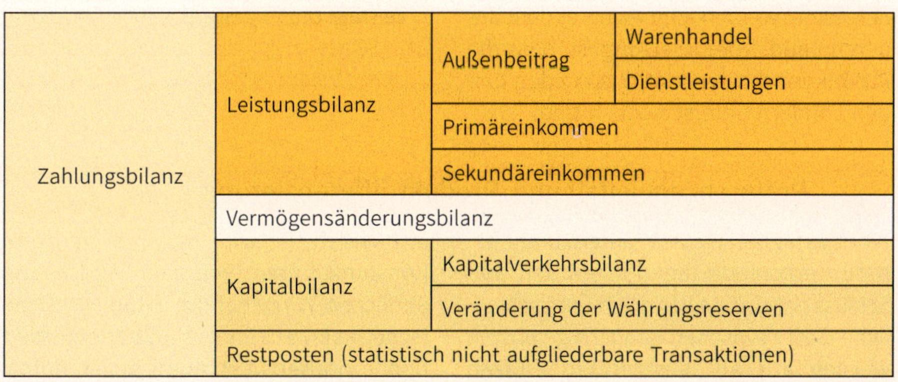

M16 Gründe für den weltweiten Handel

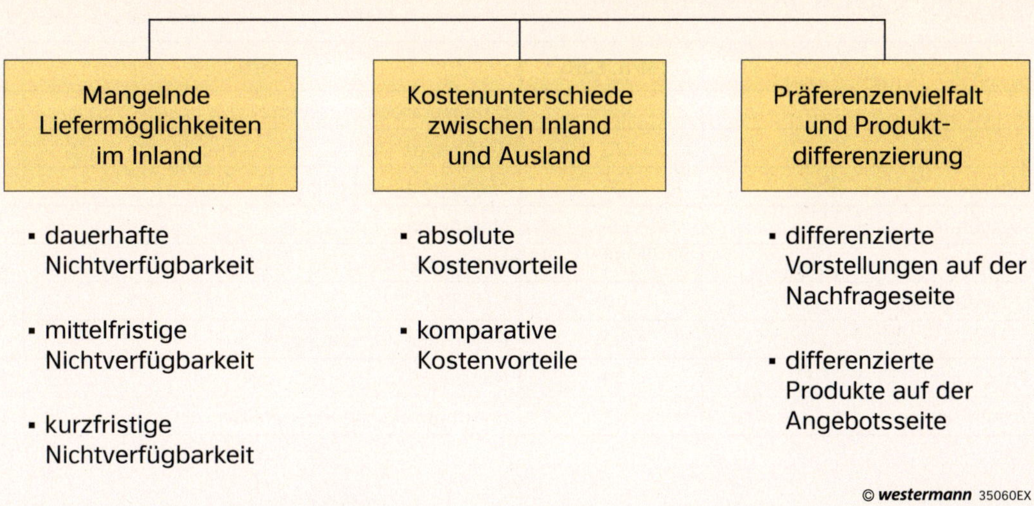

M17 Kostenvorteile

Die unterschiedlichen Produktionskosten rühren vor allem von unterschiedlichen Faktorausstattungen her (= Faktorkosten). Eine besondere Rolle spielen dabei die Kosten für den Produktionsfaktor Arbeit. Kostenvorteile können sowohl absolut als auch komparativ (= vergleichbar) bestehen.

Absolute Kostenvorteile
Unmittelbar einleuchtend sind die Vorteile eines Güteraustausches bei wechselseitigen absoluten Kostenvorteilen. Wenn Land A Weizen und Land B Stahl günstiger herstellen kann, lohnt es sich für beide Länder, sich jeweils auf die Produktion des kostengünstigeren Gutes zu konzentrieren und diese Güter auszutauschen.

Komparative Kostenvorteile
David Ricardo (1772–1823), englischer Nationalökonom, der die „Theorie der komparativen Kosten" entwickelte, konnte nachweisen, dass ein Austausch auch dann beiden Ländern Vorteile bringt, wenn alle Güter in einem Land günstiger hergestellt werden können als in dem anderen Land. Voraussetzung ist, dass die Produktionskostenrelationen in den beiden Ländern unterschiedlich sind.

Beispiel (Zwei-Länder-Zwei-Güter-Modell)
Stahl und Weizen werden im Inland und im Ausland hergestellt. Die Kosten und die Kostenrelationen sind jeweils unterschiedlich (Vereinfachung: Kosten = Preis).

	Inland	Ausland
Kosten für 1 kg Stahl	10	30
Kosten für 1 kg Weizen	20	40

Das Inland hat bei beiden Gütern absolute Kostenvorteile gegenüber dem Ausland. Die Produktion von Weizen ist im Inland doppelt so teuer wie die von Stahl; im Ausland ist die Produktion von Weizen nur um ein Drittel höher als die von Stahl. Es bestehen unterschiedliche Kostenrelationen.

Inland			Ausland		
1 kg Stahl	=	0,5 kg Weizen	1 kg Stahl	=	0,75 kg Weizen
1 kg Weizen	=	2 kg Stahl	1 kg Weizen	=	1,33 kg Stahl

Vorteil Inland: Wenn das Inland 1 kg Stahl mehr produziert, muss es auf 0,5 kg Weizen verzichten. Transportiert es den Stahl ins Ausland und tauscht ihn dort gegen Weizen, erhält es 0,75 kg Weizen. Der Tauschgewinn für das Inland beträgt 0,25 kg Weizen (ohne Transportkosten).
Vorteil Ausland: Wenn das Ausland 1 kg Weizen mehr produziert, muss es auf 1,33 kg Stahl verzichten. Transportiert es den Weizen ins Ausland und tauscht ihn dort gegen Stahl, erhält es 2 kg Stahl. Der Tauschgewinn für das Ausland beträgt 0,67 kg Stahl (ohne Transportkosten).

M18 Präferenzenvielfalt und Produktdifferenzierung

Nichtverfügbarkeit von Gütern und Kostenunterschiede legen eigentlich den Schluss nahe, dass vor allem unterschiedliche Güter zwischen Ländern getauscht werden, z.B. Autos gegen Erdöl. Diese Überlegung gilt in erster Linie für Länder mit unterschiedlichen Wirtschaftsstrukturen, Entwicklungsständen und Konsumkulturen. Zwischen Ländern mit ähnlichen Wirtschaftsstrukturen werden hingegen jeweils ähnliche Güter exportiert und importiert, z.B. Autos gegen Autos. Die Nachfragewünsche sind vielfältig und differenziert. Präferenzenvielfalt auf der Nachfrageseite und die Produktdifferenzierung auf der Angebotsseite bedingen und beeinflussen einander wechselseitig und erklären, warum Güteraustausch vor allem zwischen Ländern mit ähnlichen Wirtschafts- und Gesellschaftsstrukturen stattfindet.

M19 Deutsche Export- und Importwaren 2015

Exporte	Mrd. Euro	Importe	Mrd. Euro
Kraftwagen	226	Datenverarbeitungsgeräte	102
Maschinen	170	Kraftwagen	98
chemische Erzeugnisse	108	chemische Erzeugnisse	76
Datenverarbeitungsgeräte	97	Maschinen	74
elektrische Ausrüstungen	72	Erdöl und Erdgas	61
pharmazeutische Erzeugnisse	70	Metalle	53
Metalle	50	elektrische Ausrüstungen	52
Nahrungs- und Futtermittel	49	Nahrungs- und Futtermittel	43
Gummi- und Kunststoffwaren	42	pharmazeutische Erzeugnisse	43

Quelle: Statistisches Bundesamt

M20 Deutschlands wichtigste Außenhandelspartner 2015 (Import- und Exportwerte in Mrd. Euro)

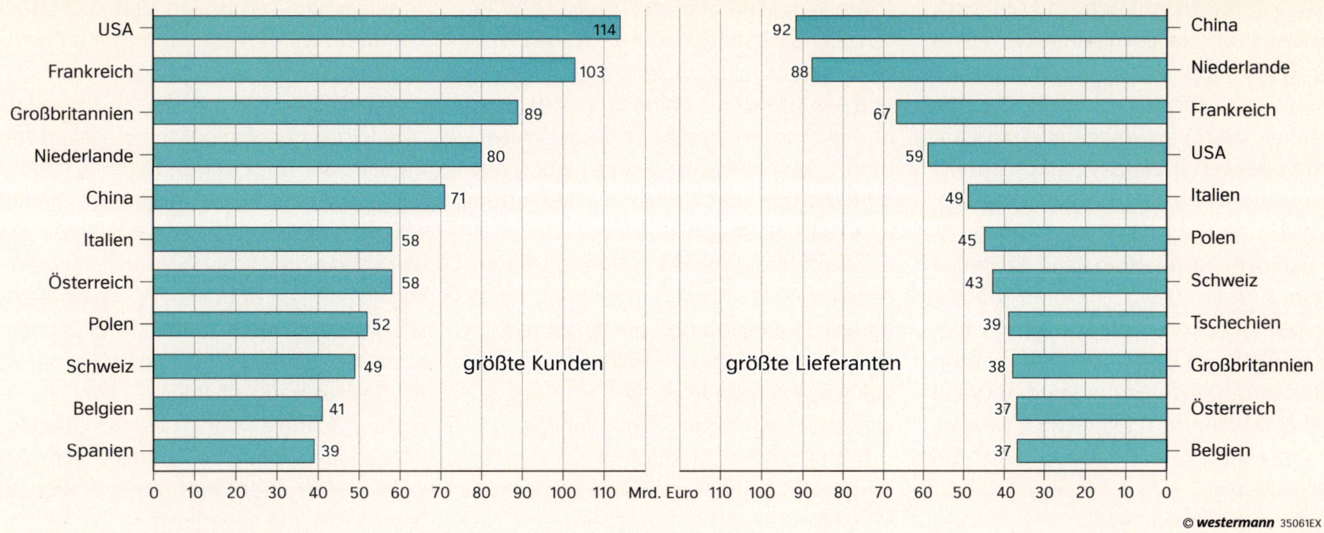

Quelle: Statistisches Bundesamt

M21 Welthandel und Transportmöglichkeiten

Warenaustausch ist immer auch mit Transporten verbunden. Es liegt auf der Hand, dass Bedingungen und Kosten von Warentransporten für den Umfang des Warenaustausches von großer Bedeutung sind.

Die Kosten für See- und Lufttransporte sinken seit Jahrzehnten (vgl. M22). Sie machen heute nur noch einen Bruchteil der früheren Kosten aus. Stark verkürzt haben sich auch die Transportzeiten. Während früher Segelschiffe oft monatelang unterwegs waren, benötigen heute moderne Frachtschiffe für die gleiche Strecke nur wenige Wochen. Luftfracht ermöglicht sogar Transporte weltweit innerhalb von wenig mehr als einem Tag. Die geringeren Transportzeiten senken nicht nur die Kosten, sie ermöglichen auch den weltweiten Austausch von Gütern, die – wie beispielsweise Lebensmittel – nur eine begrenzte Lebensdauer haben.

Begünstigt wurde die Entwicklung im Seeverkehr vor allem durch den Bau immer größerer und effizienterer Containerschiffe sowie die Entwicklung und den massenhaften Einsatz des Standardcontainers. Diese Container sind in ihren Abmessungen genormt und erleichtern das Stapeln und Verladen enorm. Containerschiffe können je nach Größe bis zu 20000 dieser Container laden.

Viele Güter liegen heute in digitaler Form vor. Diese digitalen Güter – oftmals große Datenmengen – können in Sekundenschnelle und zu extrem geringen Kosten um den ganzen Globus verschickt werden.

M22 Entwicklung der Transportkosten 1930–2000

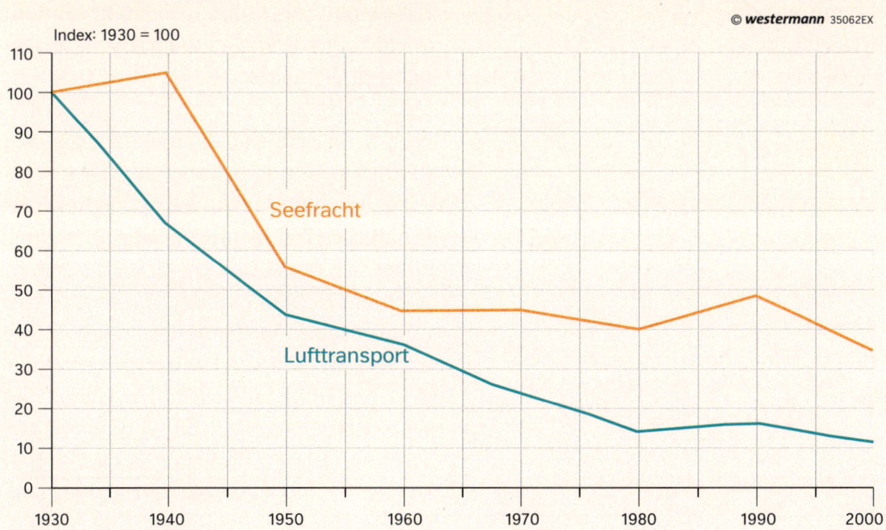

Quelle: Busse, M.: HWWA Discussion Paper Nr. 116; Bundesverband der Deutschen Industrie BDI: Außenwirtschaftsreport 04/2002

M23 Freihandel und Protektionismus

Außenhandel ist zu allen Zeiten mehr oder weniger stark staatlich beeinflusst worden. Grundlegende Konzepte der Außenhandelspolitik sind Freihandel und Protektionismus. Freihandel bezeichnet eine liberale Außenhandelspolitik, bei der der internationale Güter- und Kapitalverkehr wenig oder gar nicht vom Staat gesteuert wird. Protektionismus bezeichnet eine interventionistische Außenhandelspolitik, bei der der internationale Güter- und Kapitalverkehr durch staatliche Maßnahmen beschränkt und reguliert wird. Freihandel bringt grundsätzlich allen beteiligten Ländern sogenannte Wohlfahrtsgewinne. Allerdings kann es auch gute Gründe geben, schwächere Länder in ihrer frühen Entwicklungsphase zu schützen und sie nicht dem harten internationalen Wettbewerb auszusetzen („Schutzzollargument").

M24 Wechselkurse, Kaufkraftstandards und Währungspolitik

Heutige Volkswirtschaften sind Geldwirtschaften, d. h., Tauschvorgänge werden in aller Regel mithilfe des Zwischentauschmittels „Geld" abgewickelt. Wenn Tauschvorgänge zwischen verschiedenen Ländern abgewickelt werden, sind zumeist unterschiedliche Währungen beteiligt. Als Währung wird das Geld bezeichnet, das in einem bestimmten Land in Umlauf ist (Euro, Dollar usw.). Um die zunächst in unterschiedlichen Währungen ausgedrückten Preise der Güter miteinander in Beziehung setzen zu können, müssen sie in eine Währung umgerechnet werden. Die Umrechnung geschieht mithilfe von Wechselkursen.

Die Wechselkurse der meisten Währungen, insbesondere der wichtigen Weltwährungen Dollar, Euro, japanischer Yen und – in Grenzen – chinesischer Renminbi (auch: Yuan), bilden sich am Devisenmarkt. Die Höhe des Wechselkurses entscheidet mit über die preisliche Wettbewerbsfähigkeit von Gütern auf internationalen Märkten. Mit steigendem Kurs der eigenen Währung werden Importgüter billiger, die eigenen Exportgüter jedoch teurer. Mit sinkendem Kurs der eigenen Währung werden Importgüter teurer, die eigenen Exportgüter jedoch billiger.

Neben unterschiedlichen Währungen besitzen die Länder auch unterschiedliche Preisniveaus und Lebensstandards. Um zu einigermaßen realen Vergleichen zu kommen, werden sogenannte Kaufkraftstandards (KKS) verwendet.

Je nach Zielsetzungen in der Währungspolitik ist ein Land möglicherweise eher an hohen oder eher an niedrigen Wechselkursen interessiert. Bei festgelegten Wechselkursen wird es entsprechende Setzungen vornehmen oder versuchen, entsprechende Vereinbarungen zu treffen. Bei freien Wechselkursen sind die staatlichen Einflussmöglichkeiten geringer. Durch gezielte Eingriffe am Devisenmarkt, über ihre Zinspolitik und andere Schritte können jedoch Staaten, insbesondere über ihre Zentralbanken, den Wechselkurs ihrer Währung in einem gewissen Umfang beeinflussen.

Der Wechselkurs
... gibt die Menge ausländischer Währungseinheiten an, die einer inländischen Währungseinheit entsprechen:
1 Euro = x Fremdwährungseinheiten.
Ein Eurokurs von 1,10 zum US-Dollar (USD) bedeutet, dass 1 Euro 1,10 USD entspricht bzw. 1 USD 0,91 Euro.

Kaufkraftstandards
Bei internationalen Vergleichen werden Länder mit z. T. sehr unterschiedlichen Preisniveaus miteinander verglichen. Außerdem sind die Preise in unterschiedlichen Währungen ausgedrückt, deren Wechselkurse schwanken. Kaufkraftstandards (KKS) sind Umrechnungsfaktoren, mit deren Hilfe Preisniveauunterschiede und Wechselkursschwankungen bei internationalen Vergleichen ausgeschaltet werden. Die Kaufkraftparitäten ergeben sich aus dem Verhältnis zwischen den in Landeswährung ausgedrückten Beträgen, die erforderlich sind, um in den verschiedenen Ländern einen Korb vergleichbarer und repräsentativer Waren zu erwerben.

M25 Wechselkursentwicklung Euro – Dollar (Jahresdurchschnitte)

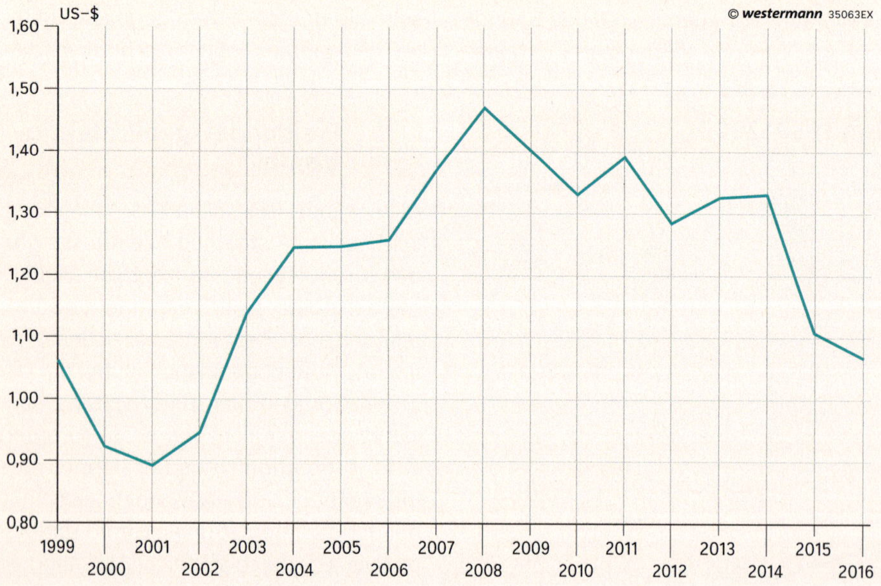

Quelle: Deutsche Bundesbank, Monatsberichte

Entwicklungsländer in der Weltwirtschaft

M26 Entwicklungsländer und Weltwirtschaft

Die Einbindung von Entwicklungsländern in eine auf weltweiten Wettbewerb ausgerichtete Weltwirtschaft ist wegen oft fehlender Infrastruktur, unzureichenden politisch-administrativen Rahmenbedingungen, geringem Bildungsstand und einer vorwiegend vom Agrarsektor geprägten Wirtschaft zum Teil recht schwierig. Allerdings findet sich in etlichen Entwicklungsländern auch ein Nebeneinander von modernen, dynamischen Wirtschaftsbereichen, die erfolgreich in die Weltwirtschaft integriert sind, und unterentwickelten, traditionellen Wirtschaftsbereichen mit einem geringen Wertschöpfungspotenzial. So gibt es beispielsweise in einigen Ländern sowohl eine mit modernsten Produktions- und Logistikmitteln arbeitende Erdölindustrie als auch eine archaische Land- und Viehwirtschaft. Eine solche ungleichmäßige Entwicklung, bei der sich die unterschiedlichen Wirtschaftssektoren unabhängig voneinander und nach eigenen Gesetzmäßigkeiten entwickeln, wird in der Entwicklungstheorie als Dualismus bezeichnet.

Die Ursachen von Unterentwicklung sind vielfältig und oft auch von Land zu Land verschieden. Neben wirtschaftlichen Faktoren sind auch historische und kulturelle Einflüsse beteiligt. Historische Gründe macht vor allem die sogenannte Dependenz-Theorie geltend, die Unterentwicklung zahlreicher Länder mit der Kolonialpolitik der Industrienationen (mehr als 100 heutige Entwicklungsländer sind ehemalige Kolonialgebiete) erklärt. Die Industrienationen haben die Wirtschaft in ihren Kolonien vorrangig nicht nach den Bedürfnissen vor Ort, sondern als Ergänzung der einheimischen Wirtschaft und für die einheimische Nachfrage entwickelt (Komplementärwirtschaft). Neben der Wirtschaftsstruktur insgesamt ist dadurch vor allem die Außenhandelsstruktur der Entwicklungsländer nachhaltig geprägt worden.

M27 Probleme vieler Entwicklungsländer: Korruption, Kapitalmangel und Bevölkerungswachstum

Hemmnisse für die Entwicklung in vielen Entwicklungsländern sind auch die ungeregelten wirtschaftlichen Aktivitäten. Dazu gehören u. a. Schattenwirtschaft, Vetternwirtschaft, Clan-Wirtschaft und Korruption. Diese Phänomene zeigen sich zwar auch in Industrieländern, sind jedoch – aus unterschiedlichen Gründen – in Entwicklungsländern deutlich stärker ausgeprägt. Insbesondere Korruption ist ein weit verbreitetes und entwicklungsschädliches Übel. Nach Erhebungen von Transparency International (TI) besteht ein enger Zusammenhang zwischen Korruption und Armut (vgl. M7 auf S. 85, M18 auf S. 132). Auf einen möglichen Zusammenhang von wirtschaftlicher Entwicklung und kulturellem Wertesystem hat vor allem Max Weber (1864–1920), deutscher Jurist, Nationalökonom und Soziologe, hingewiesen. Religiöse Überzeugungen, kulturabhängige Wertmuster und traditionelle Lebensstile prägen danach die Einstellung zur Arbeit, zum Gewinn und zu anderen entwicklungsrelevanten wirtschaftlichen Faktoren.

Für die Entwicklung einer Wirtschaft gilt eine unveränderliche ökonomische Grundregel: Es muss mehr produziert als konsumiert werden. Der Überschuss muss für Investitionen, d. h. für zusätzliche Produktionsgüter verwendet werden, mit deren Hilfe die Pro-Kopf-Produktion in der nächsten Periode gesteigert werden kann. Einem solchen Entwicklungsszenario steht vor allem der Kapitalmangel in den Entwicklungsländern im Wege. Entwicklungsländer bleiben gewissermaßen arm, weil sie arm sind: Das Pro-Kopf-Einkommen ist gering, also kann wenig gespart und demzufolge kaum investiert und die Produktion nur geringfügig erhöht werden (vgl. Kapitel 4.3).

Zu der hohen Konsumquote in Entwicklungsländern trägt auch das große Bevölkerungswachstum bei. Eine Mehrproduktion wird für Konsumzwecke benötigt, um die Existenz der zusätzlichen Bevölkerung zu sichern. Zudem ist in etlichen Ländern die Wachstumsrate der Bevölkerung höher als die Wachstumsrate der Wirtschaft. Zum einen wird dadurch trotz Wirtschaftswachstums die Bevölkerung im Durchschnitt immer ärmer und zum anderen wächst die Arbeitslosigkeit, weil der Zuwachs an Arbeitsplätzen nicht ausreicht, um die nachwachsende Generation mit Arbeit zu versorgen.

M28 Korruptionsindex 2016

Rang	Land	CPI *
1	Dänemark	90
1	Neuseeland	90
3	Finnland	89
4	Schweden	88
5	Schweiz	86
6	Norwegen	85
7	Singapur	84
8	Niederlande	83
9	Kanada	82
10	Deutschland	81
...	...	...
169	Afghanistan	15
170	Libyen	14
170	Sudan	14
170	Jemen	14
173	Syrien	13
174	Nordkorea	12
175	Südsudan	11
176	Somalia	10

* CPI = Corruption Perceptions Index (wahrgenommenes Korruptionsniveau im öffentlichen Sektor eines Staates)

Quelle: https://www.transparency.org/news/feature/corruption_perceptions_index_2016#table

M29 Weltweite Altersschichtung 2015

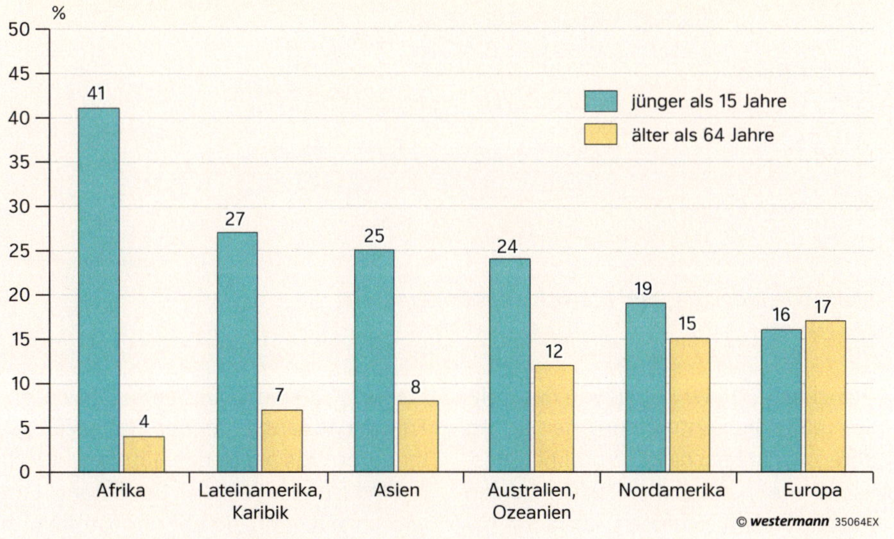

Quelle: Deutsche Stiftung Weltbevölkerung: Datenreport 2015

M30 Länder mit der weltweit höchsten Geburtenrate (Geburten je 1000 Einwohner/Jahr; Durchschnitt der Jahre 2009–2013)

Quelle: Hamburgisches WeltWirtschaftsInstitut, BDO AG Wirtschaftsprüfungsgesellschaft

M31 Chancen für Entwicklungsländer: Investitionen in Bildung und Infrastruktur, Rechtsstaatlichkeit, gutes Regierungshandeln

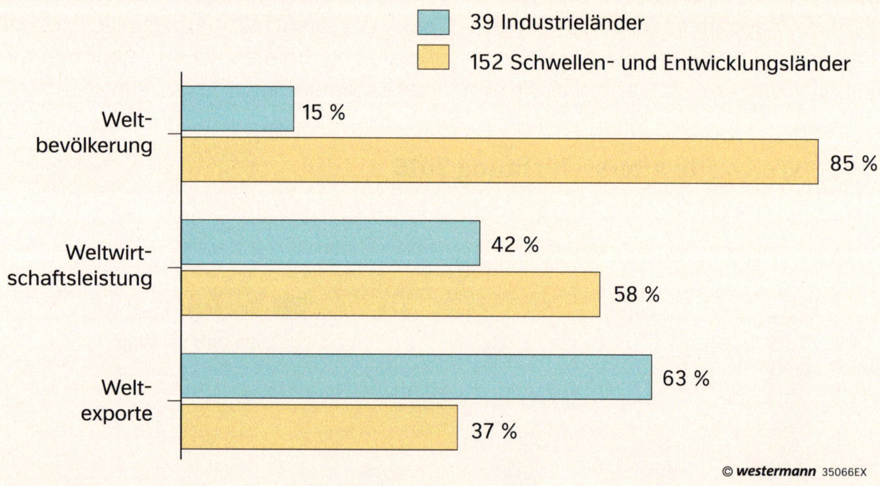

Anteile von Industrie- und Entwicklungsländern 2015

Quelle: IWF

Entwicklungsländer haben von der weltwirtschaftlichen Entwicklung der letzten Jahre zwar unterschiedlich profitiert, insgesamt aber hat sich ihre Position zu den Industrieländern verbessert. Allerdings haben vor allem die ärmsten Länder kaum Fortschritte erzielen können.

Als Erfolgsfaktoren haben sich vor allem Investitionen in Bildung und Infrastruktur, Rechtsstaatlichkeit und „gutes Regierungshandeln" (Good Governance) erwiesen. Für den Außenhandel der Entwicklungsländer ist vor allem der Güteraustausch mit Industrieländern von Bedeutung. Entwicklungsländer, die über Rohstoffe und weltmarktfähige Agrarprodukte verfügen, haben in diesen Bereichen grundsätzlich gute Chancen, leiden jedoch unter oft zu niedrigen und zum Teil stark schwankenden Weltmarktpreisen für ihre Produkte.

Bei industriellen Produkten sind es vor allem die hohen Anforderungen an Qualität und Komplexität, die es den Entwicklungsländern schwer machen, mit eigenen Produkten wettbewerbsfähig zu sein. Allerdings locken sie mit geringen Arbeitskosten durchaus ausländische Unternehmen an. Unternehmen aus Industrieländern errichten jedoch häufig nur Fertigungsstätten zur kostengünstigen Unterstützung der heimischen Produktion – eine moderne Form der Komplementärwirtschaft. Dennoch ist mit dem Aufbau von Fertigungsstätten in Entwicklungsländern ein nicht zu unterschätzender Transfer von Know-how und Ausbildungsnotwendigkeit verbunden.

Produktionspalette, Produktionsvolumen und Produktionsverfahren sind an den Interessen des Industrieland-Unternehmens ausgerichtet und tragen dadurch nicht unbedingt zu einer harmonischen wirtschaftlichen Entwicklung und zum Anschub einer Entwicklung „aus eigener Kraft" bei. Bei Dienstleistungen spielen Sprachbarrieren und kulturelle Distanzen eine nicht unerhebliche Rolle.

Probleme internationaler Vergleiche

M32 Schwierigkeiten internationaler Vergleiche

Aussagen zur Situation in Entwicklungsländern und zu Beziehungen zwischen Entwicklungsländern und Industrieländern machen internationale Vergleiche notwendig. Solche Vergleiche sind mit erheblichen Schwierigkeiten behaftet. Die Möglichkeiten zur statistischen Erfassung und Auswertung wirtschaftlicher Daten sind in Entwicklungsländern oft nur unzureichend vorhanden; bestimmte Größen werden – trotz Bemühungen um internationale Vereinheitlichung – von Land zu Land oft unterschiedlich gemessen. Subsistenzwirtschaftliche Leistungen und Anteile der sogenannten Schattenwirtschaft (statistisch nicht erfasste wirtschaftliche Aktivitäten wie Schwarzarbeit) an der Gesamtwirtschaftsleistung können in der Regel nur geschätzt werden; sie sind von Land zu Land unterschiedlich und in Entwicklungsländern mit Sicherheit deutlich höher als in Industrieländern.

Die Daten aus unterschiedlichen Ländern können auch nicht unmittelbar miteinander verglichen werden. Eine oft verwendete Größe bei internationalen Vergleichen ist beispielsweise das Pro-Kopf-Einkommen. Eine solche rechnerische Durchschnittsgröße lässt jedoch demografische Faktoren wie Anteile von Kindern und Erwachsenen an der Bevölkerung unberücksichtigt; sie sagt auch nichts über die Verteilung des Volkseinkommens aus – ein hohes Pro-Kopf-Einkommen schließt nicht aus, dass ein kleiner Teil der Bevölkerung sehr viel Geld hat und ein großer Teil in Armut lebt.

Ursprungsdaten liegen in der Regel in unterschiedlichen Währungen vor und müssen umgerechnet werden. Wechselkurse unterliegen jedoch politischen, spekulativen und anderen Einflüssen und spiegeln daher nicht immer realistische Tauschverhältnisse wider. Aus diesem Grunde werden für internationale Vergleiche anstelle von Währungen und Währungsumrechnungen häufig Kaufkraftstandards gewählt (vgl. M24). Zur Abbildung realer Austauschverhältnisse beim Außenhandel dienen die sogenannten Terms of Trade (ToT) (vgl. M33).

M33 Terms of Trade (ToT)

Terms of Trade (ToT) geben an, wie viele Importgüter ein Land für ein bestimmtes Exportgüterbündel eintauschen kann. An ihren Veränderungen lässt sich ablesen, ob sich die Außenhandelsposition verbessert oder verschlechtert hat.

$$\text{Terms of Trade (ToT)} = \frac{\text{Index Ausfuhrpreise } (P_{Ex})}{\text{Index Einfuhrpreise } (P_{Im})} \times 100$$

ToT steigen, wenn die Exportgüter im Verhältnis zu den Importgütern teurer werden. ToT sinken, wenn die Exportgüter im Verhältnis zu den Importgütern billiger werden.

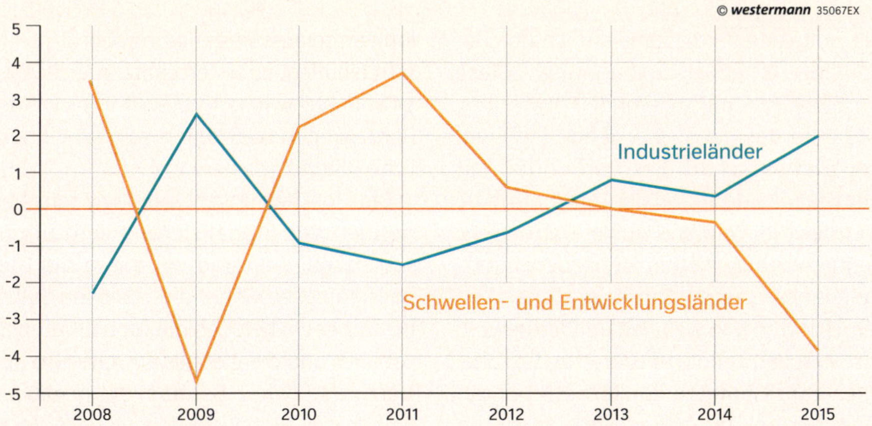

Entwicklung der Terms of Trade in Industrie- und Schwellen-/Entwicklungsländern 2008–2015

Quelle: IWF, World Economic Outlook

Die Entwicklung der Terms of Trade zeigt, dass diese für Schwellen- und Entwicklungsländer deutlich stärker schwanken als für Industrieländer. Das liegt vor allem daran, dass die Exportgüter (Rohöl, Rohstoffe, Agrarprodukte) der Schwellen- und Entwicklungsländer stärker von schwankenden Weltmarktpreisen abhängen als die Exportgüter der Industrieländer.

2.2 Merkmale der weltwirtschaftlichen Entwicklung

Dieses Kapitel beschäftigt sich mit folgenden Fragen:

1. Was bedeutet „internationaler Wettbewerb“ und auf welchen Ebenen findet er statt?
2. Was bedeutet „Globalisierung“, welche Ursachen und Folgen hat sie?
3. Worin zeigt sich die Verlagerung der weltwirtschaftlichen Gewichte? Welche regionalen und strukturellen Gewichtsverlagerungen lassen sich in der Weltwirtschaft in der jüngeren Vergangenheit beobachten?

Schon Kurt Tucholsky hat 1931 in seinem Essay „Kurzer Abriss der Nationalökonomie“ lakonisch festgestellt: „Was die Weltwirtschaft angeht, so ist sie verflochten.“ Seit Tucholskys Beobachtung hat die weltweite Vernetzung wirtschaftlicher Vorgänge erheblich zugenommen. Diese zur Globalisierung gehörende Entwicklung ist heute das hervorstechende Merkmal der Weltwirtschaft. Eng verbunden mit der Globalisierung ist der internationale Wettbewerb. Während früher Wettbewerb weitgehend zwischen Betrieben innerhalb eines Landes stattfand, stehen Unternehmen heute weltweit im Wettbewerb um Märkte, Standorte und Arbeitskräfte. Auch ganze Staaten konkurrieren untereinander bei der Ansiedlung von Unternehmen, die Arbeitsplätze schaffen und Steuern zahlen.

Multinationale Konzerne sind auffällige Beispiele für die intensiven weltweiten Verflechtungen. Ihre große Marktmacht, aber auch ihre Fähigkeit, nationalen Regelungen bei der Besteuerung, bei Umweltschutzauflagen, bei Arbeitnehmerrechten usw. auszuweichen, rufen immer wieder Forderungen nach international einheitlichen Standards hervor.

Die Einschätzungen von Begleiterscheinungen der Globalisierung sind unterschiedlich. Während vor allem die Globalisierungsgewinner die positiven Seiten hervorheben, betonen die Globalisierungsverlierer und die globalisierungskritischen Netzwerke (wie z. B. Attac) die negativen Folgen der Globalisierung.

Parallel zur Globalisierung finden auch Prozesse der Regionalisierung statt. Zahlreiche internationale Wirtschaftsbündnisse und Freihandelsabkommen erleichtern und regeln grenzüberschreitende Wirtschaftsbeziehungen.

Der Strukturwandel, der langfristig zunächst zu einer Gewichtsverlagerung von landwirtschaftlich geprägten Volkswirtschaften zu industriellen Fertigungsabläufen führte, zeigt sich heute in einem globalen Wandel von Industriegesellschaften zu Dienstleistungs- und Kommunikationsgesellschaften.

Literatur

Albers, H.-J. (2017): Volkswirtschaftslehre. 12. Aufl., Haan-Gruiten.
Allen, R. C. (2015): Geschichte der Weltwirtschaft. Stuttgart.
Hausberger, B. (2015): Die Verknüpfung der Welt: Geschichte der frühen Globalisierung vom 16. bis zum 18. Jahrhundert. Wien
Hoppen, D. (2014): Internationale Wirtschaft. Stuttgart.
Kompakt-Lexikon Internationale Wirtschaft (2013). Wiesbaden.
Le Monde diplomatique (Hrsg.) (2015): Atlas der Globalisierung. Paris.
Reich, R. B. (1997): Die neue Weltwirtschaft. Das Ende der nationalen Ökonomie. Frankfurt a. M.
Stiglitz, J. E. (2004): Die Schatten der Globalisierung. München.

AUFGABEN

1. Internationaler Wettbewerb findet auf unterschiedlichen Ebenen statt. Erläutern Sie mindestens drei dieser Ebenen und prüfen Sie, welche Probleme jeweils auftreten können. (M1, M2)
2. Stellen Sie das Phänomen der Globalisierung in einer Mindmap dar. (M9–M12)
3. Etliche Unternehmen verlagern Teile ihrer Produktion ins Ausland. Erläutern Sie die Gründe. (M1, M2, M6, M12)
4. Wählen Sie eines der in M17 aufgeführten Abkommen aus und informieren Sie sich darüber. Beurteilen Sie seine Bedeutung für die Regionalisierung. (M13)
5. Erläutern Sie Kennzeichen der regionalen und strukturellen Gewichtsverlagerungen der letzten Jahrzehnte und erläutern Sie Auswirkungen für den Wirtschaftsstandort Deutschland. (M14, M15, M18–M20)

Internationaler Wettbewerb

M1 Internationaler Wettbewerb

Die weltweite Arbeitsteilung hat den internationalen Wettbewerb verschärft. Gefördert wird er ausdrücklich auch durch internationale Handelsabkommen, deren Ziel es ist, Handelshemmnisse abzubauen. Ein Unternehmen hat heute nicht nur Konkurrenten auf dem heimischen Markt, sondern befindet sich oft in einem weltweiten Wettbewerb. Internationaler Wettbewerb findet auf unterschiedlichen Ebenen statt:

Produktwettbewerb
Ein Blick in einen heutigen Supermarkt oder einen Elektronikmarkt zeigt es: In den Regalen steht ein weltweites Warenangebot. Äpfel vom Bodensee oder aus dem Alten Land konkurrieren mit Äpfeln aus Neuseeland oder aus Südafrika; Smartphones aus den USA konkurrieren mit Smartphones aus Südkorea oder China. Durch die Möglichkeiten des Internets ist das internationale Warenangebot und damit auch der Produktwettbewerb buchstäblich grenzenlos geworden. Allein in Deutschland wuchs das Volumen des Onlinehandels von 2006 bis 2016 von 16 Mrd. Euro auf 46 Mrd. Euro. Für Produktwerbung werden in Deutschland jährlich rund 30 Mrd. Euro ausgegeben.

Unternehmenswettbewerb
Internationaler Produktaustausch und -wettbewerb hat für die Unternehmen den Wettbewerbsdruck enorm erhöht; sie konkurrieren heute weltweit um Kunden, Märkte und Marktanteile. Für die Wettbewerbssituation eines Unternehmens spielen vor allem seine Produktionskosten und seine Fähigkeit, sich auf Kundenwünsche einzustellen, eine Rolle. Beide Aspekte führen dazu, dass Unternehmen ihre Produktion ganz oder teilweise in kostengünstigere Länder und in die Nähe großer Absatzmärkte verlagern. Unternehmen wetteifern auch mit einem guten Image (Liefertreue, Service, Umweltfreundlichkeit u. Ä.) um Ansehen bei Kunden. Insbesondere auf Massenmärkten benötigen Unternehmen oft auch eine gewisse Größe, um im Wettbewerb mit anderen mithalten zu können. Dies hat vermehrt zu internationalen Unternehmenskooperationen und -fusionen geführt, wobei sich Unternehmen bei Unternehmensübernahmen oftmals einen harten Bieterwettkampf liefern.

Standortwettbewerb
Unternehmen suchen nach Standorten, die entsprechend ihren Zielsetzungen attraktiv erscheinen. Da die Ansiedlung von Unternehmen neue Arbeitsplätze und zusätzliche Steuereinnahmen verspricht, bemühen sich Staaten in einem internationalen Standortwettbewerb intensiv um Unternehmen. Gewichtige Argumente für eine Ansiedlung sind u. a. Verkehrsanbindung, informations- und kommunikationstechnische Infrastruktur und Absatzmärkte. Eine erhebliche Rolle spielen auch die „Niedrig"-Argumente: niedrige Steuern, niedrige Umweltauflagen und geringe Arbeitnehmerrechte. Wichtige Indikatoren für die Attraktivität und die internationale Wettbewerbsfähigkeit eines Standortes sind der globale Wettbewerbsindex (vgl. M4) und ausländische Direktinvestitionen (vgl. M7).

Arbeitskräftewettbewerb
Auf dem Arbeitsmarkt findet ein wechselseitiger internationaler Wettbewerb statt. Unternehmen suchen Fachkräfte und kämpfen weltweit um die „besten Köpfe". Angeboten werden gute Bezahlung, Arbeitsplatzqualität und -sicherheit und Familienfreundlichkeit; geworben wird auch mit so genannten weichen Produktionsfaktoren (Wohnqualität, lokale und regionale Bildungseinrichtungen und Freizeitwert).

Arbeitnehmer ihrerseits streben dorthin, wo die Löhne hoch und die Arbeits- und Umgebungsbedingungen gut sind. Freizügigkeit und arbeitsmarktorientierte Abkommen und Einwanderungsgesetze fördern den internationalen Arbeitskräfteaustausch.

M2 Arbeitskosten je Arbeitnehmerstunde im verarbeitenden Gewerbe 2015

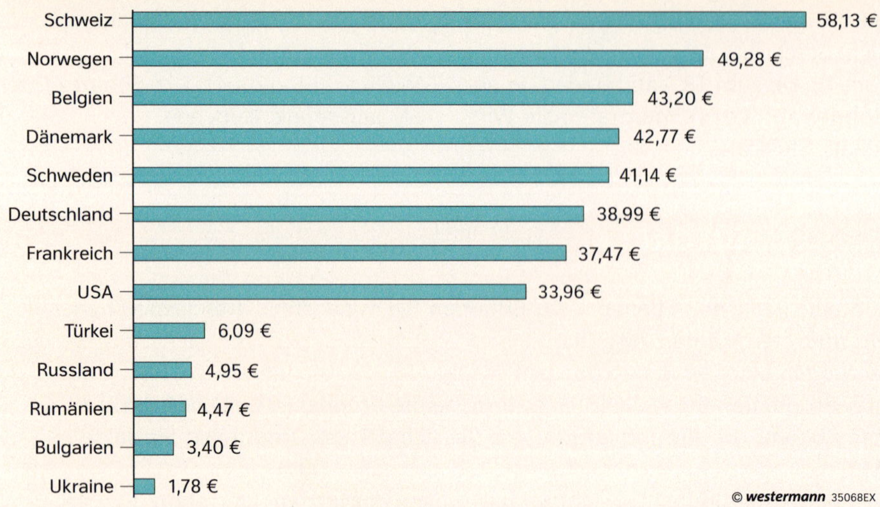

Quelle: Institut der Deutschen Wirtschaft, iwd, 21.09.2016

M3 Definition „internationale Wettbewerbsfähigkeit"

Internationale Wettbewerbsfähigkeit ist dann gegeben, wenn Unternehmen ihre Produkte auf ausländischen Märkten zu Preisen absetzen können, die die entstandenen Kosten decken und zudem noch eine angemessene Rendite erbringen (Preis-Wettbewerbsfähigkeit). Da auch nicht preisliche Aktionsparameter – wie Produktqualität, Zeitpunkt und Zuverlässigkeit der Lieferung sowie Finanzierungsbedingungen – für den Absatzerfolg maßgeblich sind, muss der Begriff der Preis-Wettbewerbsfähigkeit um den der Nicht-Preis-Wettbewerbsfähigkeit erweitert werden. Der Begriff der internationalen Wettbewerbsfähigkeit ist dabei unternehmensbezogen zu interpretieren. Die internationale Wettbewerbsfähigkeit eines Landes ergibt sich demnach aus der Aggregation der Wettbewerbsfähigkeit der Unternehmen des betreffenden Landes.

Quelle: Gablers Wirtschaftslexikon (http://wirtschaftslexikon.gabler.de/Definition/internationale-wettbewerbsfaehigkeit.html)

M4 Globaler Wettbewerbsindex 2015/2016

Das Weltwirtschaftsforum erstellt regelmäßig einen Index der Wettbewerbsfähigkeit von Ländern. Der Bewertung liegen zwölf Faktoren zugrunde, u. a. Infrastruktur, Wirtschaftswachstum, Arbeitsmarkt, Gesundheits- und Bildungssystem.

Beste Platzierungen		
Rang	**Land**	**Wert**
1	Schweiz	5,76
2	Singapur	5,68
3	USA	5,61
4	Deutschland	5,53
5	Niederlande	5,50
5	Japan	5,47
7	Hongkong	5,46
8	Finnland	5,45
9	Schweden	5,43
10	Großbritannien	5,43

Schlechteste Platzierungen		
Rang	**Land**	**Wert**
131	Myanmar	3,32
132	Venezuela	3,30
133	Mosambik	3,20
134	Haiti	3,18
135	Malawi	3,15
136	Burundi	3,11
137	Sierra Leone	3,06
138	Mauretanien	3,03
139	Tschad	2,96
140	Guinea	2,84

Quelle: Wirtschaftsforum (http://reports.weforum.org/global-competitiveness-report-2015-2016/)

M5 Internationale Vernetzungen

Die globale Vernetzung der Wirtschaft zeigt sich in der Internationalisierung von Produktion, Handel, Kapitalmärkten, Standortentscheidungen und Arbeitsmärkten. Die Internationalisierung von Produktion und Handel führt zunehmend zu globalen Wertschöpfungsketten. Als Wertschöpfungskette wird der Weg eines Produktes vom Rohstoff bis zum Endprodukt bezeichnet. Unternehmen produzieren weltweit oder kaufen Rohstoffe, Vorprodukte und Halbfertigprodukte weltweit ein und fügen sie zum Endprodukt zusammen (Produktionsverflechtung). Auch Unternehmensdienstleistungen werden oft in anderen Ländern erbracht; so verlagern beispielsweise etliche Firmen ihre Datenverarbeitung, ihre Buchhaltung und andere Dienstleistungsbereiche nach Indien oder in andere Länder, in denen diese Arbeiten preiswerter, aber inzwischen oft ebenso gut durchgeführt werden können wie im Inland („offshoring").

Besonders weit fortgeschritten ist die Internationalisierung der Kapitalmärkte. Das hat natürlich auch mit dem leichten und schnellen Transport, der Transferierbarkeit von Geld zu tun. Seit weltweit kaum noch Kapitalverkehrsbeschränkungen existieren, können Anleger minutenschnell ihr Geld international umschichten oder in verschiedenen Währungen anlegen. Täglich fließen gewaltige Summen um den Globus. Ziel ist es, Zins- und Wechselkursunterschiede (Arbitrage) zwischen verschiedenen Währungsräumen und Zeitzonen gewinnbringend zu nutzen. Im Jahr 2015 lagen die Umsätze an den Devisenmärkten bei schier unvorstellbaren rund 5 Billionen US-Dollar – pro Tag! Rund 60 Prozent dieser Devisentransaktionen sind nicht durch realwirtschaftliche Geschäfte bedingt, sondern beruhen auf Spekulationen und Wetten über Wechselkursschwankungen, deren Ausnutzung angesichts der hohen Summen erhebliche Renditen verspricht. Zu den Marktteilnehmern zählen neben Großbanken immer stärker auch Staats-, Pensions- und Hedgefonds und regionale Banken. Eine immer größere Rolle spielen auch die so genannten Hochfrequenzhändler („high frequency trader") mit ihrem fast ausschließlich computergestützten, sehr schnellen Handel (vgl. M8 auf S. 43 und M9 auf S. 44).

M6 Multinationale Konzerne

Multinationale Konzerne verfügen über Produktionsstätten in vielen Ländern der Erde. Der internationale Handel beruht heute zu einem nicht unwesentlichen Teil auf dem Güteraustausch zwischen international verstreuten Teilen ein und desselben Unternehmens. So geht inzwischen ca. die Hälfte aller US-Importe aus Deutschland auf das Konto firmeninterner Einkäufe von in Deutschland angesiedelten Töchtern von US-Unternehmen. In den Exportgütern eines Landes befinden sich auf diese Weise zunehmend Anteile, die nicht mehr im Inland gefertigt wurden, sondern vom Ausland bezogen und lediglich in das Endprodukt eingefügt wurden („Basar-Ökonomie").

Global Player
Globales Unternehmen; Form des internationalen Unternehmens, die weitestgehend nur in globalen Branchen vertreten ist und sich hier einem globalen Wettbewerb stellen muss. Charakteristisch für die globale Unternehmung ist das Bestreben, über die weltweite Koordination aller Unternehmensaktivitäten Skalen- und Synergieeffekte [...] zu erzielen und gleichzeitig alle weltweit relevanten Märkte zu bedienen bzw. zu bearbeiten.

Quelle: http://wirtschaftslexikon.gabler.de/Definition/globale-unternehmung.html

Die so genannten Global Players oder Welt-AGs, operieren nicht nur weltweit, sie produzieren auch weltweit in eigenen Produktionsstätten. In vielen multinationalen Unternehmen ist inzwischen die Beschäftigtenzahl im Ausland größer als im Inland. Weltweit operierende Unternehmen unterliegen keiner wirksamen gesellschaftlichen Kontrolle. Sie können sich – zumindest teilweise – gewerkschaftlichen Einflüssen, nationalen Steuergesetzen, Umweltauflagen, Mitbestimmungsregelungen u. a. entziehen. Durch internationale Streuung der Aktien und sonstiger Beteiligungen sind die Eigentumsverhältnisse in der Regel ebenfalls international.

Siemens AG – ein Global Player
- Firmensitze in Berlin und München
- Standorte für Forschung, Entwicklung und Vertrieb in über 200 Ländern
- 125 Standorte in Deutschland
- Umsatz 2016: 79,6 Mrd. Euro, davon 87 % im Ausland
- 351 000 Mitarbeiter weltweit, davon 68 % im Ausland
- 900 000 Aktionäre; gut 55 % des Aktienkapitals werden außerhalb Deutschlands gehalten

M7 Direktinvestitionen

Das Hauptinstrument internationaler Unternehmenstätigkeit sind Direktinvestitionen. Dahinter verbergen sich grenzüberschreitende Investitionen in bereits bestehende eigene Produktionsstätten, Errichtung neuer Produktionsstätten, Unternehmensbeteiligungen, -übernahmen oder -zusammenschlüsse. Beweggründe für Direktinvestitionen sind die gleichen, die auch für die internationale Arbeitsteilung allgemein gelten: Erschließung neuer Märkte, Nähe zu Absatzmärkten und Produktionskostenvorteile an anderen Standorten. Nach Angaben der United Nations Conference on Trade and Development (UNCTAD) beliefen sich die weltweiten Direktinvestitionen im Jahr 2015 auf 1,762 Billionen US-$; 962 Milliarden US-$ gingen in die Industrieländer, 800 Milliarden US-$ in Schwellen- und Entwicklungsländer.

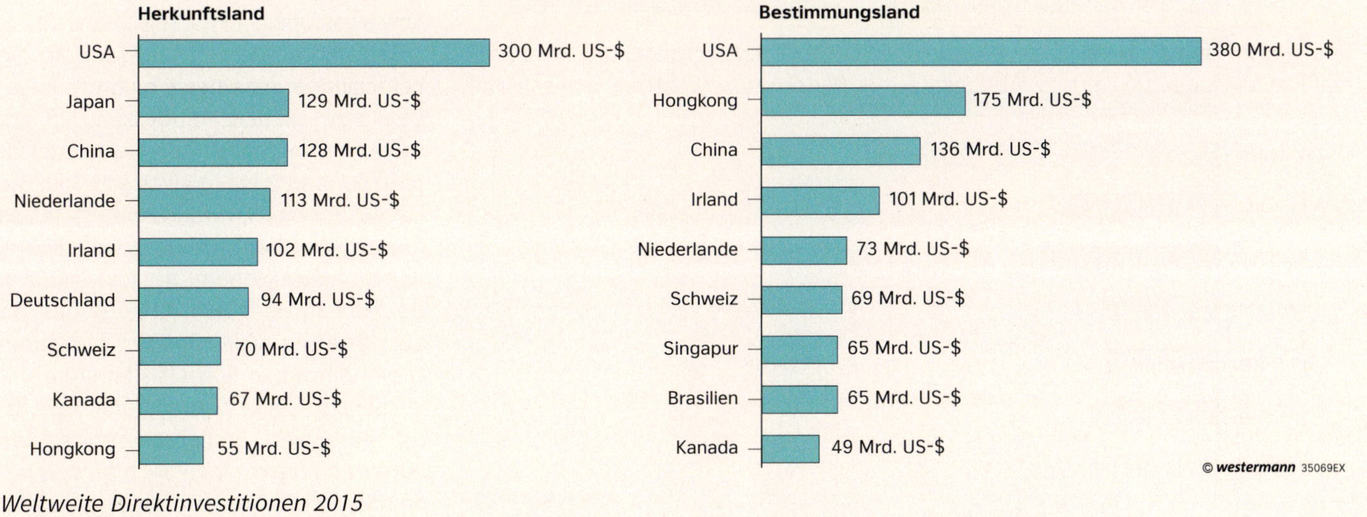

Weltweite Direktinvestitionen 2015

Quelle: UNCTAD: World Investment Report 2016

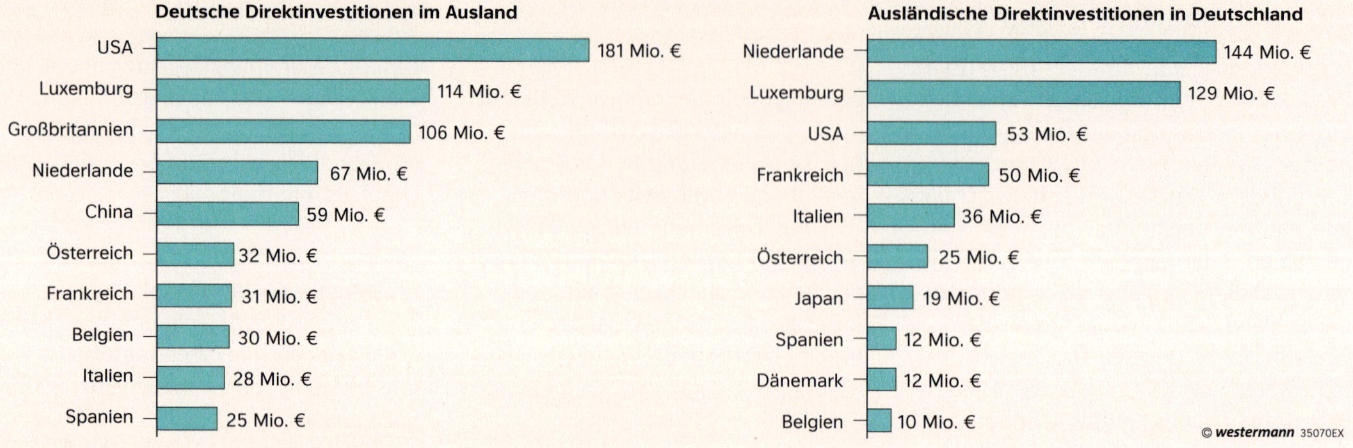

Bestand deutscher Direktinvestitionen im Ausland, Bestand ausländischer Direktinvestitionen in Deutschland Ende 2014

Quelle: Deutsche Bundesbank: Bestandserhebung über Direktinvestitionen, April 2016

M8 Internationalisierung der Arbeitsmärkte

Im Zuge der enger werdenden wirtschaftlichen Verflechtungen schreitet auch die Internationalisierung der Arbeitsmärkte voran. Arbeitskräfte wandern dorthin, wo es Arbeitsplätze gibt, und Unternehmen verlagern ihre Produktion dorthin, wo Arbeitskräfte vorhanden sind. Nationale Regulierungen sowie kulturelle und sprachliche Barrieren behindern jedoch oft das Zusammenwachsen der Arbeitsmärkte. Vor allem große, zunehmend aber auch kleine und mittlere Unternehmen überlegen heute, ob sie ihre Produktion nicht dort stattfinden lassen, wo sie günstige Arbeitsmarktverhältnisse vorfinden. Multinationale Unternehmen nutzen auf diese Weise nicht nur weltweit Vorteile bestimmter Absatz- und Arbeitsmärkte, sie können dadurch auch nationalen Tarifvereinbarungen, Steuersätzen, Arbeitnehmerschutzregelungen, Sozial- und Umweltstandards ausweichen; „Steuerdumping“, „Sozialdumping“ und „Umweltdumping“ sind häufig benutzte Charakterisierungen für diese Situation.

In Deutschland begann die Internationalisierung der Arbeitsmärkte schon sehr früh. Bereits seit Mitte der 1950er-Jahre wurden im großen Stil Arbeitsmigranten („Gastarbeiter“) nach Deutschland angeworben.

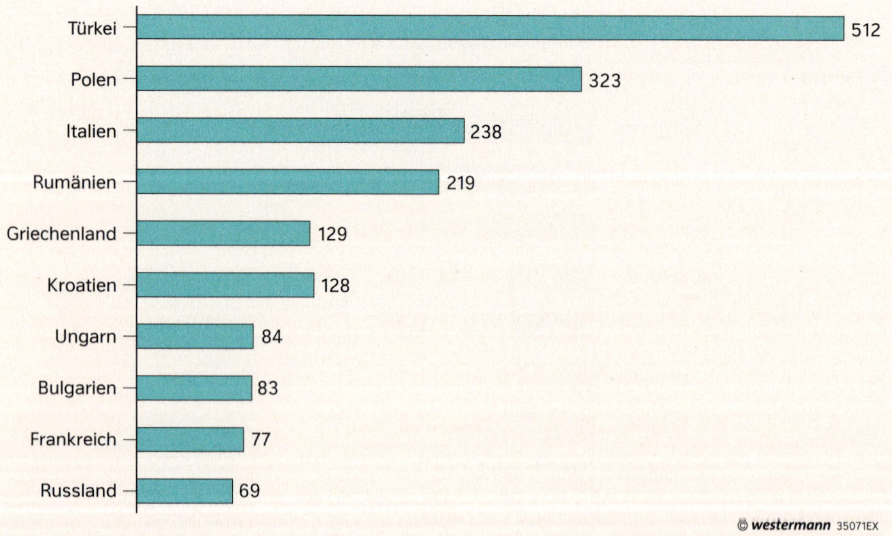

Ausländische Beschäftigte in Deutschland nach ihren Herkunftsländern (in 1000) (Stand: 31.03.2016)

Quelle: Bundesagentur für Arbeit

1955 Italien
1960 Spanien
1960 Griechenland
1961 Türkei
1963 Marokko
1963 Südkorea
1964 Portugal
1965 Tunesien
1968 Jugoslawien

Bilaterale Anwerbeabkommen der Bundesrepublik Deutschland

Aufgrund der schwächer werdenden wirtschaftlichen Entwicklung, insbesondere auch in Folge der Ölkrise von 1973, erfolgte im November 1973 ein völliger Anwerbestopp.

Seit Jahren wird in Deutschland die Verabschiedung eines Einwanderungsgesetzes diskutiert, mit dessen Hilfe auf Grund bestimmter Kriterien eine erleichterte Zuwanderung möglich sein soll. Befürworter eines Einwanderungsgesetzes führen vor allem an, dass angesichts der demografischen Entwicklungen in Deutschland der zukünftige Bedarf an qualifizierten Arbeitskräften nur durch Zuwanderung in den Arbeitsmarkt hinreichend gedeckt werden könne („Facharbeiterlücke“). Entsprechend sind die Zuwanderungskriterien auch an den Bedingungen des Arbeitsmarktes orientiert.

Bürger aus EU-Ländern können sich aufgrund der im Binnenmarkt geltenden Freizügigkeit uneingeschränkt in anderen EU-Ländern niederlassen und auch einer beruflichen Tätigkeit nachgehen.

M9 Definiton „Globalisierung“

Definition 1

Unter Globalisierung versteht man den Prozess der zunehmenden internationalen Verflechtung in Wirtschaft, Politik und Kultur. Auf wirtschaftlichem Gebiet äußert sich die Globalisierung vor allem in einer zunehmenden internationalen Verflechtung der Handels-, Produktions- und Finanzmarktbeziehungen. Bei diesem Prozess handelt es sich um eine langfristige Entwicklung, deren Ausmaß und Geschwindigkeit in den letzten Jahrzehnten jedoch rasant zugenommen haben. Wesentliche Ursachen der wirtschaftlichen Globalisierung sind die Entwicklung neuer Informations- und Kommunikationstechniken (Computer, Internet, Handy, Satelliten), Entwicklung und Ausbau leistungsfähiger und kostengünstiger Transportsysteme („Container-Revolution“) sowie die Liberalisierung des Welthandels durch Abbau von Zöllen und Handelsbeschränkungen. Die Grenzen von Zeit und Raum gelten nicht mehr; die eine Welt ist zusammengewachsen.

Definition 2

Globalisierung [ist die] Bezeichnung für die zunehmende Entstehung weltweiter Märkte für Waren, Kapital und Dienstleistungen sowie die damit verbundene internationale Verflechtung der Volkswirtschaften. Der Globalisierungsprozess der Märkte wird vor allem durch neue Technologien im Kommunikations-, Informations- und Transportwesen sowie neu entwickelte Organisationsformen der betrieblichen Produktionsprozesse vorangetrieben. Weltweite Datennetze, Satellitenkommunikation, computergestützte Logistik und hoch entwickelte Verkehrsmittel lösen Arbeit und Produktion, Produkte und Dienstleistungen von den nationalen Standorten und ermöglichen es den Unternehmen, die für sie günstigsten Produktions- bzw. Lieferstandorte auszuwählen und ihre Aktivitäten weltweit zu koordinieren. In immer stärkerem Maße werden dadurch Angebot und Nachfrage aus der ganzen Welt zusammengefasst und die Preisbildung vereinheitlicht.

Hauptakteure der Globalisierung sind multinationale Unternehmen, die mit ihren Investitions-, Produktions- und Produktstrategien zunehmend Charakter und Formen des internationalen Handels bestimmen. Auf den Finanzmärkten schließen sich weltweit nicht nur die Börsen verschiedener Standorte aus unterschiedlichen Ländern zusammen, sondern auch der weltweite Handel mit Wertpapieren hat in den vergangenen Jahren enorm zugenommen. Anbieter und Nachfrager können Preise und Informationen über Wertpapiere z. B. auf den weltweiten Aktienmärkten miteinander vergleichen.

Seit einigen Jahren ruft die Globalisierung auch Ängste und Kritik hervor. Insbesondere Nichtregierungsorganisationen wie Attac weisen auf negative Folgen überwiegend wirtschaftlicher Globalisierung hin. Die Finanzmarktkrise seit Ende 2007 machte die Schattenseiten einer unzureichend regulierten Weltwirtschaft überdeutlich und stellte die Regierungen bei der Bekämpfung der neuen Weltwirtschaftskrise vor große Herausforderungen.

Quelle: Duden. Wirtschaft von A bis Z: Grundlagenwissen für Schule und Studium, Beruf und Alltag. 5. Aufl. Mannheim: Bibliographisches Institut 2013. Lizenzausgabe Bonn: Bundeszentrale für politische Bildung 2013

M10 Globalisierung: Einschätzung von Jugendlichen

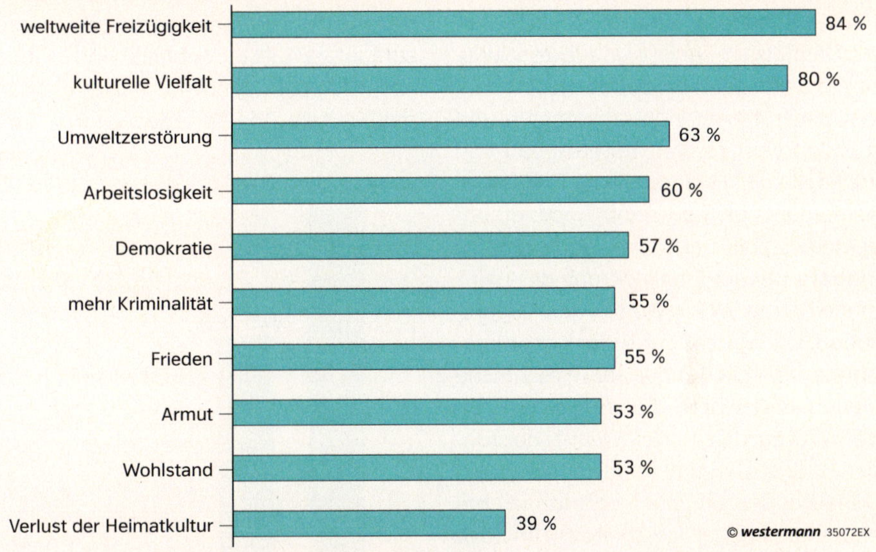

Was verbinden Jugendliche in Deutschland (12–25 Jahre) mit Globalisierung?

Quelle: Shell-Jugendstudie 2010

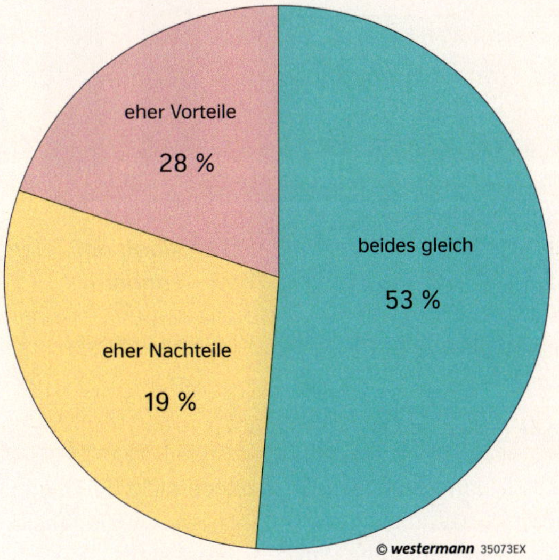

Sehen Jugendliche in Deutschland (12–25 Jahre) in der Globalisierung eher Vor- oder Nachteile?

Quelle: Shell-Jugendstudie 2010

M11 Ursachen der Globalisierung

Neben übergreifenden Trends wie der internationalen Arbeitsteilung sind es vor allem drei Ursachen, die die Globalisierung in den vergangenen Jahrzehnten besonders gefördert haben:

Liberalisierung des Welthandels

Der weltweite Handel ist – wenn auch in Schüben – in der zweiten Hälfte des 20. Jhs. stark angewachsen. Mit der Liberalisierung des Welthandels ist aber nicht nur ein intensiverer Warenaustausch verbunden. Experten rechnen auch mit globalen Wachstumszuwächsen, Wohlstandsgewinnen in dreistelliger Milliardenhöhe und einem wesentlichen Beitrag zur internationalen Sicherheit und Stabilität.

Gefördert wird der internationale Wettbewerb ausdrücklich auch durch internationale Handelsabkommen, deren Ziel es ist, Handelshemmnisse und Investitionsbeschränkungen abzubauen. Hauptanliegen der frühen Handelsabkommen und -runden war ein weltweiter Abbau von Zöllen. Bereits 1948 trat das GATT (General Agreements on Tariffs and Trade; dt. Allgemeines Zoll- und Handelsabkommen) in Kraft. Bei der Eingliederung des GATT in die heutige WTO (World Trade Organization; dt. Welthandelsorganisation) gehörten ihm 123 Länder an. Wesentliche Meilensteile waren die vom GATT bzw. der WTO durchgeführten Welthandelsrunden (zuletzt Uruguay-Runde [1986–1994], Doha-Runde [seit 2001; nicht formell beendet, gilt aber als gescheitert]). Im Zuge der GATT- bzw. WTO-Verhandlungen wurden die früher zum Teil sehr hohen Zölle drastisch abgebaut.

Verbesserung der Transportmöglichkeiten

Warenaustausch ist immer auch mit Transporten verbunden. Es liegt auf der Hand, dass Bedingungen und Kosten von Warentransporten für den Umfang des Warenaustausches von großer Bedeutung sind. Die Kosten für See- und Lufttransporte sinken seit Jahrzehnten (vgl. M22 auf S. 23). Sie machen heute nur noch einen Bruchteil der früheren Kosten aus.

Stark verkürzt haben sich auch die Transportzeiten. Während früher Segelschiffe oft monatelang unterwegs waren, benötigen heute moderne Frachtschiffe für die gleiche Strecke nur wenige Wochen. Luftfracht ermöglicht sogar Transporte weltweit innerhalb von wenig mehr als einem Tag. Die geringeren Transportzeiten senken nicht nur die Kosten, sie ermöglichen auch den weltweiten Austausch von Gütern, die – wie beispielsweise Lebensmittel – nur eine sehr begrenzte Lebensdauer haben.

Begünstigt wurde die Entwicklung im Seeverkehr vor allem durch den Bau immer größerer und effizienterer Containerschiffe sowie durch die Entwicklung und den massenhaften Einsatz des Standardcontainers. Diese Container sind in ihren Abmessungen genormt und erleichtern das Stapeln und Verladen enorm. Containerschiffe können je nach Größe bis zu 20000 dieser Container laden.

Viele Güter liegen heute in digitaler Form vor. Diese digitalen Güter – oftmals große Datenmengen – können in Sekundenschnelle und zu sehr geringen Kosten um den ganzen Globus verschickt werden.

Verbesserung der Informations- und Kommunikationsmöglichkeiten

Die Entwicklung neuer Technologien im Bereich der Informations- und Kommunikationstechniken hat die Globalisierung ebenfalls stark gefördert. Computer, Internet, weltweiter Telefonverkehr, E-Mail-Verkehr usw. haben völlig neue Möglichkeiten der Information und Kommunikation geschaffen. Zeit und Kosten sind beträchtlich gesunken.

Nicht zuletzt hat auch die weltweite Verbreitung der englischen Sprache die globalen Möglichkeiten der Information und Kommunikation beflügelt.

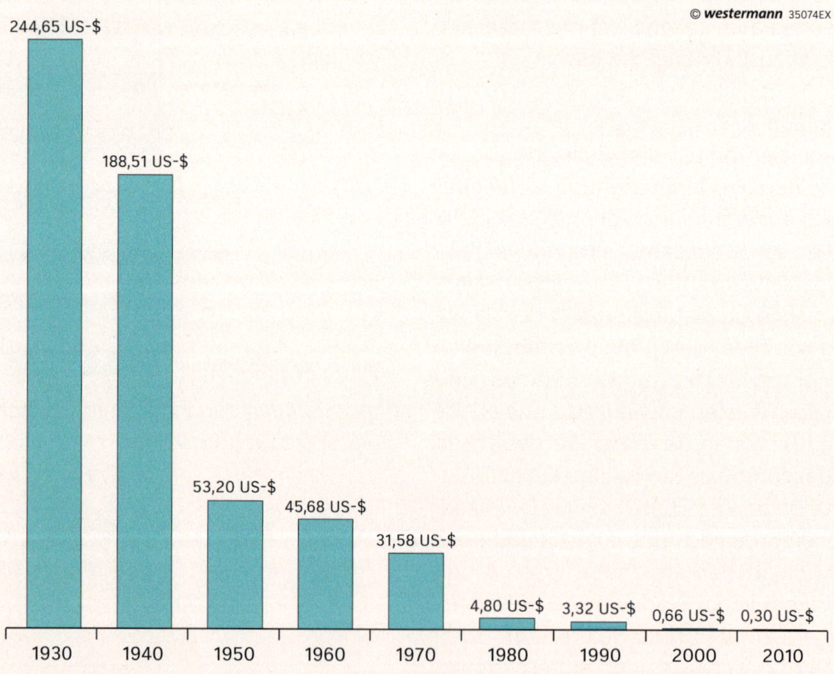

Entwicklung der Telefonkosten 1930–2005 (Kosten eines 3-minütigen Gesprächs New York – London)

Quelle: Busse, M.: HWWA Discussion Paper Nr. 116; Bundesverband der Deutschen Industrie BDI: Außenwirtschaftsreport 04/2002

M12 Folgen der Globalisierung

Die Folgen der Globalisierung sind vielfältig. Zahlreiche Entwicklungen resultieren auch aus einem Bündel von Ursachen und der Anteil der Globalisierung ist im Einzelnen nicht zu identifizieren. Vier Aspekte werden als Globalisierungsfolgen häufig thematisiert:

Globalisierung und Wohlstand

Nach der volkswirtschaftlichen Theorie führen zunehmende Arbeitsteilung und verstärkter Warenaustausch zu Wohlstandsgewinnen. Das gilt grundsätzlich auch für den Zusammenhang von Globalisierung und Wohlstand. Darüber hinaus fördern die im Durchschnitt steigenden Einkommen und dank des stärkeren Wettbewerbs niedrigeren Güterpreise den Wohlstand. Allerdings sind die Wirkungen in den einzelnen Ländern recht unterschiedlich. Entscheidend ist – neben der Verfügbarkeit über natürliche Ressourcen – die internationale Wettbewerbsfähigkeit von Volkswirtschaften. Wettbewerbsfähige Länder profitieren von der Globalisierung – zu ihnen wird auch Deutschland gezählt –, für weniger wettbewerbsfähige Länder hat sich die weltweite Öffnung der Märkte eher als nachteilig erwiesen. Sowohl bei Staaten als auch bei den verschiedenen Bevölkerungsschichten gibt es Globalisierungsgewinner und Globalisierungsverlierer.

Globalisierung und Beschäftigung

Der Zusammenhang zwischen Globalisierung und Beschäftigung ist insgesamt sowohl in seinen quantitativen Dimensionen als auch in seinen Wirkungen und Wechselwirkungen noch recht wenig bekannt und daher Gegenstand zahlreicher wissenschaftlicher Forschungsprojekte. Es lassen sich daher derzeit nur Tendenzen aufzeigen.

Steigender Wohlstand führt zu steigender Nachfrage. Auch die weltweite Verfügbarkeit der Produkte stimuliert die Nachfrage. Wachsende Nachfrage schafft tendenziell zusätzliche Arbeitsplätze. Im Gegenzug zwingt der starke internationale Wettbewerb die Unternehmen zur Rationalisierung und zur Kostendämpfung. Beides kostet Arbeitsplätze. Nach Einschätzung von Experten überwiegt jedoch der positive Effekt der Globalisierung auf die Beschäftigung.

Im Zuge der Globalisierung findet häufig eine Beschäftigungsverlagerung statt. Vor allem die Produktion arbeitsintensiver Güter wandert in Länder mit niedrigen Arbeitskosten (Niedriglohnländer) (vgl. M2). Für Unternehmen ist es in der Regel auch vorteilhaft, nahe an den Absatzmärkten zu produzieren. Einem Anstieg der Beschäftigung in entsprechenden Ländern stehen Arbeitsplatzverluste, vor allem für gering Qualifizierte, in Ländern mit höheren Lohnkosten gegenüber.

Zwar sind durch die Globalisierung auch in armen Ländern Arbeitsplätze und damit Einkommen entstanden. Während jedoch die Bedingungen für transnationale Konzerne durch Liberalisierung und zahlreiche Abkommen verbessert wurden, hat sich kaum jemand der Interessen der Arbeitnehmer angenommen. Sie waren häufig die Verlierer im Rennen um die niedrigsten Löhne und die schlechtesten Standards im internationalen Wettbewerb.

Globalisierung und Umwelt

Die Umwelt wird oft als eindeutiger Verlierer der Globalisierung gesehen. Verantwortlich für diese Einschätzung sind u. a. folgende Entwicklungen:

- Neben der Zunahme der Weltbevölkerung, fortschreitender Industrialisierung und wachsendem Wohlstand führt auch die Globalisierung zu einem vermehrten Abbau natürlicher Rohstoffe.
- Der Rohstoffabbau liegt zu einem großen Teil in den Händen kapitalstarker transnationaler Unternehmen, die auf nationale, regionale und Umweltbedürfnisse bestenfalls bedingt Rücksicht nehmen.
- Der stark angestiegene weltweite Warenaustausch hat zu einer enormen Steigerung der Transporte zu Lande, zu Wasser und in der Luft geführt mit entsprechend nachteiligen Folgen für die Umwelt (Luftverschmutzung, Verschmutzung der Weltmeere, Treibhauseffekt usw.).
- Durch fortschreitende Industrialisierung und steigenden Wohlstand nehmen auch Abfallberge und umweltschädliche Emissionen erheblich zu. Die Umwelt wird dabei allzu oft als Mülldeponie zum Nulltarif missbraucht.
- Die Globalisierung hat auch den so genannten Mülltourismus verstärkt. Strengere nationale Umweltschutzvorschriften werden durch den Export von Müll in andere Länder, insbesondere in Entwicklungsländer, umgangen.
- Da Umweltauflagen zu den Kriterien für Standortentscheidungen gehören, versuchen manche Länder, durch geringe Umweltstandards Unternehmen zur Ansiedlung zu bewegen („Umweltdumping"), was dazu führen kann, dass umweltunfreundlich und daher kostengünstiger hergestellte Produkte die umweltfreundlicher hergestellten und daher teureren Produkte vom Markt verdrängen.

Umweltschädigungen, insbesondere Schädigungen von Wasser und Luft, halten sich nicht an nationale Grenzen und sind daher in besonderer Weise eine Form von Globalisierung. Der grenzüberschreitende Charakter vieler Umweltschädigungen hat zu der Einsicht geführt, dass ein breiter internationaler Konsens zur Einhaltung bestimmter Umweltstandards nötig ist. Auf zahlreichen Weltklimagipfeln und Umweltschutzkonferenzen ist über solche Umweltstandards diskutiert worden, teils kam es auch zu Beschlüssen (vgl. M4 auf S. 142). Allerdings zeigt sich hierbei auch, dass zum einen solche Beschlüsse oft nur durch weitgehende Kompromisse möglich sind und dass zum anderen oft die Umsetzung den Beschlüssen weit hinterherhinkt.

Globalisierung und nationale Wirtschaftspolitik

Die Globalisierung schränkt die Steuerungsmöglichkeiten nationaler Wirtschaftspolitiken immer mehr ein. Staaten sind in internationale Gemeinschaften und Abkommen eingebunden. Unternehmen agieren weltweit und werden von nationalen Regeln zunehmend unabhängig. Arbeitnehmer können sich dank grenzüberschreitender Mobilität und nahezu unbegrenzter Informations- und Kommunikationsmöglichkeiten weltweit um Arbeitsplätze bemühen. Die unterschiedlichen Wirtschaftseinheiten können sich den Einflussnahmen einzelner Staaten mehr und mehr entziehen.

Hieraus ergeben sich für nationale Wirtschaftspolitiken zwei Notwendigkeiten:

- Nach innen müssen Maßnahmen zur Verbesserung der internationalen Wettbewerbsfähigkeit ergriffen werden. Dazu gehören u. a. die Erhöhung der Produktivität und der Produktqualität durch Forschung und Entwicklung, die Qualifikation des Produktionsfaktors Arbeit (Investitionen in Bildung und Ausbildung), technisch anspruchsvolle und zuverlässige Infrastruktur (Transportwesen, Informations- und Kommunikationswege), Effizienz von Institutionen.
- Nach außen müssen die Bemühungen um international einheitliche Standards verstärkt werden (Steuern, Umweltstandards, Arbeitnehmerrechte usw.). Das kann durch internationale Abkommen oder durch Übertragung von Aufgaben auf übernationale Einrichtungen geschehen. So wird beispielsweise die Einrichtung eines Welt-Umweltministeriums, z. B. bei den Vereinten Nationen, für notwendig, allerdings auch für unrealistisch gehalten. Internationale Verpflichtungen sind für die Nationalstaaten mit einem Souveränitätsverlust verbunden, der oftmals sachlich notwendige Vereinbarungen verhindert.

Neue Schwerpunkte – Wirtschaftsregionen, Bündnisse und Strukturwandel

M13 Weltweite Regionalisierungstendenzen

Parallel zur Globalisierung finden auch Prozesse der Regionalisierung statt. Zum einen lassen sich Verdichtungen durch Konzentration wirtschaftlicher Aktivitäten zwischen Regionen (interregional), zum anderen verstärkt innerhalb von Regionen (intraregional) beobachten. Weltwirtschaftliche Schwerpunktregionen (Clusterbildung) sind die Großräume Europa, Nordamerika und Asien/Pazifik. Sie bestreiten 80 Prozent des gesamten Welthandels, wobei ein intensiver Handel sowohl innerhalb der Regionen als auch zwischen den Regionen stattfindet.

Die Entwicklungsländer haben an der weltwirtschaftlichen Entwicklung nur einen begrenzten Anteil. Während Lateinamerika in den letzten Jahren etwas aufholen konnte, ist Afrika weiter zurückgefallen. Das gilt insbesondere für die Länder südlich der Sahara. Die fehlende regionale Vernetzung von Wirtschaft und Verkehr und interne Strukturprobleme (z. B. Korruption, ausgebliebene Agrarreformen, Bürgerkriege, zwischenstaatliche Spannungen) verhindern eine den Handelsblöcken vergleichbare Regionalisierung. Darüber hinaus fehlt ihnen wegen wirtschaftlicher Unterentwicklung, hoher Auslandsverschuldung und starkem Bevölkerungswachstum eine ausreichende Kapital- und Finanzierungsbasis. Sie sind deswegen von den modernen technologie- und kapitalintensiven Entwicklungen der Weltwirtschaft weitgehend ausgeschlossen. Ansätze zur regionalen Kooperation von Schwellen- und Entwicklungsländern untereinander (z. B. Mercosur) bzw. von Industrieländern mit Schwellenländern (z. B. NAFTA) zeigen jedoch erste Erfolge.

M14 Wachsende Bedeutung Südostasiens

In engem Zusammenhang mit der Regionalisierung stehen regionale Gewichtsverlagerungen. Die südostasiatischen Länder und China bilden heute eine der dynamischsten Regionen der Weltwirtschaft. Besonders auffallend sind die Entwicklungen in China und Indien. Allein der chinesische Außenhandel ist seit den 1990er-Jahren mehr als doppelt so schnell gewachsen wie der weltweite Handel insgesamt. Frühere Entwicklungsländer (z. B. Südkorea [vgl. Kasten 3 auf S. 13], Taiwan, Singapur, Malaysia) haben den Sprung in die Gruppe der Industrieländer geschafft (Newly Industrialized Countries [NIC]). Andere haben als so genannte Schwellenländer den Pfad der industriellen Entwicklung beschritten (z. B. Chile, Mexiko, Südafrika, Thailand).

M15 Die größten Volkswirtschaften der Welt 2015 (BIP in Mio. US-$)

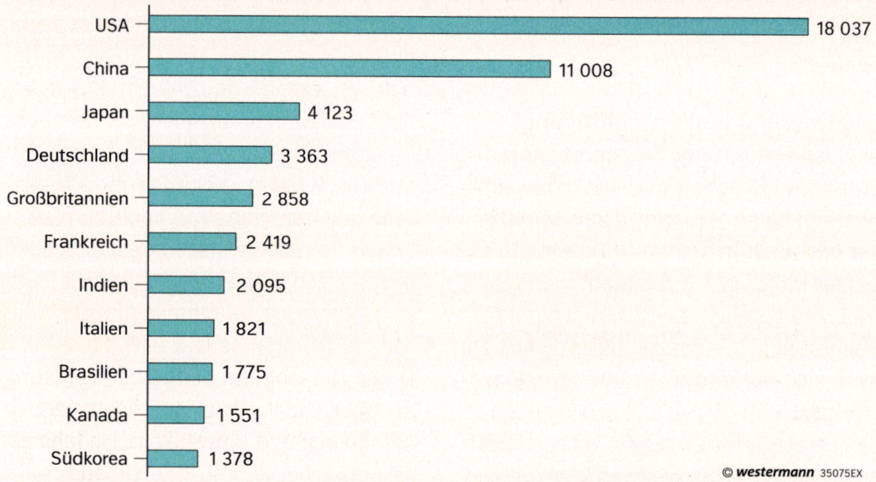

Quelle: Weltbank, http://data.worldbank.org/indicator/NY.GDP.MKTP.CD?year_high_desc=true

M16 Prozentuale Veränderung des BIP (Wirtschaftswachstum)

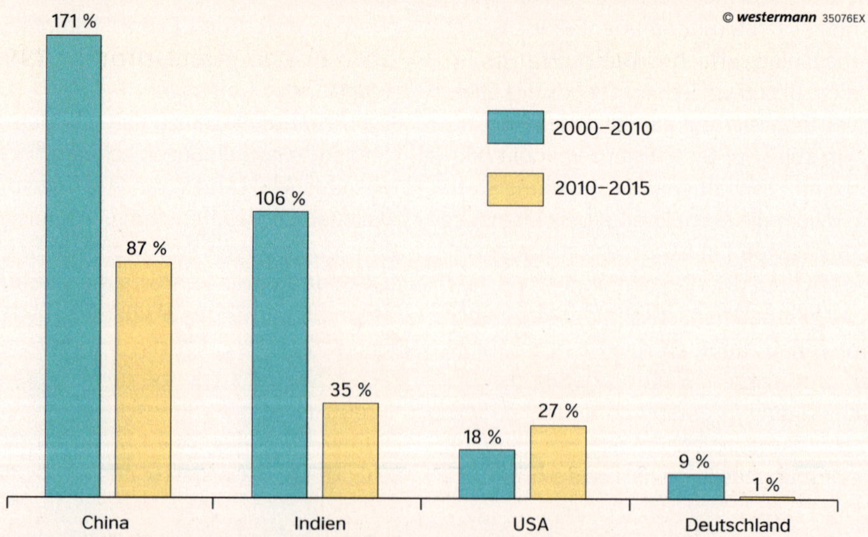

Quelle: Statistisches Bundesamt; eigene Berechnungen

M17 Internationale Wirtschaftsbündnisse und Freihandelsabkommen

Die Grenzen zwischen Wirtschaftsbündnissen und Freihandelsabkommen sind fließend. Im engeren Sinne werden bei Freihandelszonen lediglich Handelsbarrieren (Zölle und nicht tarifäre Handelshemmnisse) abgeschafft, jeder Mitgliedsstaat bleibt jedoch selbstständig. Ein gemeinsamer Binnenmarkt sieht zusätzlich den freien Verkehr von Waren, Dienstleistungen, Arbeitskräften und Kapital vor. Noch weitergehend ist die Wirtschaftsunion, in der auch eine gemeinsame Wirtschaftspolitik angestrebt wird (Beispiel: Europäische Union). Die oberste Stufe der wirtschaftlichen Integration ist die Wirtschaftsunion mit gemeinsamer Währung (Beispiel: Eurozone).

Abkommen	deutsche Bezeichnung	Beteiligte
EWR	Europäischer Wirtschaftsraum (Freihandelszone)	EU, EFTA
EFTA	Europäische Freihandelszone	Island, Liechtenstein, Norwegen, Schweiz
CEFTA	Mitteleuropäisches Freihandelsabkommen	Albanien, Bosnien-Herzegowina, Kosovo, Mazedonien, Moldawien, Montenegro, Serbien
NAFTA	Nordamerikanisches Freihandelsabkommen	Kanada, USA, Mexiko
Mercosur	Gemeinsamer Markt Südamerikas	Argentinien, Brasilien, Paraguay, Venezuela, mehrere assoziierte Staaten
MCCA	Zentralamerikanischer gemeinsamer Markt	Guatemala, El Salvador, Honduras, Nicaragua, Costa Rica
COMESA	Gemeinsamer Markt für das Östliche und Südliche Afrika	20 Staaten Ost- und Südafrikas
AFTA	Freihandelszone des Verbandes Südostasiatischer Staaten	Brunei, Kambodscha, Indonesien, Laos, Malaysia, Myanmar, Philippinen, Singapur, Thailand, Vietnam
derzeit im Verhandlungsstatus:		
CETA	Wirtschafts- und Handelsabkommen	EU, Kanada
TTIP	Transatlantisches Handelsabkommen	EU, USA

Wichtige Abkommen

M18 Dienstleistungen und Informationen statt Waren

Ein weiteres Merkmal der weltwirtschaftlichen Entwicklung ist die zunehmende Bedeutung der Dienstleistungen und ein entsprechender Bedeutungsrückgang des industriellen Sektors. Eine Gewichtsverlagerung der drei Wirtschaftssektoren vom Agrarsektor über den produzierenden Sektor zum Dienstleistungssektor ist typisch für die wirtschaftliche Entwicklung (vgl. M10 auf S. 20). Der Trend zur Dienstleistungsgesellschaft hat vor allem in (ehemaligen) Industrieländern, aber auch in Schwellenländern und – abgeschwächt – in Entwicklungsländern in den letzten Jahren deutlich an Fahrt zugenommen. Dienstleistungen sind die Güter, bei denen die Arbeitsleistung von Menschen im Vordergrund steht (Tätigkeiten von Ärzten, Rechtsanwälten, Programmierern, Pflegekräften usw.). In der Verschiebung vom produzierenden Sektor zum Dienstleistungssektor zeigt sich weltweit der Strukturwandel von Industriegesellschaften zu Dienstleistungsgesellschaften.

M19 Anteile der Wirtschaftssektoren am Bruttoinlandsprodukt 1995 und 2014 in ausgewählten Regionen (in %)

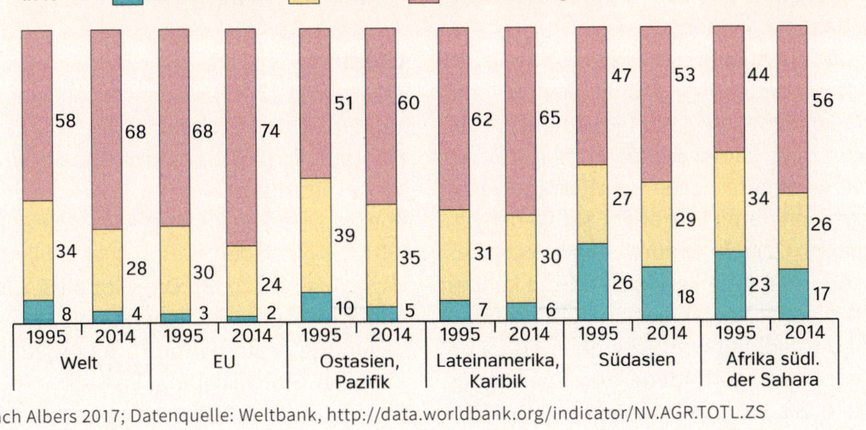

nach Albers 2017; Datenquelle: Weltbank, http://data.worldbank.org/indicator/NV.AGR.TOTL.ZS

M20 Anteile der Wirtschaftssektoren an der gesamtwirtschaftlichen Bruttowertschöpfung Deutschlands 1970–2015

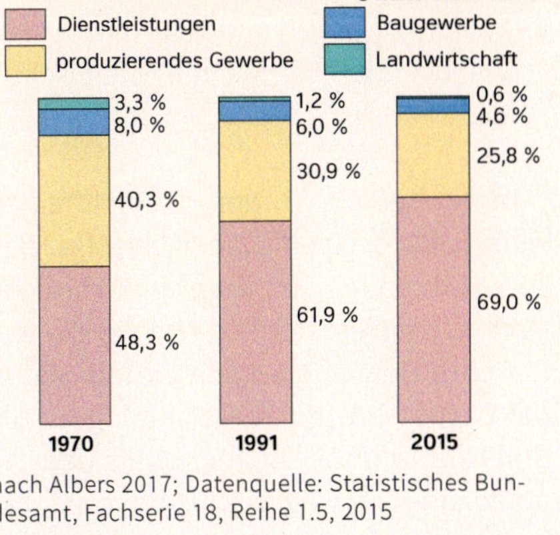

nach Albers 2017; Datenquelle: Statistisches Bundesamt, Fachserie 18, Reihe 1.5, 2015

2.3 Probleme der Weltwirtschaft

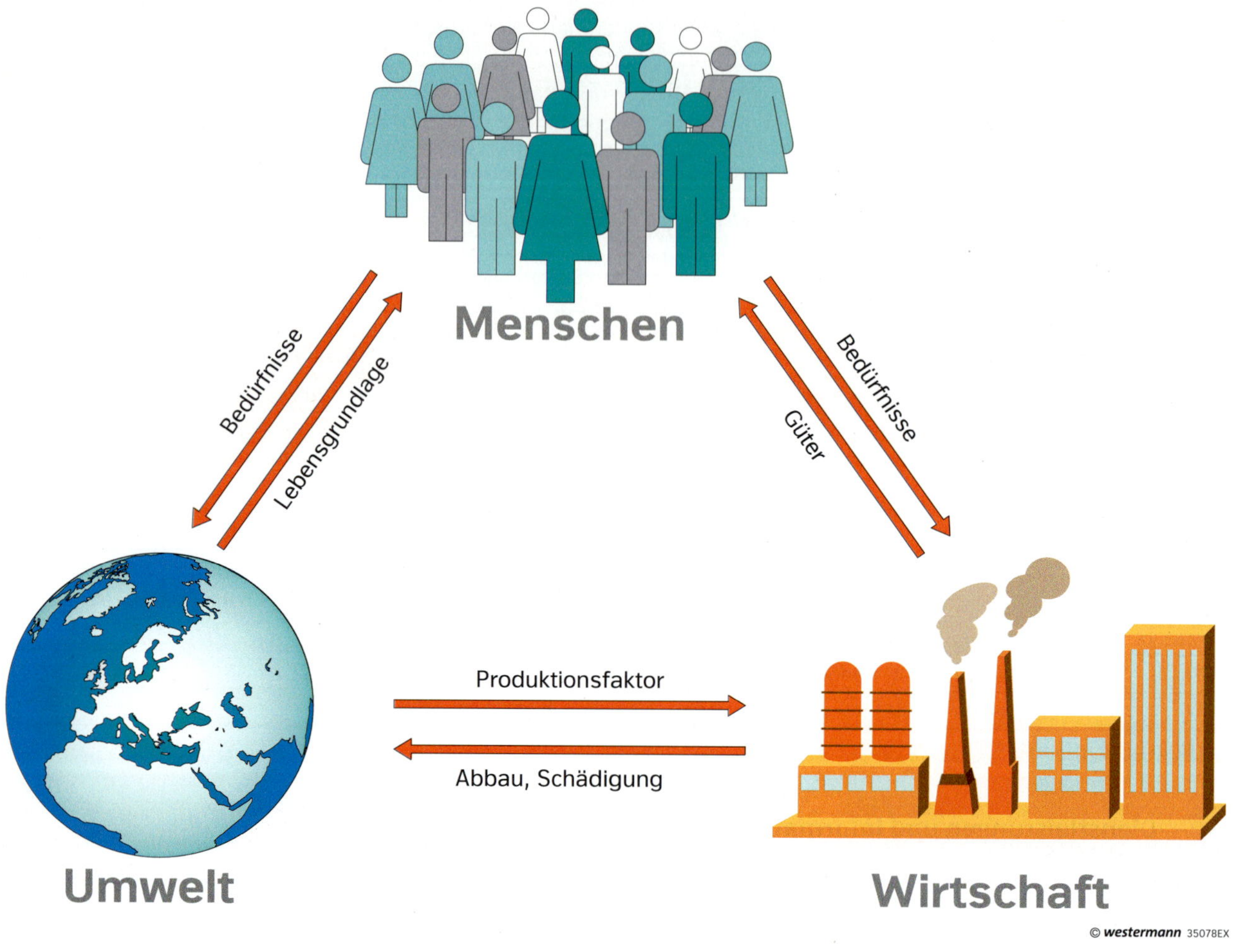

Dieses Kapitel beschäftigt sich mit folgenden Fragen:

1. Welche Abhängigkeiten können durch die weltweiten wirtschaftlichen Verflechtungen entstehen?
2. Worin zeigen sich ungleiche Verteilungen in der Weltwirtschaft?
3. Welche Gefahren gehen von unkontrollierten Finanzmärkten aus?
4. Welche Folgen haben Steuerdumping und Steuerverlagerung?
5. Welche Ursachen und Folgen haben die wachsenden weltweiten Staatsschulden?

In Kapitel 2.2 wurden die vielfältigen wirtschaftlichen Verflechtungen aufgezeigt. Diese führen neben zahlreichen Vorteilen auch zu problematischen Abhängigkeiten. Ein alter Börsianerspruch lautet: „Wenn die Wall Street [Kurzbezeichnung für die amerikanische Wertpapierbörse und die amerikanische Finanzindustrie] niest, bekommt die ganze Welt einen Schnupfen." In neuer Zeit ist diese Erkenntnis ergänzt worden: „Wenn China Schnupfen hat, hustet die ganze Welt."

Zu den großen Problemen der Weltwirtschaft gehören auch ungleiche Verteilungen. Das gilt für natürliche Ressourcen (Bodenschätze, Klima, Böden, Wasser usw.), aber auch für Einkommen, Kaufkraft und Kapital und zahlreiche andere wirtschaftliche Faktoren.

Vor allem multinationale Konzerne haben weitreichende Möglichkeiten – die sie auch nutzen –, um Gewinne von Ländern mit höherer Besteuerung in Länder mit niedrigerer Steuerbelastung zu verlagern und damit in großem Stil Steuern zu sparen. Obwohl dadurch ihre Steuerbasis schrumpft, beteiligen sich etliche Länder an diesem Steuerwettlauf, um dadurch die Ansiedlung von Unternehmen im eigenen Land zu fördern. Gewinner dieses Wettlaufs sind die Unternehmen, bei den Ländern gibt es letztlich nur Verlierer.

Das weltweite Finanzsystem ist durch die Finanzkrise von 2007/2008, durch zahlreiche Finanzskandale, durch unkontrollierbare weltweite Finanzaktionen, durch Beihilfe zur Geldwäsche und Steuervermeidung („Panama-Papers") u. Ä. in den vergangenen Jahren ziemlich in Verruf geraten. Um diese Auswüchse zu bekämpfen, wird der Ruf nach einer stärkeren Regulierung der Finanzmärkte lauter.

Literatur

Albers, H.-J. (2017): Volkswirtschaftslehre. 12. Aufl., Haan-Gruiten.

Hoppen, D. (2014): Internationale Wirtschaft. Stuttgart.

Kompakt-Lexikon Internationale Wirtschaft (2013). Wiesbaden.

Leggewie, C. (2003): Die Globalisierung und ihre Gegner. München.

Le Monde diplomatique (Hrsg.) (2015): Atlas der Globalisierung. Paris.

Stiglitz, J. E. (2004): Die Schatten der Globalisierung. München.

AUFGABEN

1. Erläutern Sie, wie sich aus einer Immobilienblase in den USA eine weltweite Staatsschuldenkrise entwickeln konnte. Prüfen Sie auch, ob die seit 2011 sich entwickelnde Eurokrise, in deren Verlauf mehrere Länder, vor allem Griechenland, mit umfangreichen „Hilfspaketen" vor dem Staatsbankrott bzw. vor dem Zusammenbruch des Bankensystems gerettet werden mussten, von diesen Entwicklungen mitverursacht wurde. (M1)
2. Diskutieren Sie mögliche Folgen von Import-/Exportabhängigkeiten am Beispiel von Venezuela und Deutschland. Informieren Sie sich, was in diesem Zusammenhang mit „wirtschaftlicher Monokultur" gemeint ist. (M2)
3. Vergleichen Sie die Aussagekraft des Bruttonationaleinkommens je Einwohner und des Gini-Koeffizienten im Hinblick auf Höhe und Verteilung der Einkommen in einem Land. (M3, M4)
4. Nennen und erläutern Sie stichwortartig gewichtige Hindernisse, die dem wirtschaftlichen Fortschritt in vielen Entwicklungsländern entgegenstehen. (M4–M7)
5. Beschreiben Sie Gefahren, die durch deregulierte und unkontrollierte Finanzmärkte entstehen können und beurteilen Sie die Wirkung einer Finanztransaktionssteuer. (M8–M10)
6. Erläutern Sie, warum Staaten Steuerdumping und Steuerverlagerung begünstigen und welche Folgen daraus für die Gesamtheit der Staaten entstehen. (M11–M13)
7. Erklären Sie, warum insbesondere für Entwicklungsländer die Gefahr besteht, in die so genannte „Schuldenfalle" zu geraten. (M14–M16)

Internationale Verflechtungen schaffen Abhängigkeiten

M1 Die Finanzkrise 2007/2008 und ihre Folgen

Finanzkrise	→	**Wirtschaftskrise**	→	**Staatschuldenkrise**	→	**Eurokrise**
2007/2008		2009		2010+		2011+

Kaum ein anderes Ereignis zeigt so deutlich wie die Finanzkrise von 2007/2008, wie sehr internationale Finanzmärkte untereinander verflochten sind, aber auch, wie Finanzmärkte, Realwirtschaft und Staaten voneinander abhängig sind.

Finanzkrise

Die später als Finanz- und Bankenkrise bezeichnete Entwicklung begann im Frühjahr 2007. Ein über etliche Jahre aufgeblähter Immobilienmarkt hatte in den USA eine Immobilienblase aufgebaut, die im Frühjahr 2007 zu platzen begann und zu der US-Immobilienkrise („Subprimekrise") führte. Hauptursache war eine exzessive Kreditvergabe, auch an Schuldner mit geringer Bonität. Da zahlreiche Immobilienkredite nur unzureichend abgesichert waren, gerieten etliche, auch große Banken, in den USA in Bedrängnis, als viele Schuldner ihren Verpflichtungen nicht mehr nachkommen konnten. Wegen der Verflechtung der Finanzmärkte wurden weltweit Banken in Mitleidenschaft gezogen. Die internationale Finanzkrise erreichte ihren Höhepunkt mit dem Zusammenbruch der US-Großbank Lehman Brothers im September 2008. In zahlreichen Ländern mussten Banken in großem Umfang mit Staatsgeldern gerettet werden. Hierfür mussten sich die Länder zum Teil erheblich verschulden, was die Staatsverschuldung stark ansteigen ließ.

1,6 Billionen für Bankenrettung

Nach Angaben der EU-Kommission mussten die EU-Staaten zwischen 2008 und 2010 etwa 1,6 Billionen Euro (Beihilfen, Garantien, Bürgschaften) bereitstellen, um Banken vor dem Zusammenbruch zu retten.

Wirtschaftskrise

Die Finanzkrise übertrug sich 2008 und verstärkt 2009 auf die Realwirtschaft (= derjenige Teil der Wirtschaft, der auf der Produktion von und dem Handel mit Gütern basiert). Weltweit ging die Nachfrage zurück, die Produktion wurde gedrosselt, die Arbeitslosigkeit wuchs sprunghaft an und die Aktienkurse gingen stark zurück. International rutschen die meisten Volkswirtschaften in eine Rezession. Die Industrieproduktion in der Eurozone sank vom Frühjahr 2008 bis Frühjahr 2009 um rund 20 Prozent. Im April 2009 schätzte der Internationale Währungsfonds (IWF) die weltweiten Verluste infolge der Krise auf 4 Billionen US-$ (rund 3 Billionen Euro).

Um die Auswirkungen der Finanzkrise auf die Realwirtschaft abzumildern, wurden von zahlreichen Staaten umfangreiche Konjunkturpakete geschnürt. Weltweit wird das Volumen der aufgelegten Konjunkturprogramme auf 2 Billionen US-$ geschätzt. Zur Finanzierung der Stützmaßnahmen mussten viele Staaten erneut beträchtliche Schulden aufnehmen.

Frankreich	-2,5 %
Deutschland	-4,7 %
Großbritannien	-4,9 %
Italien	-5,2 %
Estland	-13,9 %
Litauen	-14,7 %
USA	-2,6 %
Japan	-6,3 %
Russland	-7,8 %

Veränderung des BIP 2009 im Vergleich zum Vorjahr

Quelle: Statistisches Bundesamt

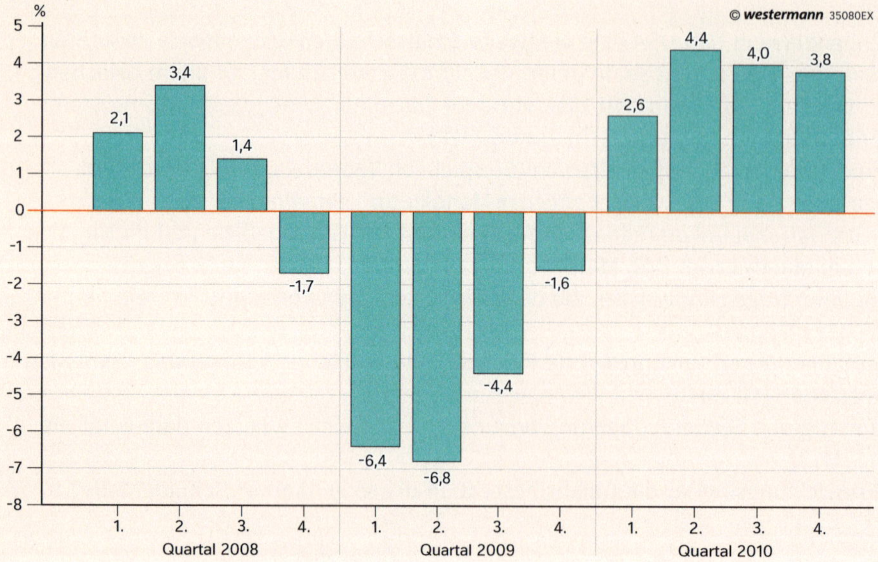

Prozentuale Veränderung des BIP 2008–2010 jeweils im Vergleich zum vorherigen Quartal in Deutschland

Quelle: Statistisches Bundesamt

Staatsschuldenkrise

Die als Folge der Wirtschaftskrise konjunkturbedingten staatlichen Mindereinnahmen, die staatlichen Mehrausgaben für Bankenrettung und Konjunkturpakete sowie ein insgesamt großzügiger Umgang mit Krediten haben die Staatsverschuldung in vielen Ländern der Welt deutlich ansteigen lassen. Das gilt insbesondere auch für etliche Länder der EU und der Euro-Zone. Besonders getroffen von der Staatsschuldenkrise sind in Europa Griechenland, Italien, Portugal und Spanien.

Zur Unterstützung in Not geratener Länder wurden „Rettungsschirme" für den Euro und die Euro-Zone eingerichtet: zunächst 2010 die „Europäische Finanzstabilisierungsfazilität" (EFSF) und ab 2012 der „Europäische Stabilitätsmechanismus" (ESM). Seit 2010, verstärkt seit 2015, kauft die Europäische Zentralbank (EZB) auch in großem Stil Staatsanleihen von Euro-Ländern auf, um auf diese Weise zusätzliches Geld in den Finanzmarkt zu schleusen, die Kreditvergabe der Banken zu fördern und die Kreditzinsen zu senken. Durch die Vermehrung der Geldmenge soll auch die Inflationsrate in der Eurozone an die angestrebte Höhe von rund 2 % herangeführt werden.

Griechenland	177 %
Italien	132 %
Portugal	129 %
Spanien	100 %
Frankreich	96 %
Deutschland	71 %
Großbritannien	89 %
Japan	248 %
USA	105 %

Verhältnis der staatlichen Gesamtverschuldung zum BIP 2015
Quelle: BMF, Monatsberichte

Eurokrise

Die Staatsschuldenkrise einiger Euroländer führte zu einer Krise der gemeinsamen Währung. Wirtschaftshistorisch treten derartige Ketten häufig auf. Der „Sachverständigenrat zur Begutachtung der gesamtwirtschaftlichen Entwicklung" („Fünf Weise") bezeichnet derartige Entwicklungen als „Drillingskrisen" und spricht von einem Teufelskreis von Banken-, Schulden- und Währungskrisen.

Angesichts drohender Staatsinsolvenzen verloren die Finanzmärkte einerseits ihr Vertrauen in Bonität und Zahlungsfähigkeit der Krisenländer und spekulierten andererseits gegen sie. Das führte u. a. dazu, dass sich diese Länder nur gegen hohe Zinsen Geld auf dem Finanzmarkt besorgen konnten, was die bereits bestehende Krisensituation weiter verschlimmert.

Die krisenhafte Situation führte zu ernsthaften Diskussionen sowohl über die generelle Lebensfähigkeit der gemeinsamen Währung als auch über den Verbleib gewisser Staaten in der Eurozone. Insbesondere der mögliche Austritt Griechenlands wurde immer wieder thematisiert.

Zur Bewältigung der Eurokrise wurden zahlreiche Maßnahmen ergriffen. Die bekanntesten sind die so genannten „Hilfspakete" für die Länder Griechenland, Irland, Portugal, Spanien und Zypern. Im Rahmen dieser Pakete stellten die Euro-Zone und der IWF den Krisenländern über 500 Milliarden Euro in Form von Krediten und Bürgschaften zur Verfügung.

M2 Internationale Arbeitsteilung kann zu Abhängigkeiten bei Exporten und Importen führen

Internationale Arbeitsteilung kann dazu führen, dass in einem Land nur noch wenige Produkte, vorrangig solche, die auf dem Weltmarkt tauschfähig sind, hergestellt werden („wirtschaftliche Monokultur"). Ein solches Land gerät leicht in Abhängigkeit von den Absatzmöglichkeiten dieser wenigen Produkte und den jeweiligen Weltmarktpreisen. Abhängigkeiten entstehen aber auch für Abnehmerländer. Sie sind darauf angewiesen, dass das Ausland die benötigten Güter auch liefert (z. B. Energie). Ein Lieferausfall oder ein Lieferstopp würde die Wirtschaft dieser Länder in große Bedrängnis bringen.

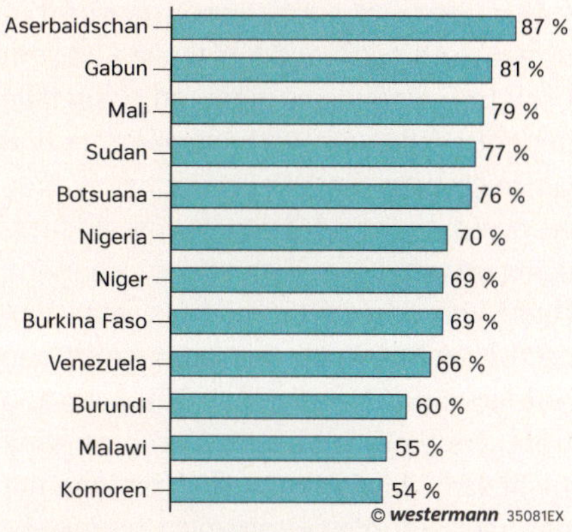

Anteil des Hauptexportgutes am Gesamtexport (Stand 2011)

Quelle: UN

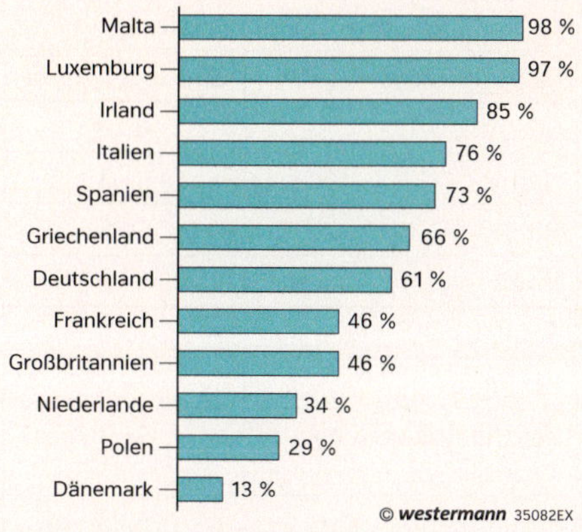

Anteil der Energieeinfuhren am Inlandsverbrauch (2014)

Quelle: Eurostat

Ungleiche Verteilungen

Während auf die Schwellen- und Entwicklungsländer rund 85 Prozent der Bevölkerung entfallen, erbringen sie (nach Wechselkursen berechnet) nur etwa 58 Prozent der Weltwirtschaftsleistung und nur rund 37 Prozent der Weltexporte (vgl. M31 auf S. 26). Besonders augenfällig sind die Einkommensunterschiede. Während das jährliche Pro-Kopf-Einkommen in den fortgeschrittenen Industrieländern bei zum Teil deutlich über 40 000 US-$ liegt, erreicht es in den ärmsten Ländern der Welt nicht einmal 400 US-$. In den letzten Jahren hat sich weder das Einkommensgefälle zwischen reichen und armen Ländern verringert, noch waren den Bemühungen um eine Bekämpfung der Massenarmut bisher nennenswerte Erfolge beschieden (vgl. Kapitel 4.3).

M3 Reiche und arme Länder (2015)

Die 10 reichsten Länder		**Die 10 ärmsten Länder**	
Land	**Bruttonationaleinkommen je Einwohner und Jahr in US-$**	**Land**	**Bruttonationaleinkommen je Einwohner und Jahr in US-$**
Norwegen	93 820	Burundi	260
Schweiz	84 180	Zentralafrikanische Republik	320
Australien	60 070	Malawi	350
Schweden	57 810	Liberia	380
Dänemark	58 590	Niger	390
USA	54 960	Kongo	410
Österreich	47 120	Madagaskar	420
Finnland	46 360	Gambia	460
Deutschland	45 790	Guinea	470
Japan	36 680	Togo	540
Frankreich	40 580	Mosambik	580
Großbritannien	43 340	Guinea-Bissau	590
Italien	32 790	Äthiopien	590

Quelle: Weltbank (http://databank.worldbank.org/data/download/GNIPC.pdf)

M4 Ungleichverteilung von Einkommen

Auffallend ist die Ungleichverteilung der Einkommen innerhalb der Länder – auch und gerade in Entwicklungsländern. Es scheint, als würden im Zuge der Globalisierung die Reichen immer reicher und die Armen immer ärmer.

Gini-Koeffizient: Häufig verwendetes Maß für die Abweichung der Verteilung des Einkommens auf Personen oder Haushalte innerhalb eines Landes. Ein Wert von 0 bedeutet absolute Gleichheit, ein Wert von 100 absolute Ungleichheit. Je höher der Koeffizient, umso höher ist also das Ausmaß der Ungleichheit.

Gute Gleichverteilung	
Land	**Gini-Koeffizient**
Schweden	26,1
Norwegen	26,8
Dänemark	26,9
Finnland	27,8
Niederlande	28,9
Österreich	30,0
Deutschland	30,6
Frankreich	31,7
Italien	35,5
Spanien	35,8
Großbritannien	38,0
USA	41,1

Schlechte Gleichverteilung	
Land	**Gini-Koeffizient**
Südafrika	65,0
Namibia	61,3
Botsuana	60,5
Haiti	59,2
Sambia	57,5
Honduras	57,4
Zentralafrikanische Republik	56,3
Kolumbien	53,5
Brasilien	52,7
Guatemala	52,4
Panama	51,9
Swasiland	51,5

Gini-Koeffizient für 2013

Quelle: UNPD: Weltentwicklungsbericht 2015, S. 254–257

Vor allem im südlichen Afrika und in mittel- und südamerikanischen Ländern besteht ein enormes Einkommensgefälle in der Bevölkerung. Verbreitete Armut und Ungleichverteilung der Einkommen führen zu einem empfindlichen Verlust an Massenkaufkraft in den Entwicklungsländern. Diese von den Ökonomen als „Marktenge" bezeichnete Situation behindert den Aufbau einer heimischen Güterproduktion, die einerseits über Beschäftigung zusätzliche Einkommen schaffen und andererseits durch Güterexporte dringend benötigte Devisen ins Land holen könnte. Neben Kriegen ist vor allem die Armut im Heimatland ein Hauptgrund für Flucht und weltweite Migration.

M5 Fehlendes Investitionskapital

Wirtschaftliche Entwicklung und wirtschaftliches Wachstum benötigen Investitionen. Investitionen finden statt, wenn mit Investitionen Gewinnaussichten verbunden sind (Investitionsbereitschaft) und das dafür notwendige Kapitel vorhanden ist oder beschafft werden kann (Investitionsfähigkeit).

Der in Entwicklungsländern bestehende chronische Kapitalmangel könnte durch Direktinvestitionen aus entwickelten Ländern gemildert werden (vgl. M7 auf S. 31). Doch ähnlich wie beim Güteraustausch findet auch beim Kapital ein Austausch vorwiegend zwischen den Industrieländern – und in Grenzen mit und zwischen Schwellenländern – statt. Entwicklungsländern fehlt dadurch nicht nur dringend benötigtes Investivkapital. Da die multinationalen Unternehmen mit ihren Direktinvestitionen in aller Regel auch ihre fortgeschrittene Technik in die Gastgeberländer exportieren, entgeht den Entwicklungsländern auch der damit verbundene Transfer von Know-how (Spillover-Effekt). Der Kapitalmangel wird verschärft durch die in etlichen Entwicklungsländern, aber auch Schwellen- und Transformationsländern, verbreitete Kapitalflucht. Sie mindert die Steuereinnahmen der betroffenen Länder und erhöht deren Auslandsverschuldung. Die heimischen Eliten haben zuweilen in erster Linie ihren eigenen Vorteil im Auge und verlagern ihr Kapital in ausländische Investitionsobjekte und in Steuer- oder Sicherheitsoasen, anstatt es im eigenen Lande zu investieren. Die Kapitalflucht aus Entwicklungsländern übersteigt die Mittel der Entwicklungszusammenarbeit. Staatliche Misswirtschaft, Prestigedenken und andere Gründe führen häufig zu einer nicht optimalen Kapitalallokation, d. h., Gelder werden nicht dort eingesetzt, wo sie im Interesse des Landes am dringendsten benötigt werden, und sie werden auch nicht mit dem höchstmöglichen Wirkungsgrad gemanagt.

M6 Billionen-Verluste für Entwicklungsländer durch Korruption, Steuer- und Kapitalflucht

Die Entwicklungsländer haben einem neuen Bericht zufolge im Jahr 2010 fast eine Billion US-Dollar durch Korruption, Steuerflucht und andere Kapitaltransferdelikte verloren.

Nach Berechnungen der Non-Profit-Organisation „Global Financial Integrity" (GFI) auf der Grundlage von Handels- und Finanzdaten büßten die Entwicklungsländer trotz beispielloser Gegenmaßnahmen von Regierungen und Nichtregierungsorganisationen insgesamt rund 859 Milliarden Dollar ein.

Der Betrag übersteigt die im gleichen Jahr geleistete öffentliche Entwicklungshilfe (ODA) in Höhe von 88 Milliarden um das Zehnfache. „Das heißt, dass auf jeden Dollar, der für die wirtschaftliche Entwicklung des Südens aufgebracht wurde, zehn Dollar kommen, die unrechtmäßig aus den Entwicklungsländern abgeflossen sind", sagte der Ko-Autor des Berichts, Dev Kar, bei der Vorstellung der Untersuchung am 17. Dezember in Washington.

Da dem Betrag eher konservative Zahlen bis 2010 zugrunde lagen, die vorwiegend von der Weltbank und dem Internationalen Währungsfonds (IWF) stammen, und Bargeld-Transaktionen nicht berücksichtigt wurden, hält die GFI die 2010 durch illegale Transaktionen verursachten Verluste in Höhe von 1,14 Billionen Dollar für realistisch.

Quelle: Jim Lobe in NEOPresse vom 18.12.2012 (http://www.neopresse.com/wirtschaft/billionen-verluste-fur-entwicklungslander-durch-korruption-steuer-und-kapitalflucht/)

M7 Industrieländer schotten ihre Märkte ab

Die Exportmöglichkeiten der Entwicklungsländer leiden nicht nur unter dem Mangel an eigenen weltmarktfähigen Produkten und einer bestehenden weitgehenden Monokultur (vgl. M2). Nach wie vor schotten die Industrieländer ihre Märkte gegenüber den Entwicklungsländern stark ab. Sie tun dies zum einen durch Zölle und zum anderen durch hohe Subventionierung der eigenen Produktion. Dies gilt vor allem für Agrarprodukte, auf deren Exporte viele Entwicklungsländer besonders angewiesen sind, weil dort rund zwei Drittel der Menschen von der Landwirtschaft leben. Sowohl in den USA als auch in der EU erreichen die Zölle (bzw. die zollähnlichen Abschöpfungen) auf Agrarprodukte ein Mehrfaches der Zölle für Industriegüter. Verstärkt werden die Importbarrieren durch massive Subventionen für die Landwirtschaft in Form von Finanzhilfen sowie Exportsubventionen, mit denen „Butterberge" und „Milchseen" auf dem Weltmarkt abgesetzt werden. Obwohl auf die Land- und Forstwirtschaft in den 28 EU-Ländern lediglich 2 Prozent der Wirtschaftsleistung und 5 Prozent der Arbeitsplätze entfallen, machen die jährlich rd. 57 Milliarden Euro Agrarsubventionen rund 40 Prozent des gesamten EU-Haushalts aus.

Unkontrollierte weltweite Finanztransaktionen

M8 Deregulierung der Finanzmärkte

Der im Zuge der Globalisierung technisch und administrativ weitgehend liberalisierte Kapitalverkehr birgt ein nicht unerhebliches Risiko für die Weltwirtschaft in sich. Neben den gigantischen Summen, die weltweit täglich an den Börsen fließen, bereitet insbesondere der hohe Anteil spekulativen Kapitals zunehmend Unbehagen. Hierzu gehören vor allem die seit den 1980er-Jahren geschaffenen hochspekulativen Derivate und Hedgefonds.

Die rund um den Globus vagabundierenden Finanzmittel können in der sensiblen weltwirtschaftlichen Architektur leicht zu Instabilitäten der Finanzmärkte, im schlimmsten Fall zum Zusammenbruch von Unternehmen und ganzer Volkswirtschaften führen. Mitunter fließen riesige Geldströme in Länder, in denen sie vorübergehend einen hohen Gewinn versprechen, um dann bei einer Veränderung der Renditesituation ebenso schnell wieder abgezogen zu werden. Insbesondere finanzschwache Länder sind durch diese Devisenspekulationen und dadurch möglicherweise hervorgerufene Währungskrisen gefährdet. Nicht zuletzt um dieser Gefahr entgegenzuwirken, werden in letzter Zeit Stimmen laut – von Politikern, Ökonomen und Nichtregierungsorganisationen –, diese Finanzströme einer internationalen Kontrolle zu unterwerfen. Unter anderem wird gefordert, durch eine Besteuerung reiner Finanztransaktionen, ähnlich wie sie der amerikanische Ökonom James Tobin verlangt, deren Umfang zu reduzieren (vgl. M10).

Als **Derivat** wird in der Bankensprache ein Finanzinstrument bezeichnet, dessen Preis von der Preisentwicklung einer zugrunde liegenden Bezugsgröße, dem sogenannten Basiswert, abhängt. Basiswerte sind zum Beispiel Aktien, Aktienindizes, Staatsanleihen, Währungen, Zinssätze, Rohstoffe wie Weizen und Gold, ferner auch Swaps [= Austausch von zukünftigen Zahlungsströmen]. Derivative Finanzinstrumente können als unbedingte Termingeschäfte oder als Optionsgeschäfte ausgestaltet sein, sie werden teils an Terminbörsen mit standardisierten Konditionen gehandelt, teils außerbörslich (Over-the-Counter, OTC) zu frei ausgehandelten Bedingungen. Preisänderungen im Basiswert führen in bestimmten Situationen zu erheblich stärkeren Preisänderungen der jeweiligen Derivate. Mit Derivaten kann man finanzielle Risiken absichern (Hedging), auf Preisänderungen spekulieren (Trading) oder Preisunterschiede zwischen Märkten ausnutzen (Arbitrage).
Als **Hedgefonds** werden Anlagefonds bezeichnet, die weniger streng reguliert sind als Investmentfonds. Die geringere Regulierung ermöglicht es den Hedgefonds, zum Beispiel in Derivate zu investieren, mit denen sich Anleger gegen Kursverluste am Aktienmarkt absichern können – daher die Bezeichnung „Hedgefonds" (von englisch „to hedge": ein Risiko absichern). Die vergleichsweise geringe Regulierung gibt den Hedgefonds aber auch Freiraum, mit Finanzinstrumenten aller Art riskante Anlagestrategien zu verfolgen, die im günstigen Fall hohe Gewinne erwirtschaften, im ungünstigen Fall aber zu hohen Verlusten führen. In Reaktion auf die Finanzkrise und mit Blick auf die Finanzstabilität wurde im Jahre 2013 in Deutschland eine EU-Richtlinie umgesetzt, welche die Hedgefondsmanager einer Reihe von Vorschriften unterwirft, darunter die Ausstattung mit Mindestkapital sowie Veröffentlichungspflichten.

Quelle: Deutsche Bundesbank: Glossar (https://www.bundesbank.de/Navigation/DE/Service/Glossar/_functions/glossar.html?lv2=32026&lv3=61710, https://www.bundesbank.de/Redaktion/DE/Glossareintraege/H/hedgefonds.html)

M9 Devisenmarkt, automatisierter Handel und Hochfrequenzhandel

Auf dem Devisenmarkt, dem größten der Finanzmärkte, werden täglich rund fünf Billionen Dollar umgesetzt, im Jahr annähernd 2000 Billionen Dollar. Der Markt besteht zu mehr als 60 Prozent aus dem Handel mit Devisenderivaten (= Wetten auf zukünftige Entwicklungen der Währungen), die mit realwirtschaftlichen Entwicklungen nur wenig zu tun haben. Zu den Marktteilnehmern zählen neben Großbanken immer stärker auch Staats-, Pensions- und Hedgefonds und regionale Banken.

Besonders umstrittene Formen des Handels sind der automatisierte Handel und der Hochfrequenzhandel. Beim automatisierten Handel entscheiden Computerprogramme mithilfe von Algorithmen über den Kauf und Verkauf von Wertpapieren (Algorithmic Trading). Der Faktor Mensch ist nicht mehr unmittelbar beteiligt. Beim so genannten Hochfrequenzhandel (High Frequency Trading) werden Wertpapiere in der Regel nur ganz kurz gehalten und oft in Sekundenbruchteilen gekauft und wieder verkauft. Angesichts der hohen Umsätze entscheiden oft Millisekunden über Gewinn oder Verlust an den Börsen.

Automatisierter Handel und Hochfrequenzhandel werden als wesentliche Mitverursacher von Börsenkrisen und der Finanzmarktkrise von 2007/2008 angesehen. In etlichen Staaten wird inzwischen über ein Verbot, zumindest über eine stärkere Regulierung dieser Handelsformen diskutiert.

M10 EU-Finanztransaktionssteuer

Im September 2011 legte die EU-Kommission einen Gesetzentwurf zur Einführung einer Finanztransaktionssteuer in der EU vor. Anliegen war, dass auch der Finanzsektor einen fairen Beitrag zum Steueraufkommen leistet. Hingewiesen wurde auch darauf, dass der Finanzsektor im Zuge der Finanzkrise von 2007/2008 mit öffentlichen Geldern in Höhe von mehreren Billionen Euro vor dem Kollaps bewahrt wurde. Da eine EU-weite Finanztransaktionssteuer wegen des Widerstandes einiger Mitgliedsländer nicht durchsetzbar war, versuchte ein Teil der EU-Länder in einer „Koalition der Willigen“ eine Finanztransaktionssteuer in ihrem Geltungsbereich einzuführen. Im Januar 2013 beschloss der Rat der EU-Finanz- und Wirtschaftsminister, dass die elf Länder Belgien, Deutschland, Estland, Frankreich, Griechenland, Italien, Österreich, Portugal, Slowakei, Slowenien und Spanien die Finanztransaktionssteuer einführen dürfen. Nachdem Estland sich aus dem Kreis der willigen Länder zurückgezogen hatte, verständigten sich die verbliebenen zehn Länder auf Prinzipien der Finanztransaktionssteuer. Angedacht ist eine Einführung der Steuer für das Jahr 2018.

Tobin-Steuer (Tobin Tax)
Bereits 1972 schlug der amerikanische Nationalökonom James Tobin eine Steuer auf internationale Devisengeschäfte vor. Er wollte damit kurzfristige Spekulation auf Währungsschwankungen eindämmen und erreichen, dass die Wechselkurse von Währungen stärker langfristige realwirtschaftliche Phänomene als kurzfristige spekulative Erwartungen widerspiegeln. In neuerer Zeit hat sich vor allem Attac (vgl. M19 auf S. 90) die Forderung nach einer Regulierung der Finanzmärkte durch eine Devisenumsatzsteuer (currency transaction tax [ctt]) zu eigen gemacht.

Steuerdumping und Steuerverlagerung

M11 Konzerne verlagern Gewinne in Niedrig-Steuerländer

Die für Unternehmen relevanten Steuern sind von Land zu Land unterschiedlich. Viele Länder versuchen, mit niedrigen Steuersätzen Unternehmen und Investitionen ins eigene Land zu holen („Steuerdumping“). Dieser Steuerwettbewerb geschieht teilweise so offenkundig, dass oft schon von „internationalem Steuerwettlauf“ gesprochen wird.

Unternehmen nutzen die unterschiedlichen Steuersätze nicht nur bei einer Standortentscheidung, sondern auch, um Steuern zu sparen. Hat ein Unternehmen Standorte in verschiedenen Ländern mit unterschiedlicher Besteuerung, kann es – durchaus legal – durch entsprechende Verrechnungspreise zwischen den Standorten höhere Kosten dort ansetzen, wo die Steuern hoch sind und Gewinne dort anfallen lassen, wo die Steuern niedrig sind („Steuerverlagerung“).

Nicht legal sind hingegen die vielfältigen Versuche, Gewinne in anonymen „Briefkastenfirmen“ in Steueroasen zu verstecken. Welches Ausmaß diese Form der Steuerhinterziehung weltweit angenommen hat, wurde schlagartig durch die Veröffentlichung der so genannten „Panama-Papers“ im April 2016 deutlich.

2016 entschied die EU-Kommission, dass Irland von Apple die durch Steuertricks eingesparten bis zu 13 Milliarden Euro Steuern der Jahre 2003 bis 2014 nachzufordern habe. Aufgrund von Sondervereinbarungen lag der irische Steuersatz für Apple im Jahre 2003 lediglich bei einem Prozent und sank bis 2014 auf 0,005 Prozent; das entspricht 50 Euro Steuern auf eine Million Euro Gewinn. Sowohl Apple als auch Irland lehnen die Nachforderung ab.

M12 Belastung des Gewinns von Kapitalgesellschaften durch Körperschaftssteuern, Gewerbeertragssteuern und vergleichbare andere Steuern 2015

USA	39,62 %
Japan	32,79 %
Frankreich	38 %
Italien	31,4 %
Deutschland	29,83 %
Großbritannien	20 %
Rumänien	16 %
Lettland	15 %
Irland	12,5 %
Bulgarien	10 %

Quelle: BMF: Die wichtigsten Steuern im internationalen Vergleich 2015

M13 Maßnahmen gegen Steuerdumping und Steuerverlagerung

Text 1: Warum die EU eine Union werden muss

Sie bieten Facebook, Apple und anderen großen Firmen lächerliche Steuersätze: Staaten wie Irland, Luxemburg und die Niederlande haben sich auf solche Lockaktionen spezialisiert. Doch bei diesem ruinösen Steuerwettbewerb verlieren alle Länder. [...]

In der ökonomischen Theorie ist alles so schön. Staaten sollen doch bitteschön in Wettbewerb treten, um mit möglichst niedrigen Steuern um Firmen und Bürger zu buhlen. So bleiben die Steuersätze erträglich, und raffgierige Regierungen werden daran gehindert, Geld mit Ausgaben zu verplempern, die die Bevölkerung nicht will. Soweit die Theorie. In der Praxis läuft es anders: Europas Regierungen liefern sich seit Jahren einen ruinösen Wettbewerb, bei dem am Ende alle verlieren – außer multinationale Konzerne bevorzugt amerikanischer Provenienz wie Facebook oder Apple, die trotz dicker Gewinne kaum Steuern zahlen. [...]

Die Entwicklung ist fatal. Einige Staaten haben sich darauf spezialisiert, Firmen in bestimmten Fällen mit lächerlichen Steuersätzen anzulocken. Das Kalkül ist: Das eigene Finanzamt bekommt nicht viel, aber die Masse macht‘s, wenn die Firma ihre Gewinne in großen EU-Staaten wie Deutschland oder Frankreich erzielt, dort aber nicht versteuern muss – obwohl es die Infrastruktur dieser Länder nutzt und mit ihren Bürgern Geld verdient.

Zu den Dumpingakteuren zählen EU-Gründungsmitglieder wie die Niederlande und Luxemburg, aber auch Steueroasen, die der britischen Krone unterstehen.

Quelle: Hagelüken, Alexander: Süddeutsche Zeitung vom 18.02.2013

Text 2: Empfehlungen der OECD

2014 hatte die OECD erste Empfehlungen vorgelegt, um mithilfe internationaler Koordination gegen legale Steuervermeidung in multinationalen Unternehmen vorzugehen. Damit entsprach sie dem Mandat der G20, die die Organisation im November 2012 beauftragt hatte, Maßnahmen gegen die sogenannte Aushöhlung der Steuerbasis und die Gewinnverlagerung (Base Erosion and Profit Shifting – BEPS) zu erarbeiten. Das BEPS-Projekt will Regierungen dabei unterstützen, ihre Steuerbasis zu schützen und mehr Sicherheit für Steuerzahler zu schaffen, dabei aber auch Doppelbesteuerungen und Einschränkungen für grenzüberschreitende Wirtschaftsaktivitäten zu vermeiden. Aggressive Steuerplanung stellt ein ernstes Risiko für faire Steuersysteme weltweit dar.

Quelle: OECD – Base Erosion and Profit Shifting (http://www.oecd.org/berlin/publikationen/beps-berichte.htm)

Text 3: Aktionsplan der OECD und G20

2015 legten OECD und G20 in ihrem gemeinsamen Abschlussbericht einen 15 Punkte umfassenden Aktionsplan zur Eindämmung von Gewinnverkürzung und Gewinnverlagerung vor:

Aktionspunkt 1	Herausforderungen für die Besteuerung der digitalen Wirtschaft
Aktionspunkt 2	Neutralisierung der Effekte hybrider Gestaltungen
Aktionspunkt 3	Stärkung der Vorschriften zur Hinzurechnungsbesteuerung (sog. CFC-Regeln)
Aktionspunkt 4	Begrenzung der Gewinnverkürzung durch Abzug von Zins- oder sonstigen finanziellen Aufwendungen
Aktionspunkt 5	Wirksamere Bekämpfung schädlicher Steuerpraktiken unter Berücksichtigung von Transparenz und Substanz
Aktionspunkt 6	Verhinderung von Abkommensmissbrauch
Aktionspunkt 7	Verhinderung der künstlichen Umgehung des Status als Betriebsstätte
Aktionspunkte 8–10	Gewährleistung der Übereinstimmung zwischen Verrechnungspreisergebnissen und Wertschöpfung
Aktionspunkt 11	Messung und Monitoring von Gewinnverkürzung und Gewinnverlagerung
Aktionspunkt 12	Verpflichtung der Steuerpflichtigen zur Offenlegung ihrer aggressiven Steuerplanungsmodelle
Aktionspunkt 13	Überarbeitung der Verrechnungspreisdokumentation
Aktionspunkt 14	Verbesserung der Wirksamkeit von Streitbeilegungsmechanismen
Aktionspunkt 15	Entwicklung eines multilateralen Instruments

Quelle: OECD (2015), Erläuterung, OECD/G20 Projekt Gewinnverkürzung und Gewinnverlagerung, OECD (http://www.oecd.org/tax/beps-explanatory-statement-2015.pdf, https://www.oecd.org/berlin/publikationen/beps-explanatory-statement-2015_GER.pdf)

Internationale Verschuldung

M14 Die Schuldenfalle

Vor allem die mangelnde Fähigkeit, Importgüter mit eigenen Exporten zu bezahlen, führt zu einer hohen Verschuldung insbesondere der Entwicklungsländer, in den letzten Jahren jedoch auch zunehmend der Industrieländer. Viele Entwicklungsländer befinden sich buchstäblich in einer Schuldenfalle: Mit den Schulden steigen naturgemäß auch die Verpflichtungen aus Zinsen und Tilgung. Die für den Kapitaldienst notwendigen Mittel fehlen dann wieder für den wirtschaftlichen Aufbau im eigenen Land. Für die besonders armen Länder ist die Auslandsverschuldung – trotz Schuldenerlassen und Schuldenreduktion durch die Gläubigerländer – nach wie vor eines der größten wirtschaftlichen Probleme. Zusätzlich wird der wirtschaftliche Aufbau in vielen Entwicklungsländern – und gerade auch in den am wenigsten entwickelten – durch gravierende Probleme im politischen Steuerungs- und Regelungssystem (Governance-Defizite; Governance = Lenkung und Leitung eines Staates) gebremst. Allgemeine Misswirtschaft, Korruption bis in höchste Regierungskreise, Bürgerkriege und Stammesfehden, Clan-Wirtschaft und andere hemmende Faktoren führen dazu, dass in zahlreichen Staaten nicht die von den vorhandenen Produktionsfaktoren her mögliche wirtschaftliche Entwicklung stattfindet.

M15 Warum verschulden sich arme Länder?

Kredite aufzunehmen ist an sich nicht negativ und kann in Industrieländern wie auch in Entwicklungsländern wirtschaftspolitisch notwendig sein. Solange Zins und Tilgung Raum für Investitionen und staatliche Leistungen lassen, können Kredite die Entwicklung des betreffenden Landes unterstützen. Zum Problem werden sie, wenn der Schuldendienst die Einnahmen des Landes übersteigt.

Die Schuldenkrise in einigen Ländern Europas zeigt, dass Verschuldungsprobleme nicht nur Entwicklungsländer betreffen, sondern auch in Industrieländern zunehmend ein Problem darstellen. Generell lässt sich sagen, dass insbesondere wenig entwickelte Länder von übermäßiger Verschuldung betroffen sind, weil sie oft größeren Investitionsbedarf bei gleichzeitig relativ geringen Staatseinnahmen haben. Dringend notwendige Investitionen müssen daher kreditfinanziert werden. Daher besteht insbesondere in Entwicklungsländern ein andauernder Zielkonflikt zwischen einem nachhaltigen Schuldenniveau und einer ausreichenden Finanzierung von Entwicklung. Die ärmsten Länder unterstützt die Bundesregierung daher nur noch in Form von Zuschüssen, die nicht zurückgezahlt werden müssen.

In vielen Ländern entsteht eine Spirale der Verschuldung: Je ärmer ein Land ist, umso nötiger sind Investitionen für seine Entwicklung, umso mehr Kredite werden aufgenommen, umso höher ist der Schuldendienst, umso mehr Kredite müssen wiederum aufgenommen werden. Im Extremfall kann ein Land seine Schulden schließlich nicht mehr bedienen, es ist „bankrott". Für die extreme Verschuldung der Entwicklungsländer in den vergangenen Jahrzehnten gibt es darüber hinaus viele weitere Gründe. Zum Beispiel:

- Kredite wurden und werden von Gebern ohne Rücksicht auf die Bonität der Schuldner vergeben, beispielsweise aus geostrategischen Gründen (zu Zeiten des Kalten Krieges sicherten sich Geberländer die politische Loyalität der Schuldnerländer durch Kredite) oder aus wirtschaftlichen Überlegungen (beispielsweise um sich den Zugang zu Rohstoffvorkommen zu sichern).
- Die Kredite wurden nicht für Investitionen, sondern für laufende Ausgaben eingesetzt. So blieb die erhoffte Produktivität der Investitionen aus. Zu optimistische Wachstumsprognosen durch die Geberländer, schlechtes Schuldenmanagement, Misswirtschaft und Korruption verschärften die Situation zusätzlich.
- Die Preise für Exportgüter waren zunächst über einen langen Zeitraum stetig gesunken und sind nun zunehmend starken Schwankungen unterworfen. Dies gilt vor allem für Rohstoffe, von deren Export viele Entwicklungsländer abhängig sind. Fallende oder schwankende Rohstoffpreise verringern oder gefährden die Einnahmen des Landes durch Devisenerlöse aus dem Export.
- Die Industrieländer haben sich gegenüber Produkten aus Entwicklungsländern mit Handelsbarrieren abgeschottet. Subventionen für Agrarprodukte und Rohstoffe verhindern den fairen Handel und die Möglichkeiten, mehr Einnahmen durch Devisen zu erwirtschaften.
- Durch die globale Finanzkrise ist die Wirtschaftsleistung der Entwicklungsländer eingebrochen. Sie benötigen mehr Geld, um ihren Zahlungsverpflichtungen nachkommen zu können.

Quelle: Bundesministerium für wirtschaftliche Zusammenarbeit und Entwicklung: Entwicklungsfinanzierung, Ursachen für Verschuldung (https://www.bmz.de/de/themen/entwicklungsfinanzierung/entschuldung/hintergrund/ursachen.html)

M16 Schuldenstand nach Regionen 1980–2014 (in Mrd. US-$)

	1980	1990	2000	2014
Afrika südlich der Sahara	61	177	211	403
Ostasien und Pazifik	90	234	501	1 817
Südasien	38	124	156	613
Naher Osten und Nordafrika	84	140	145	188
Lateinamerika und Karibik	253	445	755	1 347
Europa und Zentralasien	57	217	511	1 026

Quelle: Weltbank: World Development Indicators 2016, Global Links, S. 132

2.4 Ansätze zur Lösung weltwirtschaftlicher Probleme

Entwicklungszusammenarbeit – Förderung der ländlichen Entwicklung in Mahubo (Mosambik) mit Unterstützung von terre des hommes und dem BMZ

Dieses Kapitel beschäftigt sich mit folgenden Fragen:

1. Wie können faire weltwirtschaftliche Bedingungen hergestellt werden?
2. Welche Konzepte bestehen zur Minderung wirtschaftlicher Ungleichgewichte?
3. Welche internationalen Institutionen und Abkommen zur Regelung weltwirtschaftlicher Beziehungen bestehen und welche Aufgaben haben sie?
4. Welche Bedeutung hat der Faktor Bildung für die nachhaltige Beseitigung wirtschaftlicher Ungleichheiten?
5. Welche Anliegen werden mit der internationalen Entwicklungszusammenarbeit verfolgt?

Der erfolgversprechendste und nachhaltigste Weg zur Lösung weltwirtschaftlicher Probleme wäre eine für alle Länder geltende Weltwirtschaftsordnung, die Unterschiede in Wirtschaftskraft und Lebensbedingungen und zwischen Industrie- und Entwicklungsländern einebnet, stabile Preise für Rohstoffe sichert sowie die wachsende Auslandsverschuldung mindert. Die UN-Generalversammlung verabschiedete am 9. Mai 1974 die „Erklärung über die Errichtung einer neuen internationalen Wirtschaftsordnung". Eine einheitliche Weltwirtschaftsordnung ist jedoch bisher nicht in Sicht. Zu groß sind die Interessengegensätze zwischen Industrieländern und Entwicklungsländern und zu stark sind die Wünsche nach nationalen Regelungen. Letztlich fehlt es an einem Gremium, das verbindliche Beschlüsse fassen kann. Insoweit bestehen die Bemühungen um eine Weltwirtschaftsordnung aus einem System von Abkommen, Vereinbarungen, Vorschriften und Gesetzen zwischen Staaten, zahlreichen multilateralen Verträgen und einer Vielzahl internationaler Organisationen, die sich eine Verbesserung der weltwirtschaftlichen Integration zum Ziel gesetzt haben.

Ein friedliches, harmonisches und solidarisches Zusammenleben von Völkern und Staaten ist aber nicht möglich, wenn und solange gravierende wirtschaftliche Ungleichheiten bestehen. Ein erklärtes Ziel der Europäischen Union ist es, „Unterschiede im Entwicklungsstand der verschiedenen Regionen und den Rückstand der am stärksten benachteiligten Gebiete zu verringern" (Art. 174 AEU, Vertrag über die Arbeitsweise der Europäischen Union). Was für die Europäische Union gilt, gilt auch weltweit. Eine tragfähige und dauerhafte Weltwirtschaftsordnung setzt ebenso wie eine Weltfriedensordnung voraus, dass die bestehenden wirtschaftlichen Unterschiede zwischen Industrie-, Schwellen- und Entwicklungsländern reduziert und die weltwirtschaftlichen Rahmenbedingungen so verändert werden, dass die systematische Benachteiligung der Entwicklungsländer überwunden und ihre Chancen auf dem Weltmarkt nachhaltig verbessert werden.

Neben den nationalen Regierungen, den regionalen Zusammenschlüssen und den Weltorganisationen tragen auch die Unternehmen, insbesondere die multinationalen Konzerne besondere Verantwortung für eine sozial gerechte, umweltschonende und effiziente weltweite Wirtschaftsentwicklung. An einer auf Initiative der UNO zustande gekommenen Vereinbarung (Global Compact), die diese Ziele verfolgt, beteiligen sich inzwischen weltweit mehr als 13 000 Unternehmen und Organisationen.

Eine Grundvoraussetzung für die Lösung zahlreicher wirtschaftlicher Probleme in Schwellen- und Entwicklungsländern ist die Anhebung des allgemeinen Bildungsstands, vor allem auch der beruflichen Qualifizierung.

Die internationale Entwicklungszusammenarbeit (früher: Entwicklungshilfe) durch Staaten und Nichtregierungsorganisationen bemüht sich, die weltweiten Unterschiede in der sozialen und ökonomischen Entwicklung und in den allgemeinen Lebensbedingungen zwischen Industrieländern und Entwicklungsländern dauerhaft abzubauen. Die zwischenstaatliche Entwicklungszusammenarbeit wird u. a. von der OECD koordiniert. Für Deutschland ist das Bundesministerium für wirtschaftliche Zusammenarbeit und Entwicklung (BMZ) federführend.

Literatur

Albers, H.-J. (2017): Volkswirtschaftslehre. 12. Aufl., Haan-Gruiten.

Allen, R. C. (2015): Geschichte der Weltwirtschaft. Stuttgart.

BMZ: Deutsche Entwicklungszusammenarbeit wirkt. Oktober 2016. (http://www.bmz.de/de/mediathek/publikationen/reihen/infobroschueren_flyer/flyer/Flyer_EZ_wirkt.pdf)

Deutsche UNESCO-Kommission/Österreichische UNESCO-Kommission/Schweizerische UNESCO-Kommission (2016): Bildung 2030. Incheon-Erklärung und Aktionsrahmen. (https://www.unesco.de/fileadmin/medien/Dokumente/Bildung/2016_04_19_Framework_for_Action_%C3%9Cbersetzung_DUK_ohne_Indikatoren_Stand_April_2016.pdf)

Hoppen, D. (2014): Internationale Wirtschaft. Stuttgart.

Töpfer, K./Yogeshwar, R. (2013): Unsere Zukunft. München.

Verein für Socialpolitik (1965): Weltwirtschaftliche Probleme der Gegenwart. Berlin.

Weber, B. (1998): Nachhaltige Entwicklung und Weltwirtschaftsordnung: Probleme, Ursachen, Lösungskonzepte. Wiesbaden.

AUFGABEN

1. Erläutern Sie die Bedeutung von Zöllen und Subventionen für einen Welthandel, der den Zielvorgaben des Milleniums-Entwicklungsziels 8 entspricht. (M1–M4)
2. Beurteilen Sie, inwieweit fairer Handel und der Global Compact wirtschaftliche Ungleichgewichte beheben können. (M5, M6)
3. Informieren Sie sich über mindestens drei Nichtregierungsorganisationen, die sich um eine Verbesserung der weltwirtschaftlichen Beziehungen und Strukturen bemühen. Erstellen Sie dazu jeweils einen kurzen Steckbrief. (M7) Hinweis: Im „Verband Entwicklungspolitik und Humanitäre Hilfe deutscher Nichtregierungsorganisationen e. V." (VENRO) haben sich über 120 deutsche Nichtregierungsorganisationen zusammengeschlossen.
4. Erläutern Sie die besondere Bedeutung der Bildung für eine angemessene Teilhabe insbesondere der weniger entwickelten Länder an der Weltwirtschaft. (M9–M11)
5. Erläutern Sie die Aussage: „Entwicklungshilfe soll vor allem Hilfe zur Selbsthilfe sein." (M12)

Faire weltwirtschaftliche Rahmenbedingungen

M1 Milleniums-Entwicklungsziel 8: Aufbau einer weltweiten Entwicklungspartnerschaft – Zielvorgaben

Zielvorgabe 12: Ein offenes, regelgestütztes, berechenbares und nicht diskriminierendes Handels- und Finanzsystem weiterentwickeln.

Zielvorgabe 13: Den besonderen Bedürfnissen der am wenigsten entwickelten Länder Rechnung tragen.

Zielvorgabe 15: Die Schuldenprobleme der Entwicklungsländer durch Maßnahmen auf nationaler und internationaler Ebene umfassend angehen und so die Schulden langfristig tragbar werden lassen.

Zielvorgabe 16: In Zusammenarbeit mit den Entwicklungsländern Strategien zur Beschaffung menschenwürdiger und produktiver Arbeit für junge Menschen erarbeiten und umsetzen.

Zielvorgabe 17: In Zusammenarbeit mit den Pharmaunternehmen unentbehrliche Arzneimittel in den Entwicklungsländern verfügbar machen.

Zielvorgabe 18: In Zusammenarbeit mit dem Privatsektor dafür sorgen, dass die Vorteile der neuen Technologien, insbesondere der Informations- und Kommunikationstechnologien genutzt werden können.

M2 Industrieländer benachteiligen Entwicklungsländer

Wichtige Voraussetzung für einen Abbau von Ungleichheiten ist die Gestaltung fairer weltwirtschaftlicher Rahmenbedingungen. Allen Staaten bzw. wirtschaftlichen Akteuren muss eine faire Teilnahme am Wirtschaftsprozess ermöglicht werden. Dazu gehören unter anderem ein weiterer Abbau von Zöllen und anderen Handelshemmnissen, Vermeidung von Diskriminierungen, Chancengleichheit bei Produktion und internationaler Vermarktung von Gütern. Bis heute schotten die Industrieländer ihre Märkte insbesondere gegen Agrarimporte aus Schwellen- und Entwicklungsländern ab, während sie zugleich ihre eigenen Agrarprodukte kräftig subventionieren, um sie auf dem Weltmarkt und nicht zuletzt in den armen Ländern abzusetzen. Aufgrund zahlreicher Abkommen erheben die Industrieländer im Handel untereinander deutlich niedrigere Zölle als im Handel mit Entwicklungsländern. Die Weltbank hat ausgerechnet, dass dieser Protektionismus die Entwicklungsländer etwa 100 Milliarden Dollar kostet – das ist etwa so viel wie alle Entwicklungshilfegelder zusammen. Für Industrieprodukte wurden die Zölle in den vergangenen Jahren generell zwar sukzessive gesenkt, aber in einigen Bereichen bestehen nach wie vor hohe Zollbarrieren. Eine der wichtigsten Forderungen der Entwicklungsländer in den Verhandlungsrunden der WTO lautet daher: „Balance the imbalances" („Ausgleich der Ungleichgewichte").

M3 EU-Agrarsubventionen schaden den Bauern im Sahel

Viehzucht und -handel stellten bis in die 1980er-Jahre einen der wenigen funktionierenden Erwerbszweige im Sahel dar. In den 1980er- und 1990er-Jahren stieg der Anteil der EU-Exporte am westafrikanischen Rindfleischmarkt stark an. So verschlechterten sich die Bedingungen für die heimischen Produzenten, schon 1993 erhielten die Rinderzüchter nur noch die Hälfte des früheren Preises. Die Folge dieser verfehlten EU-Agrarpolitik ist die Gefährdung traditioneller Absatzmärkte aus lokaler oder nachbarstaatlicher Produktion. Und trotz der Kritik seit über 20 Jahren betreibt die EU weiter massives Agrar-Dumping [Verkauf von Produkten unterhalb der Produktionskosten] auf den Märkten der Entwicklungsländer, z. B. bei Getreide, Milch und Gemüse. Auch mit der Abschaffung der Exportsubventionen im Jahr 2013, welche die Welthandelsorganisation (WTO) in Hongkong letztes Jahr [2005] beschlossen hat, wird das Problem des Dumpings von EU-Agrarprodukten bestehen bleiben. Denn auch interne Subventionen können Dumping verursachen – sowohl national als auch international. Dieses Problem wird jedoch nicht von der WTO angegangen. Umso entscheidender ist es aus entwicklungspolitischer Sicht, das Subventionssystem der EU neu zu gestalten. Als Prinzip für die Vergabe von Subventionszahlungen sollte die Honorierung von gesellschaftlichen Leistungen dienen – wie der Erhalt der Kulturlandschaft und Artenvielfalt und die Schaffung von Arbeitsplätzen. Das ist das Ziel der „Initiative für Transparenz bei EU-Agrarsubventionen".

Quelle: Kahnert, Sarah: Für Transparenz bei EU-Agrarsubventionen. In: Germanwatch. Zeitung für zukunftsfähige Nord-Süd-Politik. 1/2006, S. 1

M4 Durchschnittliche Zollsätze im weltweiten Handel

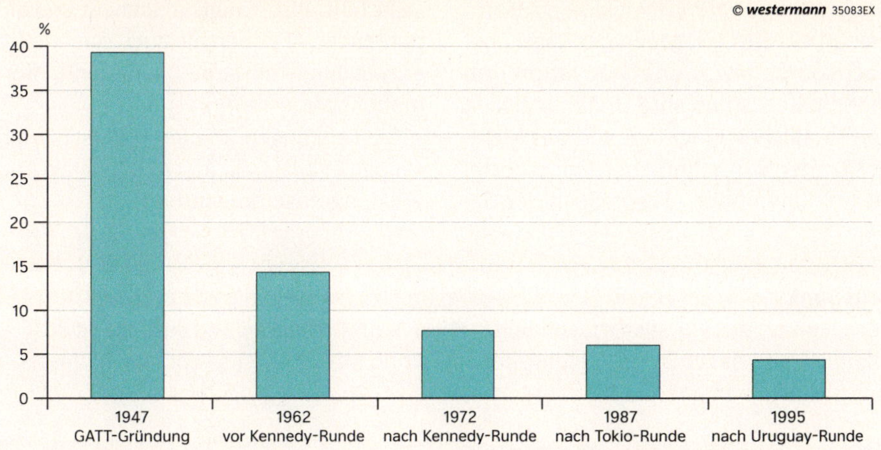

Quelle: GATT/WTO

Hinweis: Weitere Informationen zu GATT/WTO und den Verhandlungsrunden s. M7 (Welthandelsorganisation).

Konzepte zur Minderung wirtschaftlicher Ungleichgewichte

M5 Fairer Handel

In einem ganz konkreten Sinne fördert die Kampagne „Fairer Handel“ den Export insbesondere von Nahrungs- und Genussmitteln, aber auch Gebrauchsgegenständen aus Entwicklungsländern in Industrieländer. Durch die Akzeptanz höherer Preise sollen Verbraucher in den Industrieländern den Produzenten in Entwicklungsländern ein höheres und verlässlicheres Einkommen ermöglichen. Verkauft werden die Produkte häufig in (Dritte-)Welt-Läden, Biomärkten, zunehmend aber auch in Supermärkten (vgl. M13a/M13b auf S. 183).

Das Siegel für Fairen Handel.

M6 Global Compact zur Einhaltung sozialer und ökologischer Mindeststandards

Der Globale Pakt (Global Compact) der Vereinten Nationen ist eine Vereinbarung zwischen der UNO und Unternehmen mit dem Ziel, die weltweiten Wirtschaftsbeziehungen sozialer und ökologischer zu gestalten. Dabei geht es um folgende Bereiche: Menschenrechte, Arbeitsnormen, Umweltschutz und Korruptionsprävention. Durch ihren Beitritt verpflichten sich die Unternehmen zur Einhaltung sozialer und ökologischer Mindeststandards (u. a. Einhaltung der Menschenrechte, Ausschluss aller Formen von Zwangsarbeit, Abschaffung von Kinderarbeit, Förderung größeren Umweltbewusstseins, Ablehnung aller Formen von Korruption inklusive Erpressung und Bestechung). Weltweit haben sich über 13 000 Unternehmen und Organisationen aus mehr als 170 Ländern dem Global Compact angeschlossen. Unter den Teilnehmern befinden sich über 400 Unternehmen und Einrichtungen aus Deutschland. Auf Seiten der UNO beteiligen sich folgende Organisationen: UNHCR (Hoher Kommissar der Vereinten Nationen für Menschenrechte), ILO (Internationale Arbeitsorganisation), UNEP (Umweltprogramm der Vereinten Nationen), UNDP (Entwicklungsprogramm der Vereinten Nationen) sowie UNIDO (Organisation der Vereinten Nationen für industrielle Entwicklung).

Kritiker werfen dem Global Compact vor, dass seine Standards minimal und darüber hinaus unverbindlich sind. Es gibt keine direkten Sanktionen, wenn ein Teilnehmer die eingegangenen Verpflichtungen nicht einhält. Etliche Unternehmen nutzen ihre Beteiligung vor allem zur Imagepflege und als Werbeargument. Einige nicht staatliche Organisationen haben deshalb gedroht, den Pakt zu verlassen, wenn er nicht verbindlicher wird.

Internationale Institutionen und Abkommen zur Regelung weltwirtschaftlicher Beziehungen

M7 Internationale Institutionen

Zahlreiche nationale und internationale öffentliche bzw. staatliche Institutionen widmen sich den Beziehungen zwischen Industrie- und Entwicklungsländern.

Daneben fördern auch zahlreiche Nichtregierungsorganisationen (NRO) (engl. Nongovernmental Organizations [NGO]) die internationale Entwicklungszusammenarbeit. Sie verfügen in der Regel über Sachkompetenz, hohe Motivation und großen Idealismus. Ihre Unabhängigkeit von staatlichen Eingriffen und das Nichtvorhandensein staatlicher Machtmittel sichert ihnen hohe Akzeptanz in der Gesellschaft. Ihre Tätigkeit schließt sowohl punktuelle Aktionen als auch dauerhafte entwicklungsrelevante Dialog- und Informationsprozesse ein.

Die Leistungen können unterschieden werden in bilaterale und multilaterale Entwicklungszusammenarbeit.

Weltbank bzw. Weltbankgruppe (engl. World Bank)
Die Weltbank fördert die internationalen Entwicklungsziele, vor allem nachhaltiges Wirtschaftswachstum und soziale Entwicklung in den weniger entwickelten Ländern. Jährlich wird der Weltentwicklungsbericht (World Development Report) veröffentlicht.

Internationaler Währungsfonds (IWF) (engl. International Monetary Fund [IMF])
Seine Ziele sind ausgewogenes Wachstum des Welthandels, internationale währungspolitische Zusammenarbeit, geordnete Währungsbeziehungen unter den Mitgliedsländern, innere und äußere Stabilität der Währungen sowie Finanzierung und Abbau von Zahlungsbilanzungleichgewichten. Zur Zeit gehören dem IWF 184 Mitgliedsländer an. Seine Mittel stammen vorwiegend aus den Quoteneinzahlungen der Mitglieder.

Welthandelsorganisation (engl. World Trade Organization [WTO])
1995 aus dem Allgemeinen Zoll- und Handelsabkommen (engl. General Agreement on Tariffs and Trade [GATT]) hervorgegangen. Hauptziele sind, Handelsbarrieren zu vermindern, Zollschranken abzubauen, Handelsdiskriminierungen zu unterbinden und unfaire Handelspraktiken zurückzudrängen. In bisher acht Verhandlungsrunden – die achte, so genannte „Uruguay-Runde", ist 1993 abgeschlossen worden – wurde ein umfassender Abbau von Zöllen und anderen Handelshemmnissen vereinbart. Die seit 2001 laufende neunte Verhandlungsrunde – so genannte „Doha-Runde" – rückt erstmals die Interessen der Entwicklungsländer ins Zentrum der Verhandlungen. Derzeit gehören der WTO 162 Mitgliedstaaten an, 22 Länder haben Beobachterstatus.

Vereinte Nationen (UNO) mit vor allem folgenden Unterorganisationen:
- Entwicklungsprogramm der Vereinten Nationen (engl. United Nations Development Programme [UNDP]). Hauptaufgabe: Technische Zusammenarbeit.
- Welthandels- und Entwicklungskonferenz (engl. United Nations Conference on Trade and Development [UNCTAD]). Aufgabe: Forschungs- und Analysearbeiten sowie Beratung und technische Hilfe für Entwicklungsländer in Handels- und Entwicklungsfragen; 192 Mitglieder, Entwicklungsländer verfügen über die Stimmenmehrheit.
- Ernährungs- und Landwirtschaftsorganisation der Vereinten Nationen (engl. Food and Agriculture Organization of the United Nations [FAO]). Aufgabe: Allen Menschen jederzeit Zugang zu genügend Nahrungsmitteln zu gewährleisten und weltweit zu einem höheren Lebensstandard, zu Wirtschaftswachstum und zur Verbesserung der Ernährung beizutragen.
- Internationale Arbeitsorganisation (engl. International Labour Organization [ILO]). Aufgabe: Erhöhung der Arbeits- und Sozialstandards weltweit, um die Lebensbedingungen der arbeitenden Bevölkerung zu verbessern.
- International Trade Center (ITC). Aufgabe: Unterstützung der Entwicklungsländer bei der Förderung des Außenhandels.
- Organisation der Vereinten Nationen für Industrielle Entwicklung (engl. United Nations Industrial Development Organization [UNIDO]). Aufgabe: Förderung der Industrialisierung in den Entwicklungsländern.

M8 Abkommen zur Bewältigung von Schulden

- Zur Bewältigung der Euro-Schuldenkrise wurden in den Jahren 2010–2015 mehrere Rettungspakete der Euroländer zur Unterstützung notleidender Euro-Mitgliedsländer geschnürt (Griechenland I, Griechenland II, Griechenland III, Irland, Portugal, Spanien, Zypern).
- Zur Entschuldung von Entwicklungsländern wurde u. a. im Jahr 2005 von den damaligen G8-Staaten beschlossen, 18 armen und hoch verschuldeten Ländern ihre Schulden vollständig zu erlassen.
- Etliche bilaterale Abkommen regeln Schuldenerlass bzw. Schuldenreduzierung zwischen einzelnen Staaten.

Entwicklungsfaktor Bildung

M9 Bildung für alle

So wichtig die Unterstützung der Entwicklungsländer durch internationale Organisationen, die Schaffung fairer weltwirtschaftlicher Rahmenbedingungen und Entwicklungshilfe auch sind: Sie müssen letztlich darauf gerichtet sein, die Entwicklungsländer in den Stand zu setzen, langfristig ihre Probleme durch Mobilisierung ihrer internen Ressourcen selbst lösen und chancengleich am weltwirtschaftlichen Güteraustausch und an der globalen Entwicklungspartnerschaft teilnehmen zu können. Eine der wichtigsten Voraussetzungen für einen soliden Aufbau der heimischen Wirtschaft ist die Entwicklung und Pflege des Produktionsfaktors „Arbeit". Gut ausgebildete Arbeitskräfte, deren Wissen und Können, sind die sicherste Grundlage dauerhaften Wohlstands.

An die Stelle von Kinderarbeit – ob gegen Bezahlung oder in der familiären Subsistenzwirtschaft – muss eine ausreichende Primar- und Sekundarschulbildung treten, die zu anspruchsvolleren Tätigkeiten im gewerblichen und Dienstleistungssektor befähigt und durch eine adäquate berufliche Aus- und Fortbildung ergänzt wird. Zur Mobilisierung interner Ressourcen durch vermehrte Bildungsanstrengungen gehört auch, die Potenziale der Mädchen und Frauen stärker zu entwickeln und zu nutzen, indem die Gleichstellung der Geschlechter gefördert und die Rolle der Frauen gestärkt wird sowie traditionelle Rollenvorstellungen von der Beteiligung des weiblichen Geschlechts an Bildung und Berufsleben revidiert werden (vgl. M7 auf S. 181). Hieran mitzuwirken sind nicht nur staatliche Stellen aufgerufen, sondern auch die Religionsgemeinschaften und andere bewusstseinsbildende Institutionen.

M10 Bildungsagenda der Vereinen Nationen

Die Vereinten Nationen haben 2015 Ziele nachhaltiger Entwicklung (Sustainable Development Goals [SDGs]) verabschiedet. Bestandteil ist eine globale Bildungsagenda für die Jahre 2016 bis 2030, für die die UNESCO federführend ist.

Ziel 4: Bis 2030 für alle Menschen inklusive, chancengerechte und hochwertige Bildung sicherstellen sowie Möglichkeiten zum lebenslangen Lernen fördern.

4.1 Bis 2030 allen Mädchen und Jungen den Abschluss einer kostenlosen, chancengerechten und hochwertigen Primar- und Sekundarschulbildung ermöglichen, die zu relevanten und effektiven Lernergebnissen führt.

4.2 Bis 2030 allen Mädchen und Jungen den Zugang zu hochwertiger frühkindlicher Bildung, Betreuung und Erziehung sichern, die ihnen einen erfolgreichen Übergang in die Schule ermöglichen.

4.3 Bis 2030 allen Frauen und Männern einen gleichberechtigten und bezahlbaren Zugang zu hochwertiger beruflicher und akademischer Bildung ermöglichen.

4.4 Bis 2030 sicherstellen, dass eine deutlich höhere Anzahl an Jugendlichen und Erwachsenen die für eine Beschäftigung oder Selbstständigkeit relevanten Kenntnisse, Fähigkeiten und Fertigkeiten erwirbt.

4.5 Bis 2030 Benachteiligungen aufgrund der Geschlechtszugehörigkeit auf allen Bildungsstufen beseitigen und allen Menschen gleichberechtigten Zugang zu allen Bildungsstufen sichern, einschließlich Menschen mit Behinderung, indigenen Völkern und benachteiligten Kindern.

4.6 Bis 2030 den Erwerb ausreichender Lese-, Schreib- und Rechenfähigkeiten für alle Jugendlichen und für einen erheblichen Anteil der Erwachsenen sicherstellen.

4.7 Bis 2030 sicherstellen, dass alle Lernenden die für nachhaltige Entwicklung notwendigen Kenntnisse und Fähigkeiten erwerben, u. a. durch Bildung für nachhaltige Entwicklung, für nachhaltige Lebensweise, für Menschenrechte, für Gleichberechtigung der Geschlechter, durch Förderung einer Kultur des Friedens und der Gewaltfreiheit, durch Weltbürgerschaftsbildung und Wertschätzung kultureller Vielfalt und durch den Beitrag der Kultur zu nachhaltiger Entwicklung.

M11 Dauer der allgemeinen Schulpflicht

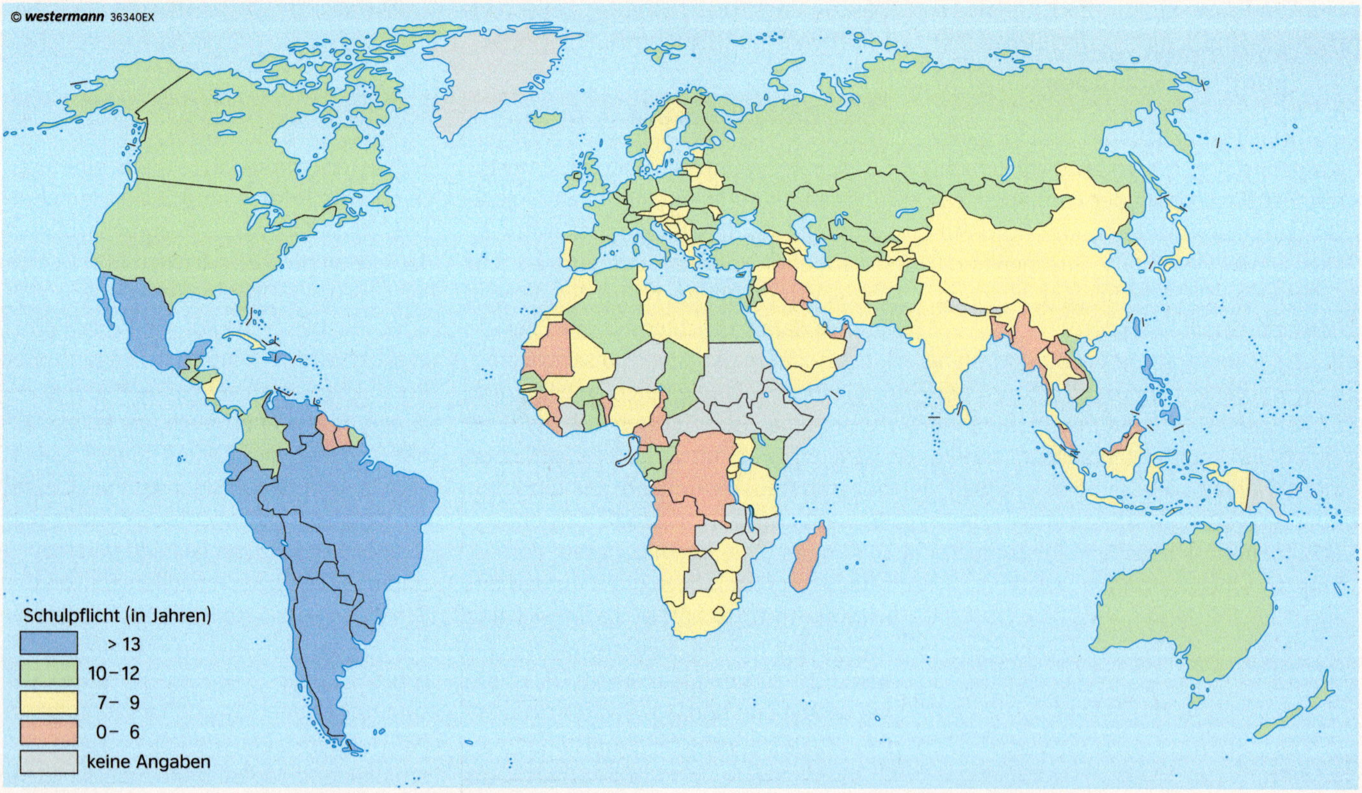

Quelle: Global Database on the Right to Education, UNESCO Institute of Statistics, 2015 (http://www.uis.unesco.org/_LAYOUTS/UNESCO/education-2030/edu.html)

Internationale Entwicklungszusammenarbeit/Entwicklungshilfe

M12 Anliegen der internationalen Entwicklungszusammenarbeit

Definition

Entwicklungshilfe ist ein „Sammelbegriff für verschiedene Formen der Unterstützung und Förderung der sog. Entwicklungsländer durch private und staatliche, nationale und internationale Organisationen der Industrieländer in Form von: a) technischer Hilfe und Zusammenarbeit (Beratung, Bildung etc.), b) Güterhilfe (Investitionsgüter, Nahrung etc.), c) Kapitalhilfe (z. B. Kredite) und d) handelspolitischer Zusammenarbeit (Stabilisierung von Preisen, Abbau von Zöllen etc.). Entwicklungshilfe ist in der Regel mit bestimmten (politischen) Auflagen verbunden und hat generell das Ziel, die begünstigten Länder in die Lage zu versetzen, auf lange Sicht auf Entwicklungshilfe verzichten zu können (Hilfe zur Selbsthilfe)."

Quelle: Schubert, Klaus/Klein, Martina (2016): Das Politiklexikon. 6. Aufl., Bonn

Warum brauchen wir Entwicklungspolitik?

Jeden Tag sterben Tausende Kleinkinder – an Hunger, an Krankheiten, durch Gewalt und Kriege. Mehr als eine Milliarde Menschen auf der Welt leben in extremer Armut. Jedes Jahr wird eine Waldfläche von 13 Millionen Hektar zerstört, das entspricht etwa einem Drittel der Fläche der Bundesrepublik. Immer mehr Tier- und Pflanzenarten und ganze Ökosysteme gehen unwiederbringlich verloren. Rund 2,6 Milliarden Menschen – das ist fast die Hälfte der Bevölkerung der Entwicklungsländer – haben keinen Zugang zu Spültoiletten und anderen hygienischen Formen der Sanitärversorgung. Etwa 67 Millionen Kinder im Grundschulalter haben keine Möglichkeit, eine Schule zu besuchen. […]

Moderne Entwicklungszusammenarbeit ist aber viel mehr als wohltätige Hilfe für Arme. Sie fördert die Selbsthilfe und trägt dazu bei, dass Menschen sich aus eigener Kraft aus ihrer Armut befreien können.

Die sozialen, wirtschaftlichen und ökologischen Probleme der Entwicklungsländer können nicht allein von den Regierungen gelöst werden. Alle gesellschaftlichen Kräfte – Bürgerinnen und Bürger, Wirtschaft, staatliche und zivilgesellschaftliche Organisationen – müssen dafür Verantwortung übernehmen und konstruktiv zusammenarbeiten.

Quelle: Bundesministerium für wirtschaftliche Zusammenarbeit und Entwicklung (http://www.bmz.de/de/ministerium/ziele/grundsaetze/index.html)

M13 Entwicklungshilfe ausgewählter Staaten 2015

	Mrd. US-$	in % der Wirtschaftsleistung (BNE*)
USA	31,1	0,17
Großbritannien	18,7	0,71
Deutschland	17,8	0,52
Japan	9,3	0,22
Frankreich	9,2	0,37
Schweden	7,1	1,40
Niederlande	5,8	0,76
Kanada	4,3	0,28
Norwegen	4,3	1,05
Italien	3,8	0,21
Schweiz	3,5	0,52

* BNE = Bruttonationaleinkommen
Quelle: OECD: Development aid in 2015

M14 Deutsche Entwicklungshilfe

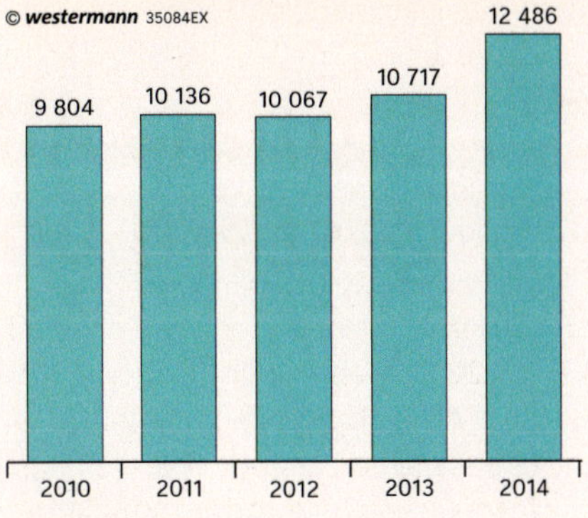

Deutsche Entwicklungshilfe 2010–2014 (bilateral [direkt von Staat zu Staat] und multilateral [über eine internationale Organisation, z. B. EU, Weltbank]) (in Mio. Euro)

Quelle: Statistisches Jahrbuch 2016

Afghanistan	399
Brasilien	353
Indien	328
China	321
Marokko	313
Myanmar	266
Türkei	259
Syrien	208
Mexiko	188
Chile	122
Sonstige	5 943
gesamt	**8 700**

Empfänger bilateraler Entwicklungshilfe 2014 (in Mio. Euro)

Quelle: Statistisches Jahrbuch 2016

3 Entwicklungsdimension Politik

Leif Mönter

3.1 Globale Allianzen und Differenzen – gestern und heute

Dieses Kapitel beschäftigt sich mit folgenden Fragen:

1. Vor welchen historischen Hintergründen entwickelten sich die aktuellen globalen Strukturen?
2. Welche Allianzen und Gegensätze bestanden zwischen verschiedenen Staaten? Und wie wirken sie fort?
3. Warum wurde die UNO geschaffen? Wie haben sich ihre Zielsetzungen und die in der UNO ausgetragenen Konflikte seit dem Ende des Ost-West-Gegensatzes verändert?
4. Welche Formen globaler Disparitäten existieren heute auf politischer Ebene?

Ost und West, Nord und Süd – mit der formalen Auflösung der Sowjetunion im Jahre 1991 war der „Kalte Krieg" beendet. Dennoch sind die Unterschiede und Gegensätze zwischen verschiedenen Ländern nicht aufgehoben. Nach wie vor existieren Spannungen insbesondere zwischen den westlichen Ländern Europas und Nordamerikas im Verhältnis zu Russland und China. Es zeigen sich ferner erhebliche Disparitäten zwischen den nördlich gelegenen Industrieländern und dem sogenannten „Globalen Süden".

Bis ins 20. Jahrhundert dominierten die europäischen Staaten die globale Politik. Als Kolonialmächte kontrollierten sie weite Teile der Welt. Sie nutzten die abhängigen Regionen als Rohstofflieferanten und verpflichteten sie zugleich auf ihre politischen Zwecke und die Abnahme ihrer Produkte. Spätestens mit dem Ende des Zweiten Weltkrieges veränderte sich diese Ordnung. Die USA als wesentlicher Kriegsgewinner setzten sich für die Unabhängigkeit der ehemaligen Kolonien ein und etablierten einen maßgeblich von ihnen kontrollierten freien Weltmarkt. Gemeinsam mit europäischen Staaten installierten sie die NATO als militärisches Bündnis gegen den sozialistischen Ostblock unter Führung der Sowjetunion. Beide Seiten bemühten sich mit ökonomischen, politischen und militärischen Mitteln darum, andere Staaten, insbesondere die jüngst unabhängig gewordenen Länder, dem eigenen Lager anzugliedern. Um ein diplomatisches Feld insbesondere für die Verhandlung zwischenstaatlicher Differenzen zu schaffen, wurde die UNO gegründet. Als Reaktion auf die Dominanz der USA schlossen sich die europäischen Länder in Bündnissen zusammen, aus denen die heutige EU hervorgegangen ist.

Während in Zeiten des Ost-West-Gegensatzes eine bipolare Weltordnung existierte, verblieben nach der Auflösung der Sowjetunion zunächst die USA als einzige Weltmacht (unipolare Weltordnung). In den letzten Dekaden zeigt sich jedoch eine Verschiebung der Machtverhältnisse in Richtung einer multipolaren Weltordnung. Insbesondere mit dem Erstarken von China und anderen Akteuren, die als Schwellenländer bezeichnet werden, verschiebt sich die weltweite Machtverteilung. Die Position der USA und auch Europas wird geschwächt, in letzterem Fall auch vor dem Hintergrund des Austritts Großbritanniens aus der EU, dem sogenannten „Brexit", der durch ein Referendum im Jahre 2016 beschlossen wurde. Der Fortgang dieser Entwicklung und der Fortbestand bzw. die Veränderung globaler politischer Institutionen bleibt ungewiss.

Literatur

Defrance, C./Pfeil, U. (2016): Verständigung und Versöhnung nach dem „Zivilisationsbruch"? Deutschland in Europa nach 1945. (= Schriftenreihe der Bundeszentrale für politische Bildung, Bd. 1731). Bonn.
Le Monde diplomatique (Hrsg.) (2011): Atlas der Globalisierung spezial: Das 20. Jahrhundert. Der Geschichtsatlas.
Nohlen, D./Grotz, F. (Hrsg.) (2011): Kleines Lexikon der Politik. (= Schriftenreihe der Bundeszentrale für politische Bildung, Bd. 1145). Bonn.
Raphael, L. (2011): Imperiale Gewalt und mobilisierte Nation: Europa 1914–1945. München.
Schieder, S./Spindler, M. (Hrsg.) (2010): Theorien der Internationalen Beziehungen. 3. Aufl., Stuttgart.
Stahl, B. (2016): Internationale Politik verstehen. Eine Einführung. (= Schriftenreihe der Bundeszentrale für politische Bildung, Bd. 1717). Bonn.
UNDP [United Nations Development Programme] (2016): Human Development Report 2016. Human Development for Everyone. New York. (http://hdr.undp.org/sites/default/files/2016_human_development_report.pdf)

AUFGABEN

1. Stellen Sie die Gründe für die Entkolonialisierung nach 1945 dar und setzen Sie sich mit den Folgen auseinander. (M1–M3)
2. Formulieren Sie einen knappen Eintrag für ein Lexikon zum Stichwort „Kalter Krieg". (M4–M6)
3. a) Analysieren Sie die Karikatur zur NATO-Osterweiterung. (M10)
   b) Erläutern Sie Gründe und Folgen der Erweiterung der NATO nach der Auflösung der Sowjetunion. (M7–M10)
4. „Nach dem Ende des Ost-West-Gegensatzes ist die Welt ein friedlicherer Ort geworden." Nehmen Sie Stellung zu der Aussage. (M11, Internet)
5. Die UNO stellt ein Bündnis zur „weltweiten Friedenssicherung" dar. Erörtern Sie, inwieweit sie diesem Anspruch gerecht wird. (M12–M15)
6. Führen Sie eine Recherche zum IWF durch und stellen Sie gegenüber, wie die Leistungen des IWF von verschiedenen Akteuren beurteilt werden. (M16, Internet)
7. Erstellen Sie in Kleingruppen eine Chronik (Timeline) der Europäischen Union (von den Anfängen bis heute) und halten Sie Ihre Ergebnisse auf einem Plakat fest. (M17–M21)
8. Erklären Sie, warum in Europa der Einigungsprozess auf Basis der Kohle- und Stahlindustrie begonnen wurde. Welche Vorteile erhofften sich die unterschiedlichen Parteien? (M17–M20)
9. Beurteilen Sie auf Basis der Informationen zum Internationalen Strafgerichtshof und zum Europäischen Gerichtshof für Menschenrechte, inwieweit von einer globalen bzw. supranationalen Justiz gesprochen werden kann. (M21–M24)
10. a) Welche Aussagekraft besitzt der HDI für die Lebensqualität einzelner Menschen in den entsprechenden Ländern? Nutzen Sie dazu M25–M28 und analysieren Sie insbesondere M28.
    b) Erörtern Sie, welche ergänzenden Informationen zum HDI notwendig sind, um eine genauere Einschätzung der Lebensqualität vornehmen zu können. (M25–M28; s. auch Kapitel 4.3)
11. Nehmen Sie Stellung zur Unterscheidung zwischen Entwicklungs-, Schwellen- und Industrieländern: Erscheint Ihnen diese Differenzierung hilfreich oder problematisch? (M29; s. auch Kapitel 2.1, 2.3 und 4.3)

Entkolonialisierung

M1 Die Welt des Imperialismus um 1900

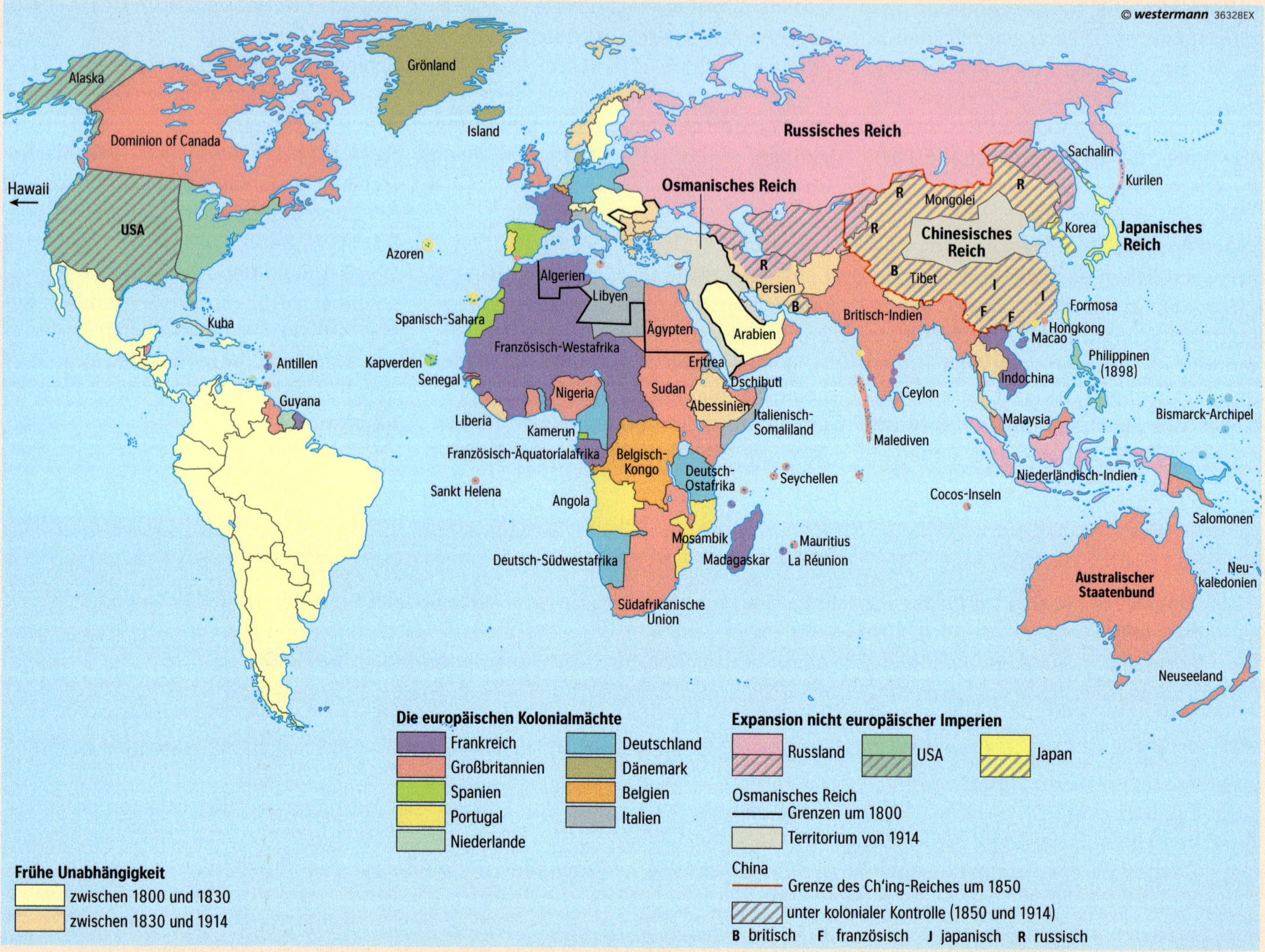

Quelle: Le Monde diplomatique 2011, S. 40

M2 Fragen und Antworten zum Kolonialismus

Was waren die bedeutendsten Kolonialmächte?
Frankreich und Großbritannien hatten zu Beginn des 20. Jahrhunderts nahezu den gesamten afrikanischen Kontinent unter sich aufgeteilt. Auch in Asien und im pazifischen Raum unterhielten sie und andere Staaten wie die Niederlande und Portugal zahlreiche Kolonien. Nach dem Zweiten Weltkrieg änderte sich diese Situation: Einerseits waren die europäischen Kolonialmächte durch den Zweiten Weltkrieg wirtschaftlich so geschwächt, dass ihnen die Mittel zum Unterhalt ihrer Kolonien fehlten, andererseits mehrten sich die Unabhängigkeitsbestrebungen in den Kolonien.

Warum wuchs der Druck auf die Mutterländer?
Unabhängigkeitsbestrebungen hatte es zwar bereits vor dem Zweiten Weltkrieg gegeben, nach 1945 nahmen sie aber mit erstarktem Selbstbewusstsein und nationalem Bewusstsein erheblich zu. Während der Kolonialherrschaft hatte sich der Bildungsstand verbessert, es wuchs die Zahl derjenigen, die nicht länger Menschen zweiter Klasse, fremdbeherrscht und wirtschaftlich ausgebeutet sein wollten. Vor allem die jüngere Generation ließ sich von der Idee der Unabhängigkeit begeistern.

Welche Rolle spielte der Panafrikanismus?
Im Kampf um die Unabhängigkeit bekam in Afrika der Panafrikanismus große Bedeutung. Zur Gesundung des afrikanischen Kontinents sollte die Kolonialherrschaft überwunden werden, und die entstehenden souveränen Staaten sollten dann eine Einheit bilden. In zahlreichen Kolonien wuchs daher die Bereitschaft zu Aufständen. Und in einigen Staaten kam es zu Jahre dauernden, blutigen Befreiungskämpfen – vor allem dort, wo sich verstärkt Menschen aus den „Mutterländern“ angesiedelt hatten (wie in Kenia oder im französisch besetzten Algerien).

Wie viele Kriege gab es nach 1945?
Die Hamburger Arbeitsgemeinschaft Kriegsursachenforschung (AKUF) zählte zwischen 1945 und 2005 insgesamt 216 Kriege. Mehr als die Hälfte davon fand in Asien und Afrika statt, davon wiederum die meisten nach der Entkolonialisierung. In Afrika waren es meist innerstaatliche bewaffnete Konflikte. In Asien gab es – abgesehen vom Mittleren und Vorderen Orient – mit einem Anteil von einem Drittel mehr zwischenstaatliche bewaffnete Konflikte als in den meisten anderen Regionen der Welt: Der Vietnamkrieg dauerte fast 30 Jahre, und der indisch-pakistanische Konflikt (ab 1947) um Kaschmir ist bis heute nicht gelöst.

Was waren die Ursachen für die kriegerischen Auseinandersetzungen?
Die Ursachen für nachkoloniale Krisen sind vielfältig. Teilweise führte die Willkür der Grenzziehungen, die historisch gewachsene Strukturen häufig unbeachtet ließen, zu schweren Konflikten zwischen neu entstandenen Staaten. So hält der indisch-pakistanische Konflikt um die Himalaya-Region Kaschmir noch heute an. Kaschmir war 1947 mit der Entlassung Indiens in die Unabhängigkeit und seiner Teilung in einen indischen und einen pakistanischen Teil Indien zugeschlagen worden. Der Konflikt zwischen den beiden Staaten, die über Atomwaffen verfügen, zählt zu den gefährlichsten der Welt.

Tragen die Kolonialmächte eine Mitschuld?
Die Kolonialmächte hatten besonders für ihre Kolonien in Afrika teilweise riesige Gebiete abgesteckt, ohne die vorhandenen ethnischen Verhältnisse zu berücksichtigen. Nach der Unabhängigkeit fanden sich dann viele, oft untereinander verfeindete Ethnien in den neuen Nationalstaaten. Es kam des Öfteren zu Tribalimus.
An die Macht gelangten häufig diktatorische Regime, die die Ressourcen an sich rissen und oft andere Ethnien unterdrückten. Wirtschaftliche und soziale Entwicklungen wurden vernachlässigt, stattdessen weiterhin – wie in der Kolonialzeit – die Rohstoffe ausgebeutet; Armut und Perspektivlosigkeit führten ab Anfang der 1990er-Jahre zu meist innerstaatlichen Konflikten und Sezessionsversuchen.

Quelle: verändert nach http://www.wissen.de/bildwb/die-welt-nach-1945-politik-im-zeichen-des-ost-west-konflikts

M3 Kolonien zum Ende des Zweiten Weltkriegs

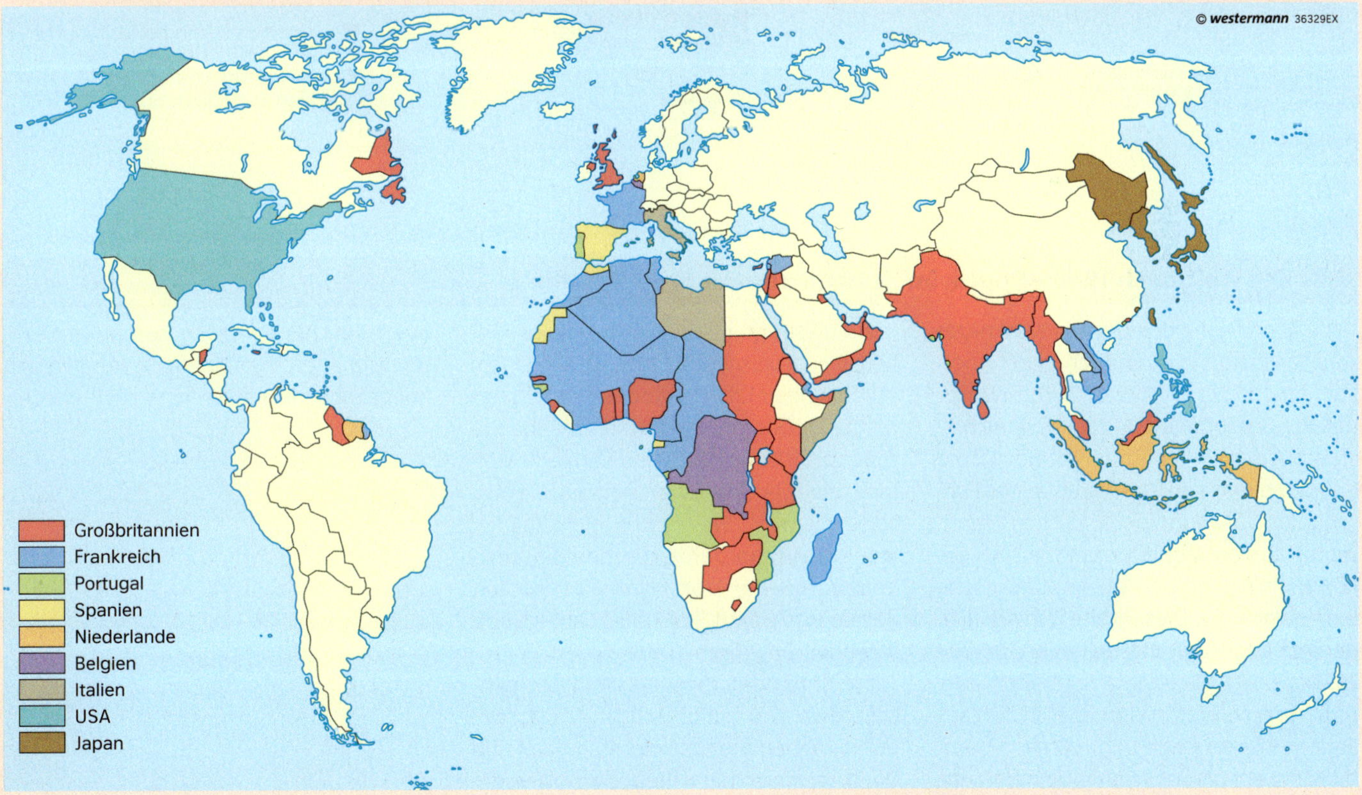

Quelle: http://www.landkartenindex.de/weltatlas/?p=146

Ost-West-Gegensatz / Kalter Krieg

M4 Ost-West-Konfrontation in den 1970er-Jahren

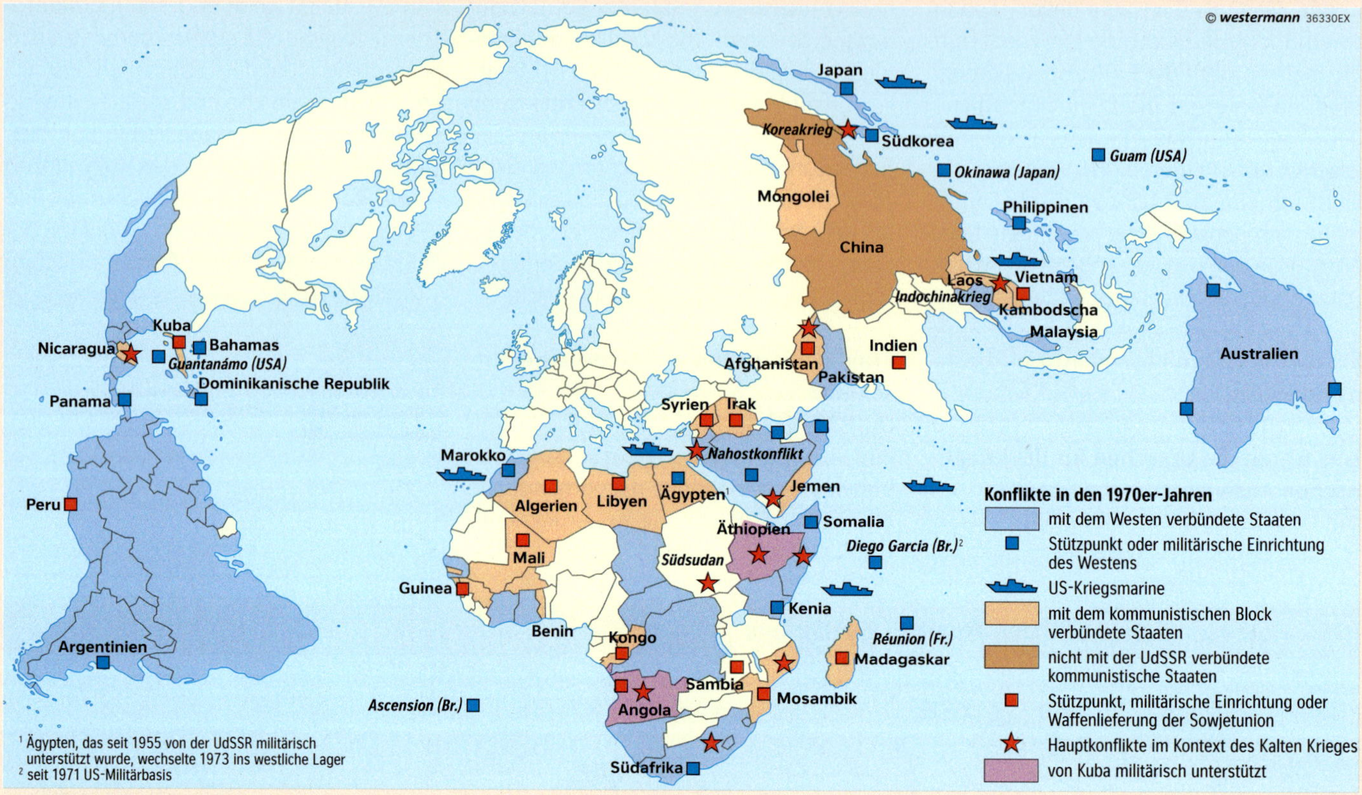

Quelle: Le Monde diplomatique 2011, S. 36

M5 Die Welt nach 1945 – Politik im Zeichen des Ost-West-Konflikts

Nach Beendigung des Zweiten Weltkrieges prägten zwei sich feindlich gegenüberstehende Lager die neue Weltordnung – das der Sowjetunion und ihrer Satellitenstaaten, der so genannte Ostblock, und der demokratische Westen unter der Führung der USA. Vom ideologischen Standpunkt aus betrachtet, standen sich die kommunistische und die kapitalistische Welt gegenüber. Dieser Ost-West-Konflikt, der sich in der Zeit des Kalten Krieges der 1950er- und 1960er-Jahre zugespitzt hatte, näherte sich erst in den späten 1980er-Jahren seinem Ende und wurde in Europa vor allem an der Teilung Deutschlands deutlich.

Mit dieser politischen Entwicklung einhergehend, verschoben sich auch in einem erheblichen Maß die globalen Machtverhältnisse. Das ehemals bestimmende Europa verlor endgültig seine Vormachtstellung, die USA etablierten sich in der Folge zunehmend als Weltmacht, nicht zuletzt, weil sie aufgrund ihres technologischen Vorsprungs die Atombombe entwickelt hatten und damit ihre militärische Überlegenheit bewiesen.

Die durch den Zweiten Weltkrieg wirtschaftlich und militärisch geschwächten europäischen Staaten mussten nach und nach ihre noch verbliebenen überseeischen Territorien aufgeben; die ehemaligen Kolonien wurden zu neuen Staaten, die allerdings häufig in langwierige kriegerische Konflikte verwickelt waren.

Quelle: http://www.wissen.de/bildwb/die-welt-nach-1945-politik-im-zeichen-des-ost-west-konflikts

M6 Kalter Krieg

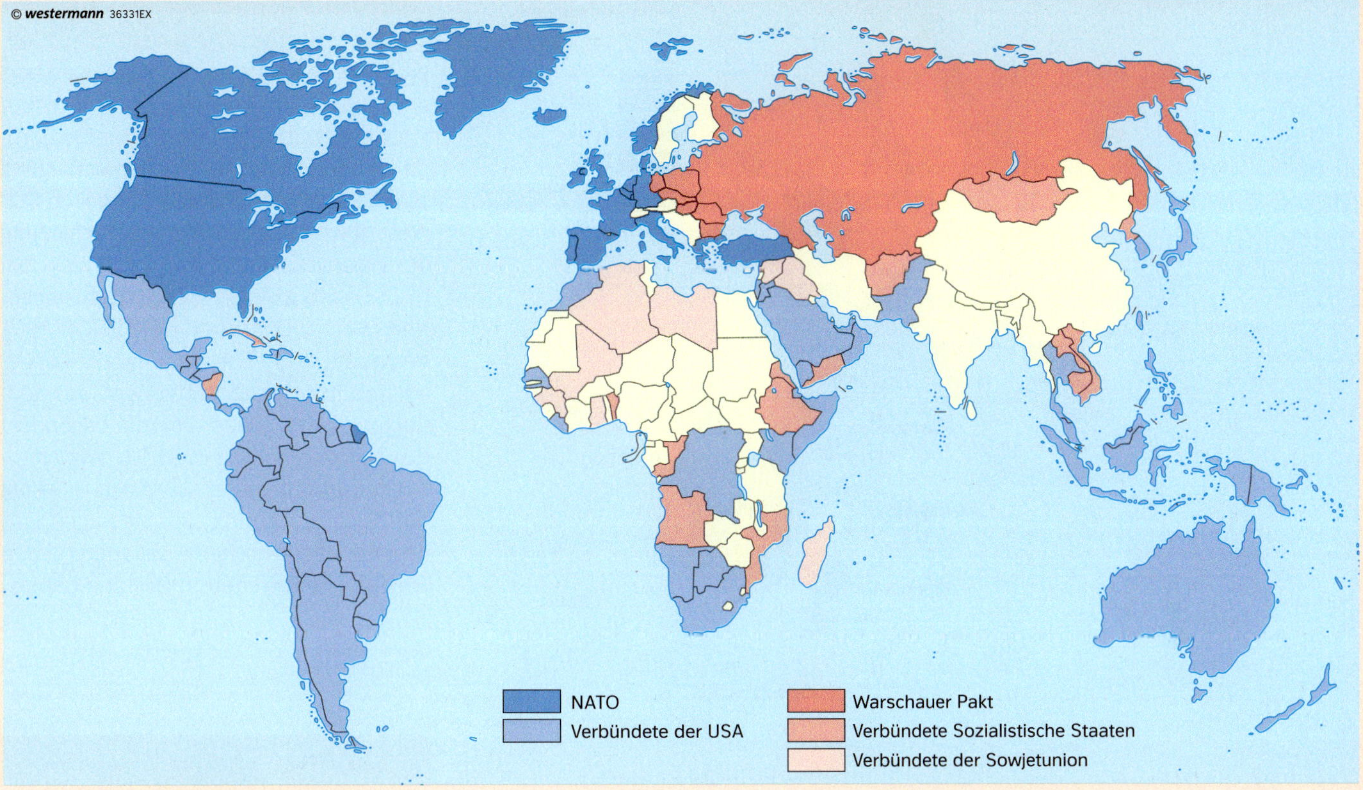

Quelle: http://image.slidesharecdn.com/kalter-krieg-110415093521-phpapp02/95/kalter-krieg-6-728.jpg?cb=1302860181

M7 Nordatlantikpakt (NATO)

Die NATO (North Atlantic Treaty Organization) entstand 1949 im Zuge des sich verschärfenden Ost-West-Konflikts. Gründungsmitglieder waren zehn westeuropäische Staaten, die USA und Kanada. Die Bundesrepublik Deutschland trat 1955 bei. 2017 gehörten 29 Staaten der NATO an.

Im Falle eines bewaffneten Angriffs gegen einen oder mehrere Mitgliedsstaaten sind die anderen verpflichtet, die Maßnahmen, einschließlich der Anwendung von Waffengewalt, zu treffen, „die sie für erforderlich halten, um die Sicherheit des nordatlantischen Gebietes wieder herzustellen und zu erhalten" (Art. 5 NATO-Vertrag).

Quelle: http://www.bpb.de/politik/grundfragen/deutsche-demokratie/39406/nato; verändert

M8 Die NATO in Europa

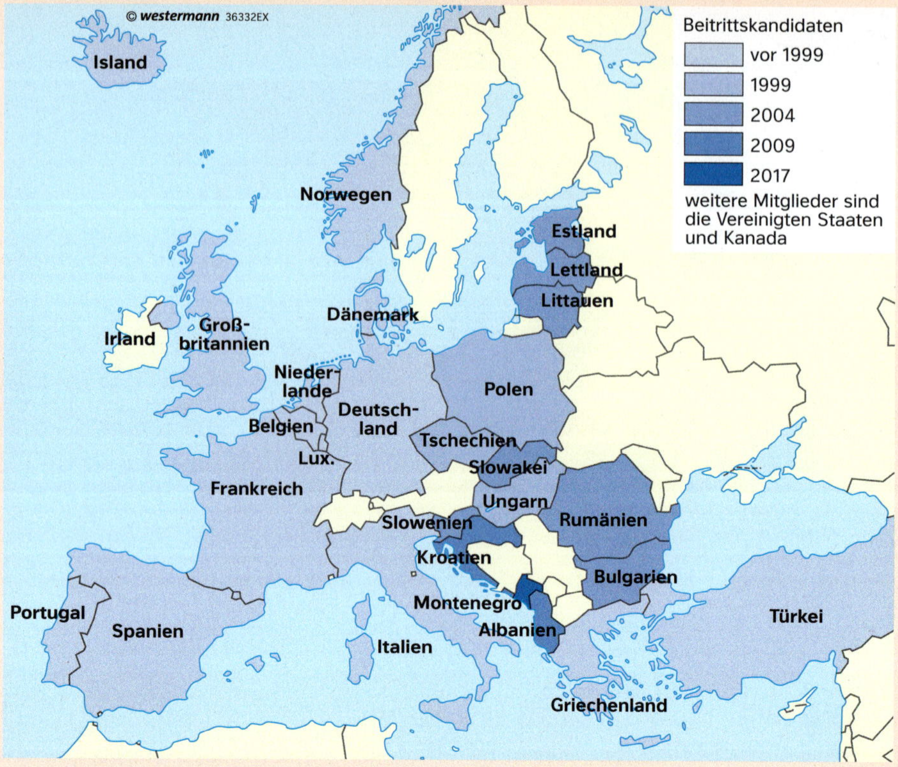

Quelle: http://www.taz.de/uploads/images/684x342/taz_140312_Nato-Osterweiterung_web.jpg

M9 Karikatur zur NATO-Osterweiterung

M10 Warschauer Pakt

Der Warschauer Pakt ist eine Kurzbezeichnung für das im „Vertrag über Freundschaft, Zusammenarbeit und gegenseitigen Beistand" vereinbarte Militärbündnis kommunistischer Staaten Europas, das aufgrund der Wiederbewaffnung der Bundesrepublik Deutschland und gegen die (durch den Beitritt der Bundesrepublik Deutschland gestärkte) NATO gegründet wurde. Der Warschauer Pakt wurde 1955 zwischen Albanien, Bulgarien, der DDR, der Tschechoslowakei, Ungarn, Polen, Rumänien und der UdSSR in Warschau geschlossen. 1961 trat Albanien aus; mit der Auflösung des Ostblocks wurde 1991 auch das Bündnis aufgelöst.

Quelle: http://www.bpb.de/nachschlagen/lexika/politiklexikon/18464/warschauer-pakt

M11 Ende des Ost-West-Gegensatzes

Die von M. Gorbatschow nicht zuletzt aufgrund der katastrophalen Wirtschaftslage eingeleitete Liberalisierungspolitik führte mit dem politischen Umsturz in Osteuropa und der deutschen Wiedervereinigung zu einem entscheidenden Wandel im Ost-West-Konflikt, der mit der Verabschiedung der „Charta für ein neues Europa" auf dem KSZE-Sondergipfel in Paris 1990 dokumentiert wurde. Das Ende der UdSSR 1991 bestätigte diese Entwicklung. Die kriegerischen Auseinandersetzungen auf dem Balkan in den 1990er-Jahren, besonders der Kosovo-Konflikt 1998/99, zeigten jedoch, dass Interessenskonflikte in Bezug auf die Ausdehnung der jeweiligen Einflusssphären zwischen Russland und den Westmächten weiterhin Bestand haben.

Quelle: http://www.wissen.de/lexikon/ost-west-konflikt

M12 UNO

Abkürzung für United Nations Organization, deutsch Organisation der Vereinten Nationen, internationale überstaatliche Organisation mit ständigem Sitz in New York zur Wahrung des Weltfriedens sowie zur Förderung der internationalen Zusammenarbeit auf allen Gebieten, der Förderung der Kultur und der Menschenrechte; 1945 in San Francisco gegründet; oberstes Organ ist die Generalversammlung. Weitere Organe sind z. B. der Sicherheitsrat, der Wirtschafts- und Sozialrat und der Internationale Gerichtshof. Einige internationale Wirtschaftsorganisationen sind Teil der UNO, z. B. der Internationale Währungsfonds, die Weltbank, die Welthandelsorganisation WTO, die Welthandelskonferenz.

Quelle: Duden. Wirtschaft von A bis Z: Grundlagenwissen für Schule und Studium, Beruf und Alltag. 6. Aufl., Mannheim: Bibliographisches Institut 2016. Lizenzausgabe Bonn: Bundeszentrale für politische Bildung 2016. (http://www.bpb.de/nachschlagen/lexika/lexikon-der-wirtschaft/20912/uno)

M13 Ost-West-Konfrontation im UN-Sicherheitsrat

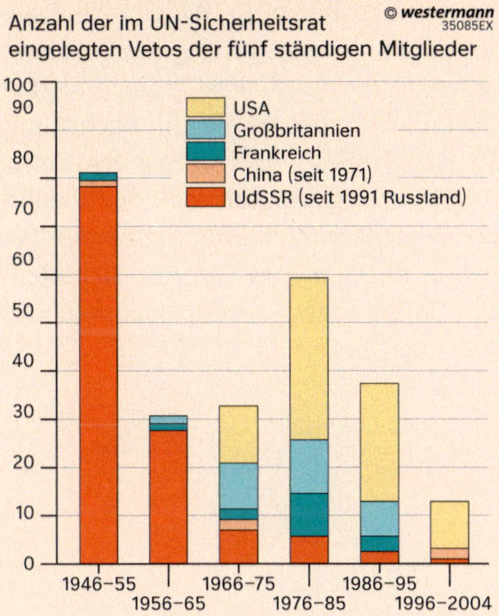

Quelle: Le Monde diplomatique 2011, S. 72

M14 Friedensmissionen der UNO 2014

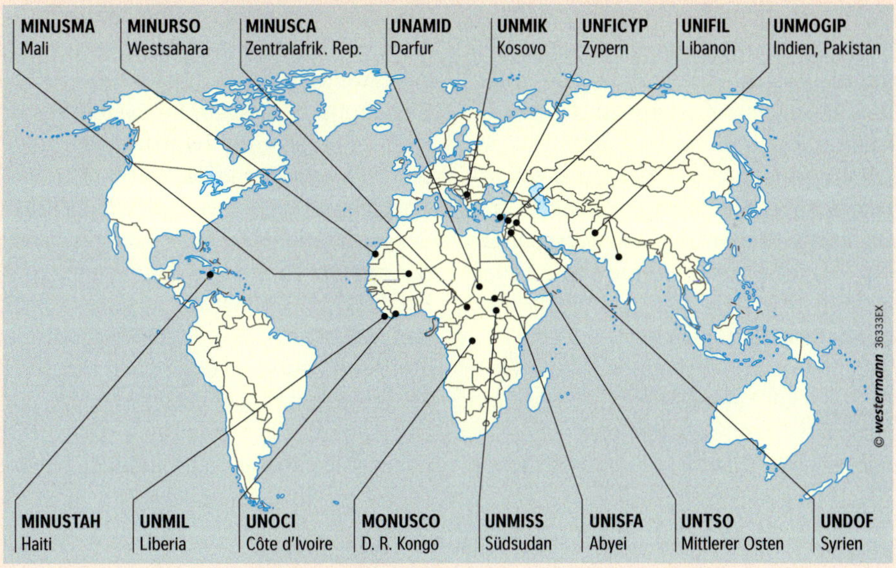

Quelle: http://www.un.org/en/peacekeeping/archive/2014/bnote1114.pdf

M15 Beispiel für eine Friedensmission der UN: MONUSCO – D. R. Kongo

UN-Blauhelmsoldaten auf Patrouille im Kongo

[...] Seit mehr als 15 Jahren versuchen UN-Soldaten bereits, den Osten der Demokratischen Republik Kongo zu befrieden. 1999 kamen die ersten Truppen unter dem Namen „Mission der Vereinten Nationen in der Demokratischen Republik Kongo“. Seit Sommer 2010 heißt der Einsatz „Mission der Vereinten Nationen für die Stabilisierung in der Demokratischen Republik Kongo“, kurz: MONUSCO. Ziel der Friedensmission ist es, die Rebellengruppen im Ostkongo zu bekämpfen, Zivilisten zu schützen und die Lage vor Ort langfristig zu stabilisieren.

Die größte und teuerste Mission
Mit mehr als 20 000 Soldaten und einem Jahresbudget von 1,4 Milliarden US-Dollar ist es die bislang größte und teuerste Blauhelm-Mission der Vereinten Nationen. Viele Jahre lang galt sie zudem als die erfolgloseste – bis vor knapp zwei Jahren der deutsche Diplomat Martin Kobler das Ruder übernahm. Unter seiner Führung gelang es einer neu geschaffenen, mit robustem Mandat ausgestatteten afrikanischen Interventionsbrigade gemeinsam mit der kongolesischen Armee, die gefürchteten M23-Rebellen aus der Großstadt Goma zu vertreiben und militärisch zu besiegen.

Der Erfolg verhalf den kongolesischen Streitkräften zu neuem Selbstvertrauen, und im Kongo stieg auch das Ansehen der UN-Mission. Bis dahin hatte die Bevölkerung nicht viel für die Blauhelme übrig, weil diese sich – so die Kritik – mehr um ihre eigene Sicherheit sorgten, als die Zivilisten vor Angriffen zu schützen. [...]

„Langsam einen Schlussstrich ziehen?“
Als „politisches Getöse“ bezeichnet Denis Tull, Kongo-Experte der Stiftung Wissenschaft und Politik, die Forderung der Regierung nach einem Abzug der Blauhelme. Aber: Die Beziehungen zwischen der UN-Mission und der Regierung seien angespannter als jemals zuvor. [...] Nun lässt die kongolesische Regierung die UN-Vertreter im Land spüren, dass sie unerwünscht sind. Macht der Einsatz unter diesen Bedingungen überhaupt noch Sinn? [...]

Quelle: Fischer, Hilke: UN im Kongo: Neues Mandat in schwierigen Zeiten. Deutsche Welle, 26.03.2015 (http://www.dw.com/de/un-im-kongo-neues-mandat-in-schwierigen-zeiten/a-18344132)

M16 Internationaler Währungsfonds (IWF)

Der Internationale Währungsfonds (IWF, engl. International Monetary Fund [IMF]) hat die Aufgabe, die Stabilität des internationalen Finanzsystems zu stärken, die internationale Zusammenarbeit in der Währungspolitik zu fördern, das Wachstum des Welthandels zu erleichtern, das Ungleichgewicht in den Zahlungsbilanzen der Mitglieder zu reduzieren sowie seinen Mitgliedern in Währungs- und Finanzkrisen durch Kredite zu helfen.

Der IWF wurde zusammen mit der Weltbank im Juli 1944 auf der Währungs- und Finanzkonferenz der Gründungsmitglieder der Vereinten Nationen in Bretton Woods (USA) gegründet. Er ist eine Sonderorganisation der Vereinten Nationen. Nach dem Zweiten Weltkrieg war er auch für die Einhaltung der Regeln im System fester Wechselkurse verantwortlich, die aber seit 1973 weitgehend flexibilisiert wurden.

Gegenwärtig gehören dem IWF 189 Länder an (Stand: März 2017). Mitgliedsländer des IWF können bei Wirtschafts- und Finanzkrisen Unterstützungsprogramme des IWF beantragen. Diese Programme umfassen neben Krediten auch Beratung sowie wirtschaftspolitische Auflagen zur Überwindung der jeweiligen Krisen. Die Auflagen beinhalten oft mittelfristige Vorgaben zur makroökonomischen Stabilisierung, insbesondere zur Stärkung der Deviseneinnahmen (Steigerung von Exporten) wie auch zur Haushaltsstabilisierung und zur Erhöhung des Wirtschaftswachstums. Nach der Kritik an den sogenannten Strukturanpassungsprogrammen der 1990er-Jahre enthalten die Programme des IWF heute oft auch Vorgaben zur Sicherung und Steigerung von sozialpolitischen Programmen.

Quelle: http://www.bmz.de/de/ministerium/wege/multilaterale_ez/akteure/iwf/index.html?PHPSESSID=3227f28697ec5c36a43f6764d00fb2d1 (aktualisiert)

EU

M17 Europa – ein Kontinent und seine Institutionen (1951)

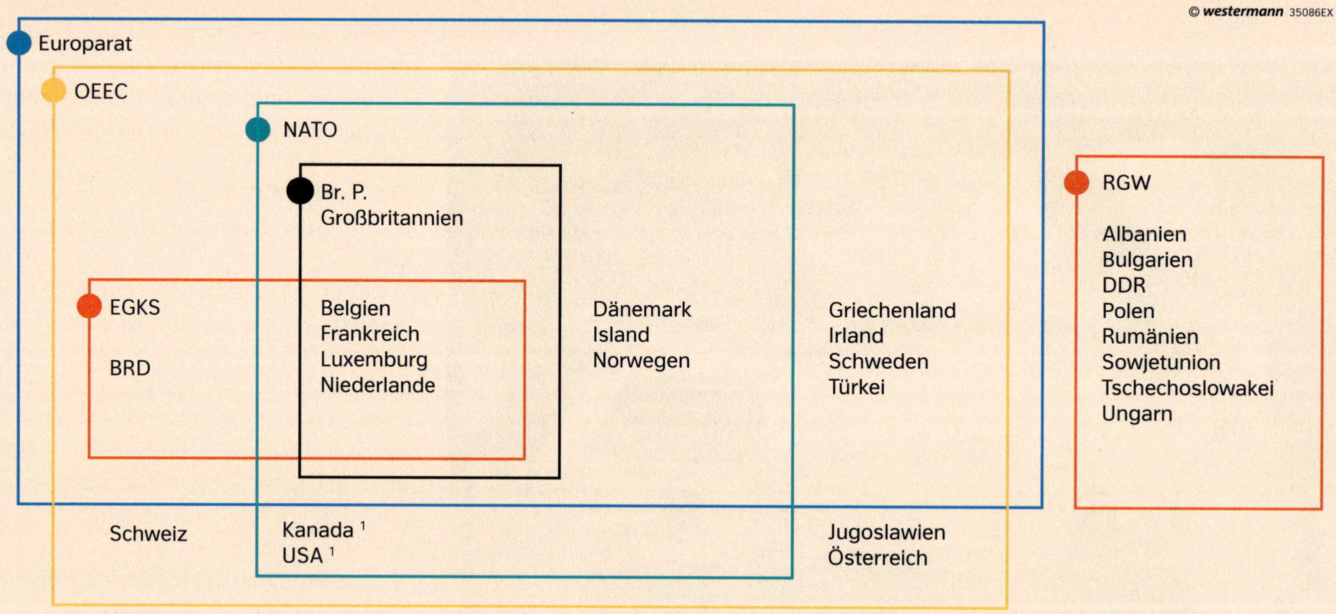

[1] assoziierte Mitglieder der OEEC
Br. P. Brüsseler Pakt (Vorläufer der Westeuropäischen Union)
EGKS Europäische Gemeinschaft für Kohle und Stahl (Montanunion)
NATO Nordatlantische Vertragsorganisation
OEEC Organisation für europäische wirtschaftliche Zusammenarbeit (Marshallplan-Organisation)
RGW Rat für gegenseitige Wirtschaftshilfe

Quelle: Le Monde diplomatique 2011, S. 68

M18 Die Gründung der Montanunion – der erste Schritt zur EU

Die Entstehung der Europäischen Union ist nur vor dem Hintergrund des Zweiten Weltkrieges verständlich. Als der von Deutschland begonnene und verlorene Krieg zu Ende war, bestand große Unsicherheit, wie es nun in Europa weitergehen solle. Zum einen zog der Ost-West-Konflikt auf, da die wichtigsten Siegermächte des Zweiten Weltkrieges – die USA und Großbritannien auf der einen, die Sowjetunion auf der anderen Seite – sehr unterschiedliche Vorstellungen davon hatten, wie das Nachkriegseuropa aussehen sollte. Zum anderen befürchtete man insbesondere in Frankreich, das geschlagene Deutschland könnte in absehbarer Zeit wieder zu Kräften kommen und erneut zur Bedrohung werden. [...]

Es galt also, zwei Fragen gleichzeitig zu lösen: Wie konnte der Westen trotz eines teilweisen Rückzugs amerikanischer Truppen genügend Stärke aufbringen, um gegen die Sowjetunion und eine mögliche Bedrohung durch sie bestehen zu können, und wie konnte Deutschland in ein solches Konzept eingebunden werden, ohne seinerseits zur Gefahr für seine Nachbarn zu werden?

Die Antwort gab der französische Außenminister Robert Schuman am 9. Mai 1950, also genau fünf Jahre nach Kriegsende. Er schlug eine „Montanunion“ vor, eine Vereinigung der deutschen und der französischen Schwerindustrie, an der teilzunehmen andere Staaten ausdrücklich eingeladen waren. Das Besondere an Schumans Vorschlag war die gemeinsame Verwaltung der Kohle- und Stahlindustrie. Das ging weiter als die üblichen internationalen Vereinbarungen. Hier musste jeder der beteiligten Staaten ein Stück nationaler Souveränität aufgeben, die dann gemeinsam ausgeübt wurde.

Bereits ein Jahr zuvor, am 5. Mai 1949, hatten zehn europäische Staaten den Europarat gegründet. Sein Ziel war und ist es, durch die Zusammenarbeit der Staaten zu Frieden, Demokratie und Wohlstand beizutragen. Aber auf eine Souveränitätsübertragung von den Nationalstaaten auf den Europarat – die damals durchaus diskutiert wurde – konnte man sich in Straßburg, wo die Institution seit Gründung ihren Sitz hat, nicht einigen. Die Supranationalität ist bis heute eine Besonderheit der Europäischen Union, die diese nicht nur vom Europarat, sondern von vielen anderen internationalen Institutionen unterscheidet.

Kohle und Stahl waren von Schuman keineswegs willkürlich gewählt. Kohle war der zentrale Energieträger der Zeit, eine Rolle, die heute Erdöl und Erdgas zukommt. Stahl stand für die Schwerindustrie, die wiederum Voraussetzung nicht nur für den Wiederaufbau der kriegszerstörten Länder, sondern auch für mögliche Rüstungsvorhaben war. Wenn man also die Schwerindustrie gemeinsam verwaltete, hatte man die Sicherheit, dass ein Partner nicht unbemerkt gegen den anderen aufrüsten konnte.

Der deutsche Bundeskanzler Konrad Adenauer erkannte die Chancen, die im französischen Angebot lagen. Es bot für Deutschland die Möglichkeit, sich mit dem Westen auszusöhnen und wieder Aufnahme in die Völkerfamilie zu finden. Belgien, die Niederlande, Luxemburg und Italien schlossen sich der Montanunion an, die 1951 als Europäische Gemeinschaft für Kohle und Stahl (EGKS) vereinbart wurde und 1952 in Kraft trat. Ihr Ziel war die Sicherung des Friedens unter den Mitgliedsstaaten. Das Instrument, dieses Ziel zu erreichen, waren Kohle und Stahl.

Quelle: Stratenschulte, Eckart D. (2014): Gründung der europäischen Gemeinschaften. (http://www.bpb.de/internationales/europa/europaeische-union/42989/europaeische-gemeinschaften?p=all)

M19 Geschichte der EU

Was bewirkten die Römischen Verträge?
Die Römischen Verträge von 1957 sahen die Gründung der Europäischen Wirtschaftsgemeinschaft (EWG) und der Europäischen Atomgemeinschaft (EURATOM) zur friedlichen Nutzung der Atomenergie vor. In der EWG sollte ein gemeinsamer Markt ohne Zollgrenzen geschaffen und die Wirtschaftspolitik der Mitgliedsstaaten – anfänglich die Bundesrepublik Deutschland, Frankreich, Italien und die Beneluxstaaten – angeglichen werden. 1967 schlossen sich unter Abschaffung aller Binnenzölle EWG, EGKS und EURATOM zur Europäischen Gemeinschaft (EG) zusammen, der bis 1986 weitere sechs Länder beitraten. 1979 wurde das Europäische Währungssystem (EWS) geschaffen, das u. a. die Stabilisierung der Wechselkurse zum Ziel hatte.

Welches Ziel hatte die EG?
Die EG verfolgte zunächst die wirtschaftspolitische Integration, doch verstärkte sich im Lauf der Zeit auch die Zusammenarbeit auf politischer Ebene. So wurde 1986 die Einheitliche Europäische Akte (EEA) verabschiedet. Sie sollte den europäischen Einigungsprozess weiter vorantreiben. Ihr Schwerpunkt lag auf der Schaffung eines freien Binnenmarktes, das heißt eines freien Verkehrs von Personen, Waren, Dienstleistungen und Kapital bis zum 31. Dezember 1992. Neben der bereits 1972 vereinbarten Zusammenarbeit in der Außenpolitik wurde auch die Kooperation in den Bereichen Forschung und Umwelt vereinbart.

Wann wurde die Europäische Union gegründet?
Der Weg zur Gründung der Europäischen Union war geebnet: 1992 wurde der Maastrichter Vertrag über die EU unterzeichnet, der 1993 in Kraft trat. Darin vereinbarten Belgien, Deutschland, Dänemark, Frankreich, Griechenland, Großbritannien, Irland, Italien, Luxemburg, die Niederlande, Portugal und Spanien die Schaffung einer Europäischen Wirtschafts- und Währungsunion mit einer gemeinsamen Währung und eine vertiefte Zusammenarbeit in politischen und juristischen Angelegenheiten. Dies bedeutete die weitere Abtretung von Gesetzgebungsbefugnissen an die Union und den Beginn einer Gemeinsamen Außen- und Sicherheitspolitik (GASP).

Wie entwickelte sich die EU weiter?
[...] Der Europäischen Wirtschafts- und Währungsunion (EWWU) schlossen sich bis 2003 zwölf Mitglieder an, Großbritannien, Dänemark und Schweden lehnten eine Mitgliedschaft zunächst ab. In der EWWU löste der Euro die nationalen Währungen als Zahlungsmittel ab; die Geldpolitik liegt seitdem in den Händen der Europäischen Zentralbank.

Quelle: http://www.wissen.de/bildwb/die-welt-nach-1945-politik-im-zeichen-des-ost-west-konflikts

M20 Entwicklung zur EU

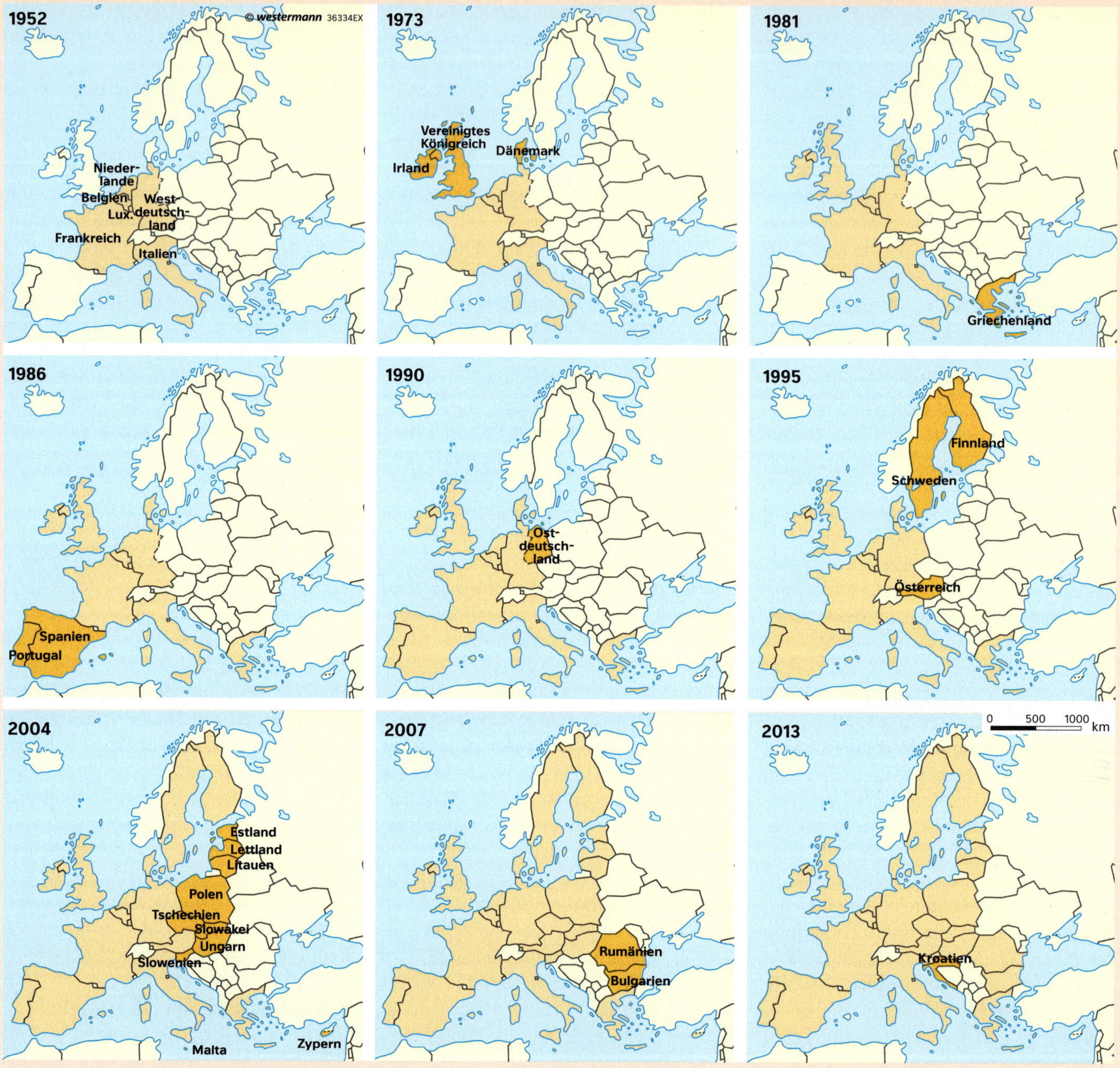

2017: Großbritannien strebt den Ausstieg aus der EU an, Austrittsverhandlungen beginnen.

M21 Grundlagen der EU

Bis zum Vertrag von Lissabon war die EU kein geschlossenes politisches System, sondern ein Verbund selbstständiger Staaten (Staatenverbund), die sich verpflichtet hatten

1. in einigen Politikfeldern ausschließlich gemeinschaftlich zu handeln
2. in einigen Politikfeldern eng zusammenzuarbeiten und die Entscheidungen weitgehend aufeinander abzustimmen
3. in allen anderen Politikfeldern die Interessen der anderen Partner weitgehend zu berücksichtigen.

Die Aufgaben der EU lassen sich nicht einheitlich zusammenfassen. Grundlage des europäischen Einigungsprozesses sind die Gründungsverträge sowie deren zahlreiche Änderungen und Ergänzungen, wie sie insbesondere im EG-Vertrag zum Ausdruck kommen und mit dem EU-Vertrag erweitert werden. Die wichtigsten Prinzipien sind Achtung der nationalen Identitäten, Achtung der Grundrechte, Achtung des Subsidiaritätsprinzips, Offenheit für weitere Mitglieder.

Von 1995 bis 2009 stand die EU auf drei Säulen:

1. den drei Europäischen Gemeinschaften, d.h. der Europäischen Gemeinschaft (als Nachfolgerin der Europäischen

Wirtschaftsgemeinschaft, EWG), der Europäischen Gemeinschaft für Kohle und Stahl (bis 2002), der Europäischen Atomgemeinschaft
2. der Zusammenarbeit der EU-Länder im Rahmen einer Gemeinsamen Außen- und Sicherheitspolitik (GASP)
3. der Zusammenarbeit der EU-Länder in der Justiz- und Innenpolitik.

Durch den Vertrag von Lissabon (2009) wird diese Säulenstruktur aufgelöst, da die EU anstelle der EG tritt.

Die sieben zentralen Organe der EU sind:
1. der Europäische Ministerrat (Rat der Europäischen Union)
2. das Europäische Parlament
3. die Kommission der EU
4. das faktisch wichtigste politische Organ, das den europäischen Einigungsprozess steuert, der Europäische Rat, d. h. das Treffen der Regierungschefs der EU-Länder
5. der Europäische Gerichtshof
6. der Europäische Rechnungshof
7. die Europäische Zentralbank.

Seit 2013 hat die EU 28 Mitglieder (A, B, BG, CY, CZ, D, DK, E, EST, F, FIN, GB, GR, H, HR, I, IRL, L, LT, LV, M, NL, P, PL, RO, S, SK, SLO), umfasst eine Fläche von mehr als 4 Mio. km² und eine Bevölkerung von ca. 507 Mio. Menschen.

Quelle: http://www.bpb.de/nachschlagen/lexika/politiklexikon/17458/europaeische-union-eu

Internationale Gerichtsbarkeit

M22 Standorte der internationalen Gerichtshöfe

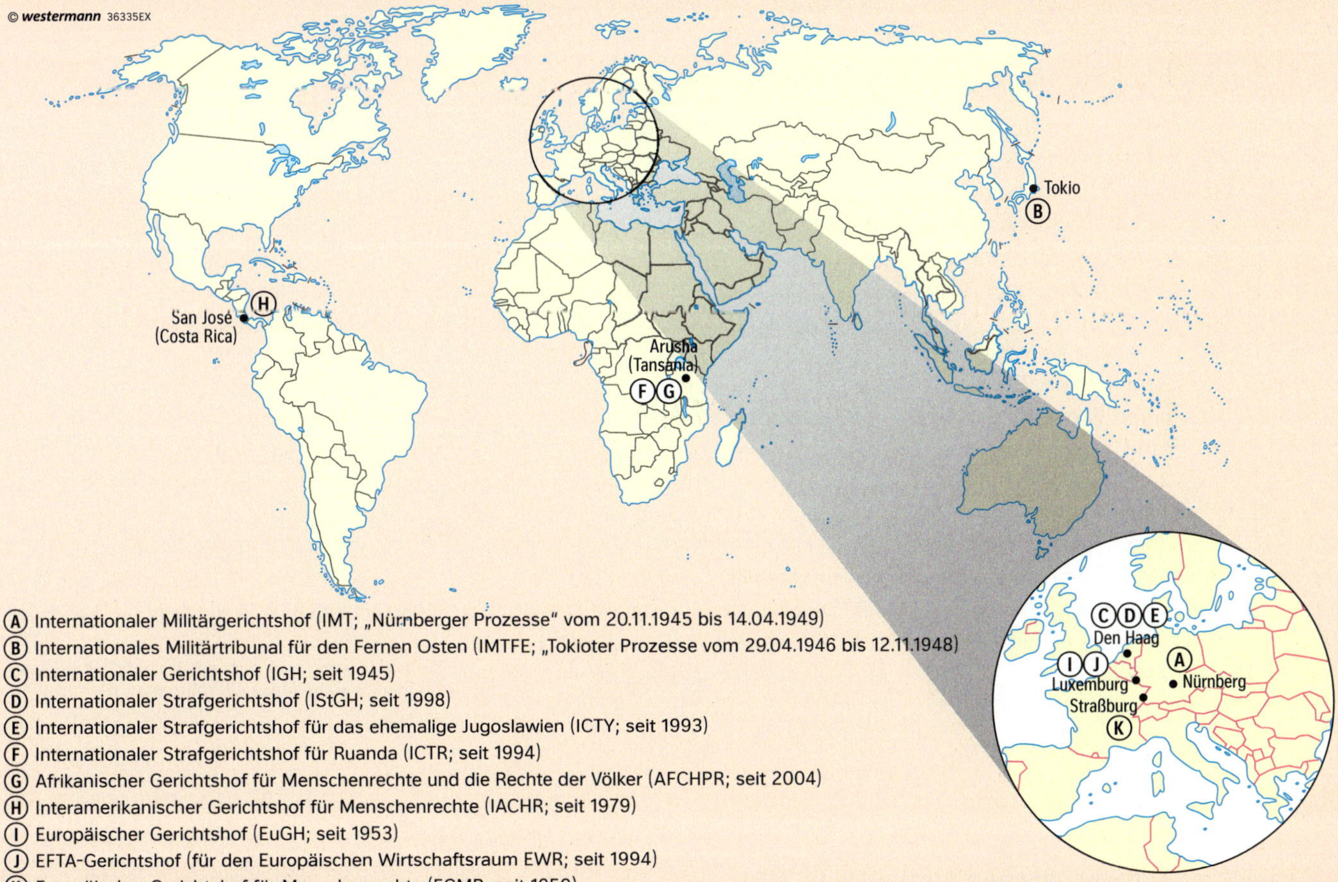

Quelle: Atlas der Globalisierung 2011, S. 73

M23 Internationaler Strafgerichtshof

Die Geschichte der internationalen Strafjustiz ist auch die Geschichte einer Emanzipation – des Rechts von der Macht. Als der UN-Sicherheitsrat in den 1990er-Jahren erstmals Kriegsverbrechertribunale schuf, für Jugoslawien und Ruanda, da achtete das UN-Gremium noch sehr genau darauf, nichts von seiner Macht aus der Hand zu geben. Der Sicherheitsrat schuf die Kriegsverbrechertribunale als vollständig untergeordnete Einrichtungen. Er wählte Richter und Ankläger aus und behielt so Einfluss bis hin zur Möglichkeit, diese Tribunale jederzeit wieder zu schließen.

Erst 1998 kam die Zeitenwende. Der Internationale Strafgerichtshof (International Criminal Court, ICC), der 1998 auf einer Staatenkonferenz in Rom gegründet wurde, wurde als unabhängige Institution ins Leben gerufen. Er steht außerhalb des UN-Gefüges. Den Staaten steht es frei, ihm beizutreten. Als im Sommer 2002 eine kritische Masse von 60 Ländern erreicht war, die das sogenannte „Rom-Statut" ratifiziert hatten, nahm der Gerichtshof in Den Haag seine Arbeit auf.

Laut Statut wird der Gerichtshof nur tätig bei Völkermord, schweren Kriegsverbrechen sowie Verbrechen gegen die Menschlichkeit. Zudem ist er nur dann zuständig, wenn Staaten diese Delikte auf nationaler Ebene nicht verfolgen können oder wollen. Angeklagt werden können Einzelpersonen, sofern das Land, in dem die Verbrechen begangen wurden, dem Gerichtshof beigetreten ist – oder wenn das Heimatland des Täters das Statut ratifiziert hat.

Zudem kann der UN-Sicherheitsrat dem Gerichtshof per Resolution auftragen, über die souveräne Entscheidung eines Staates hinwegzugehen und auch in Ländern zu ermitteln, die dem Gericht nicht beigetreten sind. Im Falle Sudans und Libyens hat der Sicherheitsrat dies getan. Stoppen kann der Sicherheitsrat die Arbeit des Gerichtshofs hingegen kaum, allenfalls für ein Jahr aussetzen.

Quelle: Steinke, Ronen (2013): Der internationale Strafgerichtshof. (http://www.bpb.de/internationales/weltweit/innerstaatliche-konflikte/169554/der-internationale-strafgerichtshof)

M24 Europäischer Gerichtshof für Menschenrechte

Die EMRK ist ein völkerrechtlicher Vertrag, durch den sich die Vertragsstaaten des Europarats verpflichten, ihren Bürgern grundlegende zivile und politische Rechte zuzusichern. Jeder Mitgliedsstaat des Europarats ist zur Ratifikation der Konvention verpflichtet.

Der Gerichtshof befasst sich mit Individualbeschwerden einzelner Personen (gerichtet gegen einen Vertragsstaat der Konvention) oder mit Staatenbeschwerden der Vertragsstaaten gegeneinander.

Die Zulässigkeit einer Beschwerde hängt davon ab, ob der innerstaatliche Rechtsweg erschöpft ist. In Deutschland ist Voraussetzung, dass der Beschwerdeführer wegen der Verletzung seiner Rechte erfolglos das Bundesverfassungsgericht angerufen hat. Das Verfahren vor dem Gerichtshof ist öffentlich, das Urteil ergeht in den Amtssprachen des Europarats (Englisch und Französisch).

Stellt der Gerichtshof einen Verstoß gegen die Menschenrechtskonvention fest, kann er der verletzten Partei nach Artikel 41 eine gerechte Entschädigung zubilligen. Die Parteien eines Rechtsstreits sind an die Urteile des Gerichtshofes gebunden und müssen die notwendigen Maßnahmen ergreifen, um diese umzusetzen.

Das Ministerkomitee des Europarats überwacht den Vollzug der Urteile des EGMR. Mittels dieser Verfahrensregelung ist sichergestellt, dass einem Rechtsspruch des Gerichts gegen einen Mitgliedsstaat auf der politischen Ebene des Europarats solange nachgegangen wird, bis der verurteilte Staat Vollzug meldet.

Deutschland tritt im Ministerkomitee des Europarats aktiv für eine umfassende und zeitgerechte Umsetzung von Urteilen des EGMR ein. Diese Verpflichtung gilt natürlich auch für Deutschland selbst. Deutsche Richterin am EGMR ist seit Januar 2011 Prof. Angelika Nußberger.

Seit Jahren registriert der EGMR eine hohe Zahl eingehender Beschwerden. Durch eine Reihe von Reformmaßnahmen der letzten Jahre kann der EGMR diese Belastung jetzt um einiges besser bewältigen und Rückstaus deutlich reduzieren. In deutschen Fällen ergingen 2014 insgesamt 13 Urteile. In drei von ihnen stellte der EGMR tatsächlich eine Verletzung der EMRK fest.

Quelle: http://www.auswaertiges-amt.de/DE/Aussenpolitik/Friedenspolitik/Europarat/EuropaeischerGerichtshofMenschenrechte_node.html

Globale Ungleichheit

M25 Index der menschlichen Entwicklung (HDI)

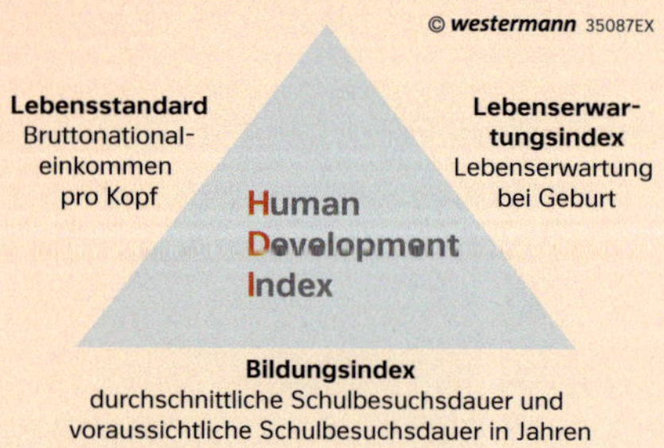

Kriterien des HDI

Das Entwicklungsprogramm der Vereinten Nationen (UNDP) veröffentlicht jährlich einen Bericht über die menschliche Entwicklung. Der darin enthaltene Index der menschlichen Entwicklung (engl. Human Development Index, HDI) erfasst die durchschnittlichen Werte eines Landes in grundlegenden Bereichen der menschlichen Entwicklung. Aus den Einzelindikatoren wird eine Rangliste errechnet. Sie ermöglicht es, den Stand der durchschnittlichen Entwicklung eines Landes abzuleiten. 2015 erfasste der Index insgesamt 188 Staaten, 83 von ihnen wurden als Länder mit geringer oder mittlerer Entwicklung eingestuft.

Quelle: verändert nach Bundesministerium für wirtschaftliche Zusammenarbeit und Entwicklung (https://www.bmz.de/de/service/glossar/I/index_hdi.html)

M26 Lebensbedingungen nach dem Human Development Index (Durchschnitt 2012–2014)

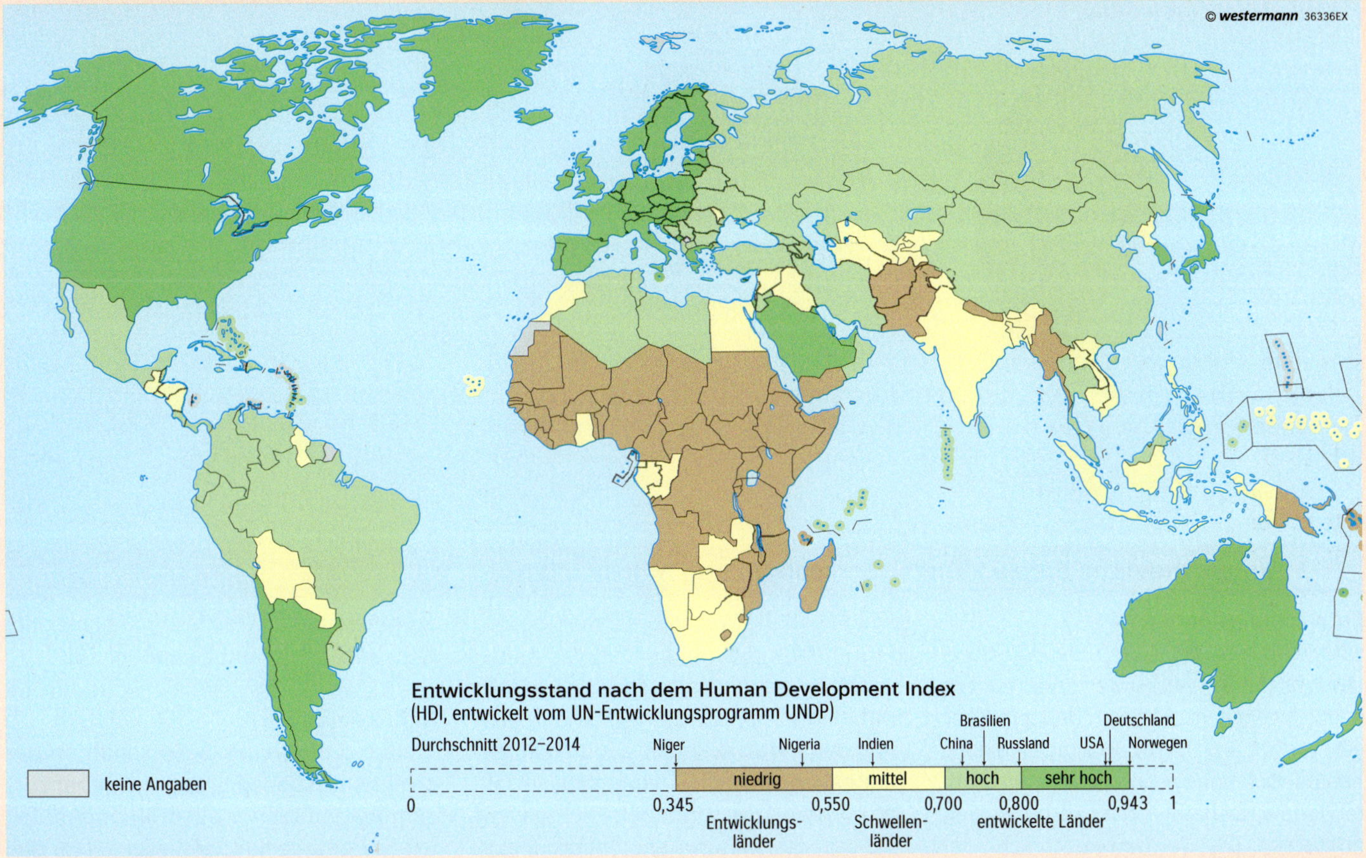

M27 Entwicklung des Human Development Index nach Regionen 1990–2015

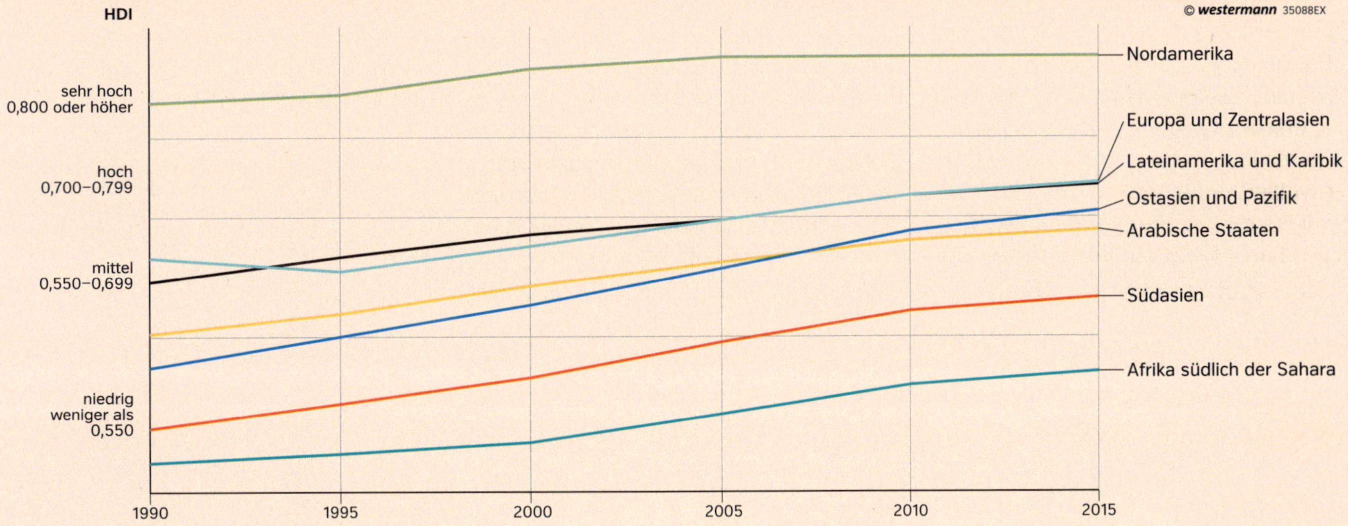

Quelle: UNDP: Human Development Report 2016, S. 27

M28 Wo Menschen mit einem niedrigen HDI leben

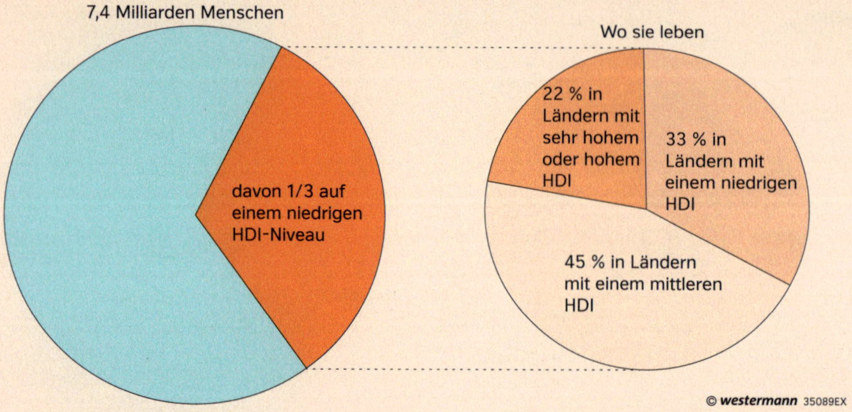

Quelle: UNDP: Human Development Report 2016, S. 53

M29 Unterscheidung Entwicklungs-, Schwellen- und Industrieländer

Entwicklungsländer

Staaten, die im Vergleich zu den Industrieländern (Erste Welt) unter anderem ein deutlich geringeres Sozialprodukt pro Kopf, eine geringe Arbeitsproduktivität, eine hohe Analphabetenquote und einen hohen Anteil landwirtschaftlicher Erwerbstätigkeit aufweisen. Die Weltbank unterscheidet nach dem Hauptkriterium Pro-Kopf-Einkommen zwischen Länder mit niedrigem Einkommen (Low Income Countries, LIC, bis 1045 US-$ Bruttonationaleinkommen) und Ländern mit mittlerem Einkommen (Middle Income Countries, MIC). Bei den MIC wird nochmal eine untere (1046–4125 US-$) und eine obere (4126–12 735 US-$) Einkommenskategorie unterschieden.

Schwellenländer

Bezeichnung für eine Gruppe relativ fortgeschrittener Entwicklungsländer, die aufgrund ihrer hohen wirtschaftlichen Eigendynamik (hohe Wachstumsraten, besonders in der Industrie) beachtliche Industrialisierungsfortschritte erzielen konnten und in ihrem Entwicklungsstand gegenüber den Industrieländer deutlich aufgeholt haben. Vielfach entsprechen soziale Indikatoren (z. B. Alphabetisierungsgrad und Lebenserwartung) und politische Entwicklung (demokratische Strukturen) nicht dem wirtschaftlichen Entwicklungsstand.

Als Schwellenländer gelten je nach Abgrenzung mehr als 40 Staaten, z. B. Israel, Südafrika, einige Erdöl exportierende Staaten wie Saudi-Arabien und Kuwait, lateinamerikanische Länder wie Argentinien, Mexiko, Chile und Venezuela sowie einige auch als Tigerstaaten bezeichnete asiatische Länder wie Südkorea und Singapur sowie die BRICS-Staaten. BRICS ist die Abkürzung für die ehemaligen Schwellenländer Brasilien, Russland, Indien, China und Südafrika, die sich durch hohes Wirtschaftswachstum ausgezeichnet und Einfluss im Rahmen der G-20-Staaten gewonnen haben.

Industrieländer

Ein Land oder eine Gesellschaft, in der die Erwerbsbevölkerung im Gegensatz zum Agrarstaat vor allem im industriellen Sektor arbeitet und dieser Sektor den Großteil der Wertschöpfung erwirtschaftet. Ab einem Pro-Kopf-Einkommen über 12 736 US-$ als Hauptkriterium kann nach der Weltbank von einem Industrieland gesprochen werden. Die modernen Industriestaaten entwickelten sich in den vergangenen Jahrzehnten immer mehr zu Dienstleistungsgesellschaften.

Quelle: verändert nach Duden Wirtschaft von A bis Z: Grundlagenwissen für Schule und Studium, Beruf und Alltag. 6. Aufl., Mannheim: Bibliographisches Institut 2016. Lizenzausgabe Bonn: Bundeszentrale für politische Bildung 2016

3.2 Politische Konflikte und Terrorismus

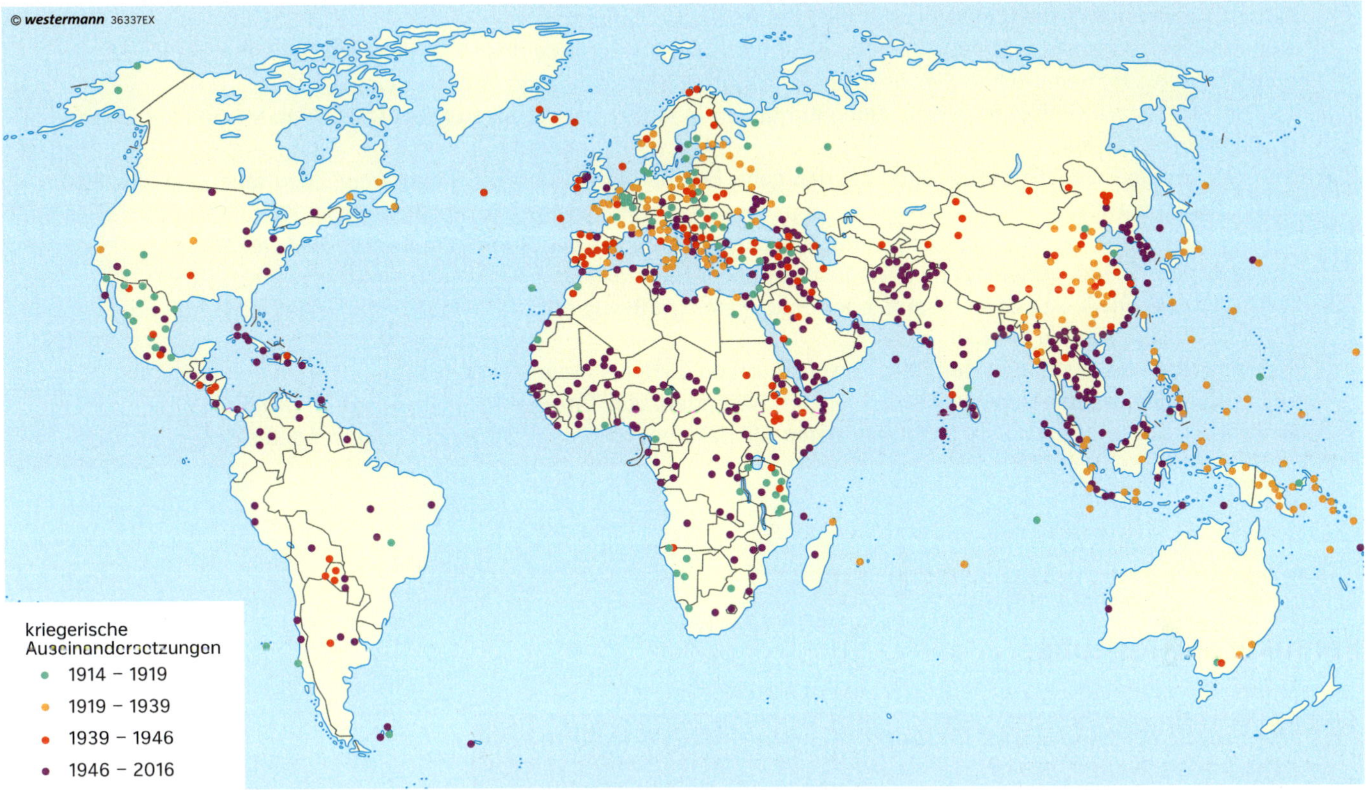

Kriegerische Auseinandersetzungen 1914–2016

Quelle: https://sputniknews.com/world/201602281035477225-world-map-war-history/

Dieses Kapitel beschäftigt sich mit folgenden Fragen:

1. Wie haben sich politische und kriegerische Konflikte sowie staatliche Militärausgaben entwickelt?
2. Welche Hintergründe haben die Auseinandersetzungen in einigen der aktuellen Konfliktregionen?
3. Welche Auswirkungen hat der internationale Terrorismus?

In Zeiten des „Kalten Krieges" wurde häufig behauptet, dass die Welt ohne diesen Ost-West-Gegensatz ein friedlicherer Ort wäre. Tatsächlich haben die Konflikte und Krisen nach dem Ende des „Kalten Krieges" kaum abgenommen, auch die Militärausgaben blieben hoch. In Konfliktregionen wie Syrien oder der Ukraine begegnen sich die konkurrierenden Interessen Russlands und der USA sowie ihrer Bündnispartner. Jahrelange Auseinandersetzungen in den ärmeren Regionen der Welt zeugen von der Schwäche des dort etablierten politischen Systems, basierend auf der ökonomischen Situation. Ein Beispiel dafür ist etwa der Darfur-Konflikt im Sudan. Im Irak und in Afghanistan ist vor dem Hintergrund der kriegerischen Auseinandersetzungen, an denen westliche Staaten wesentlich beteiligt waren, die vormalige politische Ordnung weitgehend zerstört, ohne dass neue stabile politische Strukturen entstanden wären. Und in Syrien herrscht seit 2011 eine andauernde, bewaffnete Auseinandersetzung, die häufig als „Bürgerkrieg" bezeichnet wird, obgleich sich inzwischen unterschiedliche Nationen wie die USA, Russland, Türkei und Iran an dem Konflikt beteiligen.

Spätestens seit dem Anschlag auf das World Trade Center im Jahre 2001 findet sich ferner eine zwar nicht neue, in ihren Ausmaßen aber bisher nicht dagewesene politische Gewalt in Form eines international agierenden Terrorismus. Betroffen davon sind die westlichen Staaten und Russland, vor allem aber die Staaten des Nahen Ostens. In diesem Kapitel wird ein Blick auf diese Konflikte, ihre Hintergründe und ihre Auswirkungen geworfen.

Literatur

Lüders, M. (2016): Wer den Wind sät. Was westliche Politik im Orient anrichtet. 20. Aufl., München.

O'Fahey, R. S. (2004): Conflict in Darfur. Historical and Contemporary Perspectives. In: University for Peace (Hrsg.): Environmental Degradation as a Cause of Conflict in Darfur. Khartum, S. 23–32.

SIPRI (Stockholm International Peace Research Institute) (2016): SIPRI Yearbook 2016. Armaments, Disarmament and International Security. Zusammenfassung auf Deutsch. Oxford. (https://www.sipri.org/sites/default/files/YB16-Summary-DEU.pdf)

AUFGABEN

1. Beschreiben und erläutern Sie die globale Entwicklung von Konflikten und Militärausgaben. (M1–M5)
2. Die Situation in den Konfliktregionen Ukraine, Afghanistan, Irak, Syrien und Darfur verändert sich laufend (M6–M12). Führen Sie eine arbeitsteilige Recherche zum aktuellen Stand durch.
3. Stellen Sie politische, gesellschaftliche und ökonomische Hintergründe des Ukraine-Konflikts in Form eines Strukturdiagramms zusammen. Nutzen Sie zusätzlich zu M6 auch weiterführende Internet-Quellen.
4. Erstellen Sie eine Zeitleiste zu gewaltsamen Konflikten in Afghanistan. Nutzen Sie zusätzlich zu M7 und M8 weiterführende Internet-Quellen.
5. Wenn es um die Konflikte im Irak und in Syrien geht, fällt häufig der Begriff „Bürgerkrieg". Beurteilen Sie, inwieweit dieser Begriff zutrifft.
6. Erörtern und bewerten Sie mögliche Lösungsansätze in Bezug auf den Konflikt in Darfur. (M11, M12)
7. a) Vergleichen Sie die verschiedenen Terrorismusdefinitionen in M13.
   b) Erörtern Sie, inwieweit es sich bei IS oder Boko Haram in Bezug auf die Zielsetzung und das Vorgehen um terroristische Organisationen handelt.
8. a) Beschreiben Sie die Entwicklung des Terrorismus von 2000 bis heute. (M13, M14)
   b) Erläutern Sie, welche Menschen und Regionen besonders von Terrorismus betroffen sind. (M14, M15)
9. Analysieren Sie die Karikatur in M16. Verwenden Sie dazu ein vorher im Unterricht angewendetes Kriterienraster.

Konflikte und Rüstung

M1 Regionale Verteilung und Gesamtzahl bewaffneter Konflikte 2006–2015

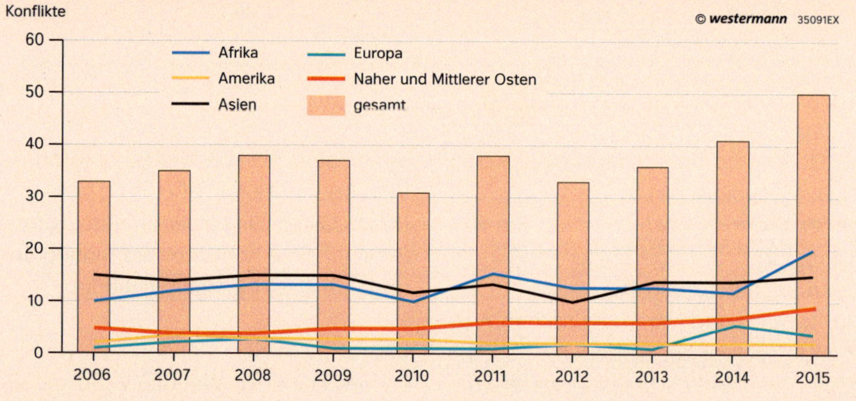

Quelle: SIPRI 2016, S. 7

M2 Militärausgaben weltweit 1988–2016

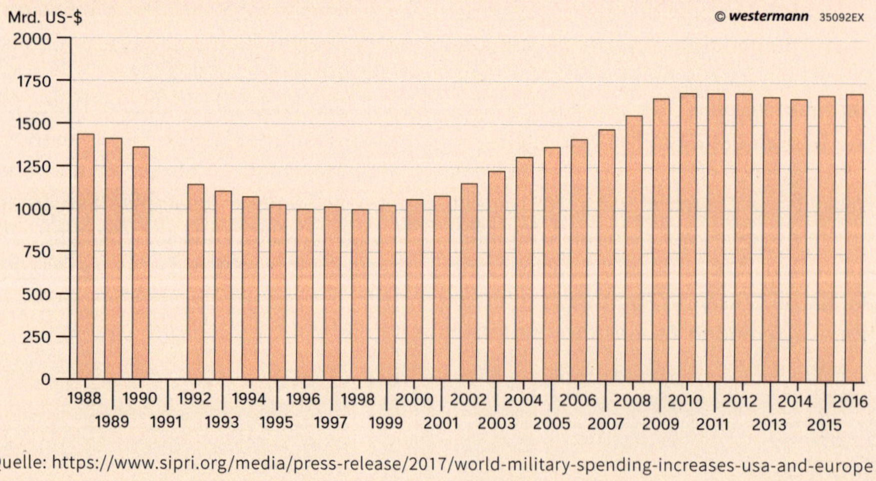

Quelle: https://www.sipri.org/media/press-release/2017/world-military-spending-increases-usa-and-europe

M3 Top 15 der Länder mit den höchsten Militärausgaben 2015

Weltrang 2015	Land	Ausgaben (Mrd. US-$)	Veränderung 2006–2015 (%)	Anteil an den weltweiten Gesamtausgaben (%)
1	USA	596	-3,9	36
2	China	215*	+132	13*
3	Saudi-Arabien	87,2	+97	5,2
4	Russland	66,4	+91	4,0
5	Großbritannien	55,5	-7,2	3,3
6	Indien	51,3	+43	3,1
7	Frankreich	50,9	-5,9	3,0
8	Japan	40,9	-0,5	2,4
9	Deutschland	39,4	+2,8	2,4
10	Südkorea	36,4	+37	2,2
11	Brasilien	24,6	+38	1,5
12	Italien	23,8	-30	1,4
13	Australien	23,6	+32	1,4
14	V.A.E.	22,8*	+136	1,4*
15	Israel	16,1	+2,6	1,0
Top 15 gesamt		1 350	81	k. A.
Welt gesamt		1 676	100	+19

* Schätzung

Quelle: https://www.sipri.org/sites/default/files/styles/body_embedded/public/table_1.jpg?itok=zXgGsYnY

M4 Die wichtigsten Exporteure und Importeure schwerer Waffen 2011–2015

Rang	Exporteur	Weltmarktanteil (%)
1	USA	33,0
2	Russland	25,0
3	China	5,9
4	Frankreich	5,6
5	Deutschland	4,7
6	Großbritannien	4,5
7	Spanien	3,5
8	Italien	2,7
9	Ukraine	2,6
10	Niederlande	2,0

Rang	Importeur	Weltmarktanteil (%)
1	Indien	14,0
2	Saudi-Arabien	7,0
3	China	4,7
4	V.A.E.	4,6
5	Australien	3,6
6	Türkei	3,4
7	Pakistan	3,3
8	Vietnam	2,9
9	USA	2,9
10	Südkorea	2,6

Quelle: SIPRI 2016, S. 20

M5 Die größten Waffenhersteller der Welt (ohne China) nach Umsatz mit Rüstungsgütern 2014

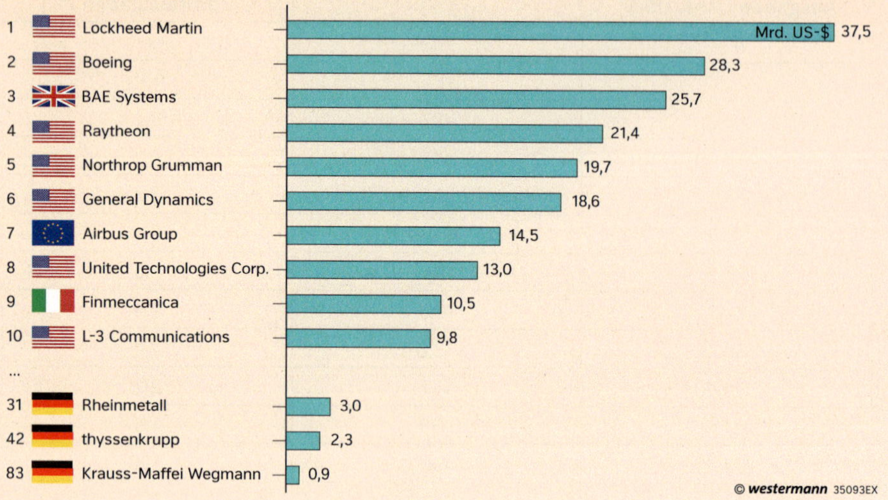

Quelle: dpa nach Friedensforschungsinstitut Sipri

Aktuelle Konflikte – Fallbeispiel: Ukraine

M6 Entwicklung des Konflikts in der Ukraine

Bereits 2011 hatten sich die Ukraine und die Europäische Union auf ein Assoziierungsabkommen verständigt, das die Ukraine wirtschaftlich und politisch den europäischen Staaten angenähert und die Anbindung an Russland eingeschränkt hätte. Am 21. November 2013 stoppte die ukrainische Regierung unter Präsident Viktor Janukowitsch, der eine stärkere Orientierung an Russland anstrebte, dieses Abkommen. Dieser Entscheidung folgten monatelange Proteste auf dem Maidan-Platz in Kiew. Die Protestaktionen weiteten sich über das ganze Land aus, wobei sich das Land spaltete. Der Westen des Landes wünschte sich eine stärkere Anbindung der Ukraine an Europa, im Osten überwog die Befürwortung einer Annäherung an Russland. Angesichts der Proteste erklärte sich Präsident Janukowitsch schließlich für Neuwahlen bereit. Dennoch wurde er durch das Parlament seines Amtes enthoben, und eine Übergangsregierung wurde aufgestellt.

Im Osten der Ukraine und besonders auf der Halbinsel Krim entzündete sich ein neuer Konflikt. Sewastopol auf der Krim ist der Heimathafen der russischen Schwarzmeerflotte und damit von strategischer Bedeutung. Russischsprachige Einheiten – Moskau spricht von „einheimischen Selbstverteidigungskräften" – ohne Hoheitsabzeichen kontrollierten nach und nach die gesamte Halbinsel, vor allem aber die Militäranlagen. Russische Kriegsschiffe verließen das Mittelmeer und verstärkten die Flotte im Schwarzen Meer.

Am 16. März 2014 entschieden sich die mehrheitlich russischsprachigen Bürgerinnen und Bürger der Krim in einem umstrittenen Referendum dafür, sich Russland anzuschließen. Der russische Präsident Putin schaffte die rechtliche Voraussetzung, die Halbinsel in die Russische Föderation aufzunehmen. Damit wurde ein Teil der Ukraine abgespalten. Der Westen verurteilte Russlands Annexion der Krim als völkerrechtswidrig.

Im Osten der Ukraine kam es zu gewalttätigen Ausschreitungen zwischen dem westlich-orientierten und dem prorussischen Bevölkerungsanteil. Prorussische Separatisten und ukrainische Militärs bekämpften sich.

Seitdem gibt es diplomatische Bemühungen zur Beilegung der Krise. Beobachter der Organisation für Sicherheit und Zusammenarbeit in Europa (OSZE) wurden in die Ukraine entsandt. Am 5. September 2014 wurde eine Waffenruhe zwischen der Ukraine und den prorussischen Separatisten unterzeichnet, die Vereinbarung von Minsk. Sie hatte aber kaum Bestand.

Am 26. Oktober 2014 wählte die Ukraine ein neues Parlament. Die proeuropäischen Parteien erzielten einen Sieg. Die prorussischen Separatisten, die eine Unabhängigkeit von der Ukraine anstreben, lehnten die Wahl jedoch ab. Sie führten am 2. November 2014 ihre eigenen Republikchef- und Parlamentswahlen in den „Volksrepubliken" Donezk und Lugansk durch.

Im 2. Minsker Abkommen verständigten sich die Konfliktparteien am 12. Februar 2015 erneut auf eine Waffenruhe. Schwere Waffen sollten abgezogen und eine entmilitarisierte Pufferzone eingerichtet werden. Viele Fragen im Ukraine-Konflikt blieben aber weiter ungeklärt; die Waffenruhe wurde häufig verletzt.

Die Europäische Union und die USA verhängten Sanktionen in Form von Einreiseverboten und Kontensperrungen gegen russische und ukrainische Politiker. Weitere wirtschaftliche Einschränkungen für Russland im Bankensektor folgten. In Reaktion auf die Wirtschaftssanktionen des Westens stoppte Russland die Einfuhr von Agrarprodukten aus der EU und den USA.

Russland war 2013 nach den USA und China der drittwichtigste Handelspartner der EU. Der Warenaustausch erreichte ein Volumen von fast 336 Milliarden Euro. Rund zwei Drittel davon entfielen auf russische Lieferungen nach Europa, vor allem von Rohöl, Ölprodukten und Gas.

Längerfristig hat Russland auch Alternativen. China steht bereit, Ausfälle zu kompensieren. Zudem ist Deutschland abhängig von russischen Gaslieferungen. Rund 40 Prozent des deutschen Gasverbrauchs werden momentan von Russland gedeckt. So rät Russlands Präsident Wladimir Putin dem Westen, sehr genau über die Konsequenzen von Strafmaßnahmen nachzudenken.

Brisant ist ferner, dass seit Juli 1997 die NATO-Ukraine-Charta gilt, welche die Ukraine an die NATO heranführen sollte. Die Ukraine ist das einzige Nicht-Mitglied, das an drei von der NATO geführten Militäroperationen teilgenommen hat. Auf dem NATO Gipfel in Bukarest im April 2008 erhielt die Ukraine eine grundsätzliche Beitrittsperspektive. Am 1. Juli 2010 nahm das ukrainische Parlament ein Gesetz an, das eine Fortsetzung der Partnerschaft mit der NATO zum Ziel hat, aber ausdrücklich das Festhalten der Ukraine an einer Politik der „Blockfreiheit“ vorsieht.

Präsident Poroschenko will unter dem Eindruck des Konflikts mit Russland sein Land in die NATO führen, sofern das Volk in einem Referendum zustimmt. Dies wird angesichts der Lage aber auch von NATO-Staaten als riskant betrachtet, da der Konflikt mit Russland wohl weiter eskalieren würde.

Quelle: verändert nach https://www.lpb-bw.de/ukrainekonflikt.html und https://www.lpb-bw.de/ukraine_eu_nato.html

Aktuelle Konflikte – Fallbeispiel: Afghanistan

M7 Afghanistan-Konflikt: Hintergründe und Ursachen

Die Hauptursache für die Konflikte in Afghanistan liegt in der Konfrontation zwischen Modernisierungsbefürwortern und -gegnern in einem der am wenigsten entwickelten und am meisten von externer Unterstützung abhängigen Ländern der Welt. 2014 rangierte Afghanistan auf dem UN-Index der menschlichen Entwicklung auf Platz 169 (unter 197). Nach den letzten vorliegenden Untersuchungen (von 2011/12) blieb trotz massiv verstärkter internationaler Ausgaben und des damals noch starken Wirtschaftswachstums die Armutsrate von 36 % der Bevölkerung seit 2007/08 substanziell unverändert. Afghanistans Drogenökonomie – mit etwa 90 % der Weltproduktion von Opiaten – trägt weiterhin zur Finanzierung von Akteuren auf beiden Seiten des Konflikts bei, aber auch zum Überleben großer Bevölkerungsgruppen.

Der Modernisierungskonflikt hat sich durch das gesamte 20. Jahrhundert gezogen und wurde im Kontext des Kalten Krieges mit der Intervention der Sowjetunion 1979 internationalisiert. Die US-geführte Intervention westlicher Staaten ab 2001 hat diesen Grundkonflikt nicht gelöst, sondern nur noch weiter verstärkt. In ihrem Ergebnis gelangten islamisch-konservative und islamistische Kräfte in Schlüsselpositionen von Regierung, Parlament, Justiz, Sicherheitskräften und der islamischen Geistlichkeit. Sie haben an demokratischen Verhältnissen und einer modernen, transparenten Regierungsführung wenig Interesse.

Die seit September 2015 amtierende „Nationale Einheitsregierung“ ist durch Flügelkämpfe weitgehend paralysiert. Reformen bleiben auf der Strecke. Die politischen Institutionen Afghanistans sind schwach. Die Gewaltenteilung funktioniert nicht, der Aufbau des Rechtsstaats wird von Gewalt und Korruption untergraben. Politische Netzwerke konkurrieren um wirtschaftlichen Einfluss und knapper werdende Ressourcen. Sie bilden dabei oft mafiöse Züge aus, vor allem wenn sie mit der Drogenökonomie verbunden sind.

Quelle: http://www.bpb.de/internationales/weltweit/innerstaatliche-konflikte/155323/afghanistan

M8 15 Jahre Afghanistan-Einsatz – Ein zutiefst uneiniges Land

15,2 Milliarden Dollar für die nächsten vier Jahre: So viel haben internationale Geber, allen voran die USA, EU und Japan, den Regierenden Afghanistans gerade bei der sogenannten Geberkonferenz in Brüssel versprochen. Das Geld ist für zivile Zwecke vorgesehen und soll den Politikern in Kabul – die derzeit etwa zwei Drittel des Landes kontrollieren – die Weiterarbeit erlauben. [...]

Gelöst werden kann der Konflikt wohl nur durch Verhandlungen, zu denen die Taliban allerdings derzeit nicht bereit sind. Auch für die Regierung würde eine Einigung aber schmerzhafte Zugeständnisse bedeuten.

Auch politisch sind die USA und ihre Verbündeten in Afghanistan gescheitert: Das nach 2001 installierte demokratische System funktioniert kaum. Die Präsidentschaftswahlen 2014 endeten gar ohne offizielles Endergebnis, und eine „Regierung der nationalen Einheit“ – die alles andere als einig ist – kam nur nach wochenlangem Druck der USA zustande. Für die seit Mai 2015 überfälligen Parlamentswahlen gibt es bis heute keinen Termin. Angesichts von Gewalt und wirtschaftlicher Perspektivlosigkeit fliehen viele Afghanen ins Ausland.

Lange hatten die USA nur auf den prowestlich scheinenden Hamid Karsai gesetzt. Weil die damalige Regierung von George W. Bush lange einen direkten Draht zu ihm hatte, verzichtete man darauf, politische Institutionen zu stärken, und zentralisierte die Macht in Karsais Händen. Auf die in einer Demokratie üblichen „checks and balances“ wurde verzichtet.

Unter US-Präsident Barack Obama ging der zunehmend erratische Karsai dann immer mehr auf Abstand zu Washington. [...]

Klar ist inzwischen: Ein kriegszerrüttetes und von Gewaltakteuren beherrschtes Land wie Afghanistan zu befrieden, ist extrem schwierig und langwierig. Das liegt auch daran, dass die afghanische Gesellschaft sich nicht einig ist, sondern bis heute von tiefem ethnischen Misstrauen und von Stammesrivalitäten geprägt wird.

Viele Afghanen haben nach Interventionen der USA gerufen. Gab es dann aber Probleme, schimpften sie auf Washington – und ignorierten eigene Unzulänglichkeiten.

Quelle: Hansen, Sven: 15 Jahre Afghanistan-Einsatz – Ein zutiefst uneiniges Land. In: TAZ vom 07.10.2016 (http://www.taz.de/!5341287/)

Aktuelle Konflikte – Fallbeispiel: Irak

M9 Irak-Konflikt: Hintergründe

Der Irak ist in mehrfacher Hinsicht ein gescheiterter Staat. Das Staatsgebiet ist in drei Quasi-Staaten gespalten. Die Verwaltung funktioniert nur noch in den großen Städten. Die Wirtschaft ist im Niedergang begriffen. Soziale Probleme wie Vertreibung, Arbeitslosigkeit und Armut nehmen Überhand.

Der Irak im Jahr 2015 ist politisch, konfessionell und territorial tief gespalten: Ein Rumpfstaat im Zentrum und Süden des Landes befindet sich unter nomineller Kontrolle der Zentralregierung in Bagdad. Im Norden sind die Kurden dabei, einen autonomen Proto-Staat zu schaffen. Das Zentrum und der Westen befinden sich unter Kontrolle der Dschihadisten-Miliz des Islamischen Staates (IS). Ihr Einflussgebiet reicht bis weit nach Syrien hinein.

Die staatlichen Strukturen und Institutionen des Irak sind erodiert, das nach 2003 installierte politische System ist weitgehend dysfunktional, die politische Klasse korrupt und zerstritten, das ehemals vorbildliche irakische Bildungssystem in desaströsem Zustand. Angesichts niedriger Weltmarktpreise und kriegsbedingter Hemmnisse ist die auf Ölexport basierende Wirtschaft auf Sinkflug, die Arbeitslosigkeit besonders unter jungen Leuten hoch.

Der Aufstieg konfessioneller Milizen und privater Gewaltunternehmer geht auf den Bürgerkrieg von 2005 bis 2007 zurück. Heute stehen sich insbesondere der aus Al-Qaida hervorgegangene Islamische Staat, die schiitischen Milizen und die kurdischen Peschmerga gegenüber. Die mit der Zentralregierung in Bagdad verbündeten schiitischen Milizen unterscheiden sich hinsichtlich ihres reaktionären Gesellschaftsbildes und ihrer Brutalität gegenüber Andersgläubigen, kritischen Journalisten und Menschen mit anderer sexueller Orientierung kaum vom IS. Die Peschmerga kämpfen zwar an der Seite der Zentralregierung, beschränken sich jedoch auf die Verteidigung der kurdischen Autonomiegebiete gegen den IS.

All diese Akteure sind mit externen Mächten liiert. Der Irak ist gemeinsam mit Syrien seit 2003 zum Spiel- und Schlachtfeld konkurrierender regionaler und globaler Interessen zwischen Iran, Saudi-Arabien, der Türkei, den USA und neuerdings auch Russland geworden.

Die 2015 mit 35 Mio. bezifferte irakische Bevölkerung zeichnet sich durch eine große religiöse, kulturelle und ethnische Diversität aus. Seit dem Sturz Saddam Husseins im Jahr 2003 und der Besatzung des Landes durch eine westliche Allianz unter Führung der USA sind verstärkt konfessionelle Spannungen sichtbar geworden, vor allem zwischen sunnitischen und schiitischen Akteuren. Allein in den Jahren von 2003 bis 2011, besonders aber in der Hochzeit des Bürgerkrieges, fielen mehr als 160 000 Menschen den Kampfhandlungen und Bombenattentaten zum Opfer.

Die Folge der interethnischen und -religiösen Gewalt war die zunehmende räumliche Entflechtung und Fragmentierung der irakischen Gesellschaft entlang konfessioneller Linien sowie die Verschlechterung der Lage religiöser und ethnischer Minderheiten (Christen, Jesiden, Turkmenen, Assyrer u. a.). Die gegenwärtigen Auseinandersetzungen verschlimmern ihre Lage zusätzlich. Innerhalb Iraks bietet die seit den 1990er-Jahren autonome kurdische Region heute die größte Sicherheit und auch wirtschaftlich die besten Lebensbedingungen. Sie ist daher Ziel vieler Binnenflüchtlinge.

Angesichts der allgemeinen Perspektivlosigkeit und der Angst, in die Kampfhandlungen verwickelt zu werden, fliehen gerade junge und gut ausgebildete Leute ins Ausland. Dieser „brain drain“ schwächt das Land zusätzlich und mindert die Chancen auf einen erfolgreichen Wiederaufbau. Dabei hätte Irak genügend natürliche Ressourcen, um seiner Bevölkerung ein gutes Leben zu ermöglichen. [...]

Aktuell ist schwer vorstellbar, dass der Irak – ebenso wie Syrien, Jemen, Libyen – in der bisherigen Form weiter bestehen wird. Die weitere Eskalation des innerstaatlichen und regionalen Machtkampfes könnte die geopolitische Landkarte der Region des Mittleren Ostens nachhaltig verändern. [...]

Quelle: http://www.bpb.de/internationales/weltweit/innerstaatliche-konflikte/54603/irak

Aktuelle Konflikte – Fallbeispiel: Syrien

M10 Syrien-Konflikt: Hintergründe und Akteure

Seit 2011 herrscht in Syrien [ein Krieg], der mit fortschreitender Dauer auch unter Beteiligung internationaler Mächte stattfindet. Auslöser des Konflikts war ein Protest gegen das autoritäre Regime Assads im Zuge des Arabischen Frühlings Anfang 2011. Darauf reagierte die Regierung mit Gewalt. Verschiedene Gruppen und Organisationen traten in den Konflikt ein, häufig verbunden mit religiösen und ethnischen Zielen und unterstützt durch ausländische Kämpfer. Die ursprüngliche Absicht der Opposition, eine Demokratisierung zu erreichen, rückte in den Hintergrund. Inzwischen haben sich viele ausländische Staaten in den Konflikt eingemischt, sodass von einem „Bürgerkrieg" nicht mehr gesprochen werden kann.

Gruppierungen des Syrien-Konflikts

Die Vereinigten Staaten: [...] Die USA schmiedeten eine internationale Luftallianz gegen die Terrormilizen und unterstützen am Boden die kurdischen YPG-Brigaden. Washington will keinen chaotischen Zusammenbruch des Regimes und ist daher bereit, für eine gewisse Übergangsphase Assad zu akzeptieren.

Russland: Seit September 2015 greift Moskau mit Kampfflugzeugen und Elitetruppen in den Bürgerkrieg ein, um das schwankende Assad-Regime zu stabilisieren und sein Überleben zu sichern. Der Kreml will sich im Nachkriegssyrien eine möglichst gute Machtposition sichern, um seinen Einfluss im Nahen Osten noch fester zu verankern. [...]

Europa: Die Europäische Union betrachtet den Syrienkonflikt inzwischen vor allem aus der Perspektive der Flüchtlingszahlen und der Gefahr weiterer IS-Attentate. Je länger das Morden in Syrien anhält, desto geringer werden die Aussichten, dass sich die Region entlang des südlichen Mittelmeeres stabilisiert und den vielen Millionen entwurzelter Bürger wieder eine Lebensperspektive bieten kann. [...]

Die Türkei: Die Türkei galt von Anfang an als der entschiedenste Gegner von Damaskus. Sie unterstützte alle Rebellengruppen, sofern sie gegen Assad kämpften. Seit den schweren IS-Anschlägen in Istanbul und den syrisch-kurdischen Unabhängigkeitsbestrebungen jedoch haben sich die strategischen Prioritäten Ankaras gewandelt. Die türkische Führung ist nun offenbar bereit, sich mit einem Überleben des Regimes abzufinden, wenn Damaskus ihm dafür freie Hand in der Kurdenfrage gibt. Der Einmarsch türkischer Truppen in Syrien richtet sich primär gegen die syrischen Kurden, aber auch gegen den IS. [...]

Iran und Hisbollah: Die Hisbollah ist mit 6000 bis 8000 Kämpfern vor Ort. Vom Iran befehligte schiitische Milizen aus Irak, Iran und Afghanistan steuern weitere 10 000 Bewaffnete bei, die an vielen Fronten die Hauptlast tragen. Iran betrachtet das syrische Regime seit mehr als vier Jahrzehnten als wichtigsten Verbündeten in der arabischen Welt und gleichzeitig als Versorgungsbrücke zu den Hisbollah-Stützpunkten im Libanon.

Saudi-Arabien und die Golfstaaten: Die arabischen Golfstaaten sehen den Syrienkrieg als zentralen Schauplatz in ihrem Ringen mit der Islamischen Republik. Unter der Führung von Riad unterstützen die superreichen Scheichtümer moderate und radikale Rebellen mit Geld und Waffen. Doch ihr Einfluss geht zurück. Saudi-Arabien führt einen blutigen Krieg im Jemen. Und die kleinen Golfstaaten können die Aufständischen nicht mit eigenen Truppen unterstützen.

Die Kurden: Die Kurden haben sich in den letzten fünf Jahren weitgehend aus dem Bürgerkrieg herausgehalten. Ihnen geht es vor allem darum, für ihre Gebiete entlang der syrisch-türkischen Grenze eine Autonomie durchzusetzen. Ihre YPG-Milizen haben mit amerikanischer Waffenhilfe bisher die größten Siege gegen den IS erkämpft. Trotzdem betrachten sowohl Damaskus als auch Ankara diese Erfolge mit Misstrauen. [...] Die Türkei zwang die syrischen Kurden, alle grenznahen Gebiete westlich des Euphrat zu räumen. Denn Ankara befürchtet, ein zusammenhängendes kurdisches Hoheitsgebiet könne die Sezessionswünsche der eigenen Minderheit neu anfachen.

Das Assad-Regime: Diktator Baschar al-Assad gab sich am ersten Tag der Waffenruhe kompromisslos und siegessicher. Provokativ reiste er in die nach vier Jahren Dauerbombardement und Belagerung zwangsevakuierte Ex-Rebellenstadt Daraja und kündigte an, man werde ganz Syrien „von den Terroristen" zurückerobern. Das Regime befindet sich durch den Waffenstillstand in einer relativ komfortablen Lage, zumal sich Moskau und Washington mit dem „Islamischem Staat" und Fatah al-Scham (früher: Al-Nusra) künftig gemeinsam seine gefährlichsten militärischen Gegner vorknöpfen [...]

Die Assad-Gegner: Sämtliche Gegner des Regimes haben schätzungsweise 70 000 bis 100 000 Mann unter Waffen. Das Institute for the Study of War zählte 2015 mehr als 230 Gruppen. Die Radikalen unter ihnen, „Islamischer Staat" und Fatah-al-Scham-Front, werden weiterkämpfen. Vor allem die IS-Dschihadisten stehen inzwischen von allen Seiten unter Druck. [...]

Quelle: Gehlen, Martin: Der vertrackteste Konflikt der Moderne. In: Zeit-online vom 13.09.2016 (http://www.zeit.de/politik/ausland/2016-09/syrien-buergerkrieg-konflikt-gruppen)

Aktuelle Konflikte – Fallbeispiel: Darfur (Sudan)

M11 Darfur-Konflikt: Hintergründe

Die Region Darfur wird von verschiedenen Völkern bewohnt. Bis zur britischen Annexion 1917 handelte es sich um ein unabhängiges Sultanat. Der Sudan wurde 1956 unabhängig; das Staatsgebiet verdankte sich den kolonialen Grenzen ohne Entsprechung zu den Volksgruppen. Die Konflikte zwischen verschiedenen Gruppen verschärften sich durch die Verknappung der Ressourcen infolge von großen Dürreperioden in den 1970er- und 1980er-Jahren.

Seit 2003 kam es zu andauernden bewaffneten Auseinandersetzung zwischen den verschiedenen Volksgruppen in Darfur und der sudanesischen Regierung. Gefordert wurden vor allem mehr Mitbestimmung im Staat und eine Entwicklung ihrer Region. Die Regierung geht militärisch gegen die Rebellen vor und unterstützt in diesem Kampf lokale Milizen.

2005 versuchte die Afrikanische Union, den Waffenstillstand mit der Friedensmission AMIS zu sichern – allerdings nur mit kurzfristigem Erfolg. Angesichts der sich verschlechternden Sicherheitslage und der katastrophalen humanitären Situation beschloss der Sicherheitsrat 2007 eine UN-Mission in dem Land.

Der Internationale Strafgerichtshofs (IStGH) bearbeitet derzeit sechs Fälle im Zusammenhang mit dem Darfur-Krieg, u. a. gegen den sudanesischen Präsidenten, den derzeitigen Verteidigungsminister und gegen mehrere Rebellenführer. Besonders der bereits 2009 ausgestellte Haftbefehl gegen den sudanesischen Präsidenten Omer el Bashir hat die politische Situation in Darfur und Sudan zusätzlich verkompliziert und den außenpolitischen Spielraum der Regierung stark eingeschränkt.

Mit der Kombination von Friedensgesprächen und Friedensmissionen konnte der Konflikt bislang nicht gelöst werden. Eine Regelung scheitert immer wieder an der Zerstrittenheit der Darfur-Rebellen und der Obstruktion der sudanesischen Regierung, aber auch an der mangelnden Koordination der internationalen Akteure.

Quelle: eigener Text nach https://de.wikipedia.org/wiki/Darfur-Konflikt#cite_ref-6 und http://www.bpb.de/internationales/weltweit/innerstaatliche-konflikte/54699/sudan-darfur

M12 Tausende Menschen fliehen vor Kämpfen im West-Sudan

Die erneute Eskalation der Kämpfe in der sudanesischen Region Darfur hat nach UNO-Angaben seit Ende März [2016] 138 000 Menschen in die Flucht getrieben. Der Konflikt zwischen Rebellen und Regierungstruppen dauert inzwischen 13 Jahre, eine politische Lösung ist nicht in Sicht. Sudans Präsident Omar al-Baschir hat nun seinen Rückzug angekündigt – für das Jahr 2020.

Der für die Friedenseinsätze der Vereinten Nationen zuständige UNO-Untergeneralsekretär Hervé Ladsous rief beide Seiten auf, ihren Konflikt friedlich beizulegen. Das Verfolgen politischer Ziele mit militärischen Mitteln habe nur zum anhaltenden Leid der Zivilbevölkerung beigetragen. [...] Vor dem Weltsicherheitsrat in New York sagte Ladsous, dass keine politische Lösung für den seit 13 Jahren tobenden Konflikt in Sicht sei.

Sudans Präsident Omar al-Baschir hat unterdessen seinen Rückzug angekündigt – allerdings erst für 2020. Er werde bei den dann anstehenden Wahlen nicht erneut kandidieren, sagte der umstrittene Staatschef dem britischen Sender BBC [...]. Der 72-Jährige hatte sich 1989 an die Macht geputscht und war zuletzt im April vergangenen Jahres [2015] im Amt bestätigt worden. Al-Baschir wies zudem die UNO-Berichte zurück, nach denen 138 000 Bewohner der Darfur-Region auf der Flucht seien. Die Zahlen seien absolut übertrieben, sagte Al-Baschir.

Die sudanesische Regierung behauptet, den von Rebellen besetzten Teil Darfurs unter ihre Kontrolle gebracht zu haben, was diese bestreiten.

Die Regierung fordert deshalb den Abzug der gemeinsamen Friedenstruppe von UNO und Afrikanischer Union sowie aller humanitären Helfer. Berichte über Gräueltaten der sudanesischen Armee wies Al-Baschir ebenso zurück wie jene über Bombardements aus der Luft.

Der UNO-Untergeneralsekretär Ladsous sagte dagegen, dass die Sicherheitssituation in Darfur brüchig sei. Andauernd gebe es Auseinandersetzungen zwischen lokalen Stämmen um Land, Wasser und andere Ressourcen.

Quelle: nch/tj: Darfur-Konflikt. Tausende Menschen fliehen vor Kämpfen im Sudan. Deutschlandfunk, Bericht vom 07.04.2016 (http://www.deutschlandfunk.de/darfur-konflikt-tausende-menschen-fliehen-vor-kaempfen-im.1818.de.html?dram:article_id=350541)

M13 Terrorismus-Definitionen

Definition 1: Vereinte Nationen
Der Sicherheitsrat [...] erinnert daran, dass Straftaten, namentlich auch gegen Zivilpersonen, die mit der Absicht begangen werden, den Tod oder schwere Körperverletzungen zu verursachen, oder Geiselnahmen, die mit dem Ziel begangen werden, die ganze Bevölkerung, eine Gruppe von Personen oder einzelne Personen in Angst und Schrecken zu versetzen, eine Bevölkerung einzuschüchtern oder eine Regierung oder eine internationale Organisation zu einem Tun oder Unterlassen zu nötigen, welche Straftaten im Sinne und entsprechend den Begriffsbestimmungen der internationalen Übereinkommen und Protokolle betreffend den Terrorismus darstellen, unter keinen Umständen gerechtfertigt werden können, indem politische, philosophische, weltanschauliche, rassische, ethnische, religiöse oder sonstige Erwägungen ähnlicher Art angeführt werden, und fordert alle Staaten auf, solche Straftaten zu verhindern und, wenn sie nicht verhindert werden können, sicherzustellen, dass für solche Straftaten Strafen verhängt werden, die der Schwere der Tat entsprechen.

Definition 2: Europäische Union
Jeder Mitgliedsstaat trifft die erforderlichen Maßnahmen, um sicherzustellen, dass die unter den Buchstaben a) bis i) aufgeführten, nach den einzelstaatlichen Rechtsvorschriften als Straftaten definierten vorsätzlichen Handlungen, die durch die Art ihrer Begehung oder den jeweiligen Kontext ein Land oder eine internationale Organisation ernsthaft schädigen können, als terroristische Straftaten eingestuft werden, wenn sie mit dem Ziel begangen werden,
- die Bevölkerung auf schwerwiegende Weise einzuschüchtern oder
- öffentliche Stellen oder eine internationale Organisation rechtswidrig zu einem Tun oder Unterlassen zu zwingen oder
- die politischen, verfassungsrechtlichen, wirtschaftlichen oder sozialen Grundstrukturen eines Landes oder einer internationalen Organisation ernsthaft zu destabilisieren oder zu zerstören [...].

Definition 3: US-Außenministerium
Terrorismus ist vorsätzliche, politisch motivierte Gewalt, verübt gegen zivile Ziele durch substaatliche Gruppen oder im Verborgenen arbeitende Täter, gewöhnlich mit der Absicht ein Publikum zu beeinflussen.

Definition 4: US-Verteidigungsministerium
Terrorismus ist kalkulierte Gewaltanwendung oder -androhung, um Furcht zu erzeugen in der Absicht, die Regierung oder die Gesellschaft zur Verfolgung von politischen, religiösen oder ideologischen Zielen zu nötigen.

Definition 5: FBI
Terrorismus ist ungesetzlicher Zwang oder Gewalt gegen Menschen oder Eigentum zur Einschüchterung einer Regierung, der Zivilbevölkerung, oder eines Teils von dieser, um politische oder gesellschaftliche Ziele zu erreichen.

Definition 6: Andreas Elter, Professor für Journalistik
Bei der folgenden Definition von Terrorismus soll es nicht um Staatsterror oder staatlich unterstützten Terror gehen, sondern um den Terrorismus „von unten", der von einer Gruppe ausgeübt wird, die keine Regierungsgewalt besitzt. Dazu gibt es eine Flut von Definitionen nebst Ergänzungen und Variationen. [...]

David J. Whitaker merkt zum Unterschied zwischen Terrorismus und Guerilla an: „Terrorismus wird oftmals mit Guerillakampf verglichen, vermischt oder sogar gleichgesetzt. Das ist nicht sonderlich verwunderlich, weil sich Guerillas häufig derselben Taktiken (Mordanschläge, Geiselnahmen, Bombenattentate [...] etc.) zu denselben Zwecken bedienen. [...] Jedoch [...] gibt es fundamentale Unterschiede zwischen den beiden. ‚Guerilla' z. B. bedeutet in einem weithin akzeptierten Sprachgebrauch, eine zahlenmäßig größere Gruppe bewaffneter Individuen, die als militärische Einheit operiert, feindliche militärische Kräfte angreift und die Gebiete erobern und halten will [...], während sie gleichzeitig eine gewisse Form der Souveränität oder Kontrolle über ein definiertes geografisches Areal und seine Bevölkerung ausübt. Terroristen hingegen fungieren nicht offen als bewaffnete Kampfeinheiten, versuchen nicht Gebiete zu erobern oder zu halten, achten sorgsam darauf, sich nicht mit feindlichen militärischen Truppen in eine offene Feldschlacht zu verstricken und üben auch nur selten direkte Kontrolle oder Souveränität über ein Territorium oder seine Bevölkerung aus.

Quellen:

Definition 1: Auszug aus der Resolution 1566 vom 08.10.2004 (http://www.un.org/depts/german/sr/sr_04-05/sr1566.pdf)

Definition 2: Auszug aus dem Rahmenbeschluss des Rates vom 13.06.2002 zur Terrorismusbekämpfung (http://eur-lex.europa.eu/legal-content/DE/TXT/?uri=celex:32002F0475)

Definitionen 3–5: Terrorism Research Center, übersetzt von und zit. nach: Prützel-Thomas, Monika: Neuer Terrorismus? Die Debatte um die Einordnung des Djihadismus. In: Backes, Uwe/Jesse, Eckhard (Hrsg.): Gefährdungen der Freiheit. Extremistische Ideologien im Vergleich, Göttingen 2006, S. 477–492, hier: S. 479 (http://www.bpb.de/apuz/229101/terrorismus-definitionen)

Definition 6: Elter, Andreas: Die Geschichte der RAF. 2007 (http://www.bpb.de/geschichte/deutsche-geschichte/geschichte-der-raf/49218/definition-von-terrorismus?p=all)

M14 Globaler Terrorismus-Index 2015

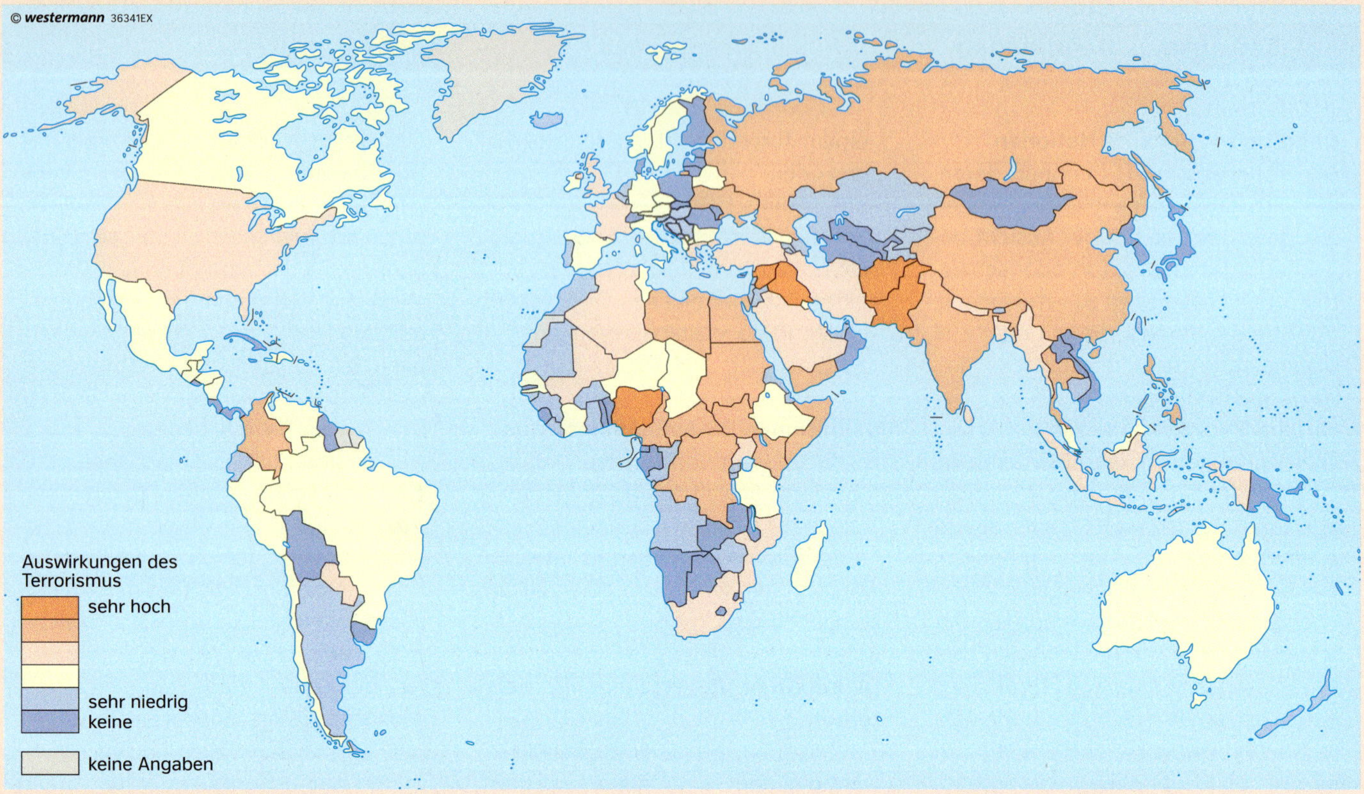

Quelle: Institute for Economics and peace: Global Terrorism Index 2015, S. 10 f.

M15 Todesopfer durch Terrorismus nach Regionen 2000–2014

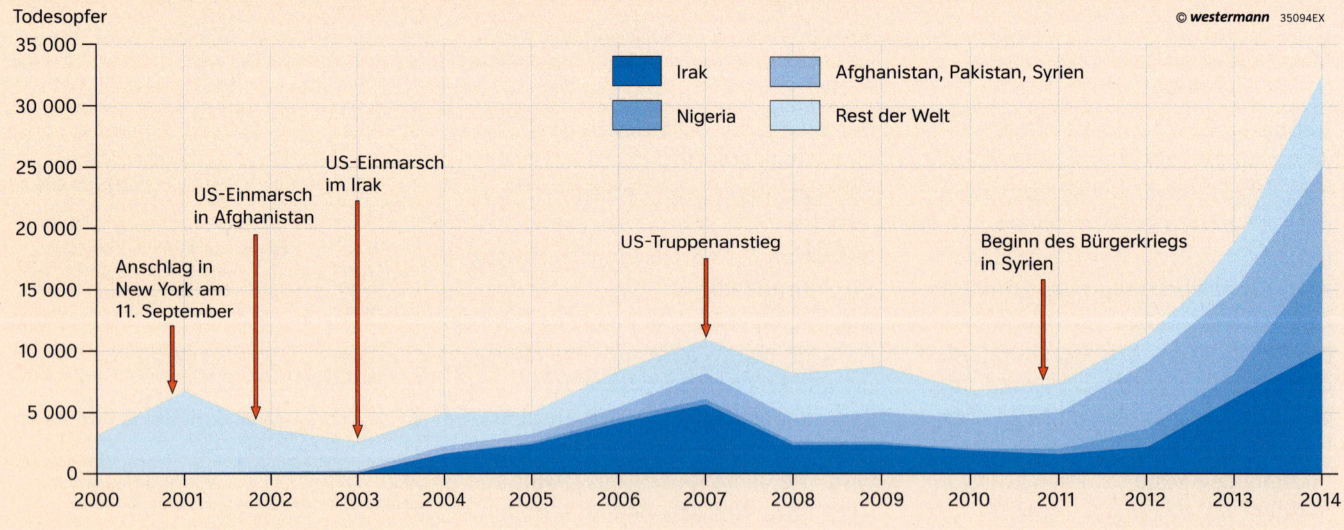

Quelle: Institute for Economics and peace: Global Terrorism Index 2015, S. 14

M16 Karikatur zum Terrorismus

3.3 Politik zwischen Anspruch und Wirklichkeit – und ihre Kontrolle

Dieses Kapitel beschäftigt sich mit folgenden Fragen:

1. Wie ist es derzeit global um die demokratischen Rechte sowie die Meinungs- und Pressefreiheit bestellt?
2. Wo droht Menschen staatliche Überwachung, Folter oder Todesstrafe?
3. Welche Ziele und Aufgaben setzen sich Nichtregierungsorganisationen?

Die heute existierenden Staaten und politischen Systeme unterscheiden sich in vielerlei Hinsicht in Bezug darauf, wie die Menschen politisch partizipieren – oder verfolgt werden. Demokratische Staaten und Systeme sind dadurch gekennzeichnet, dass dem Anspruch nach die Regierungen durch politische Wahlen bestimmt und durch das Volk kontrolliert werden. Zu den Kennzeichen einer modernen Demokratie zählen unter anderem die Akzeptanz einer politischen Opposition sowie die Existenz einer Gewaltenteilung und eines Minderheitenschutzes. Auch wenn viele Staaten sich als demokratisch verfasst bezeichnen, werden diese Aspekte weltweit sehr unterschiedlich umgesetzt oder berücksichtigt.

Da dem demokratischen Anspruch nach die Herrschaft durch die Allgemeinheit bestimmt und kontrolliert wird, kommt der Meinungs- und Pressefreiheit im Rahmen der politischen Willensbildung eine erhebliche Bedeutung zu. Auch das Vorkommen von Korruption, also der Missbrauch einer Funktion z. B. in Verwaltung, Justiz oder Wirtschaft für den eigenen Vorteil, kann als Indikator der politischen Situation hinzugezogen werden. Die Bedrohung durch Todesstrafe oder Folter und staatliche Überwachung begrenzen die Möglichkeiten, sich politisch mündig zu verhalten. In diesem Kapitel werden einzelne Indikatoren aufgezeigt und die Situation in verschiedenen Ländern verglichen.

Bei der Überprüfung dieser Indikatoren gewinnen Nichtregierungsorganisationen, so genannte NGOs (Non-Governmental Organizations), zunehmend an Bedeutung. Unter dem Begriff werden zivilgesellschaftlich gegründete und international organisierte Interessenverbände zusammengefasst, die sich insbesondere sozial- und umweltpolitisch engagieren. Sie sind nicht durch ein öffentliches Mandat legitimiert, arbeiten also staats- bzw. regierungsunabhängig. Die Zahl von NGOs ist in den letzten Jahrzehnten kontinuierlich gestiegen. Insbesondere durch die Weltkonferenzen der Vereinten Nationen (UN), beginnend mit der Konferenz über Umwelt und Entwicklung (UNCED) im Jahre 1992 in Rio de Janeiro, wuchs die Akzeptanz der NGOs. Obgleich NGOs für sich in Anspruch nehmen, allgemeine und universelle Gesellschaftsinteressen zu vertreten, wird ihr wachsender Einfluss auch kritisiert, da sie selber nicht demokratisch legitimiert und von Spenden und Unterstützungen abhängig sind. Welche Ziele NGOs verfolgen und wie sie dabei vorgehen, wird an einigen Beispielen untersucht.

Literatur

Brunnengräber, A./Klein, A./Walk, H. (Hrsg.) (2005): NGOs im Prozess der Globalisierung. Mächtige Zwerge – Umstrittene Riesen. Wiesbaden.

Fremuth, M.-L. (2015): Menschenrechte. Grundlagen und Dokumente. (= Schriftenreihe der Bundeszentrale für politische Bildung, Bd. 1650). Bonn.

AUFGABEN

1. a) Beschreiben und erörtern Sie die Verbreitung und das Ranking von Staaten hinsichtlich der Umsetzung von Demokratie. (M1, M2)
   b) Erscheinen Ihnen alle Indikatoren gleich wichtig? (M1, M2)
2. Setzen Sie sich mit der Situation der Pressefreiheit weltweit auseinander. Von welchen Ländern hätten Sie dieses Ergebnis erwartet, von welchen sind Sie überrascht? (M3, M4)
3. Erläutern Sie, wovon Pressefreiheit abhängt und wodurch sie gefährdet ist. (M5)
4. a) Verschaffen Sie sich einen Überblick über den aktuellen Stand der Pressefreiheit in der Türkei. (Internet)
   b) Warum wird die Presse in der Türkei als Gefahr betrachtet und welche Interessen stecken hinter den Einschränkungen? (M4, M6)
5. Vergleichen Sie die Länder nach der dort feststellbaren Korruption. Wo hätten Sie Korruption erwartet, welche Ergebnisse überraschen Sie? (M7)
6. Erscheint Ihnen die Todesstrafe legitim? Nutzen Sie M8–M10 und sammeln Sie Aussagen sowie Argumente von Gegnern und Befürwortern der Todesstrafe.
7. Lesen Sie M11 und verschaffen Sie sich im Internet auf den Seiten von Amnesty International einen Überblick über ausgewählte Personen, die in verschiedenen Regionen verfolgt wurden. Wählen Sie zwei Biografien aus, die Sie besonders interessant finden, und stellen Sie diese im Plenum vor.
8. Vergleichen Sie die Zustimmungswerte zu Folter in verschiedenen Ländern. Was fällt Ihnen auf? (M12)
9. Verschaffen Sie sich einen Überblick über staatliche Überwachung (M13–M15). Erörtern Sie, ob bzw. inwieweit Sie sich überwacht fühlen.
10. a) NGOs erachten die staatliche Kontrolle nicht für ausreichend. Beurteilen Sie diese Auffassung. (M16–M19)
    b) Recherchieren Sie zu den in M17 dargestellten Politikfeldern jeweils eine NGO.
    c) In Russland und China existieren Vorbehalte, dass die Arbeit der NGOs ausländischen staatlichen Zwecken dienen kann. Erörtern Sie diese Vorbehalte. (M18)
11. Setzen Sie sich arbeitsteilig jeweils mit einem Themenfeld von Attac auseinander. Wie beurteilen Sie die Zielsetzung und das Vorgehen? (M19)
12. a) Erläutern Sie anhand der Abbildung in M20 die Zielsetzung der NGO WikiLeaks.
    b) „Geheimnisverrat“ oder „Aufklärung“? Wie beurteilen Sie die Aktionen von WikiLeaks? (M20)

Demokratie

M1 Verbreitung demokratischer Staaten 2012

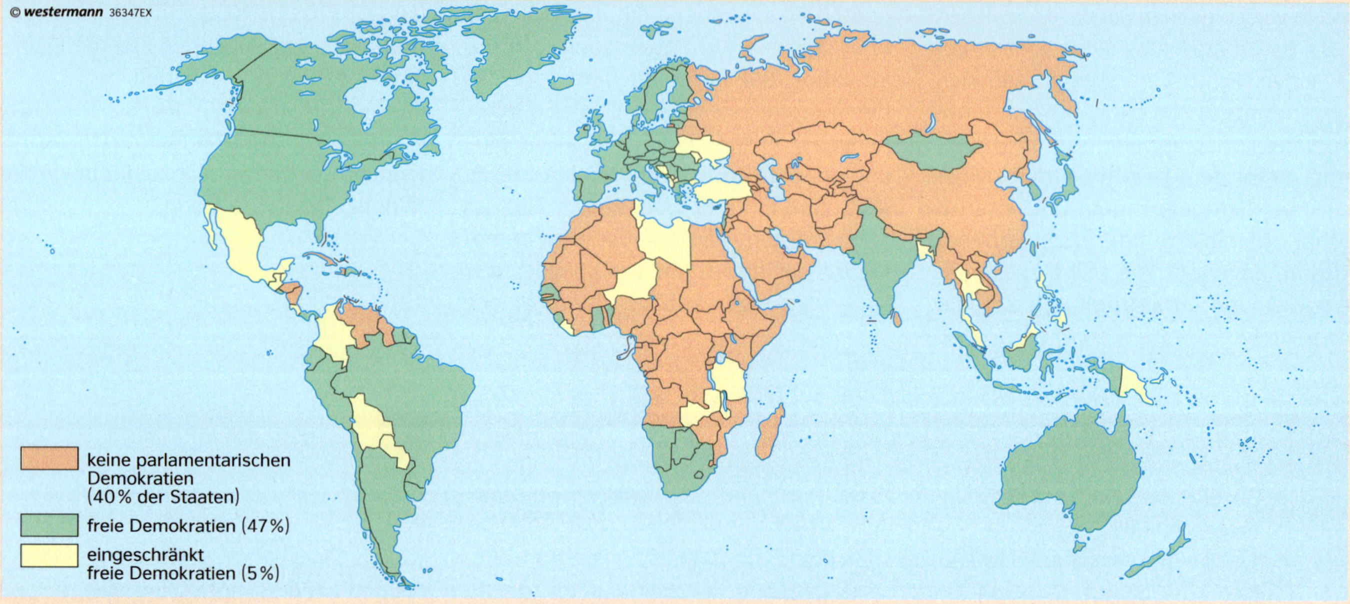

Quelle: http://www.bpb.de/internationales/weltweit/menschenrechte/38794/demokratische-staaten

M2 Index of Democracy

Der Index zur Bestimmung der Qualität von Demokratie misst 60 Indikatoren, jeweils auf einer Skala von 0 bis 10. Diese Indikatoren werden in fünf Gruppen zusammengefasst: Wahlsystem und Pluralismus, Funktionsfähigkeit der Regierung, politische Partizipation, politische Kultur und Bürgerfreiheiten.

Rang	Land	Index of Democracy	Wahlsystem und Pluralismus	Funktionsfähigkeit der Regierung	Politische Partizipation	Politische Kultur	Bürgerfreiheiten
1	Norwegen	9,93	10,00	9,64	10,00	10,00	10,00
2	Island	9,58	10,00	9,29	8,89	10,00	9,71
3	Schweden	9,45	9,58	9,64	8,33	10,00	9,71
4	Neuseeland	9,26	10,00	9,29	8,89	8,13	10,00
5	Dänemark	9,11	9,17	9,29	8,33	9,38	9,41
6	Schweiz	9,09	9,58	9,29	7,78	9,38	9,41
7	Kanada	9,08	9,58	9,29	7,78	8,75	10,00
8	Finnland	9,03	10,00	8,93	7,78	8,75	9,71
9	Australien	9,01	9,58	8,93	7,78	8,75	10,00
10	Niederlande	8,92	9,58	8,57	8,89	8,13	9,41
…							
13	Deutschland	8,64	9,58	8,57	7,78	8,13	9,12
…							
20	USA	8,05	9,17	8,57	7,78	8,13	9,12
…							
161	Saudi-Arabien	1,93	0,00	2,86	2,22	3,13	1,47
162	Turkmenistan	1,83	0,00	0,79	2,78	5,00	0,59
163	Äquatorialguinea	1,77	0,00	0,79	2,22	4,38	1,47
164	Zentralafrikanische Republik	1,57	1,33	0,00	1,67	2,50	2,35
165	Tschad	1,50	0,00	0,00	1,11	3,75	2,65
166	Syrien	1,43	0,00	0,00	2,78	4,38	0,00
167	Nordkorea	1,08	0,00	2,50	1,67	1,25	0,00

Quelle: The Economist Intelligence Unit Limited 2016, S. 4 ff.

Meinungs- und Pressefreiheit

M3 Globale Verbreitung der Pressefreiheit

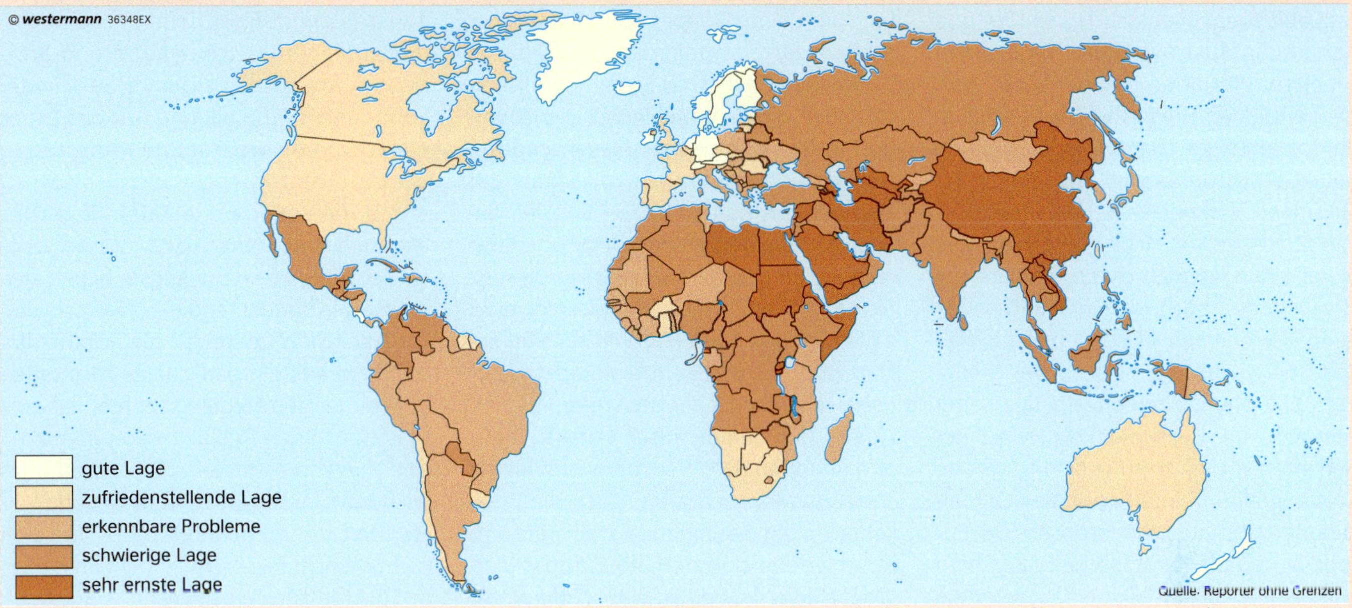

Quelle: Reporter ohne Grenzen (https://www.reporter-ohne-grenzen.de/rangliste/2017/)

M4 Rangliste der Pressefreiheit 2017

Land	Rang 2017	Rang 2016	Punkte 2017
Norwegen	1	3	7,60
Schweden	2	8	8,27
Finnland	3	1	8,92
Dänemark	4	4	10,36
Niederlande	5	2	11,28
Costa Rica	6	6	11,93
Schweiz	7	7	12,13
Jamaika	8	10	12,73
Belgien	9	13	12,75
Island	10	19	13,03
Österreich	11	11	13,47
Estland	12	14	13,55
Neuseeland	13	5	13,98
Irland	14	9	14,08
Luxemburg	15	15	14,72
Deutschland	16	16	14,97
...	...	...	...
USA	43	41	23,88
...	...	...	...
Türkei	155	151	52,98
...	...	...	...
Syrien	177	177	81,49
Turkmenistan	178	178	84,19
Eritrea	179	180	84,24
Nordkorea	180	179	84,98

Quelle: https://www.reporter-ohne-grenzen.de/fileadmin/Redaktion/Presse/Downloads/Ranglisten/Rangliste_2017/Rangliste_der_Pressefreiheit_2017_-_Reporter_ohne_Grenzen.pdf

Zur Methodik der Rangliste:
Die jährliche Rangliste von Reporter ohne Grenzen bewertet die Lage der Presse- und Informationsfreiheit in 180 Ländern. Grundlage ist ein Fragebogen zu allen Aspekten unabhängiger journalistischer Arbeit, der an Journalisten, Wissenschaftler, Juristen und Menschenrechtsverteidiger weltweit verschickt wird. Den Fragen liegen sechs Kategorien zugrunde: Medienvielfalt, Unabhängigkeit der Medien, journalistisches Arbeitsumfeld und Selbstzensur, rechtliche Rahmenbedingungen, institutionelle Transparenz sowie Produktionsinfrastruktur. Aus den gewichteten Antworten wird eine Punktzahl zwischen 0 (optimal) und 100 (schlechtestmöglich) errechnet.

M5 Pressefreiheit in Europa – eine Bestandsaufnahme 2016

So frei und unabhängig wie in Europa können Journalistinnen und Journalisten weltweit sonst allenfalls in den USA und Kanada, in Australien und Neuseeland arbeiten. Wer aber genauer hinschaut, dem wird klar: Pressefreiheit ist auch in Europa ein angreifbares Recht. Ob durch neue Gesetzesinitiativen bestimmter Regierungen, veränderte Besitzverhältnisse und Strategien von Medienkonzernen oder angestoßen letztlich durch thematische Herausforderungen wie Flüchtlingsbewegung, Terrorismus, Populismus und digitale Überwachung: Es gibt immer wieder Versuche, Medien zu gängeln, und somit genügend Anlässe, sich um die Freiheit der Berichterstattung zu sorgen. Aufgeweckte Seismografen in internationalen Organisationen und die Standards, die der Europarat und die Europäische Union ihren Mitgliedern für ihre Medienlandschaften abgerungen haben, bilden wichtige Gegengewichte

Pressefreiheit bedeutet zum einen das Recht, zu „pressen", zu drucken, also Medienunternehmen zu gründen, und zum anderen das Recht, Informationen und Meinungen zu verbreiten. Pressefreiheit hat somit eine ökonomisch-unternehmerische sowie eine publizistisch-inhaltliche Dimension. Politisches System und Medienfreiheit stehen dabei in Bezug zueinander: In demokratischen Gesellschaften sind Medien sowohl ein Wirtschaftsgut als auch ein Kulturgut. [...] Speziell die Informationsmedien tragen hohe Verantwortung für den demokratischen Diskurs. Sie sollen die Zivilgesellschaft informiert halten, sodass jeder Einzelne auch aufgeklärt und bewusst sein Wahlrecht wahrnehmen kann. Die meisten europäischen Länder sind demokratisch verfasst, freies und unabhängiges Berichten wird als erstrebenswert anerkannt. Doch die Wirklichkeit sieht häufig anders aus, die Unterschiede auch innerhalb Europas sind groß. Medienfreiheit ist eine fragile Norm – in allen europäischen Ländern. [...]

Die Gefährdungen der Medienfreiheit in Europa sind von Land zu Land unterschiedlich – insgesamt aber lassen sich vor allem drei ausmachen: erstens Druck durch staatliche Übergriffe wie Zensur, Strafverfahren oder Zwangsübernahmen; zweitens wirtschaftlicher Druck etwa durch Medienkonzentration und Werbeboykotte sowie daraus resultierender Lohn- und Zeitdruck; und drittens Druck als Folge von wachsenden Ängsten in der Bevölkerung – hervorgerufen sowohl durch die sogenannte Flüchtlingskrise als auch durch Anschläge internationaler Terrorgruppen. Die Ängste bilden sich auch ab in zunehmender EU-Skepsis und wachsendem Zuspruch für Populisten, die ihrerseits ein pauschales Misstrauen gegenüber den Medien schüren, das sich in enttäuschten Publikumskommentaren und „Lügenpresse"-Geschrei entlädt. Dies wiederum fördert Unsicherheiten und Verzagtheit bei manchen Medien, die sich nicht mehr transparent zu berichten trauen, bis hin zur Selbstzensur.

Quelle: Prinzing, Marlis: Pressefreiheit in Europa. Eine Bestandsaufnahme (http://www.bpb.de/apuz/231305/pressefreiheit-in-europa?p=all)

M6 Pressefreiheit in der Türkei

In der Türkei werden Journalisten entlassen und verhaftet, weil sie eine missliebige Meinung vertreten. Auch für ausländische Korrespondenten wird die Arbeit schwieriger.

Es war ein gewöhnlicher Tag vor wenigen Wochen: Die Türkei befand sich im Ausnahmezustand, die Säuberungen nach dem Putschversuch waren in vollem Gange. Als ich morgens aus dem Fenster schaute, musste ich dabei zusehen, wie meine türkischen Kollegen in Handschellen aus der Redaktion geführt wurden. Ihre Zeitung ist ein regierungskritisches Blatt, das schon seit Jahren unter immensem Druck steht. Meine Straße war von Polizeiautos abgesperrt worden, Dutzende Beamte bewachten die Aktion. Als ich aus der Haustür treten wollte, musste ich in Deckung gehen: Auf Fotos von einer Polizeirazzia zu sehen zu sein, könnte ernsthafte Konsequenzen haben.

Wer in der Türkei als Journalist arbeitet, der hat einen ständigen Begleiter: die Regierung. Denn die registriert ganz genau, was die Auslandskorrespondenten machen. Es wird mitgelesen, mitgeschaut, mitgehört. Ein Kollege sagte einmal, dass die Türkei für ihn zu den spannendsten, aber auch zu den anstrengendsten Ländern der Welt zählt. Eine Aussage, der ich voll zustimme. [...]

Als Erdoğan 2003 als Ministerpräsident antrat, belegte die Türkei auf einer Pressefreiheitsrangliste der Organisation Reporter ohne Grenzen Platz 116 von 180 Staaten. Mittlerweile ist sie auf Platz 151 abgerutscht. 774 Journalisten wurde nach Angaben der sozialdemokratischen Oppositionspartei CHP allein 2015 gekündigt, weil sie eine unliebsame Meinung vertraten.

Auch bei meiner täglichen Arbeit merke ich, dass das Recherchieren immer schwieriger wird, weil immer weniger Menschen mit Journalisten reden wollen. Wir Auslandskorrespondenten werden von Ankara als Agenten abgestempelt, das Misstrauen sitzt tief.

Quelle: Akyol, Çiğdem: Pressefreiheit in der Türkei. Unter ständiger Begleitung. In: ZEIT online vom 12.09.2016 (http://www.zeit.de/politik/ausland/2016-09/pressefreiheit-tuerkei-recep-tayyip-erdogan-saeuberung-journalismus-demokratie)

Korruption

M7 Corruption Perceptions Index (CPI) 2015

Der Corruption Perceptions Index (CPI) von Transparency International listet Länder nach dem Grad auf, in dem dort Korruption bei Amtsträgern und Politikern wahrgenommen wird. Es ist ein zusammengesetzter Index, der sich auf verschiedene Umfragen und Untersuchungen stützt, die von neun unabhängigen Institutionen durchgeführt wurden. Es wurden Geschäftsleute sowie Länderanalysten befragt und Umfragen mit Staatsbürgern im In- und Ausland miteinbezogen.

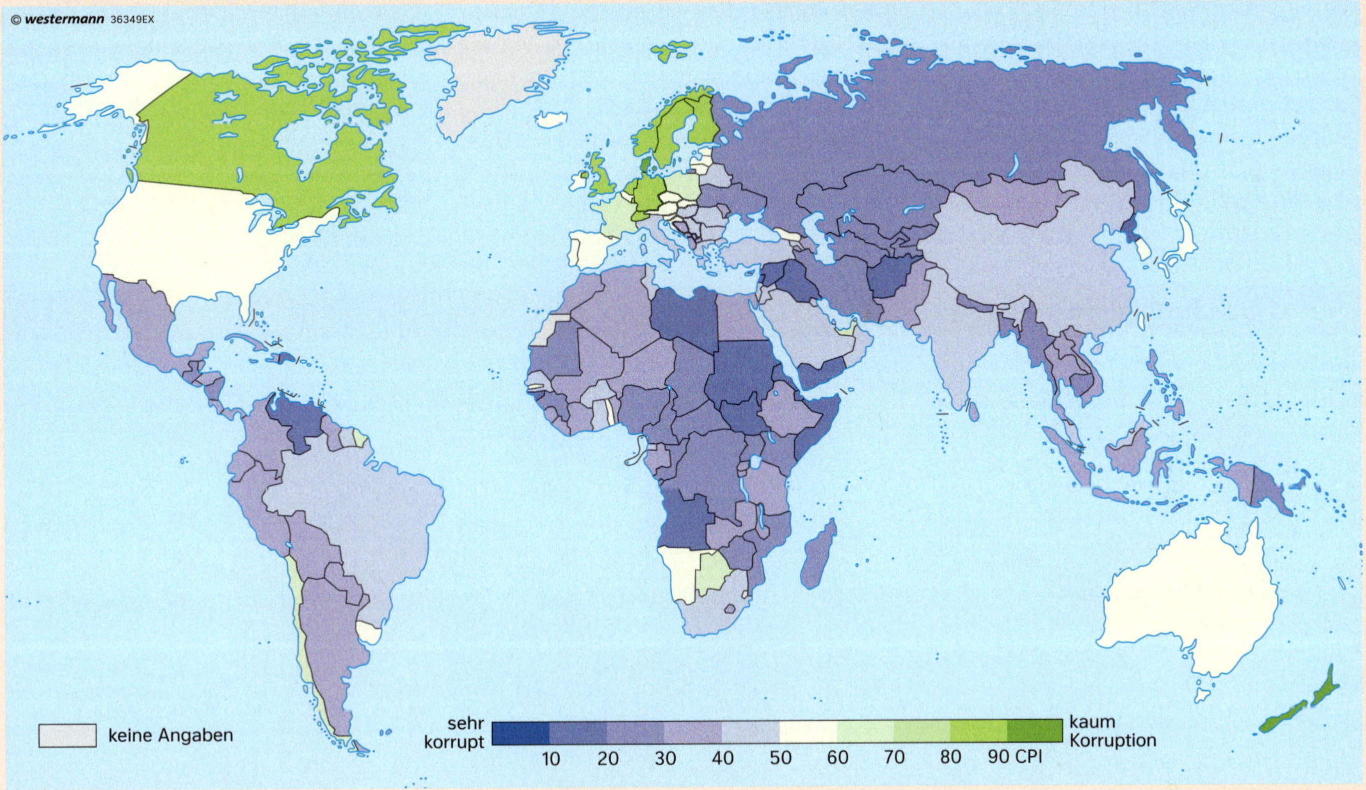

Quelle: Transparency International (http://www.transparency.org/news/feature/corruption_perceptions_index_2016)

Todesstrafe

M8 Länder mit den meisten Hinrichtungen 2016

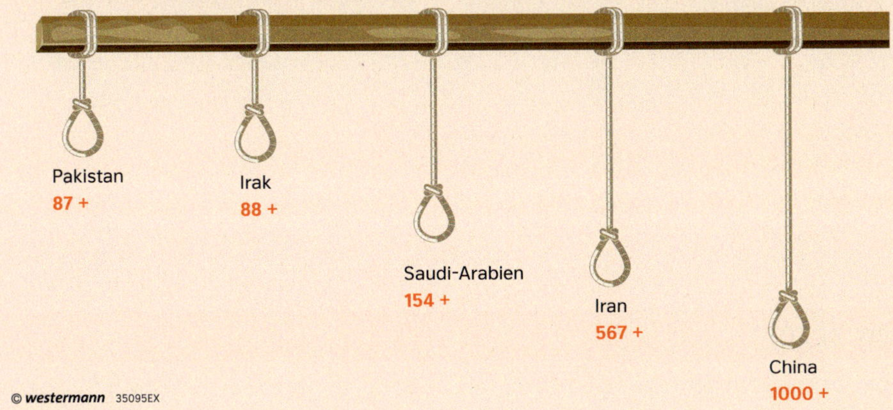

Quelle: https://www.amnesty.ch/de/themen/todesstrafe/dok/2016/statistik-2015/

M9 Amnesty International Todesstrafenbericht 2016

Weltweit ist die Zahl der Hinrichtungen, die von Amnesty erfasst wurden, im Jahr 2016 um mehr als ein Drittel auf 1032 gesunken (2015: 1634). Nach offiziellen Angaben sind für 87 % der Hinrichtungen vier Länder verantwortlich: Iran (567), Saudi-Arabien (154), Irak (88) und Pakistan (87). Wie in den Jahren zuvor wurden in China vermutlich auch 2016 mehr Menschen hingerichtet als im Rest der Welt zusammen. Amnesty geht von Tausenden Fällen aus, offizielle Angaben liegen aber nicht vor.

Die Zahl der Länder, in denen Todesurteile gesprochen wurden, ist im Vergleich zu 2015 von 61 auf 55 gesunken. Zugleich stieg aber die Gesamtzahl der Todesurteile 2016 auf 3117 (2015: 1998). Verantwortlich waren insbesondere einige wenige Staaten wie Nigeria, wo sich die Zahl der Urteile mehr als verdreifacht hat, aber auch Kamerun, Sambia und Somalia.

Zum ersten Mal seit 2006 sind die USA nicht unter den fünf Staaten mit den meisten Hinrichtungen. Grund dafür sind teilweise Probleme beim Zugang zu Chemikalien für die Hinrichtung durch die Giftspritze.

Vorgesehen ist die Todesstrafe in vielen Fällen für besonders schwere Verbrechen wie Mord oder Hochverrat. In einigen Ländern können auch Diebstahl, Drogenhandel, Ehebruch oder Abfall vom Glauben mit dem Tod bestraft werden.

Quelle: https://www.amnesty.de/2017/4/11/zahlen-zur-todesstrafe-2016-weniger-hinrichtungen-mehr-todesurteile

M10 Hinrichtungen und Todesurteile 2016

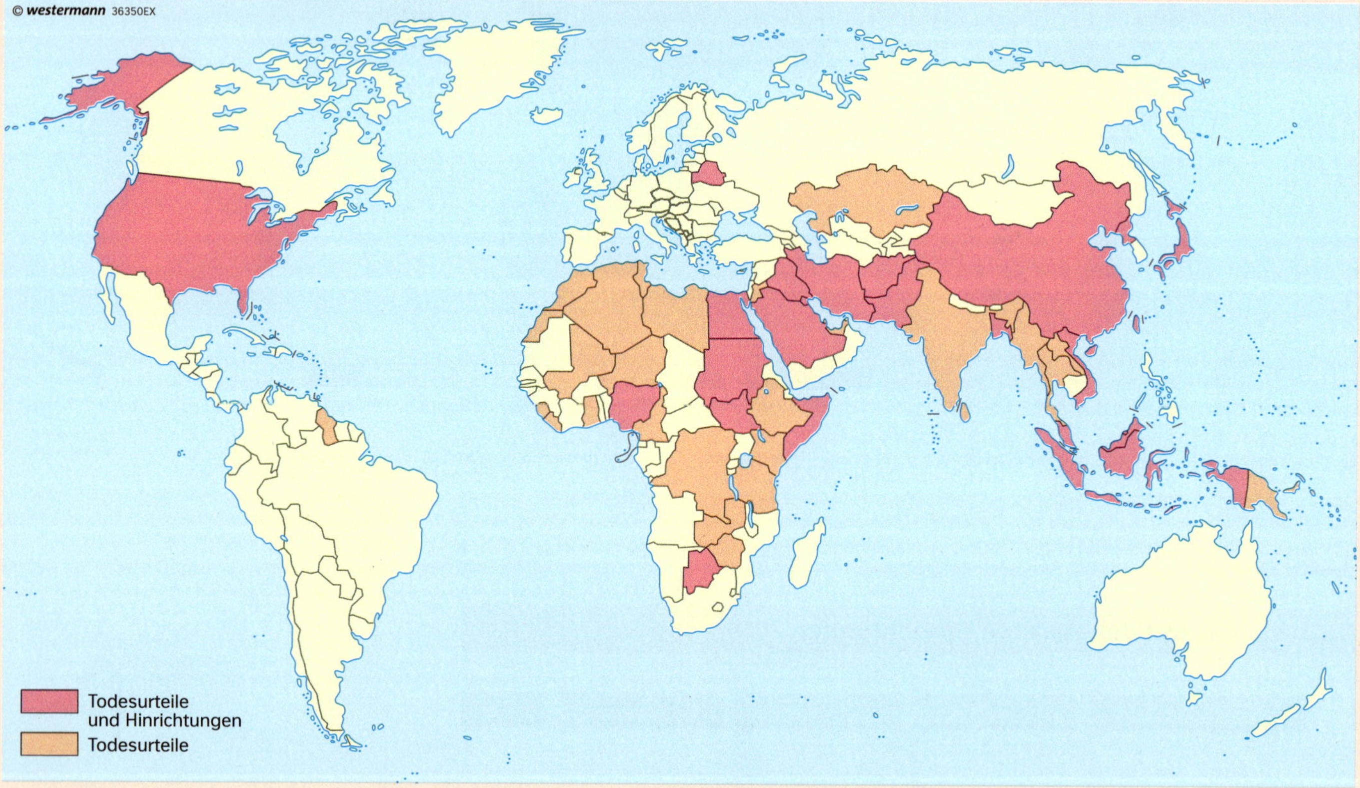

Quelle: http://www.amnesty-todesstrafe.de/files/ACT50-5740-2017_karte-hinrichtungen-und-todesurteile-2016.pdf

Folter

M11 Amnesty International Folterbericht 2014

Folter ist in den meisten Ländern nur lückenhaft dokumentiert. Bei den Opfern handelt es sich oft um Tatverdächtige, die kaum Möglichkeiten haben, Beschwerde einzulegen, und die problemlos ignoriert oder zurückgewiesen werden können, wenn sie es doch tun. Häufig sind die Opfer auch nicht in der Lage oder zu verängstigt, um Folter zu melden, und glauben nicht daran, dass tatsächlich wirksame Maßnahmen ergriffen werden, sollten sie Anzeige erstatten.

[...] In manchen Regionen der Welt kann so gut wie jeder zum Opfer werden – unabhängig von Alter, Geschlecht und ethnischer oder politischer Zugehörigkeit. Oftmals foltern die Behörden direkt und stellen dann erst Fragen.

Es gibt jedoch Personen und Gruppen, die häufiger Opfer von Folter werden als andere. In zahlreichen Ländern werden

Personen gefoltert, weil sie eine bestimmte politische Haltung vertreten oder von ihrem Recht auf freie Meinungsäußerung Gebrauch machen. Menschen, die einer bestimmten religiösen Gruppe oder einer anderen Minderheit angehören, oder die wegen ihrer Identität ins Visier der Behörden geraten, droht ebenfalls erhöhte Foltergefahr. Personen, die einer Straftat verdächtigt werden, werden häufig zum Opfer von Folter. Auch Angehörige bewaffneter Gruppen, Terrorismusverdächtige und Menschen, die aus anderen Gründen als Gefahr für die Staatssicherheit gelten, sind besonders gefährdet. [...]

Viele Opfer von Folter gehören benachteiligten Gruppen an: Frauen, Kinder, Angehörige ethnischer Minderheiten, Lesben, Schwule, Bisexuelle, Transgender und Intersexuelle. Besonders häufig sind auch Menschen betroffen, die in Armut leben. Es sind genau diese Menschen, die nur unzureichenden oder überhaupt keinen Zugang zu Wiedergutmachungsleistungen haben. Es fehlt ihnen am notwendigen Wissen, an Kontakten und finanziellen Mitteln, um eine Beschwerde gegen ihre Folterer einzureichen. Sie halten es für unwahrscheinlich, dass die Behörden ihnen Glauben schenken, und sie müssen befürchten, im Falle einer Anzeige erneut misshandelt zu werden.

Quelle: Amnesty International: Folter 2014. 24.07.2014, S. 7 f. (http://www.amnesty.de/files/Amnesty-Bericht_Folter_2014.pdf)

M12 Umfrage zu Folter

Folter ist manchmal notwendig und akzeptabel, um Informationen zu bekommen, die die Öffentlichkeit schützen können. Amnesty fragte: Stimmen Sie dieser Aussage zu?

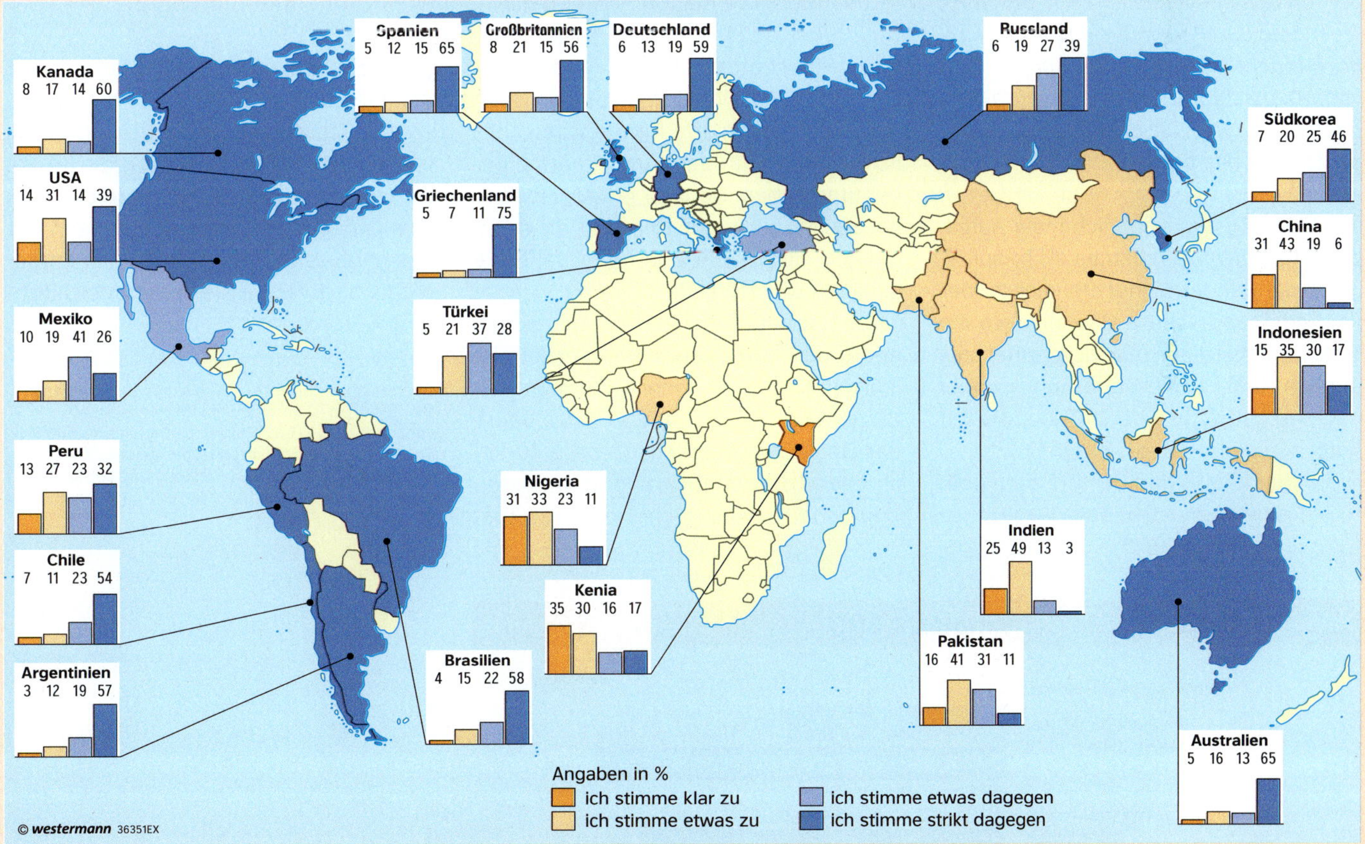

Quelle: http://bilder.bild.de/fotos-skaliert/schock-umfrage-braucht-unsere-welt-folter-infograf_38500732-1399810189-35921444/2,w=993,q=high,c=0.bild.jpg

Staatliche Überwachung

M13 Amnesty International kritisiert Ägypten: Geheimdienste lassen Hunderte Regierungskritiker verschwinden

Amnesty International (AI) wirft den ägyptischen Sicherheitsbehörden vor, Hunderte Regierungskritiker verschleppt und gefoltert zu haben. Seit Anfang vergangenen Jahres habe die Zahl der Menschenrechtsverletzungen massiv zugenommen, heißt es in einem Bericht, den AI am Mittwoch veröffentlichte.

Der ägyptische Geheimdienst gehe unter dem Deckmantel des Anti-Terror-Kampfes rücksichtslos gegen Studenten, politische Aktivisten und Demonstranten vor, um sie zum Schweigen zu bringen, sagte der AI-Regionaldirektor für den Nahen Osten, Philip Luther. Viele der Festgenommenen würden für Monate weggesperrt, ohne Angehörige zu informieren, sagte Luther.

„Viele Gefangene berichteten Amnesty von Folter durch Hiebe mit Schlagstöcken und Elektroschocks", erklärte die Ägypten-Expertin von AI Deutschland, Ruth Jüttner. [...] Die Gefangenen, darunter auch Studenten und Kinder unter 14 Jahren, dürften ihre Familien nicht sehen und auch mit keinem Rechtsbeistand sprechen. [...]

Die ägyptische Regierung hatte immer wieder erklärt, dass die Sicherheitsbehörden niemanden verschleppten und sie sich an die rechtlichen Rahmenbedingungen hielten.

Quelle: N24 vom 13.07.2016 (http://www.n24.de/n24/Nachrichten/Politik/d/8821556/geheimdienste-lassen-hunderte-regierungskritiker-verschwinden.html)

M14 Türkischer Geheimdienst: Erdogan is watching us! Jahrelanger Deal des Westens mit der Türkei

Der türkische Geheimdienst MIT bekommt mehr Geld und Personal – und wird damit noch mächtiger. Eine enge Kooperation kann Deutschland bei der Terrorabwehr nutzen. Dennoch ist das Misstrauen auf deutscher Seite groß.

[…] Der MIT ist mit deutlich mehr Aufgaben und Befugnissen betraut als beispielsweise der Bundesnachrichtendienst oder der Verfassungsschutz. Obwohl auch die Türkei einen eigenen Inlandsgeheimdienst ähnlich dem Bundesverfassungsschutz hat, beschäftigt sich der MIT intensiv mit Aufgaben der inneren Sicherheit […].

Darüber hinaus darf der MIT auch polizeilich aktiv werden und etwa Verdächtige festnehmen. Die Region, in der der MIT traditionell seine stärksten Auslandsaktivitäten entfaltet, sind die Staaten der Europäischen Union. In Westeuropa leben Millionen Türken, die für die wirtschaftliche Situation in der Türkei enorme Bedeutung haben. Darüber hinaus leben in der EU viele politische Exilanten, die durch den MIT überwacht und unter Kontrolle gehalten werden sollen. […]

Die Kooperation zwischen deutschen und türkischen Nachrichtendiensten ist jahrzehntelang von einer großen Intensität geprägt […]. So lautete lange Jahre der Deal: Der Westen nutzt die Türkei als Lauschstation Richtung Sowjetunion und schaut dafür nicht so genau hin, wenn die Türken in Europa aktiv waren. […]

Heutzutage wären die Behörden mehr denn je auf eine Zusammenarbeit angewiesen. Tausende Kämpfer der Terrormiliz Islamischer Staat (IS) nutzen die Türkei als Transitland für ihre Reise in den Heiligen Krieg. Andersherum gelangen mit den endlosen Flüchtlingsströmen immer wieder auch radikalisierte Muslime in Richtung Europa.

Quelle: Demircan, Ozan: Türkischer Geheimdienst MIT. Erdogan is watching us! In: Handelsblatt vom 03.02.2016 (http://www.handelsblatt.com/politik/international/tuerkischer-geheimdienst-mit-jahrelanger-deal-des-westens-mit-der-tuerkei/12914932-2.html)

M15 Vertrauen in den Geheimdienst BND

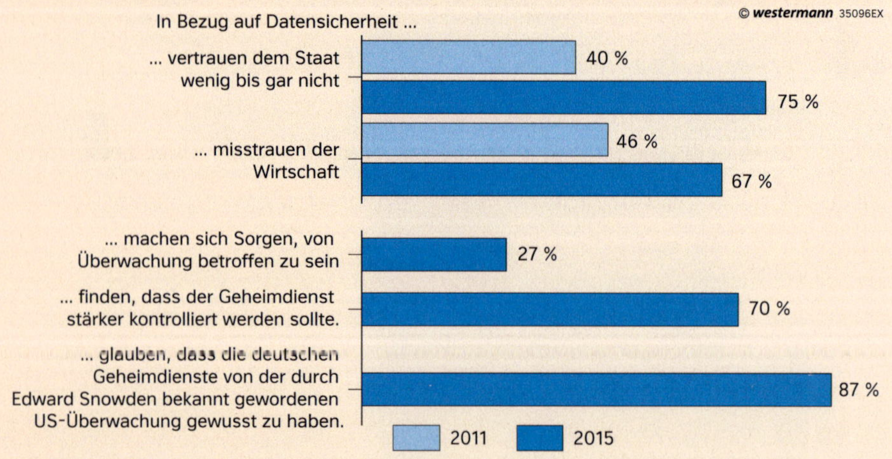

Quelle: ARD-DeutschlandTREND, ZDF Politbarometer, Bitkom

Nichtregierungsorganisationen

M16 NGO – Definition und Kennzeichen

NGO heißt „Non-Governmental Organisation" und bedeutet Nichtregierungsorganisation (NRO). Dies kennzeichnet eine private Organisation, die gesellschaftliche Interessen vertritt, aber nicht dem Staat oder der Regierung unterstellt ist. Solche nicht staatlichen Organisationen entstanden noch vor den Nationalstaaten und beeinflussten oft Gesellschaft und Politik auch im internationalen Zusammenhang, im 18. Jahrhundert im Kampf gegen Sklaverei etwa, oder im 19. Jahrhundert für das Wahlrecht von Frauen. Um 1945 etablierte sich der Begriff NGO im weltpolitischen Geschehen durch die Vereinten Nationen.

Folgende Charakteristika kennzeichnen NGOs:

1. Öffentlichkeit durch Rechtsform, Selbstverwaltung und Internationalität
2. Ausrichtung auf gesellschaftliches Gemeinwohl
3. Unabhängigkeit
4. Freiwilligkeit
5. Überpersonlichkeit.

Quelle: http://www.ngo.at/ngos/was-ist-eine-ngo

Obgleich NGOs für sich in Anspruch nehmen, allgemeine und universelle Gesellschaftsinteressen zu vertreten, nicht staatlich organisiert sind und sich keiner politischen Partei zuordnen, wird ihr wachsender Einfluss auch kritisiert. Denn zum einen werden sie nicht gewählt und damit nicht demokratisch legitimiert. Zum anderen sind sie finanziell neben Mitgliedsbeiträgen von Spenden und Unterstützungen abhängig. Etliche NGOs werden durch Staaten oder Staatenbündnisse gefördert, weshalb zuweilen die Unabhängigkeit in Frage gestellt wird. Auch kommt es zu einer Konkurrenz um Spendengelder zwischen den Organisationen. Es besteht die Gefahr, dass sich die Arbeit der NGOs maßgeblich an dem erwartbaren Medienecho ausrichtet, um Spenden sammeln zu können. Auch ist eine Transparenz über Herkunft und Verwendung der Gelder nicht immer gegeben.
Trotz dieser kritischen Aspekte wird die Tätigkeit von NGOs heute überwiegend als notwendig erachtet, um Formen der Partizipation zu ermöglichen und staatliches Handeln zu kontrollieren.

M17 Politikfelder der NGOs

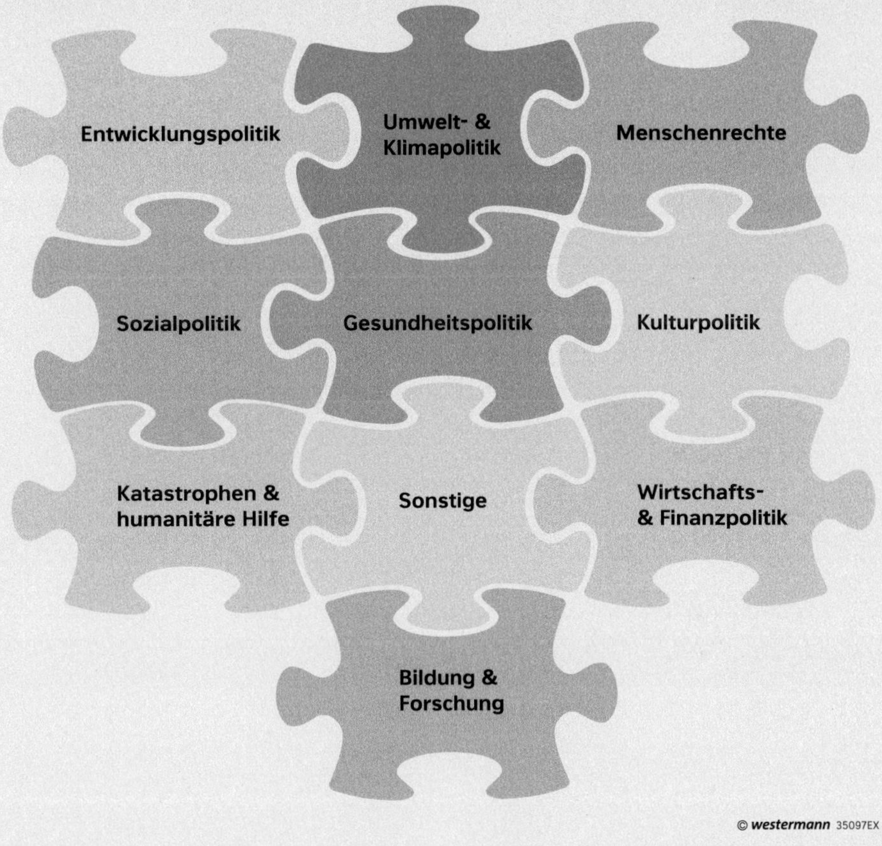

Quelle: http://www.ngo.at/ngos/bedeutung

M18 Agenten der Freiheit

Das neue Gesetz, das Chinas Verhältnis zum Rest der Welt drastisch verändern wird, trägt einen harmlosen Titel: „Gesetz über die Verwaltung ausländischer Nichtregierungsorganisationen (NGOs)". Danach müssen sich künftig alle ausländischen Organisationen einer Prüfung durch die chinesischen Sicherheitsorgane unterziehen, bevor sie in China aktiv werden dürfen. Welche „Aktivitäten" gemeint sind, ist dem Ermessen der Sicherheitskräfte überlassen. Jeglicher Austausch mit dem Ausland steht damit unter dem Vorbehalt der Staatssicherheit, ganz gleich, ob es sich um Entwicklungshilfe, Podiumsdiskussionen oder Konzerte handelt. Es wäre ein Freibrief für Kontrolle und Schikane, jederzeit, überall.

Mehr noch: International operierende NGOs sollen nicht nur für Aktivitäten in China belangt werden können, sondern auch für ihr Verhalten im Ausland. Es muss also nur eine Sicherheitsbehörde feststellen, das Ziel sei „Subversion" oder die „Verbreitung von Gerüchten", schon drohen der NGO Sanktionen. Sollte etwa eine Studentengruppe auf einem Uni-Campus im Westen gegen die chinesische Tibetpolitik protestieren, könnten die chinesischen Behörden die Universität, die den Protest geduldet hat, aus China verweisen und ihre Repräsentanten juristisch verfolgen. Entsprechend entsetzt reagieren Wissenschaftler, Wirtschaftsvertreter und Diplomaten auf das neue Gesetz.

Kontrolle ausländischer NGOs gab es schon immer. Doch nun will die Regierung auch den einheimischen NGOs noch näher zu Leibe rücken: Sie müssen künftig ganz offiziell eine Parteizelle in sich aufnehmen. Die chinesische Regierung ist offenbar dabei, von der Kontrolle der Zivilgesellschaft zum Angriff auf sie überzugehen.

Quelle: Bota, Alice/Köckritz, Angela/Lau, Jörg/Roß, Jan: Agenten der Freiheit. In: DIE ZEIT vom 11. Juni 2015 (http://www.zeit.de/2015/24/menschenrechte-ngo-druck-nationalismus)

M19 Beispiel Attac

Attac stellt sich vor

Mitglieder und Aktive von Attac setzen sich ein für ihre Überzeugung, dass die Verbesserung der Lebensbedingungen der Menschen, die Förderung von Selbstbestimmung und Demokratie, eine gerechte Verteilung des weltweiten Reichtums und der Schutz der Umwelt die vorrangigen Ziele von Politik und Wirtschaft sein sollten.

Wir setzen uns ein für eine ökologische, solidarische und friedliche Weltwirtschaftsordnung. Der gigantische Reichtum dieser Welt muss gerecht verteilt werden.

Ausgehend von der ursprünglichen Forderung, die so genannte Tobin-Steuer [eine Steuer zur Eindämmung kurzfristiger Börsenspekulation; vgl. M10 auf S. 44] international einzuführen, befassen wir uns inzwischen mit der gesamten Bandbreite der Probleme neoliberaler Globalisierung. Als Bildungsbewegung mit Aktionscharakter und Expertise bieten wir dazu fundierte Analysen sowie klare und vermittelbare Forderungen.

Quelle: http://www.attac.de/was-ist-attac/

Themen von Attac (Auswahl)

- Globalisierung: http://www.attac.de/themen/globalisierung/
- Demokratie: http://www.attac.de/themen/demokratie/
- soziale Rechte: http://www.attac.de/themen/soziale-rechte/
- internationale Solidarität: http://www.attac.de/themen/internationale-solidaritaet/
- Flucht und Migration: http://www.attac.de/themen/flucht-und-migration/

Attac Demonstration

M20 Beispiel WikiLeaks

Wikileaks veröffentlicht geheime Militärakten

Die Internetplattform Wikileaks hat über 91 000 geheime Dokumente über die US-amerikanische Kriegsführung in Afghanistan veröffentlicht und damit eine Kontroverse ausgelöst: Sind die Enthüllungen ein Sicherheitsrisiko oder notwendige journalistische Aufklärung?

Wikileaks hat am Sonntag (26. Juli 2010) über 91 000 geheime Dokumente des US-Militärs im Internet zugänglich gemacht. Dabei handelt es sich nach Angaben der Betreiber der Plattform um Feldberichte von Soldaten sowie Vermerke und interne Analysen von US-Geheimdienstoffizieren über den Afghanistan-Einsatz zwischen 2004 bis 2009. Sie enthalten zum Teil detaillierte Informationen über die US-amerikanische Kriegsführung. [...] Informationen, die für die Sicherheit der Soldaten relevant sein können, etwa über aktuelle Truppenbewegungen, hat Wikileaks nach eigenen Angaben mit Absicht nicht veröffentlicht. [...]

Die Dokumente über Afghanistan haben eine kontroverse Diskussion über die möglichen Folgen der Veröffentlichung geheimer Informationen durch Wikileaks ausgelöst. Scharfe Kritik kam etwa aus dem Weißen Haus: Die Preisgabe interner Informationen zu genauen Einsatzorten der Truppen gefährde nach Ansicht der USA die Sicherheit und das Leben der Soldaten.

Wikileaks dagegen will durch die Veröffentlichungen nach eigenen Angaben das Handeln von Regierungen überwachen und transparent machen, um Missstände aufzudecken und die Demokratie zu stärken. Die Betreiber konzentrieren sich auf Staaten mit autoritären Regimen und Regionen, die Austragungsort bewaffneter Konflikte sind. Dokumente können anonym an die Plattform übermittelt werden, um die Informanten nicht zu gefährden. Der Schutz von Quellen ist eines der wichtigsten Prinzipien von Wikileaks.

Wikileaks finanziert sich über Spenden von Privatpersonen, die vor allem die Kosten für Internetserver decken sollen. Ein Teil des Geldes wird ferner dafür aufgewandt, die Kosten für Gerichtsverfahren zu begleichen. Verschiedene Länder haben bereits gegen die Betreiber der Plattform geklagt – bislang allerdings ohne Erfolg.

Wikileaks wurde nach eigenen Angaben 2006 von chinesischen Dissidenten, Journalisten und Technikern aus den USA, Taiwan, Europa, Australien und Südafrika gegründet. Das englische Wort „leaking“ bedeutet, dass etwas undicht ist. [...]

Quelle: http://www.bpb.de/politik/hintergrund-aktuell/69042/wikileaks-veroeffentlicht-geheime-militaerakten-27-07-2010

WikiLeaks

3.4 Flüchtlingspolitik und Entwicklungs-zusammenarbeit

- Nur **201 400** Flüchtlinge konnten in ihre Heimat zurückkehren.
- Neun von zehn Flüchtlingen **(86 %)** leben in Entwicklungsländern.
- Die Türkei ist das Land, das mit **2,5 Millionen** weltweit die meisten Flüchtlinge aufgenommen hat.
- Der Libanon hat prozentual zu seinen Einwohnern weltweit die meisten Flüchtlinge aufgenommen: Auf 1000 Einwohner kommen **183** Flüchtlinge.
- Wären alle Menschen auf der Flucht Bürgerinnen und Bürger eines einzigen Landes, wäre dies die **21.**-größte Nation der Welt.
- Im Durchschnitt flohen pro Tag **34 000** Menschen.
- **50 %** der Flüchtlinge weltweit sind Kinder.

Quelle: Globale Statistiken von UNHCR, Zahlen bis Ende 2015

Dieses Kapitel beschäftigt sich mit folgenden Fragen:

1. Was sind die Gründe für globale Migrationsbewegungen?
2. Wer ist von Flucht betroffen?
3. Welches sind die Ausgangs- und Zielgebiete von Migration?
4. Wie wird politisch auf die zunehmende Migration reagiert?
5. Inwieweit stellt die Entwicklungszusammenarbeit ein Instrument für die Bekämpfung von Fluchtursachen dar?

65,3 Millionen Menschen befanden sich 2015 auf der Flucht – umgerechnet jeder 113. Mensch weltweit. Im Durchschnitt wurden 2015 innerhalb einer Minute 24 Menschen vertrieben. 2005 hingegen waren es statistisch „lediglich" sechs Menschen pro Minute. Es handelt sich um ein Phänomen von globalem Ausmaß und globalen Auswirkungen, das auch in Zukunft fortbestehen wird. Die Ursachen für die Flucht sind vielfältig. Zum einen liegen sie in politischen Konflikten und Kriegen. Zu nennen ist hier insbesondere der Syrienkonflikt (vgl. M10 auf S. 75). Zugleich nimmt die globale Ungleichheit tendenziell zu. In weiten Teilen der Welt leben Menschen in so großer Armut, dass sie ihr Leben aufs Spiel setzen, um in Regionen zu gelangen, wo sie auf ein lebenssicherndes Einkommen hoffen (vgl. Kapitel 4.3, S. 124 ff.). 2016 flohen etwa 360 000 Menschen von Afrika über das Mittelmeer, mehr als 4900 Menschen starben bei dem Versuch. Auch gewinnen sich verändernde Umweltbedingungen und Naturrisiken an Bedeutung. Eine Zunahme etwa von Desertifikation, Bodenerosion, Versalzung der Böden und insbesondere Wassermangel kann für Umweltflüchtlinge verantwortlich sein. Kommt es in Folge von globaler Erwärmung oder anthropogen bedingten Klimaveränderungen zu Migrationsbewegungen, wird von Klimaflüchtlingen gesprochen (vgl. Kapitel 5.2, S. 144 ff.). Da solche Entwicklungen aber häufig zu politischen Spannungen oder ökonomischen Konflikten beitragen, ist eine Differenzierung nicht problemlos möglich. In jedem Fall ist davon auszugehen, dass die Fluchtursachen in den kommenden Jahren eher zu- als abnehmen.

Die Gründe von Flucht und die Aufnahme von Flüchtenden haben deshalb in den vergangenen Jahren ganz erheblich die politische Diskussion bestimmt, auch in Europa. Innerhalb Europas etwa nahmen in den letzten Jahren die Spannungen auch in Fragen des Umgangs mit Migration erheblich zu. Die Aufnahme von Flüchtenden fällt dabei sehr unterschiedlich aus. Im Jahr 2016 wurden in der EU insgesamt rund 1,3 Millionen Asylanträge gestellt. In absoluten Zahlen entfielen die meisten Anträge auf Deutschland (ca. 722 000), Italien, Frankreich und Griechenland. In Relation zur Einwohnerzahl der Länder nahmen Griechenland, Zypern, Luxemburg und Malta die meisten Asylanträge entgegen. Deutschland folgt bei dieser Berechnung auf Platz vier mit 940 Asylanträgen pro eine Million Einwohner. Anzumerken ist aber, dass die meisten Flüchtenden nicht in Europa oder Nordamerika landen; Hauptaufnahmeländer sind mit Abstand die Türkei, Pakistan, Libanon und der Iran.

Dieses Kapitel beschäftigt sich deshalb mit der Frage, worin die Gründe für Flucht liegen, wie sie verläuft – und welche politischen Konsequenzen daraus gezogen werden. Dabei wird auch das Instrument der Entwicklungszusammenarbeit betrachtet. Gerade auch vor dem Hintergrund der Tatsache, dass auch nach über 60 Jahren Entwicklungsarbeit nach wie vor gravierende Entwicklungsunterschiede und globale Disparitäten existieren, stellt sich die Frage, was die Ursachen dafür sind und ob das Instrument der Entwicklungsarbeit überdenkenswert ist.

Literatur

Engelhardt, M. (2016): Die Flüchtlingsrevolution. Reportagen über eine Welt im Umbruch. (= Schriftenreihe der Bundeszentrale für politische Bildung, Bd. 1779). Bonn.

BpB [Bundeszentrale für politische Bildung] (Hrsg.) (2015): Entwicklungszusammenarbeit. (Aus Politik und Zeitgeschichte, APuZ, 7–9/2015)

BpB [Bundeszentrale für politische Bildung] (Hrsg.) (2015): Thema: Flucht. (Fluter, Magazin der Bundeszentrale für politische Bildung, H. 55)

UNHCR (Hrsg.) (2016): Global Trends. Forced Displacement in 2015.

Statistisches Bundesamt/Wissenschaftszentrum Berlin für Sozialforschung (Hrsg.) (2016): Datenreport 2016. Ein Sozialbericht für die Bundesrepublik Deutschland. Bonn. (https://www.destatis.de/DE/Publikationen/Datenreport/Downloads/Datenreport2016.pdf?__blob=publicationFile)

Swiaczny, F./Hillmann, F. (2017): Migration und Flucht im globalen Süden. In: Geographische Rundschau, H. 3, S. 46–50.

AUFGABEN

1. Beschreiben Sie, welche Staaten und Regionen besonders von Fluchtbewegungen betroffen sind. (M1–M5)
2. a) Erläutern Sie den historischen Hintergrund der Genfer Flüchtlingskonvention. (M7)
   b) Stehen die Visa-Anforderungen für das Schengen-Gebiet (M8) in Widerspruch zu der Flüchtlingskonvention?
3. Beurteilen Sie das Abkommen der EU mit der Türkei zur Verringerung der illegalen Migration (M9). Erscheint es Ihnen unter humanitären Gesichtspunkten als angemessen?
4. Beschreiben Sie auf Basis der Materialien M10–M12 die Entwicklung der Asylanträge in Deutschland.
5. Erläutern Sie, mit welchen Problemen Flüchtende auch nach gelungener Flucht zu kämpfen haben. (M16)
6. Beschreiben Sie die Zusammensetzung und Herkunft von Einwanderern in Deutschland sowie den Bildungshintergrund. (M12–M15)
7. Schildern Sie aktuelle Fluchtwege und existierende Risiken. (M16–M18)
8. Diskutieren Sie die in M19 skizzierten Standpunkte verschiedener Interessengruppen. Welche Aspekte erscheinen Ihnen schlüssig, welche nicht?
9. Analysieren Sie arbeitsteilig die Karikaturen in M20. Verwenden Sie dazu ein vorher im Unterricht angewendetes Kriterienraster. Stellen Sie Ihre Ergebnisse im Plenum vor. Erläutern Sie dabei, inwieweit Sie der Aussage der Karikatur zustimmen.
10. Analysieren Sie die Verteilung der weltweiten Entwicklungshilfe zwischen 2004 und 2014 (M23). Wie könnte diese Verteilung erklärt werden?
11. Die vier zentralen Instrumente der deutschen Entwicklungszusammenarbeit sind in M24 dargestellt. Führen Sie ein Gruppenpuzzle durch, in dessen Rahmen Sie zunächst in der Stammgruppe Vermutungen zur Wirksamkeit der Instrumente aufstellen, dann in vier Expertengruppen eine Internet-Recherche zu den Instrumenten durchführen und abschließend in der Stammgruppe die Ergebnisse zusammentragen und Ihre Vermutungen überprüfen.
12. Stellen Sie auf Basis der Materialien und Ihrer Recherchen zur Entwicklungszusammenarbeit klassische und neue Ansätze der Entwicklungszusammenarbeit hinsichtlich Zielsetzung und Umsetzung vergleichend gegenüber. (M21–M25)

Flucht global

M1 Flüchtlinge und Binnenvertriebene 2015

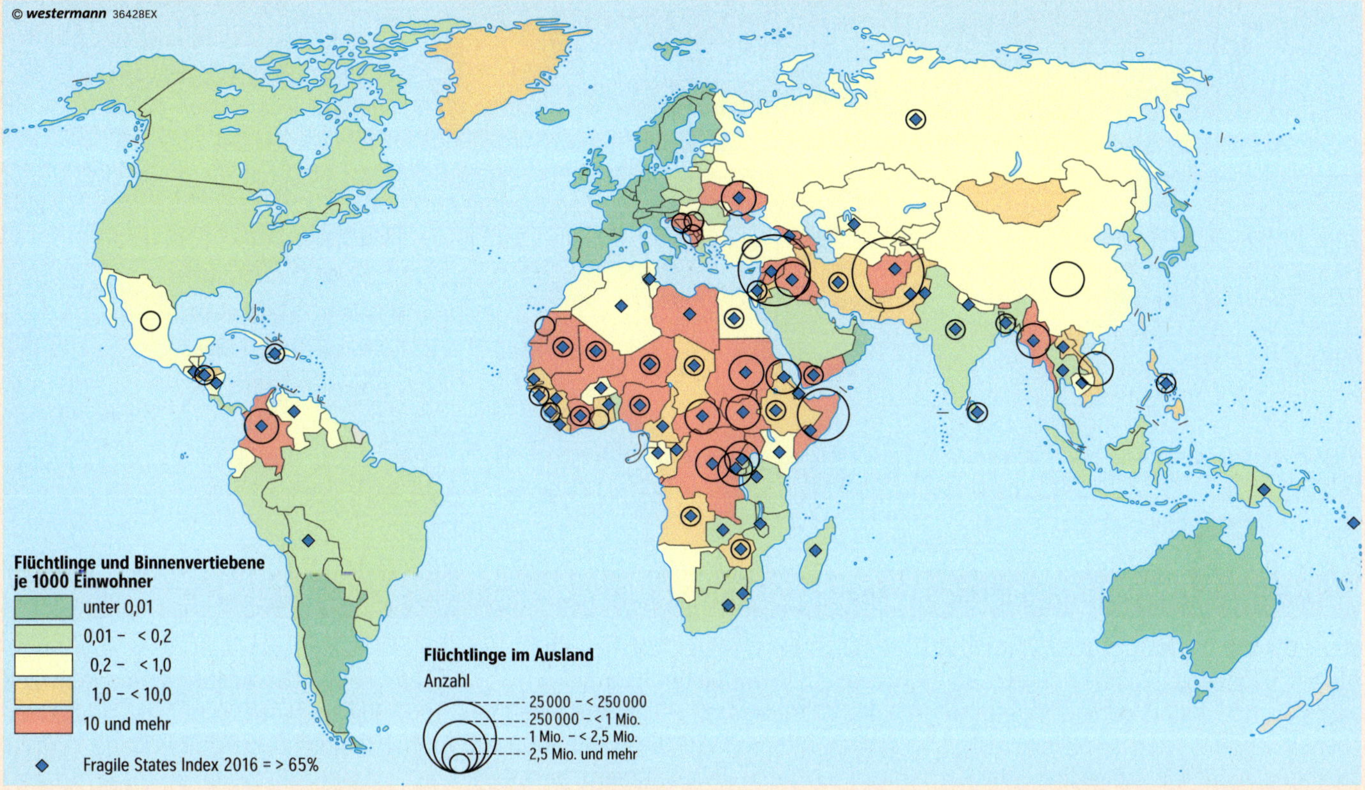

Quelle: Swiaczny/Hillmann 2017, S. 49

M2 Globale Trends – Jahresbericht der UNO Flüchtlingshilfe 2015

Die Zahl der Menschen, die vor Krieg, Konflikten und Verfolgung fliehen, war noch nie so hoch wie heute. Ende 2015 waren 65,3 Millionen Menschen weltweit auf der Flucht. Im Vergleich dazu waren es ein Jahr zuvor 59,5 Millionen Menschen, vor zehn Jahren 37,5 Millionen Menschen.

15 Konflikte in fünf Jahren treiben Zahlen nach oben

Der massive Anstieg wurde vor allem durch den Krieg in Syrien verursacht. Mit 4,9 Millionen Flüchtlingen ist Syrien das Land mit den meisten Flüchtlingen. Dazu kommen 6,6 Millionen Syrer, die im eigenen Land vertrieben wurden.

Aber auch in vielen anderen Ländern kam es zu tausendfachem Flüchtlingselend. Allein in den letzten fünf Jahren sind mindestens 15 neue Konflikte ausgebrochen oder wieder entflammt. Neben Syrien auch im Irak, im Südsudan, der Zentralafrikanischen Republik, Burundi, dem Jemen, der Ukraine und in Myanmar. Insgesamt wurden 2015 12,4 Millionen Menschen zur Flucht im eigenen Land oder über Grenzen hinweg gezwungen.

„Es ist erschreckend zu beobachten, dass jene straflos bleiben, die Konflikte auslösen. Gleichzeitig scheint die internationale Gemeinschaft unfähig zur Zusammenarbeit, um Kriege zu beenden sowie Frieden zu schaffen und zu sichern“, konstatierte der ehemalige UN-Flüchtlingskommissar António Guterres.

So dauern jahrzehntelange Instabilität und Konflikte in Afghanistan, Somalia und anderswo weiter an. Dies bedeutet, dass Millionen von Menschen weiterhin nicht zurückkehren können und immer häufiger als Flüchtlinge und Binnenvertriebene mit ungewisser Zukunft an den Rändern der Gesellschaft leben müssen. Insgesamt konnten im vergangenen Jahr nur 201 400 Flüchtlinge in ihre Heimat zurückkehren.

Die meisten Flüchtlinge in armen Ländern

Selbst in Zeiten stark ansteigender Zahlen sind Flüchtlinge global sehr ungleich verteilt. Reichere Länder nehmen weit weniger Flüchtlinge auf als weniger reiche. Knapp neun von zehn Flüchtlingen (86 Prozent) befanden sich 2015 in Ländern, die als wirtschaftlich weniger entwickelt gelten. Ein Viertel aller Flüchtlinge war in Staaten, die auf der UN-Liste der am wenigsten entwickelten Länder zu finden sind. Der Libanon beherbergt im Vergleich zu seiner Bevölkerungszahl die höchste Zahl von Flüchtlingen: Auf 1000 Einwohner kommen dort 183 Flüchtlinge.

UN-Flüchtlingskommissar António Guterres mahnt deshalb: „In einer Zeit der beispiellosen Massenflucht und -vertreibung brauchen wir eine ebenso beispiellose humanitäre Unterstützung und ein erneuertes globales Bekenntnis zu Toleranz und Schutz für Menschen auf der Flucht vor Krieg und Verfolgung.“

Quelle: https://www.uno-fluechtlingshilfe.de/fluechtlinge/zahlen-fakten.html

M3 Die größten Herkunftsländer von Flüchtlingen

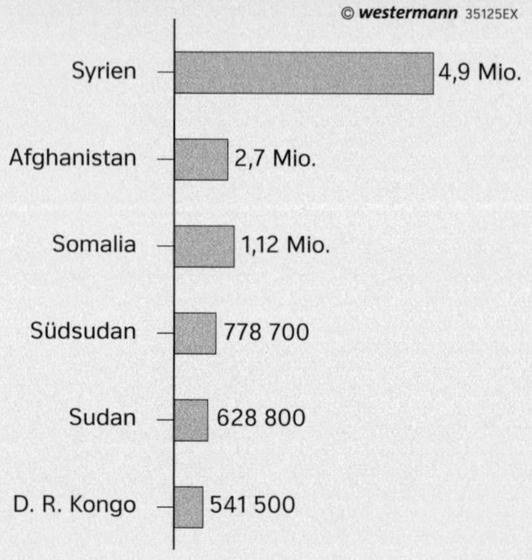

Quelle: Globale Statistiken von UNHCR, Zahlen bis Ende 2015

M4 Die größten Aufnahmeländer von Flüchtlingen

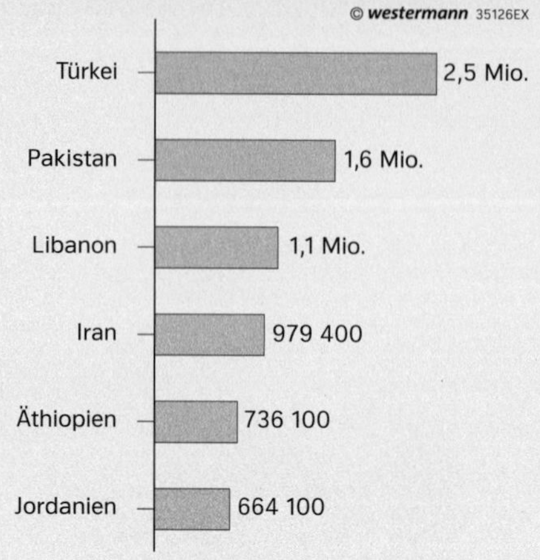

Quelle: Globale Statistiken von UNHCR, Zahlen bis Ende 2015

M5 Länder mit den meisten Binnenvertriebenen

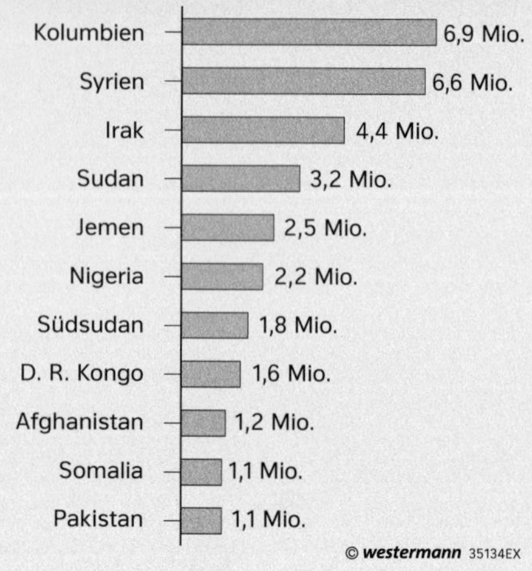

Quelle: Globale Statistiken von UNHCR, Zahlen bis Ende 2015

M6 Millionen Flüchtlingskinder können nicht in die Schule

Mehr als die Hälfte der weltweit rund sechs Millionen geflüchteten Kinder und Jugendliche können keine Schule besuchen. Insgesamt seien 3,7 Millionen Mädchen und Jungen in zahlreichen Ländern betroffen, heißt es in einem Bericht des UNO-Flüchtlingshilfswerks der Vereinten Nationen (UNHCR).

Der UNO-Hochkommissar für Flüchtlinge sprach von einer „Krise“ für Millionen von Kindern. Schulbildung für Flüchtlinge werde schmerzlich vernachlässigt, obwohl sie eine der wenigen Chancen für eine bessere Zukunft bieten könnte.

Nur 50 Prozent der Flüchtlingskinder besuchen demnach eine Grundschule. Zum Vergleich: Der weltweite Durchschnitt liegt bei 90 Prozent. Lediglich ein Prozent könne studieren, weltweit seien es 34 Prozent.

Besonders prekär sei die Lage in ärmeren Staaten, auch rund um Syrien. In der Türkei und im Libanon könnten nicht einmal die Hälfte der syrischen Flüchtlingskinder zur Schule gehen, in Jordanien seien es immerhin 70 Prozent. Insgesamt haben den Angaben zufolge derzeit 900 000 syrische Flüchtlingskinder keine Chance auf einen Schulbesuch.

Quelle: kry/dpa: Uno-Bericht. Millionen Flüchtlingskinder können nicht in die Schule. In: Spiegel online vom 15.09.2016 (http://www.spiegel.de/lebenundlernen/schule/uno-millionen-fluechtlingskinder-koennen-keine-schule-besuchen-a-1112421.html)

M7 Die Genfer Flüchtlingskonvention von 1951

Als zentrale Wegmarke im überstaatlich vereinbarten Recht gilt die Genfer Flüchtlingskonvention von 1951, in die vielfältige flüchtlingspolitische und asylrechtliche Debatten der Zwischenkriegszeit eingingen. 145 Staaten haben die Konvention seither unterzeichnet und sich verpflichtet, Flüchtlinge dann anzuerkennen, wenn diese eine Verfolgung wegen „ihrer Rasse, Religion, Nationalität, Zugehörigkeit zu einer bestimmten sozialen Gruppe oder wegen ihrer politischen Überzeugung“ nachweisen können. Die Genfer Flüchtlingskonvention wurde entwickelt, um einen Rechtsrahmen für den Umgang mit der europäischen Flüchtlingsfrage des Zweiten Weltkriegs zu finden. Sie war deshalb zunächst weder auf globale Fluchtbewegungen ausgerichtet noch auf die Zukunft. Eine Erweiterung der Konvention über europäische Flüchtlinge und über 1951 hinaus erfolgte erst 1967 im Kontext der weitreichenden Kämpfe um die Ablösung der europäischen Kolonialherrschaft, die Millionen von Flüchtlingen produzierten. Das heißt: Europa bildete im 20. Jahrhundert lange das Hauptproblem der globalen Flüchtlingsfrage – Europa als Kriegsschauplatz und Europa als Träger eines weltumspannenden Kolonialismus. Übersehen werden darf aber nicht, dass trotz internationaler Verträge in erster Linie weiterhin Staaten mit großen Ermessensspielräumen über die Aufnahme von Migrantinnen und Migranten und den Status jener entscheiden, die als schutzberechtigte Flüchtlinge anerkannt werden. Die Bereitschaft, Schutz zu gewähren, war und ist stets ein Ergebnis vielschichtiger Prozesse des gesellschaftlichen Aushandelns zwischen Individuen, kollektiven Akteuren und (staatlichen) Institutionen, die je spezifische Interessen und Argumente vorbringen. Die Frage, wer unter welchen Umständen als Flüchtling oder Vertriebener verstanden wurde und wem in welchem Ausmaß Schutz oder Asyl zugebilligt werden sollte, ist mithin immer wieder neu diskutiert worden.

Quelle: Oltmer, Jochen (2016): Kleine Globalgeschichte der Flucht im 20. Jahrhundert. In: ApuZ, H. 26–27, S. 20 (http://www.kgl-web.de/media/6a0053b62ce33722ffff806ffffffff0.pdf)

M8 Visa-Anforderungen für das Schengen-Gebiet

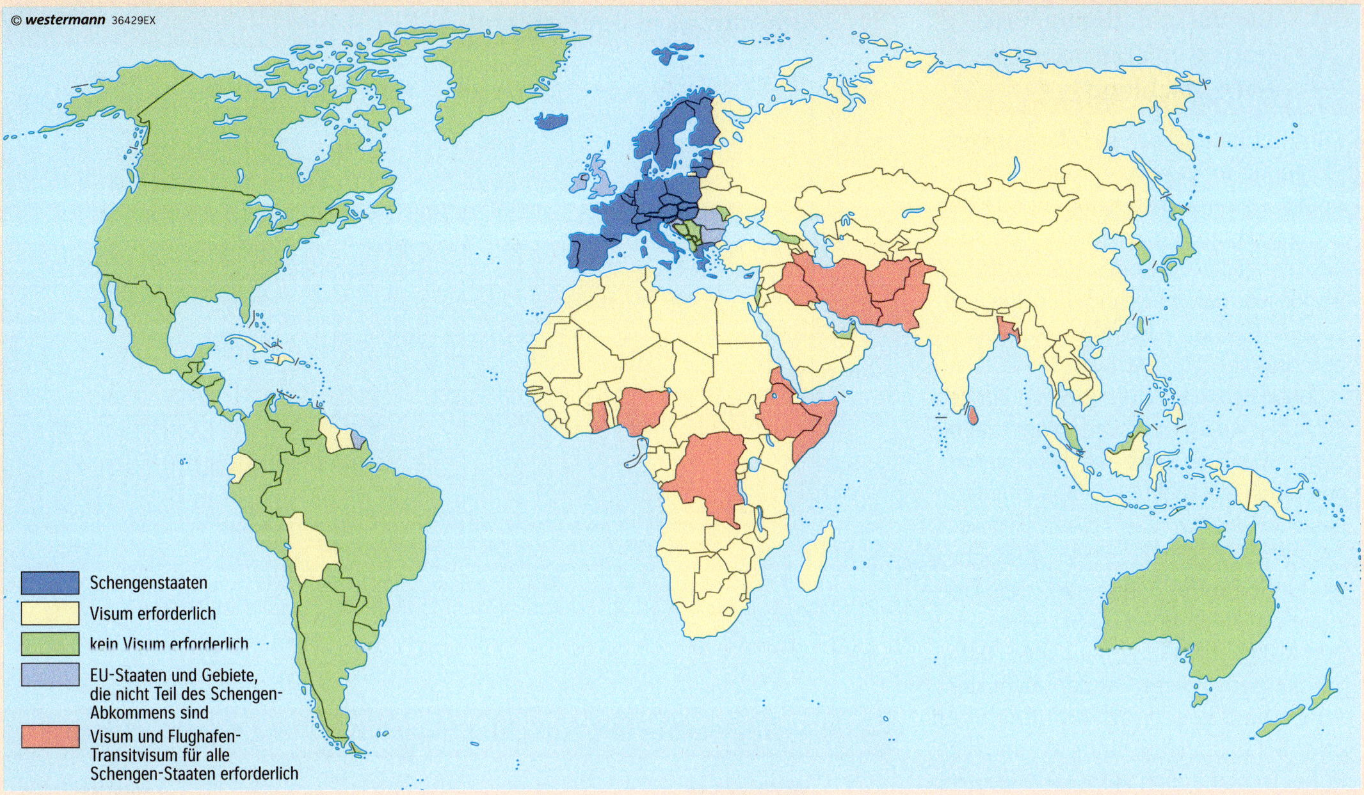

Quelle: http://ec.europa.eu/home-affairs/what-we-do/policies/borders-and-visas/visa-policy_en

M9 Das Abkommen der EU mit der Türkei zur Verringerung der illegalen Migration

Der von den EU-Staats- und Regierungschefs am 29.11.2015 mit dem damaligen türkischen Ministerpräsidenten Ahmet Davutoglu beschlossene Aktionsplan „EU – Türkei“ zur Eindämmung des Zustroms irregulärer Migranten, die über das Transitland Türkei auf griechische Inseln gelangen, sah u. a. vor: EU-Finanzhilfen von 3 Mrd. € zur Verbesserung der Lebensbedingungen von Flüchtlingen in der Türkei, darunter über 2,5 Mio. Syrer, verstärkter Grenzschutz durch die Türkei in der Ägäis, effektiveres Vorgehen gegen Schleuser, Maßnahmen der Türkei zur Verhinderung der irregulären Weiterreise von Migranten und Flüchtlingen aus ihrem Hoheitsgebiet in die EU wie Öffnung des türkischen Arbeitsmarkts für syrische Flüchtlinge (15.01.2016). Im Gegenzug wurde der EU-Beitrittsprozess der Türkei neu belebt, der politische Dialog auf hoher Ebene intensiviert. Das Abkommen der EU mit der Türkei vom 18.03.2016 zielt darauf ab, Schleuser in der Ägäis die Geschäftsgrundlage zu entziehen und die irreguläre Migration aus der Türkei in die EU nachhaltig zu verringern: Alle Migranten, die ab 20.03.2016 von der Türkei aus auf griechische Inseln gelangen und in Griechenland kein Asyl beantragen oder deren Antrag nach Einzelfallprüfung als unbegründet oder unzulässig abgelehnt wird, werden ab 04.04.2016 in die Türkei rückgeführt. Für jeden von der Türkei von den griechischen Inseln rückübernommenen Syrer wird ein syrischer Flüchtling aus der Türkei in einem EU-Staat neu angesiedelt. Die Türkei wird Maßnahmen ergreifen, um zu verhindern, dass neue See- oder Landrouten für die irreguläre Migration von der Türkei in die EU entstehen. Die EU wird die Auszahlung der für die Verbesserung der humanitären Bedingungen von Flüchtlingen in der Türkei zugesagten 3 Mrd. € beschleunigen und, falls erforderlich, bis Ende 2018 weitere 3 Mrd. € bereitstellen.

Quelle: Der Fischer Weltalmanach 2017, S. 573

Einwanderung in Deutschland

M10 Die verschiedenen Kategorien von Einwanderern in Deutschland

In Deutschland lassen sich Einwanderer in folgende Gruppen unterteilen:

- Spätaussiedler, insbesondere aus den heute zu Polen und Russland gehörenden Gebieten (Einwanderungsregelung gemäß Bundesvertriebenen- und -flüchtlingsgesetz [BVFG] von 1953 sowie Aussiedleraufnahmegesetz [AAG] von 1990)
- Unionsbürger und Angehörige der übrigen Staaten des Europäischen Wirtschaftsraums (EWR) und ihre Familienangehörigen (auch aus Nicht-EWR-Staaten); diese genießen das Recht auf Freizügigkeit nach dem Freizügigkeitsgesetz/EU, ähnliches gilt für Schweizer Bürger nach dem Freizügigkeitsabkommen EG-Schweiz
- Arbeitsmigranten aus Drittstaaten (Nicht-EU-Ländern); diese können nach dem Aufenthaltsgesetz als Arbeitnehmer oder Selbstständige einreisen und sich in Deutschland aufhalten; der Zuzug zur Arbeitsmigration ist jedoch stark eingeschränkt
- Familienangehörige Deutscher und hier lebender Ausländer, insbesondere Ehepartner und minderjährige Kinder; diese können ggf. nach dem Aufenthaltsgesetz ein Nachzugsrecht erhalten
- Studierende; diese können ggf. nach dem Aufenthaltsgesetz ein Aufenthaltsrecht zu Studienzwecken erhalten
- Asylsuchende; diese können nach Artikel 16a Grundgesetz und dem Asylverfahrensgesetz einen Flüchtlingsstatus, die Asylberechtigung oder die Zuerkennung der Flüchtlingseigenschaft, beantragen
- Personen, die aus humanitären, politischen oder völkerrechtlichen Gründen ein Aufenthaltsrecht nach dem Aufenthaltsgesetz oder nach Vereinbarungen der IMK (ministerielle Erlasse) erhalten (zumeist ohne Rechtsanspruch); darunter fielen bisher z. B. Bürgerkriegsflüchtlinge
- Kontingentflüchtlinge; dieser Personenkreis konnte von 1991 bis 2004 überwiegend aus den Staaten der ehemaligen Sowjetunion in Deutschland aufgenommen werden
- illegale Einwanderer, die keinen regulären Status nach dem Ausländerrecht besitzen.

Quelle: https://de.wikipedia.org/wiki/Einwanderung#Rechtlicher_Status_in_Deutschland

M11 Asylanträge in Deutschland 2015–2017

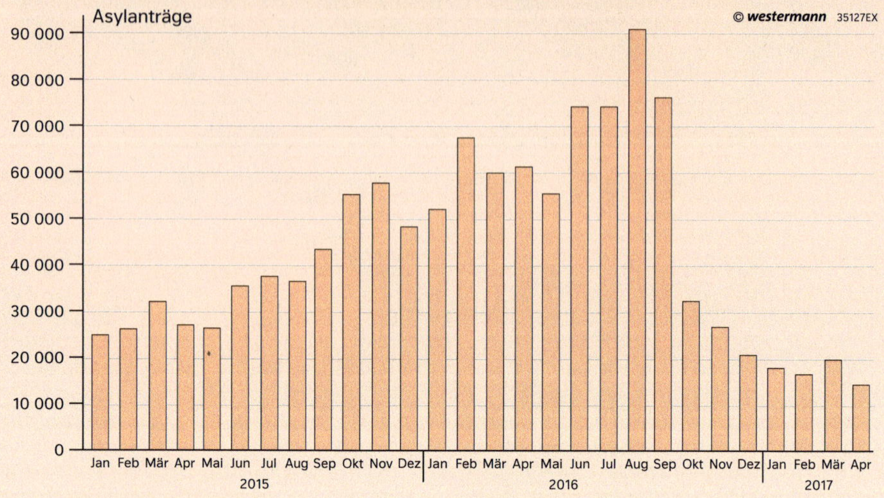

Quelle: https://www.bpb.de/politik/innenpolitik/flucht/218788/zahlen-zu-asyl-in-deutschland

M12 Asylbewerber in Deutschland nach Alter und Geschlecht 2015

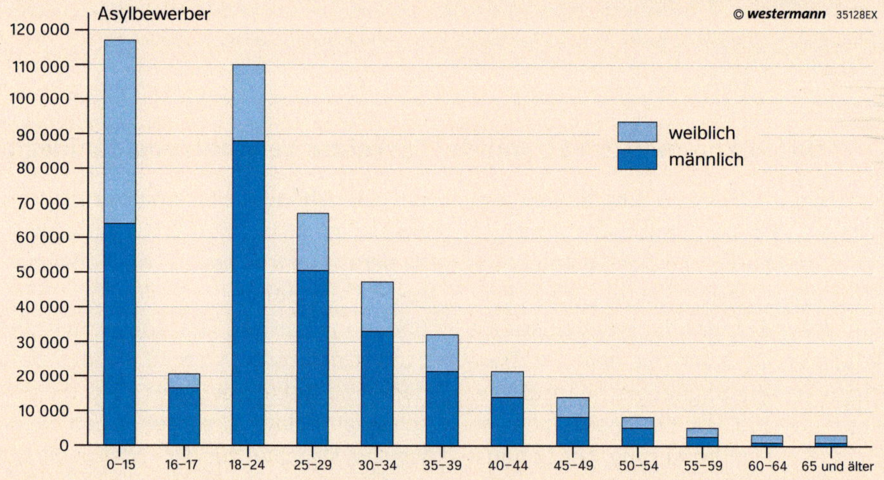

Quelle: https://www.bpb.de/politik/innenpolitik/flucht/218788/zahlen-zu-asyl-in-deutschland

M13 Asylsuchende in Deutschland nach den wichtigsten Herkunftsländern 1/2015–4/2016

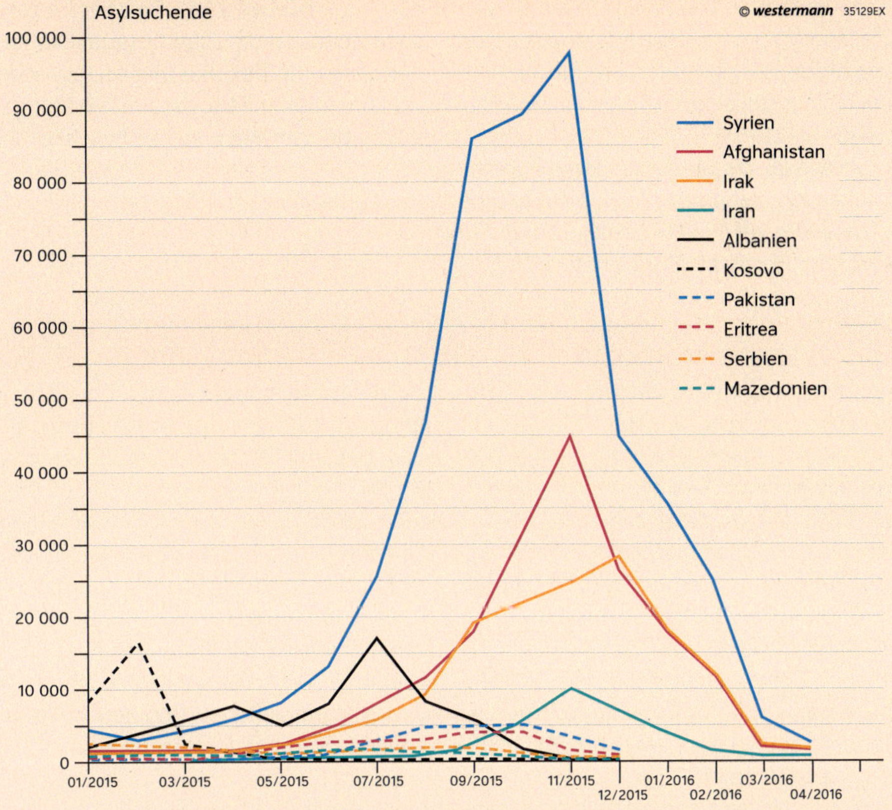

Quelle: https://www.bpb.de/politik/innenpolitik/flucht/218788/zahlen-zu-asyl-in-deutschland

M14 Asylsuchende und Asylberechtigte in Deutschland

	Asylanträge	Asylberechtigte	Anerkennungsquote[1] (%)	Gesamtschutzquote[2] (%)
1991	256 112	11 597	3,9	k. A.
1992	438 191	9 189	4,2	k. A.
1995	127 937	18 100	9,0	k. A.
2000	78 564	3 128	3,0	k. A.
2005	28 914	411	0,9	6,5
2010	41 332	643	1,3	21,6
2011	45 741	652	1,5	22,3
2012	64 539	740	1,2	27,7
2013	109 580	919	1,1	24,9
2014	173 072	2 285	1,8	31,5

[1] Die Anerkennungsquote bezieht sich auf die im jeweiligen Jahr getroffenen Entscheidungen.

[2] Die Gesamtschutzquote umfasst die Anerkennung als Asylbewerber, die Gewährung von Flüchtlingsschutz und die Feststellung eines Abschiebeverbots.

Quelle: Statistisches Bundesamt/Wissenschaftszentrum Berlin für Sozialforschung, S. 223

M15 Bildungsstatus im Vergleich

Migranten unterscheiden sich deutlich hinsichtlich ihrer schulischen und beruflichen Qualifikation. Dies beeinflusst ihre Konkurrenzfähigkeit auf dem Arbeitsmarkt. Als sogenannte „Gastarbeiter“ wurden früher insbesondere Menschen mit geringeren Bildungsabschlüssen oder berufsqualifizierenden Abschlüssen angeworben. Je später die Zuwanderung erfolgte, desto größer wurde der Anteil mit Abitur und Hochschulabschluss. Dies spiegelt wider, dass Deutschland seit 2000 ein attraktives Zielland für hochqualifizierte Zuwanderer geworden ist, gilt aber nicht für die hier noch nicht statistisch erfasste Flüchtlingswelle von 2015.

Bei den 25- bis 34-jährigen Migranten der zweiten Generation ist bis 2013 die Abiturientenquote auf 40 % angestiegen und der Anteil der Hochschulabsolventen auf 17 %. Ohne Schul- oder berufsqualifizierenden Abschluss blieben 23 %. Da aber im gleichen Zeitraum die Bildungsqualifikation der gesamten Bevölkerung angestiegen ist, konnte sich die sogenannte Bildungsschere bei den Migranten nicht schließen.

Text: Dieter Appelt

M16 Gefangen in Bildern

Menschen, die aus Kriegsgebieten kommen, müssen oft erstmal ihre Traumata überwinden, bevor sie ein neues Leben beginnen können. Aber wer hilft ihnen dabei?

Elina schweift ab. Eigentlich sollte sie sich auf die Buchstaben konzentrieren, die ihr Lehrer an die Tafel schreibt, auf die vielen deutschen Wörter, die ihr noch fremd sind, und auf all die anderen Dinge, die man als Teenager eben so zu lernen hat. In Elinas Kopf aber geht etwas ganz anderes vor. In Elinas Kopf ist Krieg. Das heute 15-jährige Mädchen ist mit seiner Mutter aus Tschetschenien geflohen, erst nach Inguschetien und später über die Ukraine und Polen nach Deutschland. Doch auch wenn sie nun sicher ist, hören die Gewaltszenen in Elinas Kopf nicht auf. Sie sieht, wie der Hof ihrer Großeltern bombardiert wird, wie Milizen die gesamte Nachbarsfamilie auslöschen und, am schlimmsten: wie ihr Vater von einer Granate getötet wird – immer und immer wieder. Elina hat ein Trauma, genauer gesagt eine posttraumatische Belastungsstörung, die sie nicht nur daran hindert, sich zu konzentrieren, sondern auch daran, endlich in Deutschland anzukommen.

Von der Million Menschen, die 2015 nach Deutschland geflohen sind, leidet jeder Zweite an einer Traumafolgestörung. Elina könnte auch Ahmed, Firat oder Shirin heißen. Ihre Geschichte ist eine jener, die das „Behandlungszentrum für Folteropfer Berlin“ täglich dokumentiert. Laut Studien sollen 70 Prozent der erwachsenen Flüchtlinge in Deutschland Gewalt miterlebt haben; 35 Prozent haben Kriegserfahrungen. Die Bundespsychotherapeutenkammer schätzt sogar, dass von der Million Menschen, die im vergangenen Jahr nach Deutschland geflohen sind, jeder Zweite an einer Traumafolgestörung leidet.

Quelle: Geisler, Sara: Gefangen in Bildern. In: Fluter vom 03.05.2016 (http://www.fluter.de/gefangen-in-bildern)

M17 Der Weg über das Wasser (Stand 2015)

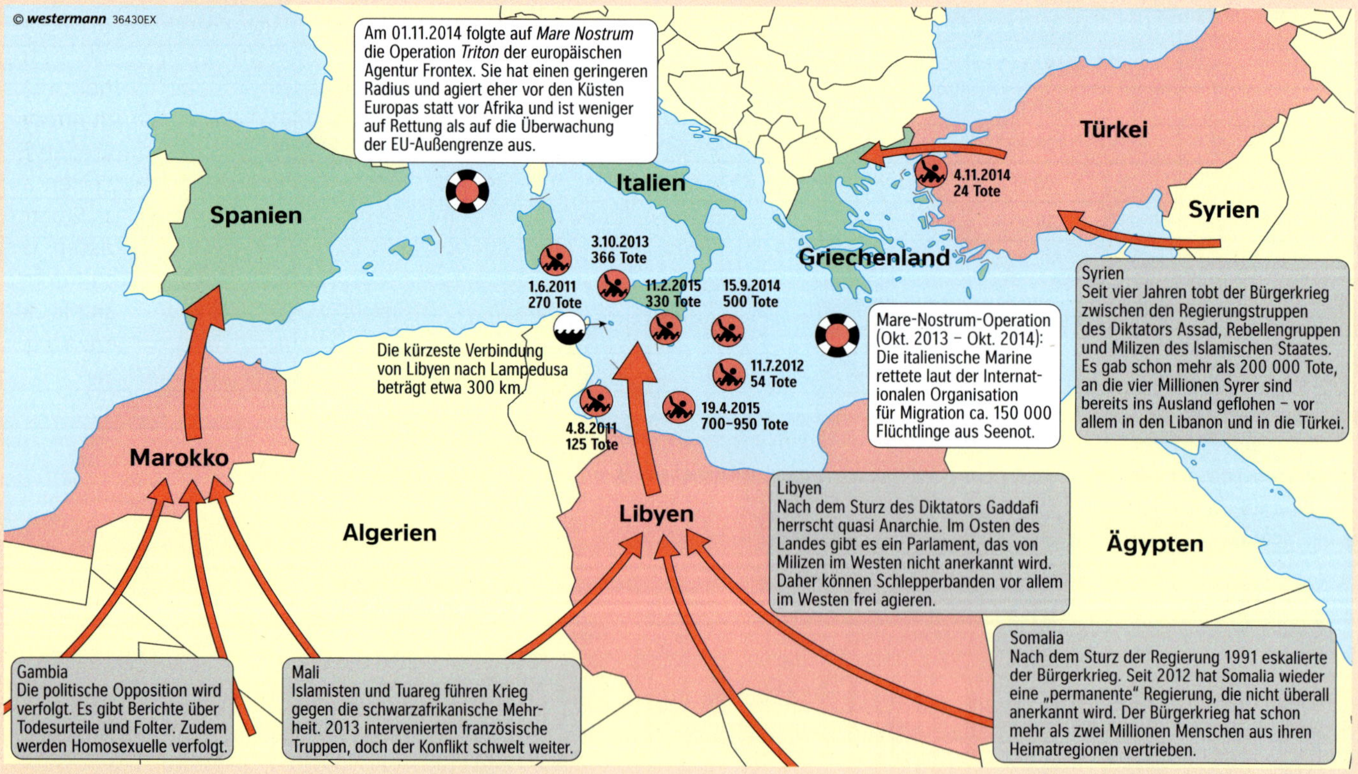

Quelle: Fluter, Nr. 55, 2015, S. 26 f.

M18 Fluchtgeschichten – Doaa aus Syrien

Doaa al Zamel bei einer Lesung aus ihrem Buch am Weltflüchtlingstag 20.06.2015

Bevor der Bürgerkrieg in Syrien sie zur Flucht zwang, war die 19-jährige Doaa eine ehrgeizige Schülerin. Dann floh sie mit ihrer Familie nach Ägypten. Ohne Arbeitserlaubnis lebte sie dort am Rande der Gesellschaft.

Trotzdem war Doaa hoffnungsvoll, sie war verliebt in Bassem, der um ihre Hand anhielt. Gemeinsam beschlossen sie Sicherheit in Europa zu suchen, um sich dort ein gemeinsames Leben aufzubauen. Bassem gab sein ganzes Erspartes, 5000 Dollar, den Schmugglern, die sie auf ein überfülltes Fischerboot zwängten.

Doch nach drei Tagen auf See glaubte sie nicht mehr an eine sichere Ankunft und sagte zu Bassem: „Wir werden alle ertrinken." Am vierten Tag kam ein verrostetes Boot auf sie zu. Die Passagiere weigerten sich, in das seeuntaugliche Boot zu wechseln, woraufhin die wütenden Schmuggler ein Loch in das Fischerboot rammten und lachten.

Innerhalb von Minuten kenterte und sank das Boot. Die 300 Menschen, die unter Deck gefangen waren, hatten keine Chance zu überleben. […] Bassem fand einen Rettungsring für Doaa, die nicht schwimmen kann.

In der folgenden Nacht verloren viele Überlebenden die Kräfte und den Mut. Doaa musste zugucken, wie Männer ihre Rettungswesten abnahmen und ertranken. Einer von ihnen übergab Doaa kurz vor seinem Tod seine neun Monate alte Enkelin Melek.

Auch Bassem verließen kurz darauf die Kräfte und Doaa musste mit ansehen, wie er starb. Trotz unvorstellbarer Trauer nahm sie an diesem Tag ein weiteres Kind auf. Die Mutter der 18 Monate alten Masa gab ihr das Mädchen mit der Gewissheit, dass sie selbst nicht überleben würde.

Doaa war nun für zwei völlig erschöpfte Kinder verantwortlich, sie weinten, hatten Hunger und Durst. Sie sang für die Mädchen und erzählte ihnen Geschichten, ein langer Tag verging, dann ein weiterer. Am vierten Tag im Meer sah Doaa ein Handelsschiff. Zwei Stunden schrie sie um Hilfe, bis die Suchscheinwerfer des Schiffes sie fanden. Melek starb noch an Bord des Schiffes. Doch die kleine Masa hat überlebt.

Quelle: https://www.uno-fluechtlingshilfe.de/fluechtlinge/fluechtlinge-erzaehlen/doaa-aus-syrien.html

M19 Migrationspolitik als Konfliktfeld von Interessengruppen

Eine in sich konsistente Einwanderungspolitik kam in Jahrzehnten vermutlich deshalb kaum zustande, weil mehrere Fraktionen sehr unterschiedliche Ziele verfolgen. In den Begriffen von Max Weber sind sie zum Teil gesinnungsethisch geprägt und beanspruchen die Deutungshoheit als Meinungsführer, zum Teil sehen sie sich verantwortungsethisch ihrem gesellschaftlichen Auftrag verpflichtet:

- Die Wirtschaft sieht ihren Arbeitskräftebedarf – aber meist nur punktuell und kurzfristig. Die angeworbenen „Gastarbeiter" etwa aus der Türkei standen bald vor einer abnehmenden Nachfrage nach Tätigkeiten mit geringer Qualifikation, für die sie angeworben worden waren. Rationalisierung und Automatisierung vernichteten immer mehr von den ursprünglich angebotenen Arbeitsplätzen. Die sozialen Folgen aber wurden von der Wirtschaft der Politik als Verantwortung zugeschoben.
- Die Kirchen sehen die Armen, Verfolgten und Leidenden als hilfsbedürftige Einzelmenschen, die mit größeren Zahlen von Flüchtlingen verbundenen strukturellen Fragen sind weniger ihr Thema.
- Die linksliberalen Anhänger einer multikulturellen Gesellschaft begrüßen Einwanderung als Korrektiv und Bereicherung. Deutschland habe wegen seiner historischen Schuld alle Fremden in einer offenen Gesellschaft ohne Grenzen willkommen zu heißen. Eine „Festung Europa" widerspreche der offenen Weltgesellschaft und sei schuld z. B. an den Bootskatastrophen im Mittelmeer.
- Die Gewerkschaften stehen vor einem Spannungsfeld zwischen der internationalen Solidarität und der Sorge, dass Migranten Arbeitsplätze besetzen und damit der heimischen Bevölkerung entziehen. Dies gilt besonders für Tätigkeiten mit geringer Qualifikation.
- Konservative Rechte fürchten um den gesellschaftlichen und kulturellen Erhalt Deutschlands und verweisen auf die gesetzlichen Pflichten des Staates, keinen Kontrollverlust zuzulassen. Generell müssten die deutschen Interessen und die Selbstbestimmung in den europäischen und globalen Beziehungen deutlicher durchgesetzt werden.

Text: Dieter Appelt

M20 Karikaturen

Entwicklungszusammenarbeit/-hilfe

M21 „Viel Geld hilft nicht unbedingt viel." Deutschland und die Entwicklungshilfe

Um die Flüchtlingszahlen zu senken, ist häufig von der Bekämpfung der Fluchtursachen die Rede. Das geht nur mit Geld, also Entwicklungshilfe. Deutschland leistet hier schon viel. Doch wie viel kommt an? Viel helfe nicht unbedingt viel, sagten Experten. [...]

Mehr als die Hälfte der Entwicklungshilfe weltweit stammt aus der Europäischen Union und ihren Mitgliedsstaaten. Die EU war 2014 größter Geber von Entwicklungshilfen – mit 58,2 Milliarden Euro. [...]

Entwicklungspolitik stelle sich in dieser Zeit völlig neu dar, sagte Ressortchef Gerd Müller Ende November im Bundestag: „Sie ist Sicherheitspolitik. Sie ist Friedenspolitik. Sie ist Wirtschaftspolitik." Er forderte die Staatengemeinschaft auf, den Einsatz in Krisengebieten zu verstärken und die Hilfe vor Ort auszubauen. [...]

In den vergangenen Jahrzehnten haben die Industriestaaten den Entwicklungsländern Milliarden zur Verfügung gestellt. [...] Der Entwicklungsökonom Axel Dreher findet es problematisch, dass kein Effekt der Entwicklungshilfe bei der wirtschaftlichen Situation der Menschen zu sehen sei. „Das ist kein gutes Zeichen. Viel hilft nicht unbedingt viel." In seiner Forschung hat er Entwicklungshilfe analysiert. Auffällig sei, dass Staaten, die etwa vorübergehend im Sicherheitsrat der Vereinten Nationen vertreten seien, wesentlich mehr Entwicklungshilfe erhielten als vorher. Man setze die Gelder also eher ein, um Stimmen zu kaufen. Ein weiterer Grund sei, bestimmte Länder im Kampf gegen den Terror auf der eigenen Seite zu wissen. „Hier stehen die Eigeninteressen der Geber im Vordergrund. Es handelt sich oft um Symbolpolitik", kritisiert Dreher.

Die Bundesregierung steckt einen Großteil der Hilfe in bilaterale Projekte – gibt also direkte Gelder an andere Staaten. Für Dreher ein Problem. Denn hier seien zu viele Eigeninteressen im Spiel. Statt viel Geld in bilaterale Projekte mit einzelnen Ländern zu stecken, schlägt Dreher vor, mehr multilateral zu agieren. Dann wären mehrere Geber zusammen, es gäbe weniger Einzelinteressen und Nehmerländer könnten die Staaten nicht gegeneinander ausspielen.

Quelle: Schmickler, Barbara: „Viel Geld hilft nicht unbedingt viel". In: Tagesschau.de vom 13.12.2015 (https://www.tagesschau.de/inland/entwicklungshilfe-101.html)

M22 Anteil der öffentlichen Entwicklungszusammenarbeit am Bruttonationaleinkommen in ausgewählten Ländern 2016

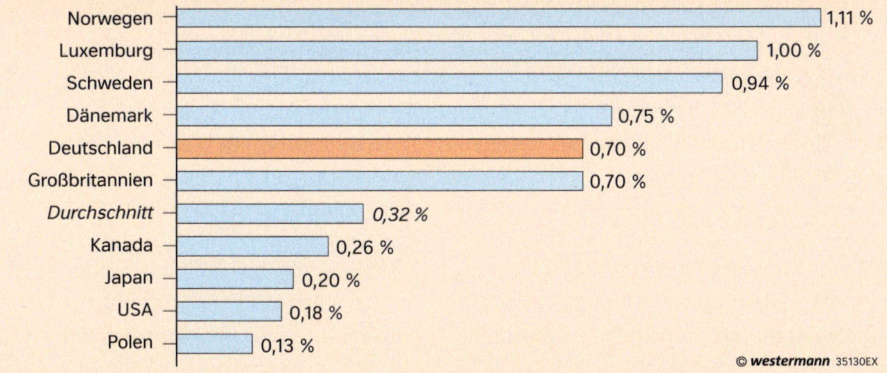

Quelle: Bundesministerium für wirtschaftliche Zusammenarbeit und Entwicklung (https://www.bmz.de/de/ministerium/zahlen_fakten/oda/geber/index.html)

M23 Weltweite Entwicklungshilfe 2004–2014 – Anteil Afrikas

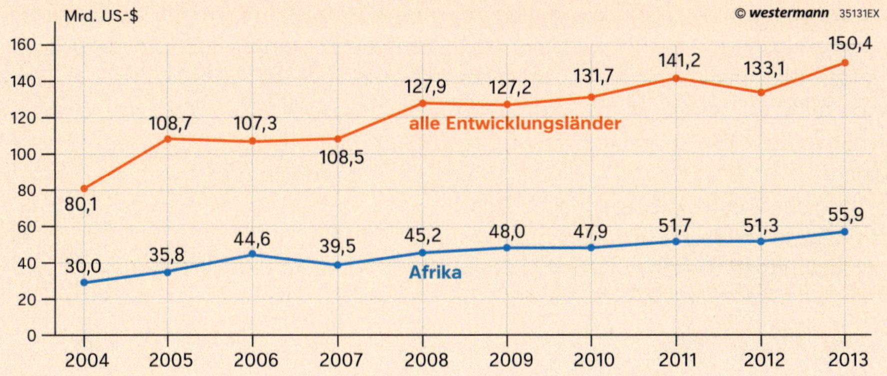

Quelle: http://www.faz.net/aktuell/wirtschaft/wirtschaftspolitik/entwicklungshilfe-helfen-die-miilliarden-ueberhaupt-13551128.html

M24 Instrumente deutscher Entwicklungszusammenarbeit

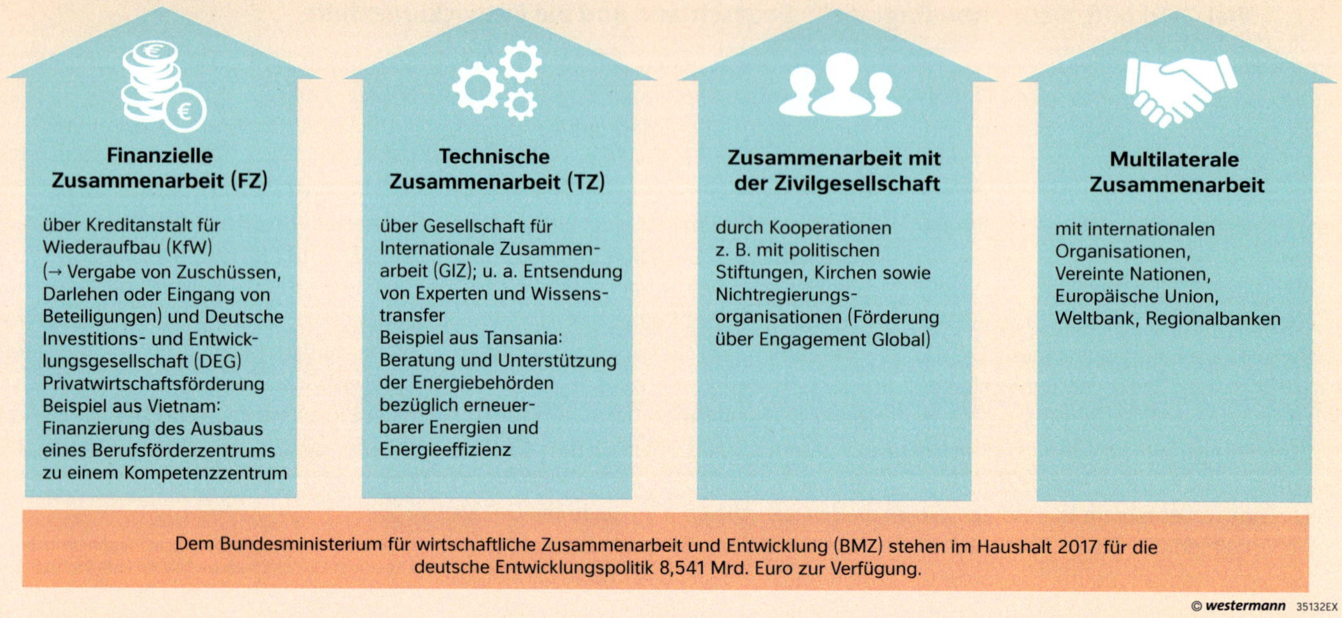

Quelle: Bundeministerium für wirtschaftliche Zusammenarbeit und Entwicklung (http://www.bmz.de/de/ministerium/wege/bilaterale_ez/index.html, http://www.bmz.de/de/ministerium/zahlen_fakten/index.html)

M25 Zukunft der Entwicklungszusammenarbeit

Derzeit finden Debatten über die Zukunft der Entwicklungszusammenarbeit (EZ) statt, die sich deutlich von früheren Diskussionen unterscheiden. EZ war von Beginn an mit der Herausforderung konfrontiert, Nutzen und Wirkung demonstrieren zu müssen. In politischen und wissenschaftlichen Auseinandersetzungen wurde die Sinnhaftigkeit von EZ vielfach infrage gestellt, während ihre Befürworterinnen und Befürworter einerseits die entwicklungspolitische Bedeutung für ärmere Länder und andererseits oft auch die Eigeninteressen der Geber betonten.

Neuere Debatten nehmen eine andere Perspektive ein: Angesichts tiefgreifender Veränderungen in den internationalen Beziehungen, weltweiter Machtverschiebungen und des sich verändernden Charakters globaler Herausforderungen bedarf es neuer Kooperationsansätze. Die damit verbundenen Herausforderungen für die EZ beziehen sich sowohl auf ihre Ziele als auch auf die Umsetzung der Kooperation. Sind beispielsweise die klassischen armutsbezogenen Ziele der EZ mittel- und langfristig noch eine ausreichende Begründung? Ist EZ angesichts von wirtschaftlich oftmals starken Entwicklungsländern noch ein sinnvoller Kooperationsansatz mit allen Entwicklungsregionen? Diese Fragen werden vor dem Hintergrund der derzeit laufenden Prozesse zur Vorbereitung einer neuen globalen Entwicklungsagenda, die den Millenniumsentwicklungszielen der Vereinten Nationen nach 2015 folgen soll, verstärkt diskutiert. [...]

Die Kooperationsbeziehungen zwischen den weiter fortgeschrittenen Ländern, die sich in der Organisation für wirtschaftliche Zusammenarbeit und Entwicklung (OECD) zusammengeschlossen haben, und Entwicklungsländern war über Jahrzehnte hinweg in großen Teilen durch EZ geprägt. Das tragende Muster lautete: Arme Länder werden in ihren Anstrengungen unterstützt, Fortschritte bei der sozialen und wirtschaftlichen Entwicklung zu erreichen. Dies sollte allerdings, so die Grundprämisse, ebenso Zielen auf der Geberseite dienen. [...]

Nach den Terroranschlägen des 11. September 2001 bildete sich auch ein starker entwicklungspolitischer Fokus auf das Thema Sicherheit und Frieden heraus: Fragilität avancierte zu einem Kernthema in der EZ. [...] Ablesbar ist die verstärkte sicherheitspolitische Ausrichtung der EZ verschiedener Geber (einschließlich Deutschlands) auch an der hohen Ausgabenpriorität für zentrale Krisenländer wie Afghanistan und Pakistan. Neu sind daneben vor allem Ansätze zur Förderung regionaler Akteure mit einer sicherheitspolitischen Relevanz. So wird beispielsweise die Afrikanische Union unter anderem bei der Vorbereitung und Durchführung von Friedensmissionen auf dem afrikanischen Kontinent mit EZ-Mitteln unterstützt.

Die Motive und Eigeninteressen der Geber in der EZ sind also insgesamt nicht konstant, sondern unterliegen fortwährend Veränderungen. Ein ausschließlich auf die Förderung von Entwicklungsländern bezogenes Vorgehen lässt sich in der Geschichte der EZ nicht erkennen, was mit Blick auf anstehende EZ-Reformdebatten wichtig bleiben dürfte.

Quelle: Bundeszentrale für politische Bildung vom 06.02.2015 (http://www.bpb.de/apuz/200366/zukunft-der-entwicklungszusammenarbeit)

4 Entwicklungsdimension Gesellschaft

4.1 Mensch, Gesellschaft, Kultur

Dieter Appelt

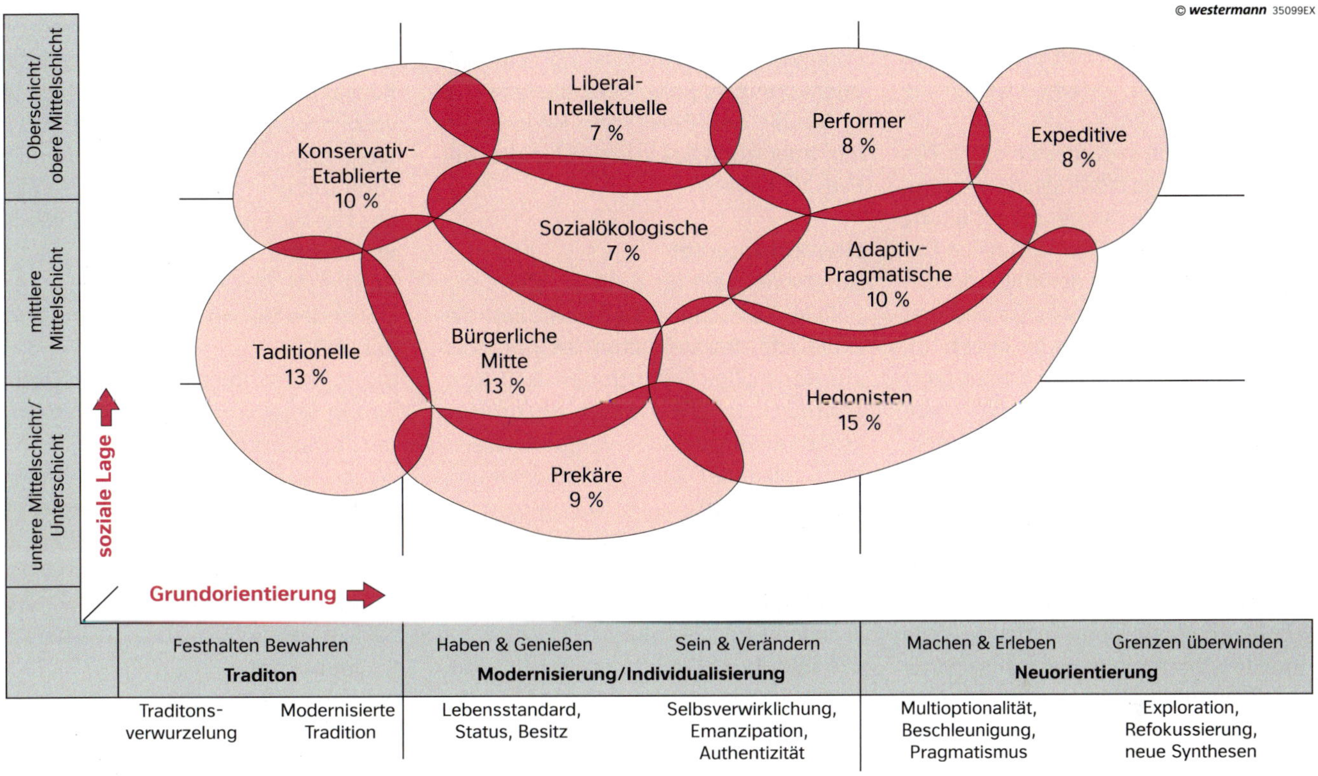

Gesellschaftliche Milieus in Deutschland nach ihrer sozialen Lage und ihren Grundorientierungen
Quelle: http://www.sinus-institut.de/sinus-loesungen/sinus-milieus-deutschland/

Dieses Kapitel beschäftigt sich mit folgenden Fragen:

1. Welche Strukturen und Funktionen brauchen Gesellschaften, um die einzelnen Mitglieder und zugleich das Ganze im Wandel der Zeit zu erhalten?
2. Was ist Kultur und warum sind Kultur und Gesellschaft untrennbar miteinander verbunden?
3. Welche Prozesse stärken den gesellschaftlichen Zusammenhalt, welche gefährden ihn und können Konflikte auslösen?
4. Welche Herausforderungen stellen die aktuellen Entwicklungen für Gesellschaft und Kultur dar?
5. Warum gilt das freiheitliche Gesellschaftsmodell des Westens nicht weltweit, sondern nur für eine Minderheit der Weltbevölkerung?

Jeder Mensch ist sich sicher, über das Phänomen „Gesellschaft" Bescheid zu wissen, zumal man alltäglich das Wort im Mund führt. Bei genauerer Nachfrage allerdings, was eine Gesellschaft sei und wozu sie gut sein soll, herrscht erst einmal Schweigen. Das Alltägliche lässt sich offensichtlich schlecht beschreiben, und wo immer man anfängt, erwischt man nur einen Zipfel des Ganzen. Wozu sich also den Kopf zerbrechen, wenn „es" doch einfach funktioniert?

Dass nicht jede Gesellschaft funktioniert, zeigen die schweren Konflikte unserer Zeit. Wir sind also gezwungen, genauer hinzuschauen. Ähnlich wie bei der Wahrnehmung von Natur schärft erst Bedrohung den Blick auf das nur scheinbar Selbstverständliche, das ja schon vor uns da war und unerschöpflich erscheint. Allerdings besteht der Unterschied zwischen Natur und Gesellschaft darin, dass man Natur meist anfassen, wahrnehmen oder zumindest naturwissenschaftlich erforschen kann. Die Gesellschafts-/Sozialwissenschaften aber sind sogenannte "weiche" Wissenschaften, die häufig um Definitionen und Analysen für das oft eben nicht Greifbare ringen.

Mensch und Gesellschaft sind Produkte kultureller Entwicklung. Sie wird jedoch von vielen Menschen kaum mehr wahrgenommen. In den modernen Industriegesellschaften hat im Verein mit der neoliberalen Wirtschaftspolitik die gesellschaftliche Liberalisierung einen Höchststand erreicht. Vielen Menschen gelten die Menschenrechte als Freiheitsgarantie für ihre Selbstoptimierung ohne irgendein Hindernis gemeinschaftlicher Pflichten. Zu fragen ist aber, ob sie ohne soziale Bindungen nicht in der Vereinsamung enden oder leicht von wirtschaftlichen oder politischen Interessen manipuliert werden können. Ist der Mensch mit seiner in Jahrtausenden entstandenen sozialen Natur glücklich und zufrieden, wenn er ohne Bindungen in offenen und unverbindlichen Gruppierungen leben soll? Offensichtlich besteht der Mensch nicht nur aus einzelnen Funktionen (z. B. Beruf), sondern er hat eine viel umfassendere Identität und soziale Natur, die erst im Miteinander Erfüllung findet. Damit erhebt sich die Frage nach dem gesellschaftlichen Zusammenhalt – für den Einzelnen wie für die Gesellschaft.

Da der Mensch im Unterschied zu Tieren kaum von Instinkten gesteuert wird, bedarf er zur Entwicklung und Erhaltung seiner Lebensfähigkeit der kulturellen Formung. Diese entspricht der Kultur der Gesellschaft, in der er aufwächst und lebt und deren Wertordnung er bis in sein Unterbewusstsein internalisiert. Daraus ergeben sich Fragen nach den Zusammenhängen zwischen Mensch, Kultur und Gesellschaft. Für heutige Industriegesellschaften müssen dabei die wirtschaftlichen, gesellschaftlichen, politischen, religiösen und ökologischen Einflüsse ebenso in die Betrachtung einbezogen werden wie die Globalisierung und globale interkulturelle Kontakte. Obwohl jede Kultur einzigartig ist, stehen Kulturen miteinander im Austausch und können voneinander lernen.

Kultur muss sich laufend mit gesellschaftlichen Veränderungen auseinandersetzen. Aktuell ist zu fragen, wie sich die Individualisierung in der pluralistischen Gesellschaft auf die gesellschaftlich-kulturelle Entwicklung des Einzelnen auswirkt. Dahinter steht die Frage nach dem Problem der Zentrifugalkräfte in modernen Gesellschaften – die deren demokratische Konsensfähigkeit ebenso bedrohen können wie die Abstimmung von Entwicklungsprozessen in Richtung nachhaltiger Entwicklung. Aus solchen Bedrohungen wird aber deutlich, was Gesellschaft tatsächlich ist und sein muss: ein System ineinandergreifender sozialer Gruppen, Institutionen und Funktionen, das auf seine dynamische Selbsterhaltung und die seiner Mitglieder ausgerichtet ist. Kultur ist das dafür notwendige Bindemittel in Form von Identifikationssymbolen, Wertorientierungen, Rollenvorstellungen (z. B. in Familie und Beruf) und Bildungszielen, aber auch Sanktionen für destruktives Verhalten.

Literatur/Internet

Bundeszentrale für politische Bildung: Politik. Deutsche Verhältnisse. Eine Sozialkunde. Innere Sicherheit und soziale Kontrolle. Definitionen und Konzepte. (http://www.bpb.de/politik/grundfragen/deutsche-verhaeltnisse-eine-sozialkunde/138618/definitionen-und-konzepte?p=all)

Der Tagesspiegel: Gehirnforschung. Die große Illusion. (http://www.tagesspiegel.de/wissen/gehirnforschung-die-grosse-illusion/1840602.html)

di Fabio, U. (2005): Die Kultur der Freiheit. München.

Emerich, F. (1965): Ethnos und Demos. Soziologische Beiträge zur Volkstheorie. Berlin.

Gaitanides, S.: Schlag mal wieder nach bei Max Weber! (https://www.frankfurt-university.de/fileadmin/de/Fachbereiche/ FB4/Ansprechpartner/ProfessorInnen/Weber_Ethnizität_Kommentare_Gaitanides.pdf)

Jaeger, F./Liebsch, B. (2016): Handbuch der Kulturwissenschaften. 3 Bände. Stuttgart.

Luhmann, N. (1985): Kultur als historischer Begriff. In: Luhmann, N.: Gesellschaftsstruktur und Semantik. Studien zur Wissenschaftssoziologie der modernen Gesellschaft. Bd. 4, Frankfurt.

Menzel, B./Wehrheim, J. (2010): Soziologie Sozialer Kontrolle. (https://www.uni-due.de/imperia/md/images/biwi/wehrheim/menzel_wehrheim_soziologie_sozialer_kontrolle_2010.pdf)

Schwietring, T. (2011): Was ist Gesellschaft? Einführung in soziologische Grundbegriffe. Konstanz. (http://www.uvk.de/uploads/tx_gbuvkbooks/PDF_L/9783825284305_L.pdf)

Shell-Jugendstudie 2015. Zusammenfassung unter http://www.shell.de/ueber-uns/die-shell-jugendstudie/multimediale-inhalte.html

Spitzer, M. (2006): Lernen – die Entdeckung des Selbstverständlichen. Vortrag auf DVD.

Utz, R.: Rezension zu Thomas Schwietring: Was ist Gesellschaft? (https://www.socialnet.de/rezensionen/7976.php)

Weber, M.: Politik als Beruf. „Gesinnungsethik“ versus „Verantwortungsethik“. Vortrag im Rahmen einer Vortragsreihe „Geistige Arbeit als Beruf“, gehalten 1918/19 in München. Im Druck erschienen im Oktober 1919. (http://www.textlog.de/weber_politik_beruf.html)

Werber, N. (2006): Udo di Fabio und das intellektuelle Profil der Großen Koalition (Rezension zu Udo di Fabio: Die Kultur der Freiheit). In: Frankfurter Rundschau online vom 24.01.2006. (http://www.2006file:///Users/admin/Desktop/WiW%20Kap.%204%20Material/Udo%20di%20 Fabio%20Gesellschaft.webarchive)

AUFGABEN

1. Definieren Sie den Zweck von Gesellschaft und beschreiben Sie ihren historischen Wandel. (M1)
2. Begründen Sie, warum im Modell der Entwicklungsdimensionen alle vier Dimensionen vom Individuum ausgehen. (Abb. 7 auf S. 11, M2)
3. Beschreiben Sie am Beispiel des Konsumenten mögliche Konflikte des Einzelnen zwischen den wirtschaftlichen, politischen, gesellschaftlichen und ökologischen Anforderungen nachhaltiger Entwicklung. (M2, M3)
4. Benennen Sie Gründe für die Entstehung unterschiedlicher gesellschaftlicher Milieus und beschreiben Sie deren jeweilige Charakteristika. Überlegen Sie, in welches Milieu Sie Ihre Familie eingliedern würden. (Grafik auf S. 103, M3, Recherche bei http://www.sinus-institut.de)
5. Prüfen Sie die Thesen Udo di Fabios zur sinnentleerten Freiheit der Gesellschaft und führen Sie Beispiele für freiwillige soziale Verpflichtungen an, die auch in der freiheitlichen Gesellschaft mehr Sinn stiften könnten. (M4)
6. a) Begründen Sie, warum Gesellschaft und Kultur sich gegenseitig bedingen. (M5, M6)
   b) Beschreiben Sie die Unterschiede zwischen lebensweltlicher Kultur und Hochkultur. (M5, M6)
7. Beschreiben Sie die Unterschiede zwischen Innen- und Außenperspektive von Kulturen. (M7, M21)

8. Begründen Sie das Paradox, dass man aus der Fremde die eigene Kultur besser erkennen und beschreiben kann als im eigenen Lebensraum. (M7)
9. a) Welche Stereotypen haben Sie bezüglich anderer Nationen? Werden Sie sich dieser bewusst durch ein Brainstorming, z. B. zu Franzosen, Engländern, Italienern, Polen, Nordafrikanern.
   b) Vergleichen Sie die Vorstellungen innerhalb Ihrer Gruppe.
   c) Wodurch sind diese Stereotypen entstanden? Warum halten sie sich trotz vieler Bedenken? (M7)
10. Diskutieren Sie in der Gruppe, inwieweit die Erkenntnisse Sigmund Freuds zum Unterbewusstsein
   a) die Beständigkeit und Wirksamkeit kultureller Prägungen erklären können. (M8)
   b) davor bewahren können, die Rationalität des eigenen Verhaltens zu überschätzen. (M8)
11. Beschreiben Sie Prozesse in Wirtschaft und Gesellschaft, die den kulturellen und sozialen Zusammenhalt gefährden können. (M9)
12. Diskutieren Sie in der Gruppe die Unterschiede in der Benutzung von Identifikationssymbolen und Ritualen zwischen Deutschland und anderen Ländern. (M10, M11)
13. Begründen Sie in der Gruppe, warum in vielen autoritären Staaten regelmäßige Schul- oder Betriebsappelle üblich sind. (M11)
14. Diskutieren Sie die Vor- und Nachteile sozialer Kontrolle
   a) allgemein
   b) am Beispiel von öffentlicher Videoüberwachung. (M12, M13)
15. Begründen Sie, warum soziale Kontrollen des Staates in einem Spannungsverhältnis zur gesellschaftlichen Freiheit stehen. (M12, M13)
16. Diskutieren Sie in der Gruppe, inwieweit Digitalisierung und Internet nützlich oder schädlich für den gesellschaftlichen Zusammenhalt sein können. (M14)
17. Beschreiben Sie, welche Facetten das Heimatgefühl hat und warum es ideologisch umstritten ist. (M15–M17)
18. Diskutieren Sie in der Gruppe, warum die Globalisierung als Gegenreaktion zur Stärkung des Heimatgefuhls beitragen könnte. (M16)
19. Führen Sie in der Gruppe eine Umfrage zu Ihren Wertorientierungen entsprechend M18 durch. Vergleichen Sie die Ergebnisse mit denen der Shell-Jugendstudie.
20. Beschreiben Sie, warum Migranten ein ambivalentes Heimatgefühl haben können. (M19)
21. Erläutern Sie die Gefahren von Eurozentrik. (M20, M21)
22. Diskutieren Sie in der Gruppe, ob Globalisierung und Digitalisierung eine Weltgesellschaft geschaffen haben. (M21)
23. a) Beurteilen Sie, ob Singapur als erfolgreiches Modell einer multikulturellen Gesellschaft gelten kann. (M22)
   b) Beschreiben Sie die soziokulturellen Orientierungen, auf denen dieses Modell beruht. (M22)

Menschen leben in Gesellschaften

M1 Historische Entwicklung von Gesellschaft

Gesellschaften tragen ihren Zweck in sich selbst. Sie haben sich über die Jahrtausende seit der Urhorde der Steinzeit und den ersten Stadtgründungen in Mesopotamien als Zusammenschluss von Menschen entwickelt, die gemeinsam ihr Leben besser und sicherer organisieren konnten. Von früh an gab es Arbeitsteilung und Spezialisierung (z. B. den Schmied seit Beginn der Metallbearbeitung), damit aber auch unterschiedlichen Zugang zu Reichtümern und somit zu den Hierarchien der Macht.

Im zeitlichen Ablauf lässt sich erkennen, was Gesellschaft bezweckt: Selbsterhaltung durch Verteidigung nach außen und nach innen, Weitergabe der materiellen und der immateriellen kulturellen Güter von Generation zu Generation, soziale Sicherheit, Solidarität und Integration, Kontinuität und Resilienz (Widerstandsfähigkeit) im Wandel, Deutung des Diesseits und des Jenseits einschließlich der eigenen Identität.

Der historische Rückblick beleuchtet auch Entwicklungssprünge. Mit der Ausdehnung der Ernährungsgrundlagen (Ackerbau) und sonstiger Überlebenshilfen z. B. der Medizin wuchsen die Gesellschaften, eroberten oder nahmen andere Gesellschaften in sich auf. Indem sie über Clangröße hinauswuchsen, trat ein wesentlicher Wandel ein: Es bildeten sich komplexere Gesellschaften, die nicht mehr nach Art der patriarchalischen Familiengemeinschaft organisiert waren, sondern als übergreifende Staaten und Herrschaftsformen. Bald erhielten sie Gesetzestafeln, die auch gegenüber dem persönlichen Gutdünken von Herrschern mehr Rechtssicherheit brachten.

Als vorläufigen Endpunkt dieser Entwicklung unserer Zivilisation, die über viele weitere Schritte wie z. B. über die Renaissance und Aufklärung verlief, kann man den Beginn der westlichen Industriegesellschaft betrachten. Diese Skizze lässt aber schon erkennen, dass Gesellschaften weder selbstverständlich noch überall gleich sind, sondern an historische, räumliche und soziale Gegebenheiten gebunden sind. Außerhalb Europas und der heutigen westlichen Welt waren diese Voraussetzungen sehr unterschiedlich.

M2 Modell der gesellschaftlichen Entwicklungsdimension und ihrer Ebenen

In der westlichen Industriegesellschaft ist der Einzelne gleichzeitig ein Teil verschiedener sozialer Subsysteme, Strukturen und Funktionen – privat wie beruflich. Sie greifen ineinander und sichern die Existenzgrundlagen für die Gesellschaft als Ganzes und für ihre Mitglieder. Die Menschen und ihre Institutionen werden von großenteils übereinstimmenden kulturellen Verhaltensregeln und Wertvorstellungen getragen. Letztere sind teils formell dokumentiert (z. B. in der Verfassung), teils werden sie in Erziehung und Bildung weitergegeben und an jede neue Generation vermittelt. Dies sichert – bei allem Wandel in der Zeit – den Bestand einer Gesellschaft über Generationen. Dabei sind auch die Außenbeziehungen von Gesellschaften zu betrachten, die immer schon mehr oder minder offene Grenzen hatten – offen für Handel, Reisende oder kulturellen Austausch.

Die sozialen Ebenen sind nicht in sich abgeschlossen, wie etwa in der mittelalterlichen Ständegesellschaft, deren Regeln zu Kleidung oder Beruf den ererbten Status des Einzelnen festschrieben. Vielmehr gibt es heute über Bildung, beruflichen Aufstieg usw. große persönliche Freiheiten und soziale Mobilität. Auch die Globalisierung hat Auswirkungen quer durch die sozialen Ebenen.

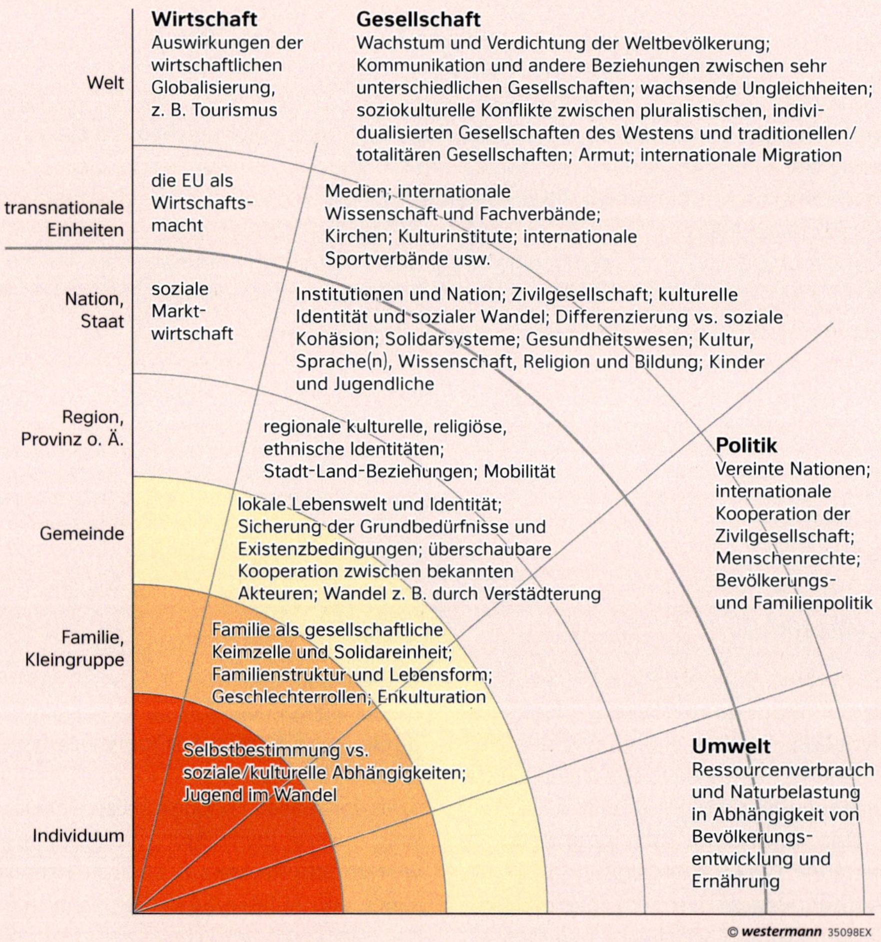

Modell der gesellschaftlichen Entwicklungsdimension und ihrer sozialen Ebenen (Die Querverbindungen zu den anderen drei Dimensionen können hier nur angedeutet werden, s. hierzu auch Abb. 7 auf S. 11) (nach Appelt)

M3 Die Person in der westlichen Industriegesellschaft

Die westlichen Industriegesellschaften haben sich durch die fortwährende Arbeitsteilung, durch wissenschaftliche und technische Fortschritte stark differenziert. Die engere Lebenswelt unterscheidet sich von den darüber liegenden Ebenen (regional, national) im Hinblick auf die wirtschaftlichen, sozialen, politischen und ökologischen Dimensionen. Diese beeinflussen die lebensweltlichen Bedingungen. Jenseits der nationalen Ebene kommen auf den höchsten Ebenen (international und global) Beziehungen der offenen Industriegesellschaft in den Blick. Wirtschaftliche, soziale, politische und ökologische Prozesse sind quer durch die verschiedenen Ebenen wirksam und können auch zu Zielkonflikten führen (s. Kapitel 1, S. 9–14).

Die einzelne Person in der westlichen Gesellschaft genießt große individuelle Freiheiten, Wahlmöglichkeiten, aber auch Selbstverantwortung gegenüber kulturellen, familiären oder gesellschaftlichen Normen (Individualisierung und Selbstoptimierung). Das bedeutet andererseits, dass sich das Individuum ständig zwischen verschiedenen, oft widersprüchlichen Zielen entscheiden kann – und muss.

In der Familie und der engeren (lokalen) Lebenswelt formen persönliche Kontakte und Verhaltensformen den Alltag, während die übergeordneten Strukturen und Institutionen durch fachliche Standards, rechtliche Vorgaben sowie vertragliche Beziehungen organisiert werden.

Auch kulturelle Traditionen, Wert- und Rollenvorstellungen werden von den Eigendynamiken wirtschaftlicher, politischer und ökologischer Prozesse beeinflusst und relativiert. Dies führt zur Herausbildung von Milieus mit unterschiedlichen Ausprägungen von Subkulturen (vgl. S. 103).

Die westlichen Werte einer freiheitlichen Gesellschaft sind formal in der Verfassung und im übergreifenden demokratischen System verkörpert. Die Funktionen der gesellschaftlichen Institutionen gewährleisten die Beständigkeit der Gesellschaft im Wandel der Zeit. Ohne Wertekonsens und die Kooperation aller Einzelnen wäre ihre Stabilität nicht gesichert.

Andererseits prägt die Gesellschaft den Einzelnen schon von Geburt an. Der frühkindlichen Sozialisation durch die Eltern folgen Schule und Ausbildung gemäß dem gesellschaftlichen Konsens über Bildungsziele und berufliche Normen. Das Zusammenspiel der Prägungskräfte von Elternhaus und Gesellschaft entspricht im Idealfall der sozialen Natur des Menschen ebenso wie den Orientierungen der Gesellschaft als kultureller Wertegemeinschaft. Die Eigendynamik der Entwicklungsdimensionen erzeugt jedoch Spannungsverhältnisse und Konflikte und erfordert so fortlaufende Resilienz (Beständigkeit des Systems) im Wandel.

In den freiheitlichen Gesellschaften des Westens (s. Abb.) durchdringen sich auf allen Ebenen gesellschaftliche, politische, wirtschaftliche und ökologische Einflüsse gegenseitig. Die Vielfalt der Vernetzungen ermöglicht Wahlfreiheiten des Einzelnen, verursacht aber auch Entscheidungsprobleme und Konfliktsituationen.

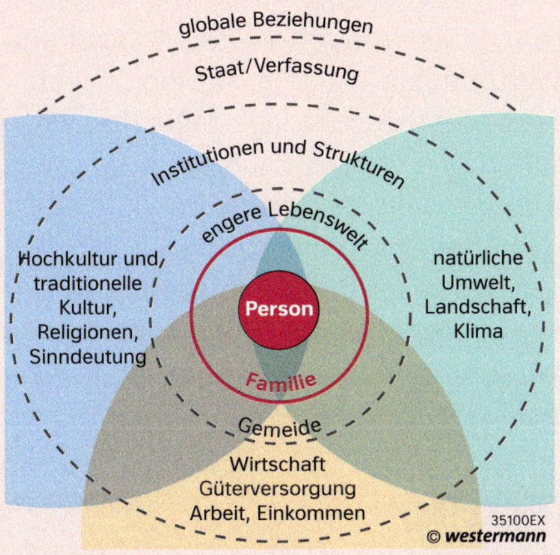

Die Person in der westlichen Industriegesellschaft (nach Appelt)

Über die Freiheit in der westlichen Industriegesellschaft gibt es unterschiedliche Meinungen. Die einen halten sie für substanzlos und emotional unverbindlich, wenn sie nicht durch soziale Bindungen ergänzt wird, ohne die keine Gesellschaft überleben kann. Andere beklagen die Sinnleere der Marktwirtschaft jenseits des Profits. Dies fördere Egoismus, Materialismus und Konsum als Ersatzbefriedigung. Bedauert wird außerdem, dass die Rolle der Familie soweit beschnitten wird, dass sie kaum noch die Funktion als emotionale Lebensbasis erfüllen könne. Anforderungen von allen Seiten an die moderne Kleinfamilie führen dazu, dass sie auch nicht mehr die nötige Beständigkeit als Lebensgemeinschaft haben könne, um die Vereinsamung des modernen Menschen zu verhindern.

M4 Gemeinschaft gegen die „wurzellose" Gesellschaft?

Udo di Fabio war Richter am Bundesverfassungsgericht in Karlsruhe und Professor für Öffentliches Recht an der Universität Bonn. Sein Buch „Die Kultur der Freiheit" ist 2005 erschienen. Aus einer Rezension von Niels Werber zu dieser Veröffentlichung:

Der Erfolg der westlichen Kultur der Aufklärung, Modernisierung, Industrialisierung, Technisierung, Rationalisierung, Arbeitsteilung und Spezialisierung hat das Fundament dieser Kultur erodieren lassen und den Westen seiner Werte beraubt. Am hohen Wert der Freiheit sei dies exemplarisch zu beobachten. Freiheit werde nur noch negativ verstanden als Abwesenheit von Zwang, nicht aber positiv gefüllt. Es gibt also durchaus eine „freie Gesellschaft", in der jedes Individuum frei ist zu tun, was es im Rahmen der Rechtsordnung will, ohne dass es zu etwas gezwungen würde. Doch fehle eine „Kultur der Freiheit", welche die Freiheit des Einzelnen als positives Engagement verstehen würde: „Frei sein heißt, über seine Bindung selbst zu bestimmen, Gemeinschaften zu suchen, zu gründen und zu verteidigen." Eine Ehe zu schließen, dem Gebot der Nächstenliebe oder der Humanität in einer Gemeinde oder Organisation zu folgen, Kinder zu erziehen, sind Beispiele für solche Selbstbindungen in Freiheit. Während die Gesellschaft keine solchen dauerhaften, verantwortungsvollen Bindungen einfordert, sondern vom Einzelnen nach Schillers berühmtem Spruch nur das Ausfüllen der rechten Formulare am rechten Ort verlangt, inkludiert die Gemeinschaft den ganzen Menschen.

Zwischen die rationalen, aber abstrakten Prozeduren der Gesellschaft und den effizient versorgten, aber vereinzelten Personen soll daher eine Ebene der Gemeinschaft geschaltet werden, um Individuen und Gesellschaft in einer vitalen Einheit zu integrieren. Die Familie ist aus seiner Sicht ihr Urbild, ein ursprünglicher Kulturraum, in dem die Voraussetzungen für die Freiheit weit mehr geschaffen werden als in „den Welten der Politik, des Rechts und der Verwaltung". Dass Di Fabio Singles und elternlose Paare für verantwortungslose Hedonisten hält, kann nicht überraschen. Nur auf der „Natürlichkeit einer menschlichen Gemeinschaft" kann eine gesunde Gesellschaft aufbauen.

Die Lösung des Problems unserer Gesellschaft ergibt sich also von allein: Stärkung der Gemeinschaft, der Freiheit zur Selbstbindung, der Ehe, des generationenübergreifenden Familienverbands, um die Gesellschaft wieder mit einem festen Boden auszustatten, was sie wieder „vital" machen werde, überlebensfähig im Kampf um das 21. Jahrhundert. Nur aus der Bindungskraft dieser Gemeinschaften entspringe ihre Vitalität.

Quelle: Werber, Niels: Udo di Fabio und das intellektuelle Profil der Großen Koalition (Rezension zu Udo di Fabio: Die Kultur der Freiheit). In: Frankfurter Rundschau online vom 24.01.2006 (gekürzt) (http://www.2006file:///Users/admin/Desktop/WiW%20Kap.%204%20Material/Udo%20di%20 Fabio%20Gesellschaft.webarchive)

Kultur als gesellschaftliches Bindemittel und Lebenshilfe

M5 Was ist Kultur?

Von Geburt an werden kulturelle Grundlagen von den Eltern auf das Kind übertragen (Enkulturation), schon bevor die bewusste und gezielte Erziehung einsetzt oder sich Jugendliche selbst kritisch mit ihrer Gesellschaft und deren Wertbezügen auseinandersetzen. Kultur ist also „die zweite Natur" des Menschen neben seinen Genen. Alle Versuche sind jedoch fehlgeschlagen, eine natürliche Urkultur oder -sprache aller Menschen zu finden. Denn der Mensch ist eine biologische Frühgeburt im Vergleich zu allen Tieren, weil ihm angeborene Instinkte weitgehend fehlen, die Tierkindern relativ schnell ein selbstständiges Leben erlauben. Erst durch die jeweilige Kultur wird der Mensch lebensfähig.

Dementsprechend kann die lebensweltliche Kultur oder auch Alltagskultur als Grundausstattung aus Verhaltensmustern, Rollenbildern, Weltdeutungen und Wertorientierungen verstanden werden. Sie bildet die Grundlage dafür, dass Menschen in ihrer Gesellschaft und Umwelt existieren können, und sie sichert zugleich den Fortbestand dieser Gesellschaft. Dies galt schon für frühe und schriftlose Völker. Seitdem hat sich eine Hochkultur von Wissenschaft, Literatur, Kunst und Musik darüber gelagert. Die mehr an Traditionen gebundene, verhaltensbestimmte, lebensweltliche Kultur und die Hochkultur regen sich wechselseitig an, ohne dass man die gegenseitige Einflussnahme im Detail beschreiben kann. Wichtig ist jedoch der Unterschied, dass die Hochkultur kaum an der frühen Enkulturation beteiligt ist und deshalb auch nicht so verhaltensprägend ist wie die lebensweltliche Kultur (vgl. M8, M9).

M6 Unterschiedliche Definitionen von Kultur

Kultur ...
- ist ein mentales „Betriebssystem“ des Menschen, das einer bestimmten sozialen und natürlichen Umgebung entspricht und lebensnotwendig ist.
- steuert oder beeinflusst das Verhalten im Rahmen einer beständigen persönlichen Identität und Wertorientierung.
- ist ein Netzwerk von Sinn- und Wertbezügen in Verbindung mit Religion, Sprache und anderen gemeinsamen Symbolen.
- ist ein kollektives Gedächtnis für alles, was den Bestand einer Gesellschaft und damit die Existenzgrundlagen für den Einzelnen sichert.
- wird von einer Generation zur nächsten weitergegeben durch informelle Erziehung und durch formale Bildung (vor allem durch die Schule).
- wird im Verhalten der Menschen durchgesetzt durch die informelle gegenseitige Kontrolle zwischen den Mitgliedern der Gesellschaft und durch formale Institutionen (Polizei, Justiz usw.).

Manche Definitionen von Kultur betonen ihre Bedeutung für das Individuum, andere mehr ihre gesellschaftliche (soziokulturelle) Funktion.
Jede Kultur entwickelt eine gewisse Bandbreite ganzheitlicher Muster, die sie von anderen Kulturen unterscheidet. Diese Bandbreite umfasst auch die wirtschaftlichen, politischen und ökologischen Funktionen einer Gesellschaft und ihrer Institutionen. Das Individuum kann in einer solchen Gesellschaft gleichzeitig Mitglied unterschiedlicher Gruppen sein (z. B. Unternehmen, Kirche, Gewerkschaft, Sportverein, Hobbyverein), deren Subkulturen sich eigendynamisch entwickeln. Kulturelle Elemente können auch zwischen Gesellschaften wandern und sich in deren soziale Strukturen integrieren. Damit erhöhen sich sowohl individuelle als auch gesellschaftliche Wahlmöglichkeiten, es können aber auch Spannungen entstehen. Diese müssen laufend individuell entschieden oder demokratisch geklärt werden, damit die Gesellschaft als Ganzes handlungsfähig bleibt. Kultur als gespeichertes Erfahrungspotenzial einer Gesellschaft hilft aber auch, im fortlaufenden Wandel neu auftretende Komplexität zu reduzieren. Innovationen können am Bewährten gemessen und – bei positiven Ergebnissen – damit verbunden werden.

Andererseits können kulturelle Verunsicherungen oder (gefühlte) Bedrohungen schwere Konflikte auslösen, weil sie von den meisten Menschen im sehr mächtigen Unterbewusstsein (vgl. M8) als Bedrohung ihrer selbst empfunden werden. Probleme unterschiedlicher Art können so in massive ethnische Konflikte münden.

Es gibt aber auch gesellschaftskritische Auffassungen, die aus den Erfahrungen der deutschen Geschichte heraus jede Zuordnung von Individuen zu beständigen Identitäten wie Gesellschaft und Kultur ablehnen. Sie sehen darin „völkisches“ Gedankengut der Nationalsozialisten und eine neorassistische Bestimmung des Individuums durch eine feste Gruppenzugehörigkeit. Zudem seien kulturelle Identitäten nur Fiktion und Herrschaftsinstrument zur Ausgrenzung von Minderheiten oder Migranten.

M7 Die „unsichtbare“ Kultur

Religiöse Weltdeutungen, Gebote und Moralvorstellungen (Bibel, Koran usw.) sind langfristig wirksame, schriftliche Kristallisationspunkte von Kulturen. Elemente der lebensweltlichen Kultur lassen sich dagegen oft nur schwer beschreiben und benennen wie z. B. Geschmacksrichtungen, Verhaltensstile, Körpersprache oder das Verhältnis zwischen den Generationen. Das gilt umso mehr, als viele ungeschriebene Regeln der Bezugsgruppe dem Individuum eher ein konformes Verhalten nahelegen, also gerade nicht die auffällige Selbstverwirklichung. Der kulturell angepasste Zeitgenosse ist unter diesen Umständen genauso unauffällig oder „unsichtbar“ wie die Regeln selbst, die als universell (d. h. global gültig) angesehen werden und als Selbstverständlichkeiten nicht der Rede wert scheinen.

Das Paradox der „Unsichtbarkeit“ der eigenen Kultur erschließt sich eigentümlicherweise oft erst aus der Außenperspektive. So wie manche Menschen einen Schock erleiden, wenn sie die eigene, scheinbar so vertraute Stimme erstmals von einer Tonaufnahme hören, kann es einen „Kulturschock“ geben, wenn man erstmals in einer fremden Kultur allein auf sich gestellt ist, wenn weder Sprache noch Symbole, noch Nahrung den vertrauten Gewohnheiten entsprechen. Schon das Kopfnicken kann anderswo „nein“ statt „ja“ bedeuten. Viel deutlicher als z. B. bei kurzfristigen touristischen Aufenthalten wird der "Kulturschock" außerhalb des westlichen Kulturkreises bei der längeren Integration in die alltägliche Lebenswelt einer fremden Bevölkerung oder auf der familiären Ebene erfahren. Wenn jedoch seine Bewältigung in einer zusätzlichen Sozialisation gelingt, bedeutet das eine große Bereicherung an alternativen Denk- und Handlungsweisen. Allerdings zeigt sich, dass sich die personalen Bezüge zwischen zwei entfernteren Kulturen oft nicht einfach vermischen, wenn die Normen nicht miteinander kompatibel sind. Vielmehr bilden Menschen dann zwei relativ getrennte personale Identitäten heraus, die in den jeweiligen sozialen Umgebungen oder gegenüber bestimmten Personen aktiviert werden. Die Kenntnis dieser Prozesse kann z. B. wichtig sein, wenn sich Paare verschiedener Kulturkreise kennenlernen.

M8 Persönlichkeitsaufbau und Verhalten in der Gesellschaft nach Sigmund Freud

Der Begründer der Psychoanalyse, Sigmund Freud, und viele seiner Nachfolger nahmen an, dass menschliches Handeln nur zu einem kleinen Anteil bewusst ist. Er widersprach damit der Auffassung, dass unser Handeln vom rationalen Denken gesteuert wird. In seinem Strukturmodell der Psyche postulierte er drei Ebenen der Psyche:

- das bewusste Ich oder Ego, das nach dem Realitätsprinzip bestimmt, was von den Antrieben aus den beiden unbewussten Bereichen als Verhalten umgesetzt wird
- das Es oder Lustprinzip als vegetativer Teil der Psyche und des Unterbewusstseins
- das Über-Ich als Gewissen, das seine Wertvorstellungen als seine ureigenen empfindet und daraus im Unterbewusstsein auch seine persönliche Identität ableitet.

In frühen Entwicklungsphasen werden nach Freud Triebe, Ängste sowie Konflikte und traumatische Erlebnisse verdrängt und im Unterbewusstsein (im Es) gespeichert, wo sie rational nicht mehr zugänglich sind. Das Gleiche gilt für die Internalisierung moralischer Gebote im Über-Ich, dem Gewissen. Nur das Ich ist offen für die Selbstreflexion und die rationale Begründung des Verhaltens.

Diese Thesen haben einen großen Erklärungswert für die Beständigkeit persönlicher Identitäten und die Tradierung kultureller Orientierungen in Mensch und Gesellschaft.

Quelle: PsychologieLexikon (http://www.psychologielexikon.com/psychologielexikon/699-freud-sigmund); leicht verändert

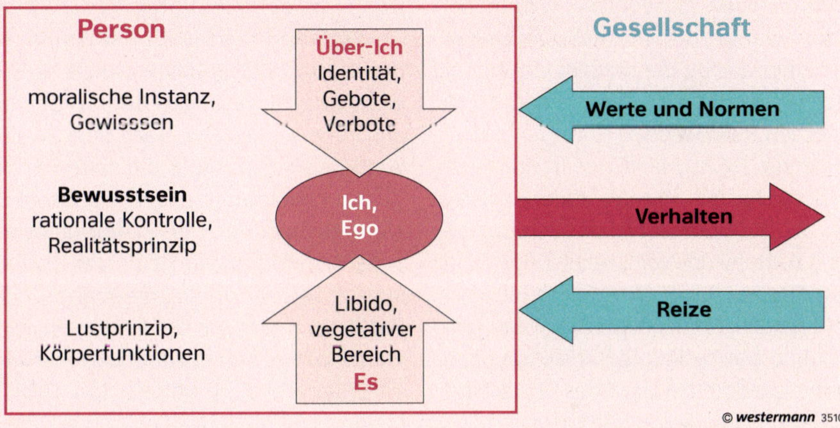

(nach Appelt)

Gesellschaftlicher Wandel zwischen Kontinuität und Innovation

M9 Herausforderungen des Wandels

Kultur ist weder statisch noch in sich geschlossen. Sie wurzelt im gesellschaftlichen Lernen, also ist auch ihre Weiterentwicklung mit sozialen Prozessen verbunden. Gelingender sozialer Wandel hängt davon ab, ob kulturelle Bewusstseinsbildung, soziale Prozesse und institutionelle Entwicklungen nicht zu weit auseinanderdriften. Einerseits müssen stets neue Lösungen für anstehende Probleme gefunden werden, andererseits muss der Anschluss an das Bewährte die Kontinuität sichern. Alle diese Prozesse sind mit konkreten Menschen bzw. gesellschaftlichen Sektoren, ihren Interessen und Zielen verbunden (Wirtschaft, Staat, Parteien, Medien, Bildungswesen, Kirchen usw.).

Ambivalent ist dabei besonders die Rolle von Wirtschaft, Technologie und Medien. Sie halten schnelle Innovationsraten für unabdingbar im Konkurrenzkampf. Die sich dauernd verkürzenden Innovationszyklen von Produkten und die Kommerzialisierung der modernen Massenmedien machen aber das jeweils Neueste zum Feind des Bestehenden. Fortlaufend wird so Altes entwertet und Neues an seine Stelle gesetzt. Diese laufende Selbstüberholung kann bleibende Werte beschädigen. In gleicher Richtung wirkt das Prinzip der „kognitiven Dissonanz“ in Medien und Werbung. Inhalte mit möglichst großer Abweichung vom Bekannten oder von üblichen Normen (z. B. Gewaltdarstellung in Filmen und Videospielen, jugendliche Subkulturen) fallen besonders stark auf, was die Einschaltquoten und die Werbeeinnahmen erhöht. Diese kommerziellen Tendenzen hebeln geltende Normen aus und machen eher die Abweichung zur Norm.

Noch deutlicher wird das ambivalente Verhältnis von Wirtschaft und Technologie gegenüber der Gesellschaft, wenn z. B. die Digitalisierung disruptive Strategien (engl. to disrupt = unterbrechen, beenden) hervorruft und so technische Innovationen gezielt bestehende Produkte, Dienstleistungen oder Strukturen verdrängen. Angesichts der daraus resultierenden globalen Auswirkungen und unternehmerischen Gewinnmöglichkeiten bleiben gesellschaftliche Konflikte nicht aus.

Gesellschaft und Kultur stehen damit vor Herausforderungen mit einer Reichweite und einer Geschwindigkeit, wie sie in der bisherigen Geschichte nicht vorkamen.

Eine der Folgen ist bereits sichtbar: Einheitliche Reaktionen der gesamten Gesellschaft erscheinen nicht mehr denkbar, vielmehr unterscheiden sich die sozialen Sphären in ihrer Beteiligung an und Akzeptanz für die neuen Entwicklungen. Die Ausbildung unterschiedlicher Milieus wird deutlicher, die nicht mehr allein als konservativ oder progressiv zu beschreiben sind. Differenziertere Charakterisierungen solcher Milieus sind in der Grafik auf S. 103 dargestellt. Die Ausdehnung dieser Prozesse auf weniger vorbereitete traditionelle Gesellschaften kann die Konflikthaftigkeit der globalen Situation erhöhen, statt die versprochenen Fortschritte zu bringen.

M10 Identifikationssymbole

Nationale Symbole sollen die oft hart errungene Staatsbildung verdeutlichen und so das Zusammengehörigkeitsgefühl und die Identifikation mit dem Staatswesen stärken. In ähnlicher Weise gilt das auch für kleinere Einheiten wie die (deutschen) Länder oder auch Städte und Gemeinden. Viele solche Symbole reichen weit in der Geschichte zurück und sind mit den Wappen früherer Herrscherhäuser verbunden. Andere waren zuerst Protestsymbole in Revolutionen wie die blau-weiß-rote Tricolore Frankreichs aus der Zeit der Französischen Revolution.

Auch das Deutschland-Lied hat eine lange Geschichte mit vielen Wendungen hinter sich. Die Melodie wurde der österreichischen Kaiserhymne von Joseph Haydn entlehnt. Der Text von Hoffmann von Fallersleben entstand vor der deutschen Reichsbildung und war deshalb gar keine Nationalhymne, sondern ein „Lied des Deutschen" als Ansporn, im Blick auf den geeinten und mächtigen Nachbarn Frankreich die Kleinstaaterei von 39 Fürstentümern und Reichsstädten zu überwinden.

Die geographische Formulierung in der ersten Strophe „Von der Maas bis an die Memel, von der Etsch bis an den Belt" bezog sich auf das deutsche Sprachgebiet, war also ein kultureller Appell und kein politischer Anspruch, zumal ja Österreich darin inbegriffen war.

Nachdem das Deutsche Reich mehrfach seine Hymne gewechselt hatte, wurde in der Weimarer Republik das Deutschland-Lied Nationalhymne. Bei den Nationalsozialisten wurde nur die erste Strophe gesungen und als Gebietsanspruch verstanden. Nach dem Zweiten Weltkrieg war deshalb die erste Strophe verpönt, obwohl sie (gemäß ihrem ursprünglichen Sinn) bis heute nicht verboten ist. Nach dem Fall der Berliner Mauer sangen die Abgeordneten im Bundestag spontan die Nationalhymne, wobei einige Abgeordnete der Grünen den Plenarsaal verließen. Seit 1991 ist die dritte Strophe des Deutschland-Lieds Nationalhymne.

Quelle: Bulletin des Presse- und Informationsamtes der Bundesregierung Nr. 89/1991 vom 27. August 1991; leicht verändert

Nationalhymne der Bundesrepublik Deutschland

Einigkeit und Recht und Freiheit
für das deutsche Vaterland!
Danach lasst uns alle streben
brüderlich mit Herz und Hand!
Einigkeit und Recht und Freiheit
sind des Glückes Unterpfand;
I: blüh' im Glanze dieses Glückes,
blühe, deutsches Vaterland. :I

Nationale Symbole können sehr vielfältig sein:

- Staatsgründer wie Kemal Atatürk oder Mahatma Gandhi
- Wappentiere wie z. B. Drachen, Löwen, Bären oder der Weißkopfseeadler
- nationale Feiertage
- bekannte Bauwerke wie z. B. das Brandenburger Tor in Berlin
- Revolutionstage
- Schlachten oder Friedensverträge
- Nationaldichter
- Blumen und Pflanzen usw.

M11 Rituale

Schon in der Antike gab es militärische Rituale für repräsentative Zwecke wie Militärparaden oder Triumphzüge nach einem Sieg. Feldzeichen waren Ordnungsmittel und Ehrenzeichen bestimmter Einheiten. In ähnlicher Weise werden heute verdiente Politiker und Staatsgäste nach einem strengen Protokoll militärisch geehrt. Dazu gehören die Ehrenformationen und das Abspielen der Nationalhymnen. Bei größeren nationalen und internationalen Veranstaltungen sind protokollarische Empfänge, das offizielle Pressefoto ebenso wie die entsprechenden Flaggen üblich.

Flaggen repräsentieren aber nicht nur bei diesen Anlässen Staaten, sondern auch im Fall von Protesten. Das Verbrennen von Flaggen wird dann ebenfalls zum Ritual.

Flaggen repräsentieren Nationen und wecken Gefühle – Identifikation und Ablehnung

Anders als in Deutschland, wo man mit nationalen Ritualen vorsichtiger umgeht, ist es in vielen Ländern auch üblich, in Schulen jeden Morgen oder zumindest einmal jede Woche einen Fahnenappell abzuhalten. Neben einer Ansprache (meistens mit einem Leistungsappell) wird die Fahne gegrüßt und die nationale oder/und die Schul-Hymne gesungen. Die rechte Hand hat dabei z. B. über dem Herz zu ruhen oder ein vorgeschriebenes Zeichen zu vollführen.

Besonders in Asien wird dieses kollektive Ritual auch in der Wirtschaft praktiziert, wo große Betriebe ähnliche Appelle abhalten. Die Ansprachen drehen sich meist um betriebliche Instruktionen und die Verkündung von Leistungszielen, es kann aber auch um die Anprangerung einzelner Mitarbeiter wegen Fehlverhaltens oder mangelnder Leistung gehen.

Schüler in Shanghai salutieren vor der chinesischen Flagge

M12 Gesellschaftliche Konformität durch wechselseitige soziale Kontrolle?

Jede Gesellschaft ist darauf angewiesen, dass ihre Mitglieder die gesellschaftlichen Werte und Ziele anerkennen und sich entsprechend verhalten. Enkulturation ist deshalb auch Sozialisation, die die nächste Generation auf ihre individuelle und gesellschaftliche Rolle vorbereitet. Kulturelle Normen sollen sie dann zur Selbstkontrolle befähigen – unabhängig von äußerer Kontrolle. Soziale Kontrolle bedeutet, dass die Menschen im privaten und im öffentlichen Leben freiwillig und wechselseitig ihr eigenes Verhalten und das der anderen kontrollieren. Selbstkontrolle und Fremdkontrolle auf dem Boden gemeinsamer Normen sichern also die Konformität einer Gesellschaft auf institutioneller wie auf privater Ebene.

Diese idealtypische Darstellung soll aber nicht Problemfelder überdecken:

- Soziale Kontrolle kann in kleinen Gemeinschaften wie bei den Eltern gegenüber den Kindern oder innerhalb von Haus- oder Dorfgemeinschaften so penetrant sein, dass sie die individuellen Entwicklungsmöglichkeiten und Verhaltensfreiheiten einschränkt.
- Die starke Individualisierung der Industriegesellschaften und die Entstehung auseinanderdriftender Milieus in der Postmoderne hat die einheitlichen Maßstäbe entwertet – mit der Folge des „everything goes“.
- Die Erziehungsfunktion der Familie wird durch die zunehmende Bedeutung von altersspezifischen Bezugsgruppen (Peergroups), den Einfluss der Kommerzialisierung z. B. in der Werbung sowie der digitalen sozialen Medien geschwächt.
- Digitalisierung und Internet ermöglichen neue Formen der zwischenmenschlichen sozialen Kontrolle, wenn auch nicht im direkten persönlichen Kontakt. Sie bestehen z. B. in Bewertungen, die man bei Käufen und Verkäufen, Hotels, Arztbesuchen usw. abgeben soll.
- Zielführende Indikatoren für einen abnehmenden Konsens in der Gesellschaft sind sinkende Wahlbeteiligung, zunehmende Gewaltdarstellung in den Medien, Kriminalität und Vandalismus im öffentlichen Raum.

Die individuelle Selbstbestimmung und die Notwendigkeit zum gesellschaftlichen Konsens in wichtigen Lebensfragen können zu Widersprüchen führen. Dieser Widerspruch kann die Lösung neuer gesellschaftlicher Herausforderungen deutlich erschweren:

- Wenn Migranten aus autoritären Gesellschaftsformen als alleinige Richtschnur ihren Glauben gelten lassen, praktizieren sie meist auch eine rigorose soziale Kontrolle. Diese gestattet keine individuellen Abweichungen von der „Ehre“ oder der „Lehre Gottes“ und kann bis zum Ehrenmord in der Familie führen.
- Für die Integration von Migranten bietet das Grundgesetz allein keine ausreichende Handlungsgrundlage. Unsere gesellschaftlichen Werte ebenso wie die alltäglichen Verhaltensformen der Lebenswelt bedürfen einer umfassenderen Vermittlung. Kritisch betrachtet wird in diesem Zusammenhang die postmoderne Liberalität, in der immer mehr die Ausnahmen als die Regeln sichtbar werden. Damit besteht die Möglichkeit, dass die Integration von Migranten aus autoritären Herkunftsländern scheitert. Wenn man sie aber von unseren Werten nicht überzeugen kann, kann das moralische Vakuum in die Radikalisierung führen.
- Ein weiterer fundamentaler Widerspruch ergibt sich mit den Anforderungen, die eine nachhaltige Entwicklung an die gesellschaftliche Kohärenz und Abstimmung aller Entwicklungsdimensionen stellt.

Quelle: eigener Text auf der Basis von https://de.wikipedia.org/wiki/Soziale_Kontrolle, https://de.wikipedia.org/wiki/Internalisierung_(Sozialwissenschaften), https://de.wikipedia.org/wiki/Sozialisation

M13 Muss der Staat die zwischenmenschliche soziale Kontrolle ergänzen?

Wenn die Selbstkontrolle und die informelle Kontrolle der Menschen untereinander im Zeitalter der Individualisierung versagen, müsste der Staat einschreiten, um normwidriges und kriminelles Verhalten bis hin zu Terroranschlägen einzudämmen. Die Innenpolitik und ihre staatlichen Organe stehen dabei vor dem grundlegenden Problem, sich nicht mehr auf eine kohärente, von allen Bürgern akzeptierte Wertordnung verlassen zu können. Nachdem man aber nicht per Gesinnungskontrolle in die Menschen hineinschauen kann, sind präventive Aktionen zur Tatverhinderung umstritten. Wie das ironische Sprichwort sagt, muss also immer erst etwas passieren, bevor was passiert.

Wie der Streit um die Vorratsdatenspeicherung bei Telefon und Internet zeigt, können außerdem der Datenschutz und die Freiheitsrechte der Bürger einer engeren staatlichen Kontrolle entgegenstehen.

Um die Sicherheit seiner Bürger zu gewährleisten, muss der Staat also eine Gratwanderung machen und dabei eventuell auch Errungenschaften wie z. B. die Reisefreiheit im Schengen-Raum in Frage stellen. Weitere denkbare Maßnahmen könnten sein:

- Videoüberwachung im öffentlichen Raum
- Black Box als Datenspeicher in Fahrzeugen
- medizinische Kontrolle z. B. durch Fitness-Armbänder
- elektronische Fußfesseln für Verdächtige
- Inhaltskontrolle in den sozialen Medien durch die Provider oder staatliche Stellen
- digitale Zugangskontrollen zu Gebäuden oder Stadtzonen usw.

Zusammen mit der rasanten Weiterentwicklung der digitalen Technik könnten wir uns schnell totalitären Verhältnissen nähern, wie sie Aldous Huxley 1932 als „Schöne neue Welt" oder George Orwell mit „1984" beschrieben haben.

Bemerkenswert ist das besonders deswegen, weil die Zunahme der staatlichen Kontrollen das Gegenteil einer offenen Weltgesellschaft darstellt, wie sie in der Vorstellung der multikulturellen Gesellschaft zum Ausdruck kommt. Der gesamtgesellschaftliche Zusammenhalt ist also Grundbedingung für unsere Handlungsfähigkeit und kollektive Sicherheit. Gegenüber den zentrifugalen Kräften der pluralistischen Gesellschaft sollten Integrationskräfte wie das demokratische System, die Parteien, das öffentliche Bildungswesen, die Glaubensgemeinschaften, Solidarverbände usw. gestärkt werden. Sie müssen sich ihrer Verantwortung für die gemeinsamen Fundamente unserer Existenz deutlicher bewusst werden. Der Widerstreit von zentrifugalen und integrativen Kräften, von Innovation und Kontinuität ist für den gesellschaftlichen Fortschritt notwendig – gerade auch in Zeiten der Globalisierung. Kultur ist dabei eine starke integrative Kraft durch Konsens, Ausgleich und Stabilisierung in allen Lebensbereichen und auf allen Ebenen.

M14 Das Internet als gesellschaftliche und kulturelle Herausforderung

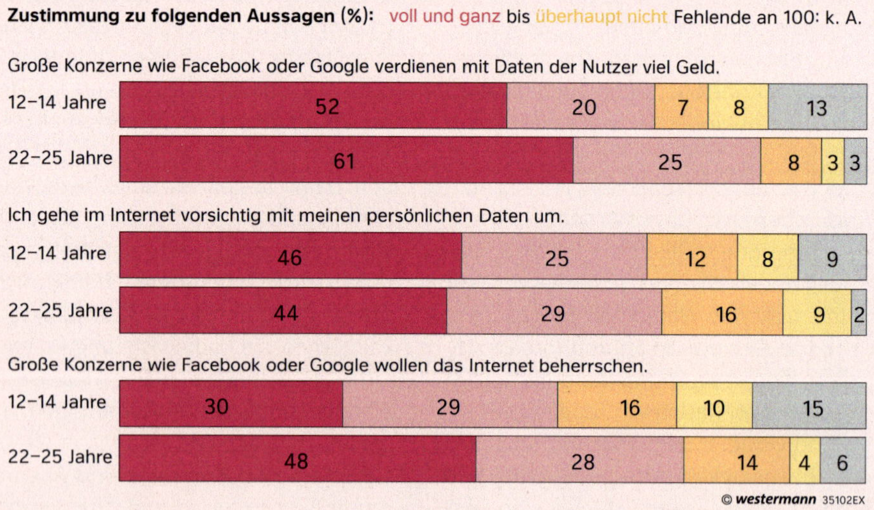

Quelle: Shell-Jugendstudie 2015; Download der Infografik unter http://www.shell.de/ueber-uns/die-shell-jugendstudie/multimediale-inhalte.html

Heimat als soziales und kulturelles Phänomen

M15 Heimatland Deutschland – Ergebnisse der Shell-Jugendstudie 2015

Die Jugendlichen in Deutschland sehen, dass ihr Land in der Welt eine wichtige Position einnimmt. 69 Prozent finden, dass es ein bedeutsamer Akteur ist. Doch dieses neue Gewicht verstehen sie nicht als Aufforderung an Deutschland, sich in die Konflikte der Welt militärisch einzumischen. Die Qualität der Produkte, die Deutschland der Welt anbieten kann, ist für sie wichtig. Zum anderen glauben sie, dass Deutschland kulturell und sozial attraktiv ist und dadurch ein Vorbild für andere Länder der Welt sein kann.

Von dieser positiven Grundstimmung her, die auch von vielen Migranten geteilt wird, bekunden viele Jugendliche Stolz auf Deutschland als Heimatland. 62 Prozent der Jugend sind stolz darauf, Deutsche zu sein. Bei jungen Leuten ohne Migrationshintergrund sind es sogar 70 Prozent, bei deutschen Jugendlichen mit zumindest einem im Ausland geborenen Elternteil 64 Prozent. Viele Jugendliche haben einen positiven Blick auf ihre Heimat.

Jugendliche, die den Begriff „Stolz auf Deutschland" für sich ablehnen, thematisieren stärker den Bruch, den der Nationalsozialismus in der deutschen Geschichte darstellt. Sie betonen den Rollenwechsel des Landes. Aus einem Staat, der einst andere Länder angriff und unterdrückte, sei ein Staat geworden (oder soll es zumindest sein), der andere Länder unterstützt. Jugendliche, die auf Deutschland stolz sind, sehen eher eine geschichtliche Kontinuität. Dabei spielen die industriell-technischen Leistungen, Erfindergeist sowie Wissenschaft und Kunst eine besondere Rolle.

Quelle: Shell-Jugendstudie 2015; Download der Zusammenfassung unter http://www.shell.de/ueber-uns/die-shell-jugendstudie/multimediale-inhalte.html

M16 Unterschiedliche Sichtweisen von Heimat

Das Verständnis von Heimat ist emotional, sehr umfassend und auch von politischen Präferenzen geprägt. Angesichts des auch von den heutigen Jugendlichen betonten Heimatbezugs lohnt es sich, den Heimatbegriff näher zu beleuchten.

Der Begriff „Heimat" verweist zumeist auf eine Beziehung zwischen Mensch und Raum. Im allgemeinen Sprachgebrauch wird er auf den Ort angewendet, in den ein Mensch hineingeboren wird und in dem die frühesten Sozialisationserlebnisse stattfinden, die Identität, Charakter, Mentalität, Einstellungen und Weltauffassungen prägen. (Quelle: Wikipedia [https://de.wikipedia.org/wiki/Heimat])

- Der *Raumbezug* von Heimat kann kleinräumlich konkret oder auch abstrakt sein. Letzteres ist der Fall, wenn z. B. von der Heimat als Herkunft bestimmter Pflanzenarten, von einer Glaubensgemeinschaft oder einer beruflichen Sphäre gesprochen wird.
- Der *Zeitbezug* von Heimat ist meist auf die eigene Kindheit gerichtet oder generell auf die verklärte „gute, alte Zeit".
- Die *soziale Dimension* beinhaltet zuerst die Herkunftsfamilie, in der man aufgewachsen ist, sowie deren Umfeld von Verwandten, Nachbarn und Freunden.
- Die *kulturelle Dimension* entwickelt sich beim Aufwachsen in der vertrauten lebensweltlichen Kultur, sie wird in der Sozialisation durch die Eltern und durch die formale Erziehung in den lokalen Schulen erweitert.

Der emotionale Gehalt des Heimatbegriffs umfasst alle vorgenannten Dimensionen. Er ist sehr tiefgreifend, weil sich im frühesten Alter Bindungen und Orientierungen einprägen, die später ins Unterbewusstsein absinken. Dies lässt sich mit Sigmund Freuds Thesen zum Unterbewusstsein ebenso begründen wie mit den aktuellen Ergebnissen der Hirnforschung. Selbst wenn später dieses Heimatgefühl kaum rational zu beschreiben ist, kann es das persönliche Verhalten von innen heraus massiv beeinflussen. Auch wenn es lange Zeit von den Anforderungen der mobilen Industriegesellschaft und vielleicht etlichen Ortswechseln überlagert wird, bleibt es doch im Hintergrund bestehen. Bei vielen älteren Menschen, die nach der Arbeitsphase nicht mehr räumlich gebunden sind, ergibt sich dann die Frage, ob sie für die letzte Lebensphase in die Heimat zurückkehren. Doch oft stellt sich heraus, dass inzwischen dort viele irreversible Veränderungen geschehen sind und die reale Heimat nicht mehr mit dem Sehnsuchtsbild übereinstimmt oder auch das ehemalige soziale Umfeld nicht mehr existiert.

Vor diesem Hintergrund gibt es etliche Kontroversen über den Heimatbegriff. Manche lehnen ihn ab, weil er von den Nationalsozialisten für ihre „Blut und Boden"-Ideologie missbraucht wurde. Andere halten ihn in der mobilen Industriegesellschaft für überholt und unzulässig romantisierend. Die Veränderungen seien viel zu schnell. Außerdem sei die Rückerinnerung an die Heimat keineswegs immer positiv, sondern könne mit der Erleichterung verbunden sein, einer dumpfen Enge entronnen zu sein.

Jedoch erhebt sich die Frage, ob man so nicht das Kind mit dem Bad ausschüttet. Die mentale Verortung in der Heimat könnte der oft beklagten Bindungslosigkeit des mobilen Menschen in der individualisierten Gesellschaft entgegenwirken. Außerdem bestehen heute viel mehr Möglichkeiten, die mentale, kommunikative oder auch räumliche Verbindung zur Heimat zu halten. Daraus könnte ein dynamischer Heimatbezug entstehen, der nicht nur rückwärtsgewandt ist, sondern neue Entwicklungen in den verschiedensten Bereichen mit dem bewährten Netzwerk Heimat verbindet. Solche Möglichkeiten bieten etwa die Denkmalpflege, die das vertraute Ambiente der Heimat bewahren soll oder Vereine, die z. B. historische Bezüge, die gewohnte Mundart oder Trachten pflegen, aber auch einen Dorfladen organisieren können.

Über die Gefahr der Verlorenheit und Anonymisierung in der differenzierten Industriegesellschaft hinaus verstärkt die Globalisierung offensichtlich das Gefühl der Fremdbestimmung. Auch vielfältige multikulturelle Herausforderung kann zu Verunsicherung und sozialem Stress beitragen. Solche Faktoren können zum realen oder mentalen Rückzug in die überschaubareren Rahmenbedingungen der Heimat führen. Unter bekannten Personen, Ortsbeziehungen und im vertrauten kulturellen Ambiente werden die in der frühen Sozialisation gesetzten Präferenzen wiederbelebt und bestätigt. Der einfachere Umgang miteinander, mit der lokalen Geschäftswelt und Gemeinde verstärkt das Gefühl der Selbstbestimmung. Angesichts der zunehmenden Ortsunabhängigkeit durch Digitalisierung verlagern manche Menschen auch ihren Arbeitsplatz lieber in das heimatliche Umfeld.

M17 Der traditionelle österliche Georgiritt bei Traunstein/Bayern

Der Georgiritt ist eine der größten Pferdewallfahrten und findet seit dem 18. Jahrhundert statt. Zusammen mit dem dabei aufgeführten Schwertertanz wurde er 2016 zum immateriellen UNESCO-Kulturerbe erklärt. Außer den Bauern und Pferdeliebhabern des Chiemgaus nehmen auch historische Gruppen aus der römischen und der mittelalterlichen Geschichte der Region teil.

M18 Der Wertekatalog Jugendlicher 2015

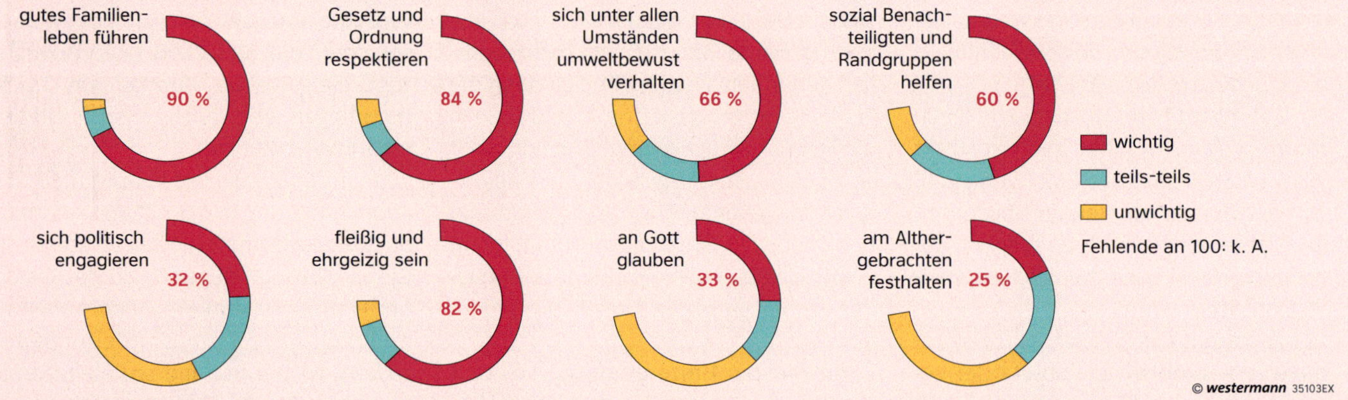

Quelle: Shell-Jugendstudie 2015; Download der Infografik unter http://www.shell.de/ueber-uns/die-shell-jugendstudie/multimediale-inhalte.html

M19 Heimatbezug bei Migranten

Migranten mussten oft unfreiwillig ihre entfernte Heimat verlassen und verbinden eventuell traumatisierende Erinnerungen damit. Eine Rückkehroption besteht häufig nicht und wäre ggf. an eine Reihe von Vorbedingungen dort und hier gebunden. Damit stellt sich die Frage, wieweit solche Migranten den Heimatbezug bewusst aufrechterhalten oder sich ganz auf ihre Integration in der „neuen Heimat" konzentrieren. Dabei kann die Verbindung mit ebenfalls emigrierten Landsleuten einen gewissen Heimatersatz schaffen.

Dies kann die Entstehung von Parallelgesellschaften von größeren Migrantenpopulationen erklären, wo auch alle Dienstleistungen bis zur religiösen Betreuung heimatbezogen zu finden sind. Die Befürchtung ist allerdings, dass Parallelgesellschaften die Integration des Einzelnen in die Mehrheitsgesellschaft beeinträchtigen können und, dass außerdem ihr Anwachsen bei der Mehrheit Bedrohungsgefühle auslösen kann. Die Wahrnehmung gesellschaftlicher Entwicklungen und Veränderungen folgt keinem linearen zahlenmäßigen Verlauf, vielmehr können plötzliche krisenhafte Sprünge eintreten, die nicht vorauszusehen sind (Emergenzprinzip, vgl. Abb. 8 auf S. 12).

Ansonsten kann die Integration für Migranten auch einer zweiten Sozialisation gleich kommen. Sie betrifft nicht nur das Alltagsverhalten, sondern beansprucht die Betroffenen bis in den Kern ihrer Persönlichkeit hinein. Dies gilt vor allem bei einer anderen religiösen Ausgangsposition und abweichenden gesellschaftlichen Erfahrungen z. B. in autoritären Gesellschaften.

Deshalb ist Integration leichter in den Sphären, die nicht so stark die Persönlichkeit berühren, wie z. B. die Arbeitswelt. Arbeitsmigration z. B. nur der Männer, während die restliche Familie im Heimatland bleibt, ist für alle Beteiligten der einfachste Fall. Je umfassender/ganzheitlicher sich der Einzelne in die jeweilige Situation einbringen muss, desto größer sind eventuell schmerzliche Veränderungen. Dies gilt für die Wohnsituation (Verhältnis zu Nachbarn) schon stärker, am meisten aber bei der Aufnahme persönlicher Beziehungen bis zur Eheschließung. Der Soziologe Emerich Francis hat diese Vorgänge mit folgender Stufenfolge gleichgesetzt: commercium (gemeinsam handeln und arbeiten) → commensalitas (Tisch- oder Hausgesellschaft unter Bekannten/Freunden) → connubium (Eheschließung). Alle Integrationsstufen werden durch ein höheres Bildungsniveau positiv beeinflusst, weil dann von vornherein alternative Denkstrukturen und Lernerfahrungen angelegt sind.

Globaler Perspektivenwechsel: Jenseits der westlichen Industriegesellschaften

M20 Die Welt auf dem Kopf? – Eurozentrik überwinden

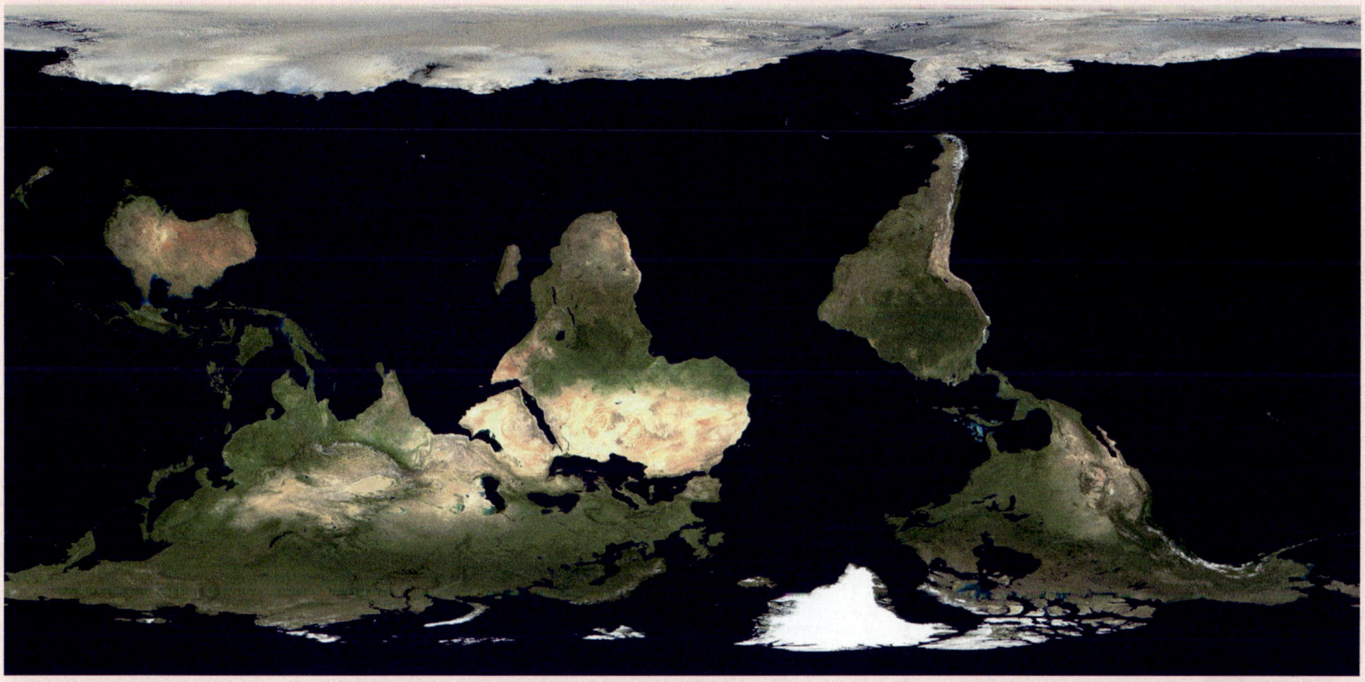

M21 Gemeinschaftsbindung vs. westliche Individualisierung

Die europäischen Weltentdecker wie die Kolonisatoren gingen von der selbstverständlichen Überlegenheit der Europäer und ihrer Kultur aus. Die Fortschritte in Europa hatten überhaupt erst die Eroberung der restlichen Welt möglich gemacht. Über die Jahrhunderte hat sich das Bild immer wieder gewandelt.
Die weitere Entwicklung wird sich, gemessen zumindest an den Bevölkerungszahlen und den aufsteigenden Wirtschaftsmächten, mehr nach Asien verlagern, während Afrika noch viele Probleme zu überwinden hat.

Die äußerliche Übernahme des westlichen Materialismus – problematisch auch für die globale Ökologie – darf aber nicht darüber hinwegtäuschen, dass in den neuen Zentren der Weltwirtschaft andere gesellschaftliche und politische Traditionen noch lebendig sind. Ein (wieder-)erstarktes Selbstbewusstsein sucht dort auch die Auseinandersetzung mit den westlichen Werten.

Von den über sieben Milliarden Menschen der Erde lebt nur ca. eine Milliarde in den Industrieländern nach westlichem Muster. In Entwicklungsgesellschaften gilt dies nur partiell für Angehörige der Eliten und der modernen Sektoren. Die überwiegende Mehrheit der anderen sechs Milliarden Menschen auf der Erde ist kulturell wesentlich stärker auf die Gemeinschaft bezogen. Sie gründet sehr stark auf der (Groß-)Familie und religiösen, ethnischen oder sprachlichen Gemeinschaften. Dort gelten unbedingte Solidarität, Gehorsam und Anpassung an die weitgehend autoritären Strukturen. Der Konformitätsdruck steht meist als eine strikte Pflicht der Ehre über den individuellen Bedürfnissen oder Menschenrechten und kann bis zum Ehrenmord innerhalb der Familie reichen.

Ein Gemeinschaftsgefühl auf der nationalen Ebene und ein Bewusstsein für die prinzipiell gleichen Rechte aller Menschen stellen deshalb in vielen Entwicklungsländern eine Herausforderung dar. Vor allem Armut und soziale Ungleichheit gelten nicht als Herausforderungen für die Allgemeinheit oder den Staat. Solidarität konzentriert sich häufig auf Großfamilie, den Clan oder erfolgt im Rahmen einer anderen sozialen Gruppierung . Vor allem in schwachen Staaten erweist sich das fehlende Angebot staatlicher Dienste auch als Problem für die Herausbildung eines Nationalbewusstseins.

M22 Singapur, die perfekte multikulturelle Gesellschaft?

சிங்கப்பூர் குடியரசு (Tamil)

Republik Singapura (Malaiisch)

新加坡共和国 (Chinesisch)

Republic of Singapore (Englisch)

Singapur mit dem kolonialen Regierungsviertel (rechts) und dem Central Business District

1819 wurde Singapur als Handelsposten der East India Company errichtet und war ab 1867 britische Kronkolonie. Bald wuchs seine Bedeutung als Umschlaghafen aufgrund seiner geographischen Lage entlang der vielbefahrenen Schifffahrtswege zwischen China und Europa.1962 wurde Singapur unabhängig und in eine Föderation mit Malaya, Sabah und Sarawak entlassen. 1964 kam es zu massiven Unruhen zwischen chinesischen und nicht chinesischen Einwohnern, die 1965 zum Ausschluss Singapurs aus der Föderation führten. Der junge, territorial eingeschränkte Stadtstaat musste hart um sein Überleben kämpfen, schaffte aber als einer der ersten asiatischen Tigerstaaten neben Südkorea undTaiwan innerhalb einer Generation den Sprung vom Entwicklungsland zu einer reichen Industrienation. Der Hafen gehört heute zu den größten Häfen der Welt.

In Singapur wird sehr viel Wert darauf gelegt, dass alle ethnischen Gruppen in Harmonie zusammenleben. Dies wird teilweise staatlich festgelegt, wie beispielsweise im sozialen Wohnungsbau durch sogenannte ethnische Gruppenquoten. Die Vergabe von Wohnungen an Chinesen, Malaien und Inder ist prozentual festgelegt.

Der große Anteil der Chinesen in der Bevölkerung führt oft zu der falschen Annahme, dass die anderen Bevölkerungsgruppen im täglichen Leben benachteiligt werden. Es mangelt aber bei den Führungspositionen und an Hochschulen nicht an Indern und Malaien. Auch in der Regierung sind diese ethnischen Gruppen vertreten.

Ehen werden fast immer innerhalb der ethnischen Gruppen geschlossen. Es gibt viele soziale und religiöse Gründe, die interkulturelle Partnerschaften zwischen Frau und Mann erschweren. Während die malaiische und chinesische Jugend sich manchmal zusammenfinden, halten Kastensystem und Tradition oft die indischen Eltern davon ab, ihren Kindern die Wahl des Partners zu überlassen. Manchmal werden chinesische Frauen auch durch die Notwendigkeit, zum Islam zu konvertieren, von einer Ehe mit einem Malaien abgeschreckt.

Im Alltag, vor allem in den Schulen und bei der Arbeit, interagieren durchaus die Kulturkreise. Ihre Verflechtung ist unter anderem in Sprache, Küche und Lebensart erkennbar. Die Höflichkeitsregeln und das gesellschaftliche Leben sind stark durch das Gedankengut des Konfuzianismus geprägt. Das Singlish, eine Variante der englischen Sprache, ist vermischt mit Begriffen und Grammatik aller vier Amtssprachen. Auf das Singlish ist die Regierung allerdings nicht sehr stolz, doch ihre Förderung des „normalen" Englisch bringt wenig. Der Grund könnte darin liegen, dass die Chinesen und die Tamilen, die andere Schriftzeichen verwenden, zuerst das lateinische Alphabet lernen müssten.

Printmedien, Fernsehen und Radio sind staatlich kontrolliert, auch halbstaatliche Medien sind zugelassen. Pressefreiheit existiert in Singapur nicht: Die Medien unterliegen einer strengen staatlichen Zensur. Außerdem führt der permanente staatliche Druck zu einer Selbstzensur. Auch ausländischen Korrespondenten ist es verboten, sich kritisch zur Regierungspolitik zu äußern. Der private Besitz von Satellitenschüsseln ist untersagt. Auf der Weltrangliste des Press Freedom Index rangiert Singapur auf Platz 149 (von 179).

Strenge Gesetze gibt es u. a. gegen homosexuelle Handlungen, Drogen, Verunreinigung und Vandalismus. Eine weggeworfene Zigarette kann schnell mehrere hundert Euro kosten, Kaugummikauen kann zwei Jahre Haft einbringen, Vandalismus wird regelmäßig mit Auspeitschen bestraft. Singapur hat im Verhältnis zur Einwohnerzahl die höchste Hinrichtungsrate der Welt. Auch an westlichen Ausländern wird z. B. wegen Drogendelikten die Todesstrafe durch Erhängen regelmäßig vollstreckt.

Andererseits gibt es Bemühungen der Regierung, mit Blick auf den einträglichen Tourismus, Singapur vom „Fine State" stärker zum „Fun State" mit entsprechenden Attraktionen zu wandeln. Deshalb hat man von staatlicher Seite vor einigenJahren die „Kampagne des Lächeln" initiiert.

Quelle: eigener Text nach https://de.wikipedia.org/wiki/Singapur und https://de.wikivoyage.org/wiki/Singapur

4.2 Die Familie – Kernzelle der Gesellschaft

Dieter Appelt

Dieses Kapitel beschäftigt sich mit folgenden Fragen:

1. Wie verändert sich die Familie mit der Gesellschaft?
2. Welche Familienformen sind in Deutschland verbreitet?
3. Welche Faktoren beeinflussen die Familienplanung?
4. Wie hängen gesellschaftliche Entwicklungen von denen der Familien ab?

Jeder Jugendliche nimmt das Leben in seiner Familie als selbstverständlich, weil er oder sie es von klein auf gewöhnt ist. Doch schon der Vergleich mit den Familien von Freunden zeigt, wie verschieden Familien aussehen und funktionieren können bis hin zu den Freunden, die allein mit ihrer Mutter oder ihrem Vater leben.

Aber auch der Vergleich über die Zeiten oder die Weltregionen hinweg enthüllt die großen gesellschaftlichen, kulturellen und wirtschaftlichen Unterschiede in den Rahmenbedingungen der Familie. Gesellschaft und Familie bedingen sich gegenseitig in ihrer zentralen Funktion für die Existenzsicherung jedes Menschen und der Gesellschaft. Trotz oder gerade wegen dieses engen Verbundes wandeln sie sich – einerseits geplant durch die Gesellschaftspolitik oder wirtschaftliche Entwicklungen, anderseits durch die ganz persönlichen Orientierungen der Beteiligten etwa im Rahmen der Individualisierung.

Der Trend der Zeit scheint zu sein, den Unwägbarkeiten vieler globaler Entwicklungen die Verlässlichkeit und die Geborgenheit der Familie entgegenzustellen, sei es die Herkunftsfamilie, aus der man sich trotz Pubertät nie ganz löst, sei es die eigene Familie als Zukunftsprojekt. Wie die Shell Jugendstudie 2015 zeigt, ist das Verhältnis zu den Eltern bei 92 % der Jugendlichen gut oder bestens. Darüber hinaus ist die eigene Familiengründung – neben der Ausbildung und Berufswahl – das zentrale Projekt der frühen Erwachsenenjahre. Zum jugendlichen Idealismus sollte dabei auch Wissen um die gesellschaftlichen Bezüge der Familie und deren Veränderungen treten, um Wege zu einer hoffentlich verlässlichen Lebensplanung zu finden. Dies sind zugleich Voraussetzungen dafür, dass die Familie weiterhin ihre Rolle in der gesellschaftlichen Entwicklung erfüllen kann.

Literatur/Internet

Cierpka, M. (Hrsg.) (1996): Handbuch der Familiendiagnostik. Berlin, Heidelberg.

Huinink, J. (2009): Familie: Konzeption und Realität. Bundeszentrale für politische Bildung. (http://www.bpb.de/izpb/8017/familie-konzeption-und-realitaet?p=all)

Institut für Demoskopie Allensbach/Prognos (2016): Zukunftsreport Familie 2030. (https://www.prognos.com/publikationen/alle-publikationen/649/show/c924f7cc5e339a89b60b51228db048af/)

AUFGABEN

1. Beschreiben Sie die Rolle der Frau und des Mannes in der Familie im historischen Wandel. (M1)
2. Erläutern Sie den Wandel der Familienformen in Deutschland und seine Ursachen. (M2)
3. Stellen Sie die gesellschaftliche Bedeutung der Familie in Deutschland dar. (M3–M6))
4. Begründen Sie, weshalb die familiäre Rollenverteilung auch von äußeren Faktoren abhängt. (M5)
5. Bilden Sie eine Mädchen- und eine Jungengruppe und diskutieren Sie in den beiden Gruppen, wie Sie die Bedeutung einer eigenen Familie für das persönliche Glück einschätzen. Diskutieren Sie abschließend die beiden Gruppenergebnisse und vergleichen Sie diese mit der Shell-Jugendstudie. (M6)
6. Erläutern Sie, wo und warum es trotz genetischer Risiken zu Verwandtenehen kommt. (M7)
7. Diskutieren Sie in der Gruppe die Gründe, warum heute die Frauen in Deutschland ihr erstes Kind wesentlich später bekommen und welche Auswirkungen das hat. (M4, M8)
8. Erläutern Sie die Unterschiede zwischen Industrie- und Entwicklungsländern in Bezug auf den Anteil von Kindern und Jugendlichen an der Bevölkerung und die daraus resultierenden Folgen. (M9)
9. Erläutern Sie den Unterschied zwischen ererbtem und erworbenem Status für den Einzelnen und für die Gesellschaft. (M10)

Der historische Wandel der Familie

M1 Entwicklung der Familie

Die anthropologische Forschung macht deutlich, dass die Familie für die evolutionäre Entwicklung des Menschen eine grundlegende Bedeutung hatte. Vor dem Hintergrund der Erkenntnis, wie stark und wie lange Menschen auf die persönliche Fürsorge in einem stabilen Beziehungsumfeld angewiesen sind, um sich zu handlungsfähigen Individuen zu entwickeln, ist dies nachvollziehbar. Die Familie als soziales Strukturelement ist nur in menschlichen Gesellschaften vorzufinden und im Wesentlichen ein Kulturprodukt. Denn sie leistet mehr als die allein instinktgesteuerte Aufzucht der Nachkommenschaft in der Tierwelt. Während sich die Fürsorge der Elterntiere in der Regel nur über eine begrenzte Zeit erstreckt, begründet die menschliche Familie lebenslange Beziehungen zwischen den Eltern und der Nachkommenschaft. [...]

Viele menschliche Gesellschaften führten die Ehe sowie Treuegebote ein – bei häufig ausdrücklich zugelassener Polygamie, also der Tatsache, dass Männer mehr als eine Frau ehelichen konnten (Polygynie) oder umgekehrt (Polyandrie), was viel seltener vorkam. Durch Abstammungs- und Vererbungsregeln wurde die Generationenfolge der in der Regel patriarchalisch organisierten Verwandtschaftsfamilien allmählich zur Basis für die soziale, politische und wirtschaftliche Ordnung und sicherte die Weitergabe bzw. den Erhalt von Macht und Vermögen über die Generationen hinweg.

In der Familie oder Hausgenossenschaft der Antike (in Griechenland „oikos“ und in Rom „familia“ genannt), zu der neben den Ehegatten und Kindern die Sklaven gehörten, hatte der männliche Familienvorstand (pater familias) unbeschränkte Rechte und Gewalt über Leben und Tod der Familienmitglieder. Frauen standen ihr Leben lang unter der Verfügungsgewalt ihres Vaters bzw. ihres Mannes oder unter der Vormundschaft eines nahen Verwandten. Die Untreue der Ehefrau, die vor allem für die Erziehung der kleinen Kinder zuständig war, konnte im Extremfall ihren Tod bedeuten. Die Kindestötung war als Mittel der Familienplanung lange Zeit erlaubt und wurde erst von Konstantin dem Großen (ca. 280 bis 337 n. Chr.) verboten.

Der zunehmende Einfluss des Christentums auf die Ehe- und Familienverfassung sowie das Erbrecht und die Durchsetzung der Ehe, die auf dem Einverständnis beider Ehepartner beruhte (Konsensehe), nahmen dem pater familias seine Allmacht, stellten die Vorrangstellung des Mannes als Hausvater jedoch zunächst nicht in Frage. Seit der Aufklärung des späten 18. Jahrhunderts waren die persönliche Identität und Würde sowie die individuellen Rechte und Bedürfnisse von Frauen und Kindern in Familie und Gesellschaft anerkannt (Naturrecht, Menschenrechte). Gleichzeitig wurden Familie und Familienbeziehungen zunehmend vertragsrechtlich geregelt.

Familienformen sind zu jeder Zeitepoche höchst vielfältig und auch regional sehr unterschiedlich gewesen. So gab es zu jedem Zeitpunkt neben den von der Kirche und den Obrigkeiten erlaubten Formen familialen Zusammenlebens andere Familienformen, die den sozialen und wirtschaftlichen Verhältnissen der Menschen angemessener waren, oder die Paare lebten unverheiratet zusammen, weil ihnen die Ehe und Elternschaft offiziell verwehrt wurde.

Quelle: Huinink, Johannes (2009): Familie: Konzeption und Realität. Bundeszentrale für politische Bildung (http://www.bpb.de/izpb/8017/familie-konzeption-und-realitaet?p=all); leicht verändert

M2 Heutige Familienformen in Deutschland

Familie bedeutet das Zusammenleben von mindestens zwei Generationen, sie kann aber auch drei Generationen umfassen. Durch gegenseitiges Vertrauen, Zuneigung und Empathie stellt sie einen Schutzraum für alle Beteiligten dar, in dem Kinder behütet heranwachsen können und erzogen werden. Über die emotionalen Bindungen hinaus ist die Familie eine Wirtschaftsgemeinschaft, die gemeinsam Einkommen erzielt und im Rahmen einer Wohngemeinschaft die zum Leben notwendige Infrastruktur nutzt sowie die Ernährung organisiert. Sie ist zugleich die erste Solidargemeinschaft im Fall von Krankheit, Arbeitslosigkeit oder anderen unvorhergesehenen Bedrohungen. Dass solche Risiken heute vielfach durch das Gesundheitswesen, Versicherungen oder die staatliche Sozialpolitik abgedeckt werden, kann als Funktionsverlust der Familie in den westlichen Industrieländern gesehen werden, aber auch als Konzentration auf ihre oben skizzierten Kernaufgaben.

Kernfamilie

Die meisten Deutschen stellen sich Vater, Mutter und Kind(er) als die typische Familie vor. Die Eltern sind meist miteinander verheiratet oder bilden eine Lebensgemeinschaft. Drei Viertel der unverheiratet zusammenlebenden Paare unter 30 Jahren wollen heiraten. Die Ehen selbst werden wieder stabiler: Der Anteil der Ehescheidungen ist in den letzten zehn Jahren rückläufig gewesen.

Alleinerziehende

Wenn Ehen/Partnerschaften auseinandergehen, bleiben meist die Mütter als Alleinerziehende mit Kind zurück. In selteneren Fällen erhält der Vater das Sorgerecht.

Groß- oder Dreigenerationenfamilie

Diese Familienform war bis in das letzte Jahrhundert nahezu die Normalform. Die Großeltern und eventuell auch unverheiratete Geschwister der Eltern (Tanten oder Onkel) lebten zusammen mit der Kernfamilien. Auch heute ist das Verhältnis der Generationen zueinander gut. Die Unterstützung durch Großeltern steigt insbesondere bei der Kinderbetreuung, z. B. wenn die Eltern arbeiten, in Krankheitsfällen oder in den Ferien. Fast 90 Prozent der 40- bis 85-jährigen Eltern bezeichnen das Verhältnis zu ihren Kindern als eng.

Patchworkfamilie

Hier leben Kinder mit einem leiblichen Elternteil und dessen neuem Partner zusammen, der vielleicht seinerseits ein Kind oder mehrere Kinder in die Hausgemeinschaft einbringt. Dies erfordert viel Organisationstalent und Toleranz, damit nicht die alten Vorurteile gegenüber Stiefvater oder -mutter aufbrechen.

Pflegefamilie/Adoptivfamilie

Pflegeeltern übernehmen eine große Verantwortung, denn die adoptierten Kinder erhalten nicht nur die rechtliche Stellung eines leiblichen Kindes, sondern sollen und wollen in allen Aspekten genauso geliebt und behandelt werden wie eigene Kinder.

Regenbogenfamilie

Als Regenbogenfamilien bezeichnet man gleichgeschlechtliche Elternteile, die mit Kindern zusammenleben.

Quelle der Daten: Institut für Demoskopie Allensbach/Prognos (2016): Zukunftsreport Familie 2030, S. 13–18 (https://www.prognos.com/publikationen/alle-publikationen/649/show/c924f7cc5e339a89b60b51228db048af/)

Gesellschaftliche Einstellungen zum Thema „Familie" in Deutschland

M3 Die Wertschätzung der Familie

Das Institut für Demoskopie Allensbach befragte 2016 einen repräsentativen Querschnitt in vier zentralen Bereichen zum Thema „Familie": Familienleben, Partnerschaftlichkeit, Beschäftigung und Arbeitswelt.

Die schon immer große Wertschätzung der Familie ist in den zurückliegenden Jahren noch einmal gewachsen. 1998 gaben 68 Prozent der Bevölkerung an, dass ihnen die Familie ein Gefühl von Sicherheit vermittelt. Heute erklären das 79 Prozent. Die meisten Familien halten fest zusammen. 2009 wie auch 2016 berichteten 82 Prozent der erwachsenen Bevölkerung über einen starken Zusammenhalt in ihrer Familie. [...] Das Generationenverhältnis ist zugewandter und entspannter als je zuvor. Und die Familie bleibt der zentrale Lebensbereich für die meisten Menschen.

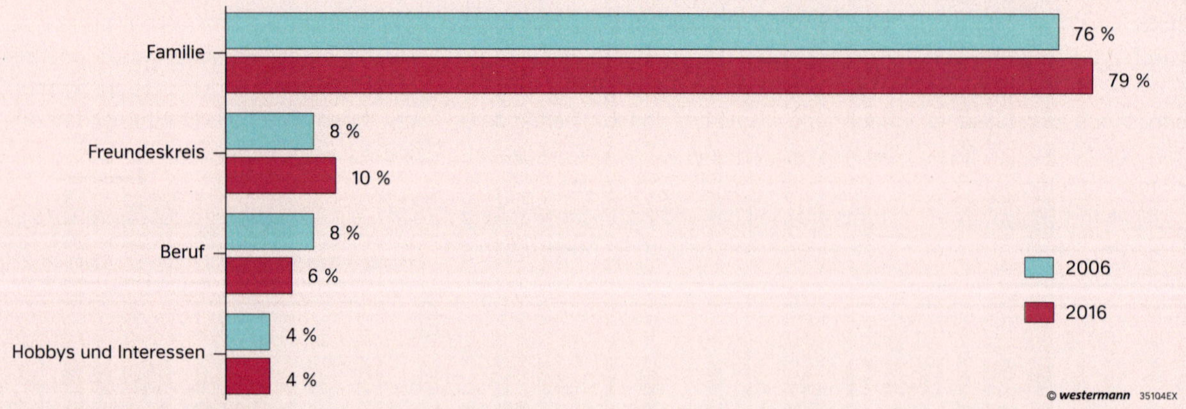

Wertschätzung der Familie neben anderen Lebensbereichen 2006 und 2016

Quelle: Allensbacher Archiv; Ifd-Umfrage 11058 von Juli 2016

M4 Der Wunsch nach Kindern

- Für die Kinderlosen unter 30 Jahren sind eigene Kinder häufiger als noch vor zehn Jahren fester Bestandteil ihrer Lebensentwürfe. 65 Prozent wollen „bestimmt" Kinder, nur 5 Prozent schließen aus, später einmal Kinder zu haben. Als Idealfall werden meist zwei Kinder angesehen. Der Anteil der Akademikerinnen, die keine Kinder haben wollen, ist rückläufig. Die steigenden Kinderwünsche gehen mit einer steigenden Geburtenziffer einher. Sie ist 2015 zum vierten Mal in Folge gestiegen und hat mit 1,50 Kindern je Frau den durchschnittlichen Wert seit der Wiedervereinigung 1990 Deutschlands erreicht.
- Die Paarfamilie ist und bleibt die dominierende Familienform. Acht von zehn minderjährigen Kindern wachsen in Paarfamilien auf, bei sieben von zehn sind die Eltern verheiratet. 20 Prozent der Familien sind Haushalte mit einem alleinerziehenden Elternteil. [...]
- Zwei Drittel der Eltern mit kleineren Kindern finden, dass Kinder im zweiten und dritten Lebensjahr eine Betreuungseinrichtung besuchen können. Allein in den Jahren 2006 bis 2015 stieg die Betreuungsquote der Unter-Dreijährigen um 19 Prozentpunkte auf 33 Prozent.

Quelle: Institut für Demoskopie Allensbach/Prognos (2016): Zukunftsreport Familie 2030, Kurzfassung, S. 5 (http://www.prognos.com/uploads/tx_atwpubdb/160914_Prognos_Kurzfassung_Zukunftsreport_Familie_2030.pdf); leicht verändert

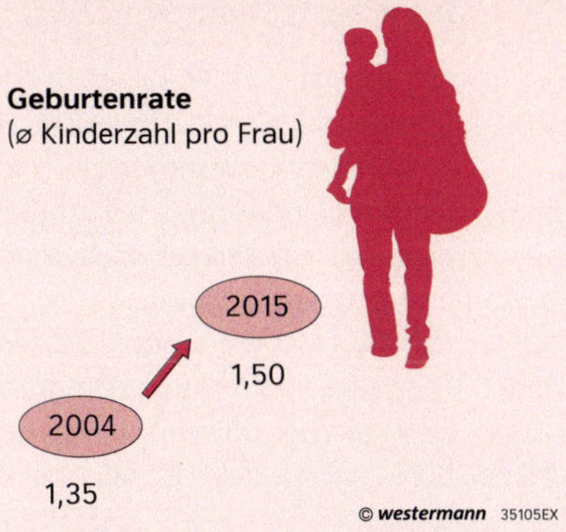

M5 Rollenverteilung der Eltern

- Väter identifizieren sich stärker als vorherige Generationen mit einer aktiven Vaterrolle und verbringen mehr Zeit mit ihren Kindern. Jeder dritte Vater nutzt heute das Elterngeld, mehr als die Hälfte der Väter würde insgesamt gerne weniger arbeiten.
- 79 Prozent der Väter wünschen sich mehr Zeit für die Familie. 83 Prozent sagen, dass eine vollzeitnahe Tätigkeit ihnen helfen könnte, Familie und Beruf besser miteinander zu vereinbaren.
- Kinder spüren den Zeitmangel ihrer Väter. Defizite an elterlicher Zuwendung erleben sie eher durch die meist erwerbsbedingte lange Abwesenheit der Väter als durch die Berufstätigkeit ihrer Mütter. Zwei Drittel der Kinder meinen, dass ihre Mutter genug Zeit mit ihnen verbringt (64 %) – aber nur ein Drittel der Kinder meint dies in Bezug auf den Vater (34 %).

Quelle: Institut für Demoskopie Allensbach/Prognos (2016): Zukunftsreport Familie 2030, Kurzfasssung, S. 9 (http://www.prognos.com/uploads/tx_atwpubdb/160914_Prognos_Kurzfassung_Zukunftsreport_Familie_2030.pdf); leicht verändert

M6 Familienorientierung der Jugendlichen in Deutschland

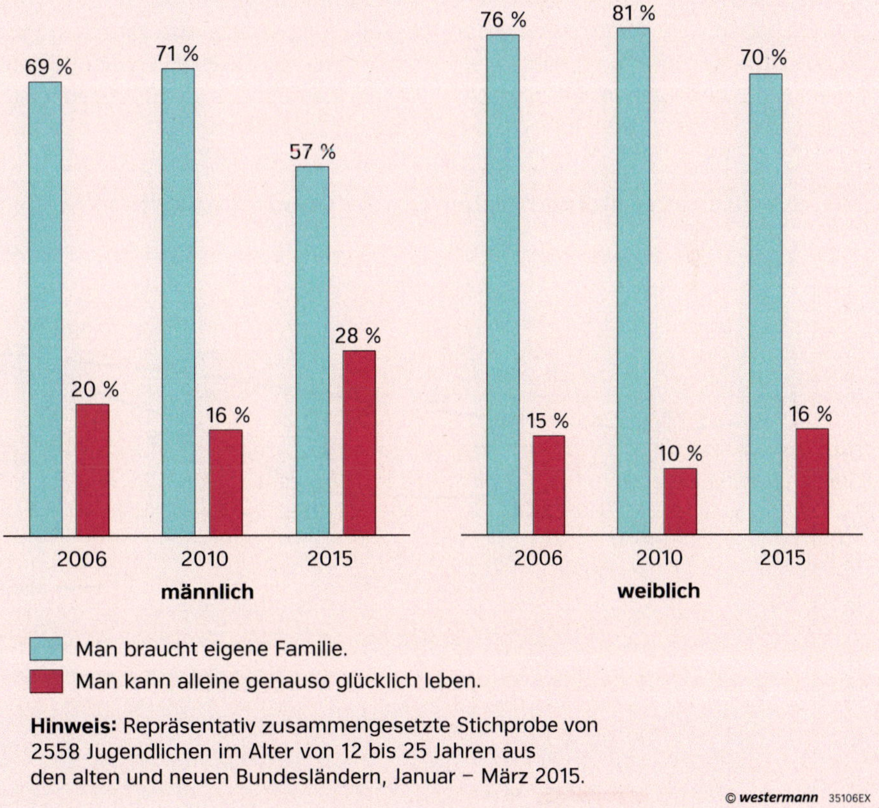

Quelle: http://www.shell.de/ueber-uns/die-shell-jugendstudie/multimediale-inhalte.html (Download über: Infografik zum Download → Familie und Beruf: Pragmatische Generation)

Familien formen die Gesellschaft – und umgekehrt

M7 Das Inzesttabu beeinflusst die Partnerwahl

Das Inzesttabu ist eine weltweit beobachtbare Regel der Familienbildung. Es verbietet nächsten Verwandten den Geschlechtsverkehr und ist eine mit starken Tabus belegte Verhaltensregel, die deshalb weitgehend eingehalten wird.

Wahrscheinlich stehen dahinter mehrere verschiedene Begründungszusammenhänge, die sich aber alle um die Kinder drehen, die in solch einer Verbindung entstehen könnten:

- Das Inzesttabu zwingt junge Menschen, Partner außerhalb der eigenen Familie zu suchen. Die Verbindung zweier Familien bündelt deren Besitz und Lebenserfahrungen.
- Genetisch haben die Kinder eine breitere Ausstattung z. B. des Immunsystems.
- Erbkrankheiten werden so eher verhindert. Fehlerhafte Gene kann jeder Mensch unerkannt in sich tragen. Verwandte haben viele gemeinsame Gene und könnten sie deshalb von zwei Seiten an ein Kind weitergeben. Geschwister teilen (außer bei eineiigen Zwillingen) 50 % ihrer Gene, bei Cousin und Cousine sind es durchschnittlich 12,5 %. Im ersten Fall bestehen sehr hohe Risiken von Erbkrankheiten, im zweiten Fall sind die Risiken geringer.
- Die soziologische Erklärung ist, dass bei Kindern aus einem Inzest die Verwandtschaftsgrade durcheinander geraten: Bei einem Inzest zwischen Eltern und Kindern etwa wären die Eltern zugleich Großeltern, was zu Rollenkonflikten führen würde.
- Es ist eine empirische Tatsache, dass Jungen und Mädchen, die zusammen aufwachsen, meist kein erotisches Interesse füreinander entwickeln. Das gilt auch bei adoptierten Kindern, die nicht blutsverwandt sind.

Allerdings ist die Verwandtenehe zwischen Cousins und Cousinen bei 20 % der Weltbevölkerung üblich, also zwischen Partnern, deren Großeltern verwandt waren. Bei direkten Cousins und Cousinen (erster Grad) soll das Risiko genetischer Schäden sich verdoppeln und 4–5 % betragen. Bei ferneren Verwandtschaftsgraden soll jedoch die biologische Nähe sogar günstig für den Nachwuchs sein, solange nicht in dieser Bevölkerungsgruppe Verwandtenehen insgesamt häufig waren. Solche Ehen sind in Afrika, dem Nahen Osten und in Südasien verbreitet, wohl um innerhalb der erweiterten Familie, des Clans, Land, Besitz oder den sozialen Rang weiterzugeben.

Historisch gesehen spielte das Problem auch z. B. bei Europas Herrscherhäusern eine große Rolle, die ja weiträumig verschwistert und verschwägert waren. Das Risiko von Erbkrankheiten wie z. B. der Bluterkrankheit hat sich nur zu oft manifestiert und manche Dynastien zu Fall gebracht.

Quelle: eigener Text, teilweise nach http://www.tagesspiegel.de/wissen/tabu-inzest-gibt-es-einen-anti-inzest-instinkt/8720730-2.html

M8 Durchschnittsalter der Frauen bei der Geburt des ersten Kindes 1965–2014

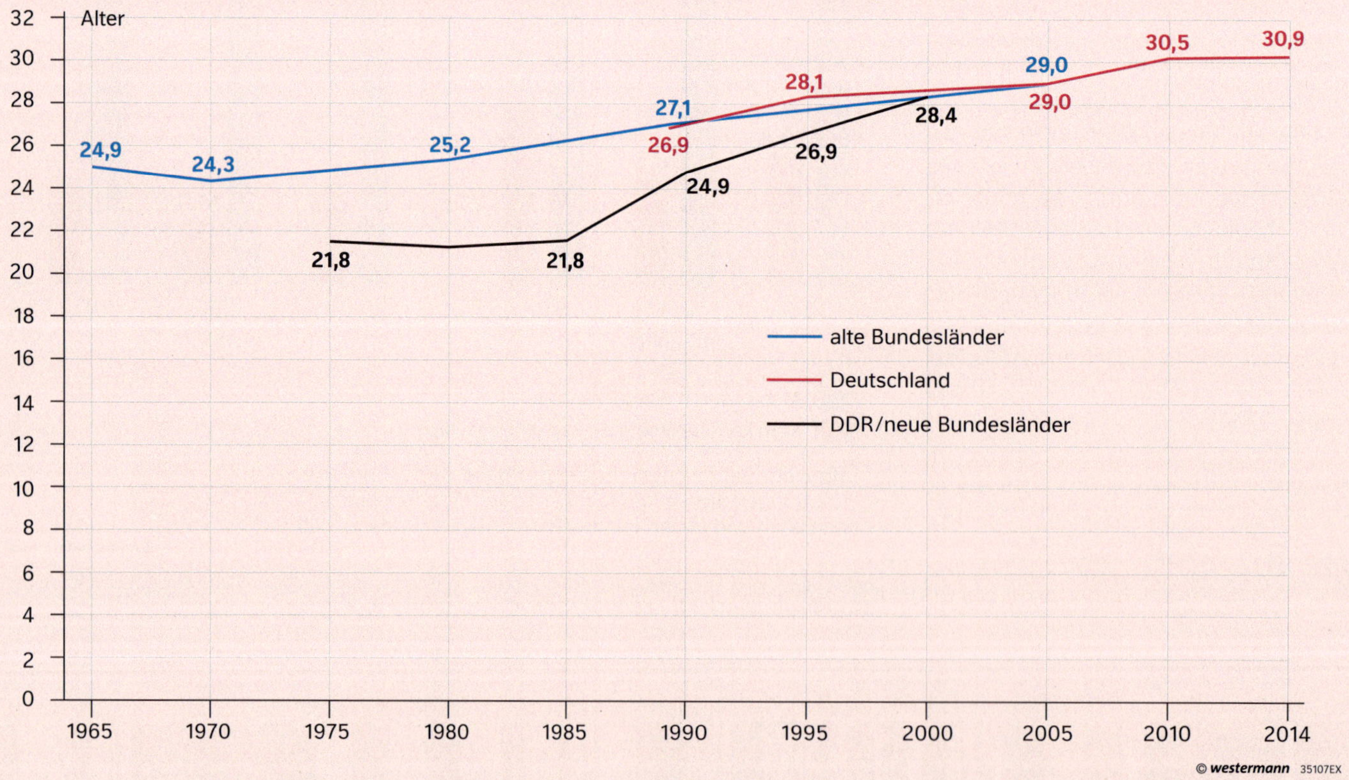

Quelle: Institut Arbeit und Qualifikation der Universität Duisburg-Essen (http://www.sozialpolitik-aktuell.de/familie-datensammlung.html)

M9 Der Anteil Jugendlicher ist entscheidend für die Bevölkerungsentwicklung

Im Jahr 2014 lebten in Deutschland 14,7 Millionen Kinder und Jugendliche unter 20 Jahren.

Das waren 18,1 % der Gesamtbevölkerung. Der sinkende Anteil Jugendlicher an der Gesamtbevölkerung wurde einerseits durch die steigende Lebenserwartung, d. h. die höhere Zahl älterer Menschen, verursacht, andererseits durch die gesunkene Geburtenrate. Seit 2014 steigt jedoch die Geburtenrate nach Jahrzehnten des Rückgangs wieder. Die Anteile der verschiedenen Altersgruppen in der Bevölkerung sind z. B. wichtig für die Proportion der Erwerbstätigen zu den Versorgungsempfängern im Jugend- und im Seniorenalter. Auch der Bedarf an Infrastruktur wie Kindergärten, Schulen oder Krankenhäusern ist leichter zu regeln, wenn die Bevölkerungsentwicklung relativ gleichförmig verläuft.

In Entwicklungsländern dagegen erreicht der Anteil von Kindern und Jugendlichen häufig 50 % der Bevölkerung, was diese sehr schnell wachsen lässt. Insgesamt ist heute die Hälfte der Weltbevölkerung jünger als 30 Jahre. (s. auch M15 und M16 auf S. 203/204)

M10 Familiäre Abstammung und soziale Mobilität

In der Menschheitsgeschichte war stets die Familie die zentrale „natürliche Gemeinschaft“. Durch Arbeitsteilung, Industrialisierung und Verstädterung sind seither komplexere Gesellschaftsformen entstanden, die nicht mehr länger nach dem Modell der Familie organisiert sind. Deshalb muss heute zwischen „natürlichen“ Gemeinschaften unterschieden werden, die dem Abstammungsprinzip folgen, und gesellschaftlichen Gruppierungen, deren Zugehörigkeit meist gewählt werden kann.

Dies hat Folgen für den persönlichen Status. In den natürlichen Gemeinschaften erwirbt man ihn mit der Geburt. Dieser ererbte Status galt z. B. im Mittelalter lebenslang. Im indischen Kastenwesen oder anderen traditionellen Gesellschaften ist das heute noch so. Dagegen führen in den westlichen Industriegesellschaften Bildung und Beruf zu individueller Mobilität, also zu einem persönlich erworbenen Status.

Diese Unterschiede haben Weiterungen in viele Richtungen. Natürliche Gemeinschaften gründen ursprünglich in traditionellen Normen sowie der Herrschaft der Älteren (paternalistisches Verhalten, sofern es sich nicht um eine matriarchalische Gesellschaft handelt). Ein erworbener Status setzt dagegen bewusste Entscheidungen für selbstgewählte Gruppierungen (Firmen, Parteien, Sportclubs ...) voraus, ist also im Kern ein demokratisches Phänomen.

Für die Staatsbürgerschaft gilt in Deutschland traditionell das Abstammungsprinzip: Wer als Kind deutscher Eltern geboren wird, braucht sich um seine Staatsangehörigkeit wenig Gedanken zu machen. Für das Kind ist es selbstverständlich, seit seiner Geburt die Staatsangehörigkeit der Eltern zu haben. Das Abstammungsgesetz hat heute folgenden Inhalt: Ein Kind wird mit der Geburt Deutsche oder Deutscher, wenn die Mutter oder der Vater oder beide deutsche Staatsbürger sind. Besitzt nur der Vater die deutsche Staatsangehörigkeit und ist er nicht mit der Mutter verheiratet, ist eine nach deutschen Gesetzen wirksame Anerkennung oder Feststellung der Vaterschaft erforderlich. Das Verfahren zur Feststellung der Vaterschaft muss bis zum 23. Geburtstag eingeleitet sein.

Seit dem Jahr 2000 gilt neben dem Abstammungsprinzip auch das sog. Geburtsortprinzip (ius soli). Danach erwerben auch Kinder ausländischer Eltern durch Geburt in Deutschland die deutsche Staatsangehörigkeit, wenn ein Elternteil seit acht Jahren rechtmäßig in Deutschland lebt und ein unbefristetes Aufenthaltsrecht besitzt (§ 4 Abs. 3 Staatsangehörigkeitsgesetz).

Quelle: eigener Text nach https://www.integrationsbeauftragte.de/Webs/IB/DE/Service/FAQ/Einbuergerung/FAQGesamt.html?nn=2103902&lv2=2103816

4.3 Armut – eine globale Herausforderung

Dieter Appelt, Karl Engelhard

Dieses Kapitel beschäftigt sich mit folgenden Fragen:

1. Was ist Armut?
2. Wo ist sie verbreitet?
3. Welche Ursachen hat Armut?
4. Mit welchen Maßnahmen wird versucht, Armut zu überwinden?
5. Welche Probleme gibt es bei der Armutsbekämpfung?

Im Jahr 2016 betrug die Zahl der Armen weltweit rund 800 Millionen Menschen, das ist mehr als ein Neuntel der Weltbevölkerung, also mehr als die gesamte Bevölkerung aller europäischen Staaten. Armut ist weltweit verbreitet, unterscheidet sich aber sowohl in ihrer Ausprägung als auch in ihrer Verbreitungsdichte bzw. im Anteil der betroffenen Bevölkerung. Während in den meisten Entwicklungsländern insbesondere Afrikas, des Vorderen Orients und Lateinamerikas die Armut oft lebensbedrohliche Formen (z. B. Hunger, Krankheit, Nahrungsmangel) annimmt, ist in den meisten Industrieländern Armut relativ und eher ein sozialer Ausschluss, der teilweise durch staatliche Unterstützungsmaßnahmen aufgefangen werden kann.

Armut hat in Entwicklungsländern viele Gesichter: Hunger, Unter- und Mangelernährung; schlechter Gesundheitszustand; geringe Lebenserwartung und hohe Säuglings-, Kinder- und Müttersterblichkeit; Arbeitslosigkeit und Unterbeschäftigung; menschenunwürdige Wohnverhältnisse, Obdachlosigkeit und ärmliche Bekleidung; Entwurzelung, ja Ausschluss, Unterdrückung und soziale Missachtung. Armut wirkt sich auf fast alle Lebensbereiche aus und reproduziert sich dadurch oft selbst.

Individuelle und strukturelle Ursachen von Armut greifen meist ineinander. Bei mangelnder Bildung und Ausbildung, großer Kinderzahl und fehlendem Zugang zu Unterkunft, Land oder Beschäftigung kann man unter den Bedingungen in einem Entwicklungsland schlecht existieren. Außerhalb der Familien gibt es kaum Solidarität und selbst die Armen beuten sich oft noch gegenseitig aus. Durch Kapitalflucht, Korruption und internationale Konkurrenz wächst die Wirtschaft zu wenig und ist nicht auf Beschäftigung ausgerichtet. Andererseits werden die nötigen Flächen für Selbstversorgung durch Großgrundbesitz, Landspekulation, Bevölkerungszunahme und Ausverkauf an Agrarkonzerne geschmälert. Auch politische, ethnische und religiöse Konflikte nehmen Menschen ihre ohnehin prekären Existenzmöglichkeiten.

Obwohl im Rahmen der Armutsbekämpfungskampagne der Sustainable Development Goals (nachhaltige Entwicklungsziele) die Armut zwischen 2000 und 2015 mehr als halbiert wurde, stellt sie auch weiterhin eine globale Herausforderung dar. Die Agenda 2030 der UN strebt an, bis 2030 Armut und Hunger in der Welt zu beenden (vgl. Kapitel 1.4 und 5.1).

Literatur/Internet

APuZ (Aus Politik und Zeitgeschichte), H. 49/2015: Hunger. (https://www.bpb.de/apuz/216221/hunger)

Bundesministerium für wirtschaftliche Zusammenarbeit und Entwicklung: Gemeinsam handeln: Armut beseitigen (mit zahlreichen weiteren Links) (http://www.bmz.de/de/themen/armut/index.html)

Pogge, T.: Weltarmut und Menschenrechte – Essay. In: APuZ, H. 7–9/2015: Entwicklungszusammenarbeit. (http://www.bpb.de/apuz/200376/weltarmut-und-menschenrechte?p=all)

Praxis Geographie, H. 12/2015: Armut als Herausforderung.

UNDP (2015): Bericht über die menschliche Entwicklung 2015. Arbeit und Entwicklung. (http://hdr.undp.org/sites/default/files/hdr_2015_web.pdf)

AUFGABEN

1. Stellen Sie den Unterschied zwischen relativer und absoluter Armut dar und belegen Sie beide Formen mit je zwei Beispielen. (M1)
2. Was bedeutet es, in Deutschland oder in einem Entwicklungsland arm zu sein? Vergleichen Sie. (M1–M14)
3. Nennen Sie die am stärksten von Armut betroffenen Bevölkerungsgruppen in Entwicklungsländern und erörtern Sie mögliche Ursachen. (M9–M12, M14)
4. Beurteilen Sie das Armutsproblem in der Subsistenzwirtschaft von Entwicklungsländern und in den Slums der Städte. (M11, M12, M21)
5. Begründen Sie, weshalb der Subsistenzbereich kein Restbereich der Entwicklung sein muss, sondern in sozialer und ökologischer Hinsicht auch Zukunftsperspektiven haben kann. (M12, M21)
6. a) Nennen Sie mindestens vier Armutsursachen. (M15–M20)
   b) Beurteilen Sie die Wirkungen externer Armutsursachen. (M13, M15)
7. Diskutieren Sie: „Bestechung ist (k)ein Kavaliersdelikt." (M18)
8. Erarbeiten Sie in Partnerarbeit Regeln für Landerwerb in Entwicklungsländern, die verhindern sollen, dass sich großflächiger Landverkauf (Land Grabbing) armutsverstärkend auswirkt. (M19, M20)
9. Ländliche Entwicklung in Entwicklungsländern erfordert vielfältige Veränderungen. Formulieren Sie Vorschläge, die von den Bewohnern selbst realisiert werden können und Möglichkeiten der staatlichen oder internationalen Hilfe. (M21–M29)
10. Begründen Sie die Mitverantwortung der Industrieländer für die Situation in den Entwicklungsländern. (M22, M24, M28)
11. Soziale Absicherung könnte die Armut reduzieren, erfordert aber hohe finanzielle Mittel. Erörtern Sie Möglichkeiten der Finanzierung. (M25)
12. Diskutieren Sie das Pro und Kontra der Globalisierung in der Armutsfrage. (M26, M27)
13. Erklären Sie den Begriff „Politikkohärenz" und erlautern Sie seine Bedeutung für die Entwicklungszusammenarbeit. (M28)
14. Überlegen Sie, wie die Umsetzung des Projekts „Dünger statt Tabu" erfolgen und neue Arbeitsplätze schaffen könnte. (M29)
15. Der Niger zählt zu den ärmsten Ländern der Erde.
    a) Erläutern Sie die wichtigsten Armutsursachen. (M30)
    b) Erörtern Sie Möglichkeiten zur Verbesserung der aktuellen Situation auf lokaler und internationaler Ebene. (M30)

Anmerkung: Beachten Sie insbesondere bei den Aufgaben 11, 13, 14 und 15b), dass die Ursachen von Armut miteinander zusammenhängen, also quer durch die gesellschaftlichen, wirtschaftlichen, politischen und ökologischen Entwicklungsdimensionen vernetzt sind (vgl. M15, M16 sowie S. 9–14). Maßnahmen gegen Armut müssen daher systembezogene Aspekte berücksichtigen, wenn sie Aussicht auf Erfolg haben sollen.

Armut – eine Bestandsaufnahme

M1 Begriffserklärungen

Armut, eine Lebenslage, in der es Einzelnen oder ganzen Bevölkerungsgruppen nicht möglich ist, sich ihren Lebensbedarf (Existenzminimum) aus eigenen Kräften zu beschaffen. **Absolute Armut** ist eine Mangelsituation, in der die Existenz des Menschen unmittelbar (durch Verhungern etwa) oder mittelbar (durch mangelnde Resistenz bei Erkrankungen) bedroht ist. Bei **relativer Armut** wird das soziokulturelle Existenzminimum deutlich unterschritten.

Relative Armut bezeichnet die Lebenssituation von Bevölkerungsgruppen, die im Vergleich zum Einkommensdurchschnitt eines Landes am unteren Ende der Einkommens-/Wohlstandspyramide stehen. **Monetäre Armut** bezeichnet Arme, deren Einkommen weniger als 60 % des Durchschnittseinkommens beträgt und nicht zur Existenzsicherung reicht. Absolute monetäre Armut liegt dann vor, wenn weniger als 1,90 US-$/Person zur Sicherung des Existenzminimums/Tag zur Verfügung stehen. Von 2008 bis 2015 betrug dieser Betrag 1,25 US-$ und vor 2008 1 US-$/Person und Tag.

Schon 1973 definierte der damalige Weltbankpräsident Robert MacNamara: „**Absolute Armut** ist durch einen Zustand solch entwürdigender Lebensbedingungen wie Krankheit, Analphabetentum, Unterernährung und Verwahrlosung charakterisiert, dass die Opfer dieser Armut nicht einmal die grundlegendsten menschlichen Existenzbedürfnisse befriedigen können. Verhältnismäßig wenige Menschen in den entwickelten Ländern, jedoch Aberhunderte Millionen Menschen in den Entwicklungsländern [...] leiden unter diesen unmenschlichen Lebensbedingungen [...]:

- Ein Drittel bis zur Hälfte der 2 Mrd. Menschen in den Entwicklungsländern hungern oder leiden an Unterernährung.
- 20 bis 25 % der Kinder sterben vor dem 5. Geburtstag. Die nicht sterben, sind zu einem armseligen Dasein verdammt, weil als Folge von Unterernährung ihre Gehirne geschädigt, ihre Körper verkrüppelt und ihre Lebenskraft erschöpft wurden.
- Die Lebenserwartung beträgt 20 Jahre weniger als in den wohlhabenden Ländern. Mit anderen Worten: Menschen in den Entwicklungsländern werden 30 % der Lebensjahre verweigert [...]. Schon bei Geburt sind diese Menschen zu einem frühen Tod verurteilt.
- 800 Mio. Menschen sind Analphabeten, und die Mehrzahl ihrer Kinder werden trotz des wachsenden Ausbaus des Erziehungswesens in den kommenden Jahren Analphabeten bleiben [...]. Diese Bedingungen sind so weit verbreitet, dass sie das Los von etwa 40 % der Menschen in den Entwicklungsländern bestimmen."

Quelle: Rede von Robert MacNamara, Präsident der Weltbankgruppe, bei der Konferenz der UN über Handel und Entwicklung am 14.04.1972 in Santiago de Chile (Internationale Bank für Wiederaufbau und Entwicklung 1972)

M2 Multidimensionale Armut und Einkommensarmut

Der Multidimensional Poverty Index (MPI) misst Armut in den drei Dimensionen Gesundheit, Bildung und Lebensstandard. Gemessen wird anhand von folgenden zehn Indikatoren:

Gesundheit
- Ernährung
- Kindersterblichkeit

Bildung
- absolvierte Schuljahre
- Einschulungsrate

Lebensstandard
- Energie zum Kochen
- sanitäre Anlagen
- Wasserversorgung
- Elektrizität
- Qualität der Behausung
- Konsumgüter

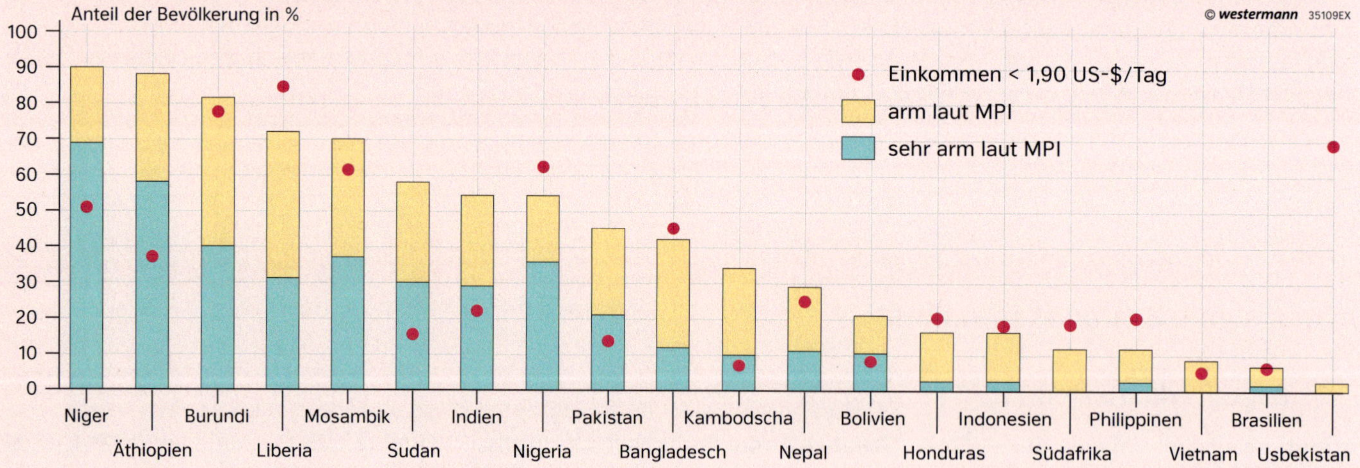

Verbreitung von multidimensionaler Armut und Einkommensarmut

Quelle: Welt-Sichten, 7/2016, S. 7

M3 Übersicht zur globalen Armutssituation nach Einzelfaktoren

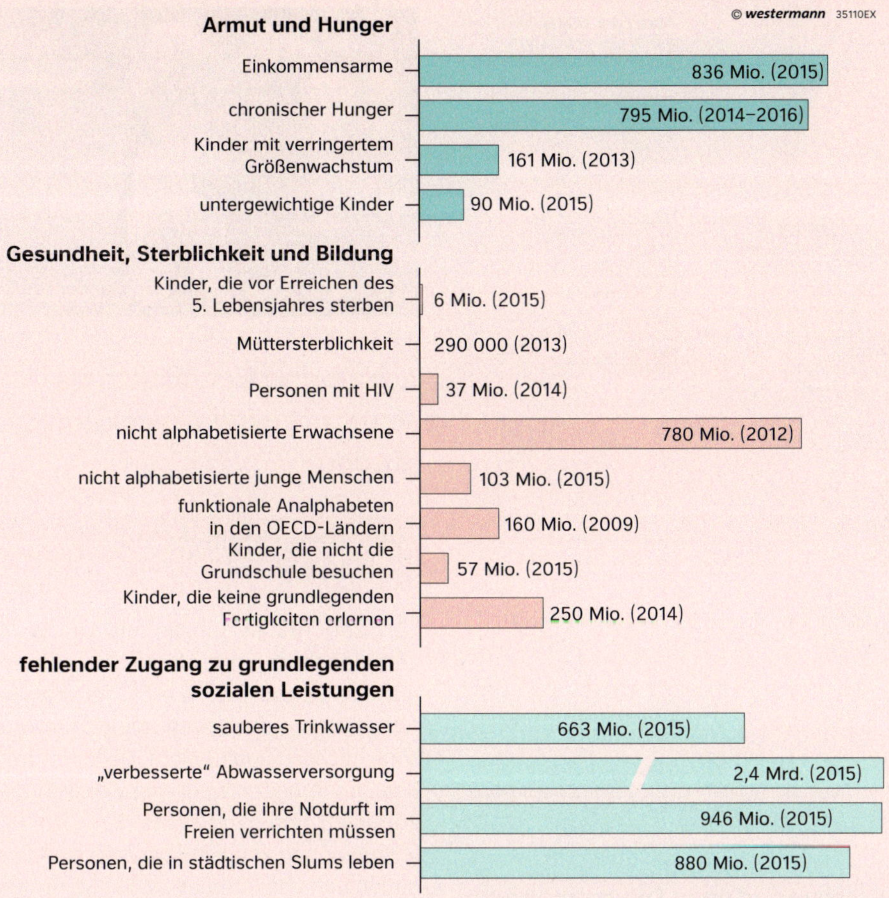

Quelle: UNDP: Bericht über die menschliche Entwicklung 2015, S. 74 (http://menschliche-entwicklung-staerken.dgvn.de/fileadmin/user_upload/menschl_entwicklung/BILDER/HDR/HDR_2015_WEB.pdf)

Armut in Deutschland

M4 Relative Armut in Deutschland

Im Armutsbericht 2016 zeigt der Paritätische Wohlfahrtsverband, dass die Armut in Deutschland fast unverändert bei durchschnittlich 15,4 Prozent liegt. Das Ruhrgebiet bleibt mit Blick auf seine Bevölkerungsdichte die armutspolitische Problemregion Nummer eins in Deutschland. Seit 2006 stieg dort die Armutsquote auf einen neuen Höchststand von 20 Prozent.

Hauptrisikogruppen sind Alleinerziehende und Erwerbslose sowie Rentnerinnen und Rentner, deren Armutsquote rasant gestiegen ist. Am stärksten sind Erwerbslose von Armut betroffen – ihr Anteil liegt bei 58 Prozent – und Alleinerziehende, deren Anteil bei 42 Prozent liegt. Auch die Kinderarmutsquote ist mit 19 Prozent hoch, wobei die Hälfte der armen Kinder in Haushalten Alleinerziehender lebt. In Rentnerhaushalten ist die Armut seit 2005 etwa zehn Mal so stark angewachsen wie beim Rest der Bevölkerung.

Als arm gelten laut einer Definition der EU Menschen, deren Haushaltseinkommen weniger als 60 Prozent des mittleren gesellschaftlichen Einkommens beträgt. Rechnerisch sind dies in Deutschland 12,5 Millionen Menschen, davon rund 3,4 Millionen Rentner. In Deutschland werden laut Paritätischem Wohlfahrtsverband Haushalte mit einer Person und einem Einkommen von weniger als 892 Euro pro Monat als arm bewertet. Bei einer Familie mit zwei Kindern liegt die Grenze bei 1872 Euro.

Nach Daten des Statistischen Bundesamts von 2013 verfügen die obersten zehn Prozent aller Haushalte über 51,9 Prozent des Nettovermögens – die untere Hälfte aller Haushalte nur über 1 Prozent. Die Kluft zwischen arm und reich wächst vor allem durch Lohnzuwächse bei den höheren Gehältern. Auch ist die Bedeutung der Kapitaleinkünfte im Vergleich zu Lohneinkommen gewachsen.

Quelle: o. V.: Armutsbericht 2016. Armut in Deutschland sinkt nur leicht. In: ZEIT online vom 23.02.2016 (überarbeitet) (http://www.zeit.de/wirtschaft/2016-02/armut-deutschland-2016-paritaetische-verband)

M5 Regionale Verteilung der Armut in Deutschland

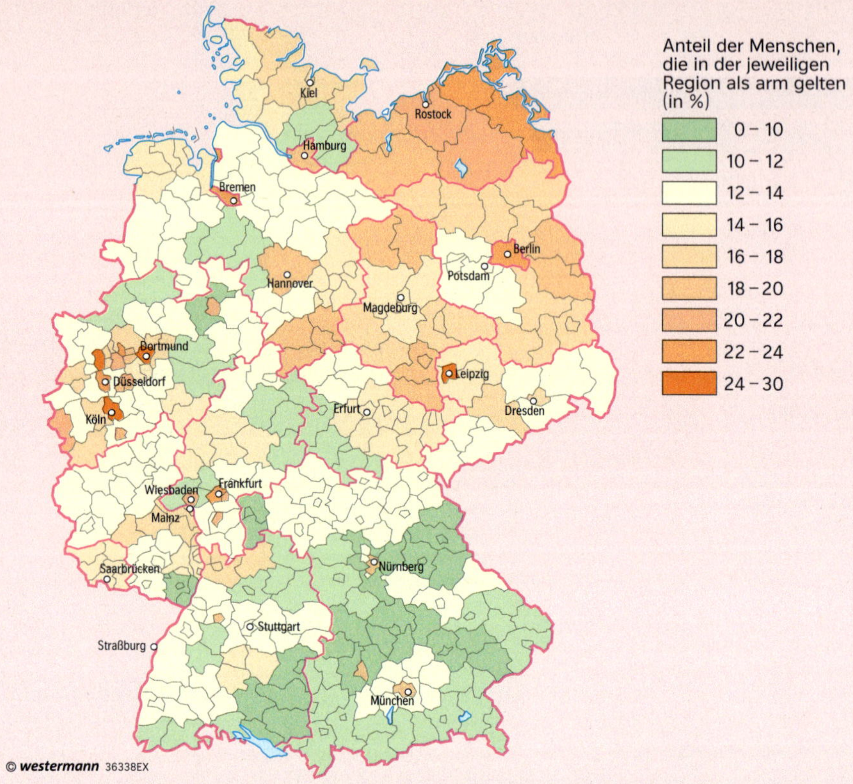

Quelle: https://www.welt.de/wirtschaft/article131575890/In-diesen-Regionen-herrscht-in-Deutschland-Armut.html

M6 Armut bei Einheimischen und Zugewanderten in Deutschland 2013

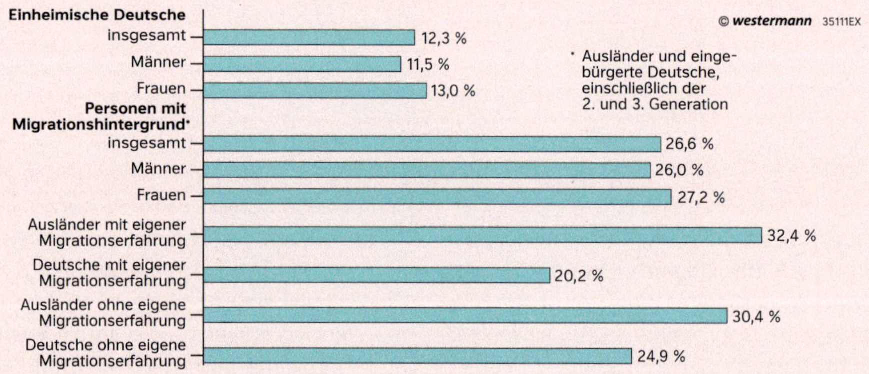

Quelle: http://www.bpb.de/nachschlagen/zahlen-und-fakten/soziale-situation-in-deutschland/61788/armut-von-migranten

M7 Sozialpolitik in Deutschland

Die Sozialpolitik in der sozialen Marktwirtschaft zielt darauf, die Lebensverhältnisse der Bürger zu stabilisieren und die Konsequenzen von Armut abzumildern. Dazu dienen Sozialversicherung und Sozialleistungen des Bundes und der Länder.

Akut Betroffene können zusätzlich auch z. B. Suppenküchen, Tafeln, Kleiderkammern und Notunterkünfte in Anspruch nehmen.

M8 Kein ungewöhnliches Bild in deutschen Großstädten

Armut und Bevölkerungsstrukturen in Entwicklungsländern

M9 Benachteiligte Minderheiten

Seit den 1990er-Jahren legt die Weltgemeinschaft ein größeres Augenmerk auf den Schutz und die Förderung von nationalen, ethnischen, religiösen und sprachlichen Minderheiten. Dennoch werden Minderheiten weiterhin weltweit diskriminiert und marginalisiert.

Angehörige von Minderheiten sind laut nationalen und internationalen Statistiken sowie Berichten der UN und Nichtregierungsorganisationen (NGOs) überproportional von Armut und Arbeitslosigkeit betroffen. Sie haben, wenn überhaupt, nur erschwerten Zugang zu Gesundheitsversorgung, Bildung und angemessenem Wohnraum. Zu oft sind sie vom gesellschaftlichen Leben ausgeschlossen und haben keine politische Stimme.

Angehörige von Minderheiten haben, wie alle Menschen, Anspruch darauf, dass sie nicht diskriminiert werden, und ihre Menschenrechte, die in diversen Verträgen verankert sind, gewahrt werden.

Quelle: Eschke, Nina: Schutz und Förderung von Minderheiten. In: E+Z, 5/2015, S. 32

M10 Benachteiligte Sozialgruppen – Fallbeispiele aus Afrika

Sambia

Jugendarbeitslosigkeit ist ein großes Problem in Sambia. Fast zwei Drittel der arbeitsfähigen Bevölkerung sind junge Leute, und fast ein Viertel von ihnen ist laut Schätzung der Weltbank arbeitslos.

Den Betroffenen fehlt es an Schul- und beruflicher Ausbildung. Wenn sich die Lage nicht verbessert, sieht die Zukunft düster aus.

Nur ein kleiner Teil der jungen Arbeitnehmer bekommt einen Job im öffentlichen Dienst. Formelle Anstellungen sind allgemein rar. Die Privatwirtschaft lahmt, nicht zuletzt wegen Stromausfällen und hohen Energiepreisen. Etwa 9000 formelle Arbeitsplätze fielen vergangenes Jahr weg, und die Inflation ist mit 20 Prozent sehr hoch. Die jungen Leute, die eine Arbeit finden, machen meist informelle Jobs als Kellner, Taxifahrer oder Friseur.

Kriminalität und Drogenmissbrauch florieren. Viele Jugendliche brechen die Schule ab. Darüber hinaus kommt es in dieser Generation häufig zu frühen Ehen und Geburten sowie HIV/Aids-Infektionen.

Quelle: Masanta, Frank: Unsichere Zukunft. In: E+Z, 1–2/2017, S. 15

Uganda

Witwen zählen zu den am stärksten benachteiligten Bevölkerungsgruppen in Uganda. In der Regel haben sie kein Recht auf Grundbesitz oder andere Besitztümer wie Vieh. Nach den Traditionen dürfen Frauen kein Eigentum haben.

In der Volksgruppe der Luo im Norden Ugandas, einer von zwei Jahrzehnten Bürgerkrieg gezeichneten Region, ist die Situation der Witwen besonders schwierig. Die Familie des Mannes erbt nach dessen Tod den gesamten Besitz des Paares. Allzu oft wird dabei nicht einmal Rücksicht genommen, dass sich die Witwe weiter um die Kinder kümmern muss. In einigen Gemeinschaften wird sogar Land ohne die Einwilligung der Witwe verkauft. Oftmals beugen sich die Frauen diesem Vorgehen, weil sie ihre Rechte nicht kennen oder kein Geld für einen Rechtsbeistand haben.

Quelle: Aciro, Gloria Laker: Mehrfacher Verlust. In: E+Z, 7–8/2016, S. 16

Südafrika

In Südafrika wachsen viele Kinder vaterlos auf. Wenn Teenager schwanger werden, bleiben sie mit ihrem Nachwuchs meist allein. Das ist eine Konsequenz des falschen, aber weit verbreiteten Verständnisses von Männlichkeit. Damit die Situation besser wird, müssen Männer als Väter Verantwortung übernehmen.

Ein Betroffener berichtet:

„Kurz vor dem 17. Geburtstag meiner Mutter wurde ich geboren. Mein biologischer Vater war wohl 23, vielleicht auch älter. Er hat sich nie wie ein Papa verhalten. Ich habe keine Beziehung zu ihm; ich weiß nicht einmal, wann er geboren wurde.

Es war hart, ohne Vater aufzuwachsen. Meine Mutter konnte sich weder auf eine glückliche Beziehung noch auf einen Broterwerber stützen. Als kleiner Junge konnte ich nicht viel tun, um sie zu trösten, aber ich tat mein Bestes. Mir fehlte der biologische Vater zudem als Vorbild. Ich konnte mir nichts bei ihm abschauen, wie er die Herausforderungen des Lebens anging. Das wäre, wie ich im Rückblick weiß, hilfreich gewesen. Ich habe meinen Weg im Leben gefunden, aber ich hatte es schwerer als die, die mit einem Vater aufwuchsen."

Quelle: Ngcowa, Sonwabiso: Fehlendes Vorbild. In: E+Z, 7–8/2016, S. 18

M11 Informelle Ökonomien in Slums und informellen Siedlungen

Oft wird angenommen, dass Slumbewohner nur in der informellen Ökonomie beschäftigt sind. Ein Teil dieser Menschen geht jedoch einer geregelten Arbeit im formellen Sektor nach, auch wenn sie in einer informellen Siedlung wohnen. In vielen Fällen reichen Einkünfte aus formeller Arbeit nicht aus, um einen Haushalt in adäquaten Wohnräumen zu finanzieren. Insgesamt ist Beschäftigung im informellen Sektor keine Besonderheit von Slums. Während rund ein Drittel der Stadtbevölkerung in Schwellen- und Entwicklungsländern in Slums lebt, ist für die meisten Länder des globalen Südens informelle Beschäftigung das Regelarbeitsverhältnis, das auf weit mehr als die Hälfte der Beschäftigten zutrifft. In 15 der 41 Länder, für die Daten auf Basis der ILO-Definition für informelle Beschäftigungsverhältnisse vorliegen, sind mehr als zwei Drittel der Beschäftigten der informellen Ökonomie zuzuordnen. 24 Länder erreichen einen Anteil von mehr als 50 %. Die jeweiligen kontinentalen Rekordwerte liegen in Asien bei 84,3 % (Indien), in Lateinamerika bei 75,6 % (Bolivien) und in Afrika südlich der Sahara bei 82,7 % (Mali). Zuwächse von Arbeitsplätzen gibt es in vielen Städten im informellen Sektor. Somit trägt der informelle Sektor auch die formelle Ökonomie, was sich nicht auf nationalstaatliche Grenzen beschränkt, sondern auch Bestandteil der Weltwirtschaft ist. Dabei sind ökonomische Risiken ungleich verteilt. So besteht für Arbeitende im informellen Sektor generell keine institutionalisierte soziale Absicherung, und zwischen den Geschlechtern verstärken sich die Disparitäten aufgrund von Segmentierungen am informellen Arbeitsmarkt.

Quelle: WBGU (Hrsg.): Hauptgutachten „Der Umzug der Menschheit: Die transformative Kraft der Städte", Berlin 2016, S. 51

M12 Ist der Subsistenzsektor in Entwicklungsländern arm?

Armut wird meist nach dem Geldeinkommen gemessen. Dadurch wird der Subsistenzsektor (Selbstversorgungssektor meist im Verband der Großfamilie), der in vielen Entwicklungsländern immer noch 60–80 % der Bevölkerung umfasst, als arm angesehen. Denn er erwirtschaftet zwar seine eigenen Nahrungsmittel, aber Geld nur in dem geringen Umfang von Überschüssen, die er verkaufen kann. Dies kann ausreichen, die wenigen unvermeidlichen Ausgaben zu bestreiten wie die Stromrechnung, die Schuluniform und Plastikschlappen der Kinder oder Transportkosten zum Markt. Da der Subsistenzsektor in den schwachen Staaten kaum registriert wird, werden meist auch keine Steuern bezahlt.

Die vielfach ausgezeichnete indische Wissenschaftlerin, Ökofeministin und Globalisierungsgegnerin Vandana Shiva plädiert für eine realistischere Sichtweise der „Armut" in Entwicklungsländern. Die meisten Naturvölker außerhalb der modernen Marktwirtschaft dürften nicht pauschal als arm bezeichnet werden. Ihre traditionellen Wirtschaftsformen versorgen sie mit allen Gütern, die zum Leben notwendig sind. Zahlreiche Berichte von Reisenden der Kolonialzeit berichten von Menschen, die nach ihren Bedürfnissen keinen Mangel litten, sondern die im Gegenteil im Überfluss lebten. Da den meisten dieser Menschen materielle Güter wenig bedeuteten, waren sie von ihrem Standpunkt aus auch nicht arm zu nennen. Die heute übliche eurozentrische Definition von Armut in Verbindung mit dem enormen materiellen Wohlstand der reichen Welt führe jedoch zu einer verzerrten Vorstellung: Menschen gälten häufig als ärmlich, elend und chronisch unterernährt, wenn nicht über materiellen Güter und technologischen Einrichtungen verfügen.

Vandana Shiva: „Menschen, die Hirse verzehren – anstatt kommerziell produziertes und in Umlauf gebrachtes industrielles Junkfood zu essen –, werden als arm bezeichnet. Vermarktet wird dieses Junkfood durch das globale Agrobusiness. [...] Menschen werden als arm erachtet, nur weil sie in Häusern wohnen, die sie selbst gebaut haben. Das Material, das sie hierzu verwenden, ist natürlich und ahmt die Natur nach – Bambus, Lehm anstatt Zement. Menschen werden als arm erachtet, weil sie handgefertigte Kleider aus natürlichen Materialien und keine Synthetiktextilien tragen. Subsistenz – als kulturell definierte Armut – ist nicht gleichbedeutend mit geringer Lebensqualität, ganz im Gegenteil, die Subsistenzlandwirtschaft hilft dem Haushalt der Natur und leistet einen Beitrag zum sozialen Wirtschaften. Auf diese Weise gewährleistet sie hohe Lebensqualität [...], sie gewährleistet eine nachhaltige Existenz, sie gewährleistet eine robuste soziale und kulturelle Identität und Lebenssinn."

Quelle: https://de.wikipedia.org/wiki/Vandana_Shiva

M13 Ambivalente Wirkungen wirtschaftlicher Faktoren

So vielfältig wie die gesellschaftlichen Verhältnisse auf der Welt auch sind, sind auch die Probleme mit der Armut. Es kann sich in Deutschland jemand im Vergleich zur Mehrheit arm und von der Gesellschaft ausgeschlossen fühlen, er würde von einem wirklich hungernden Armen aus einem Entwicklungsland um seinen Lebensstandard beneidet werden.

Ähnlich ambivalent ist auch der Einfluss der Wirtschaft auf die Armutsfrage. Es ist unbestritten, dass die neoliberale Wirtschaftspolitik und die Globalisierung in vielen Ländern die Schere zwischen Arm und Reich weiter gespreizt haben, weil die Reichen noch reicher wurden. 62 Superreiche besitzen so viel wie 3,6 Mrd. Menschen, die ärmere Hälfte der Menschheit. Letztere haben seit 2011 41 % ihres Vermögens verloren, während die Vermögen der Superreichen um 44 % gewachsen sind.

Quelle: https://magazin.spiegel.de/SP/2016/42/147350572/index.html

Andererseits ist es genauso offensichtlich, dass es primär dem wirtschaftlichen Fortschritt zu verdanken ist, wenn in den letzten 20 Jahren die Zahl der Menschen in extremer Armut weltweit um die Hälfte verringert werden konnte. UN-Quellen (UNDP: Bericht über die menschliche Entwicklung 2015, S. 69) belegen, dass sich die extreme Armut zwischen 1990 und 2015 sogar von 47 % auf 14 %, also um 70 % verringert hat. Dies geschah trotz des starken Bevölkerungswachstums.

M14 Mädchenschicksale

Vor allem Mädchen sind in vielen Entwicklungsländern oft schon vor ihrem 18. Lebensjahr verheiratet. Nach ihrer Hochzeit brechen die jungen Bräute meist die Schule ab und werden schwanger.

Diana wuchs im Osten Ugandas auf. Nachdem ihr Vater die Familie früh verlassen hatte, zog ihre Mutter sie und ihre beiden Geschwister ohne Unterstützung auf. Das Stück Land, das ihre Mutter geerbt hatte, wurde ihr von Dianas Onkel weggenommen. Als Diana 15 Jahre alt war, konnte ihre Mutter die Schulkosten nicht mehr bestreiten. Deshalb verheiratete sie ihre Tochter mit einem 22-jährigen Mann, der selbst keine abgeschlossene Schulausbildung hatte und einen Brautpreis von 50 000 Uganda-Schilling (rund 13 Euro), einer Kuh und einem Korb Maniokwurzeln bezahlte. Die Kuh tauschte die Mutter gegen ein Stück Land ein. Diana liebte ihren Mann nicht, fügte sich aber ihrem Schicksal. Sie arbeitete auf den Feldern anderer Dorfmitglieder für 2000 Uganda-Schilling (etwa 50 Cent) am Tag – während ihr Mann arbeitslos war.

Schon bald wurde Diana schwanger und gebar einen kleinen Jungen, der am darauffolgenden Tag starb. Nur eine Woche nach Geburt und Beerdigung arbeitete Diana wieder auf den Feldern.

Bald darauf trat sie einer kirchlichen Jugendgruppe bei und vertraute sich der dortigen Betreuerin an. Mit ihrer Unterstützung kehrte Diana wieder in die Schule zurück. Doch ihrem Mann gefiel das nicht, er verprügelte Diana mehrmals – bis sie sich zu ihrer Mutter flüchtete.

Dianas Mutter jedoch war ebenfalls dagegen, dass ihre Tochter wieder zur Schule ging. Sie weigerte sich, Diana eine Matratze zum Schlafen zu geben – Diana musste auf dem nackten Fußboden schlafen – und versuchte sie immer wieder davon zu überzeugen, zu ihrem Mann zurückzukehren.

Quelle: Diesch, Angelina/Ntenga, Moses: Hauptsache Armut. In: E+Z, 7–8/2016, S. 15

Komplexe Ursachen von Armut

M15 Ursachen von Armut in Entwicklungsländern

Viele Entwicklungsländer haben nicht die strukturellen und institutionellen Voraussetzungen, allen ihren Bewohnern gleiche oder auch nur ausreichende Lebensverhältnisse zu ermöglichen. Auf der Seite des Staates fehlt oft die Orientierung am Allgemeinwohl, da die herrschenden Eliten ihre eigenen Interessen verfolgen und die staatlichen Institutionen außerhalb der wachsenden Städte oft gar nicht flächendeckend präsent sind. Die Sozialstruktur ist durch eine dünne Elite, einen erst langsam wachsenden Mittelstand und eine breite Armutsbevölkerung gekennzeichnet. Diese lebt großenteils (50–80 %) noch im traditionellen Subsistenzbereich. Die wirtschaftliche Entwicklung und die Industrialisierung verlaufen zu langsam, als dass die starken jugendlichen Jahrgänge Beschäftigung finden könnten.

Die Ursachen absoluter Armut können temporär sein wie Naturrisiken oder Kriege. Strukturelle Armut liegt dagegen vor, wenn eine Person einer gesellschaftlichen Gruppe oder Schicht angehört, die insgesamt unter die Armutsgrenze fällt und sich daraus nicht lösen kann.

Quelle: UNDP: Bericht über die menschliche Entwicklung 2015, S. 74

Um Armut wirksam und dauerhaft mindern zu können, muss man ihre Ursachen kennen, also herausfinden, warum Menschen nicht aus eigener Kraft für sich sorgen können. Die Ursachen sind vielfältig und unterscheiden sich von Land zu Land und oft innerhalb eines Landes von Landesteil zu Landesteil. Sie können sowohl internen (innerstaatlichen) als auch externen Ursprungs sein.

Die häufigsten **internen Armutsursachen** sind:

- Ungleicher Bodenbesitz und unterbliebene bzw. verschleppte Bodenreformen. In vielen Ländern gehört die landwirtschaftliche Nutzfläche vorwiegend den Großbetrieben, die exportorientiert arbeiten.
- zunehmende Zersplitterung des Bodenbesitzes durch starkes Bevölkerungswachstum in dicht besiedelten ländlichen Gebieten
- Landverknappung durch Umweltdegradation und Umweltkatastrophen
- geringe Kreditfähigkeit von Kleinbauern, Pächtern und Landlosen, denen entsprechende Sicherheiten fehlen, um von Banken Geld geliehen zu bekommen
- unzureichende Bildungsangebote, fehlende Bildungsabschlüsse
- unzureichende Gesundheitsversorgung und unzulängliches Wissen über reproduktive Gesundheit in vielen ländlichen Gebieten, infolgedessen größere gesundheitliche Gefährdung (z. B. durch HIV/Aids, andere Infektionskrankheiten)
- starre (traditionelle) hierarchische Ordnungssysteme in ländlichen Räumen, die innovationsfähige und -willige junge Menschen einengen und sie daran hindern, Neuerungen zu wagen
- In manchen Ländern decken staatlich festgesetzte Erzeugerpreise (zugunsten der Städte) nicht das Existenzminimum von Bauern ab, sodass Anreize zur Modernisierung und Intensivierung der landwirtschaftlichen Produktion fehlen.
- Ausschluss der Kleinbauern von Innovationen, die Geld kosten
- Fehlende Gleichberechtigung der Geschlechter. Frauen und Kinder, insbesondere Mädchen, leiden aufgrund soziokultureller Benachteiligungen am stärksten unter den Folgen der Armut. Frauen sind nicht nur größeren gesundheitlichen Risiken ausgesetzt (hohe Geburtenrate, rasche Geburtenfolge), sie und die Kinder sind die häufig in der Gesellschaft benachteiligt.
- In vielen ärmeren Ländern übersteigen die Kosten für Rüstungsimporte den Sozialhaushalt erheblich und führen zu einer drastischen Schmälerung der Entwicklungschancen der Armen.
- Insbesondere in Subsahara-Afrika sind instabile politische Verhältnisse, totalitäre Herrschaftsstrukturen, Korruption und Bereicherung der Eliten, Bürgerkriege, Vertreibung und Flucht häufige Auslöser von Armut.

Aber auch externe Einflüsse wirken sich hemmend auf die Entwicklungschancen aus. Überwiegend **extern bedingte Armutsursachen** sind:

- Protektionistische Maßnahmen (z. B. Einfuhrzölle) und Handelsverträge der großen Wirtschaftsmächte USA, EU und Japan behindern Agrarexporte der Entwicklungsländer (oft deren einzige Devisenbringer).
- Agrargüter aus Industrieländern, die zu staatlich subventionierten Niedrigpreisen in Entwicklungsländer exportiert werden, zerstören dort nationale Agrarmärkte. Auch unangepasste (über Nothilfe hinausgehende) Nahrungsmittelhilfe schwächt den Willen und die Fähigkeit zur Selbsthilfe.
- Landkäufe internationaler Agrarkonzerne reduzieren die für die lokale Bevölkerung verfügbaren Flächen, die oft ohne Entschädigung davon vertrieben wird.
- Niedrige, z. T. stark wechselnde Rohstoffpreise führen zu schwankenden Exporteinnahmen. Dies schädigt Länder, deren Einkünfte von wenigen agararischen oder bergbaulichen Exportprodukten abhängen.
- Hohe (Auslands-)Schulden und Schuldendienstverpflichtungen engen den Handlungsspielraum vieler Schuldnerländer für Entwicklungsfortschritte ein, meist zulasten der ärmsten Bevölkerungsschichten.

M16 Teufelskreis der Armut

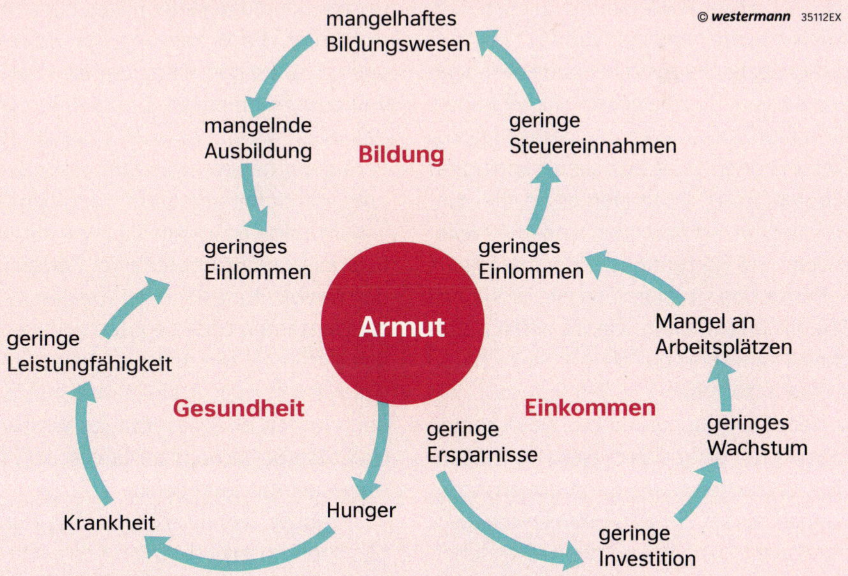

Quelle: http://waisenkind.de/_hp2/index.php?nr=A6.2

M17 Müttersterblichkeitsrate

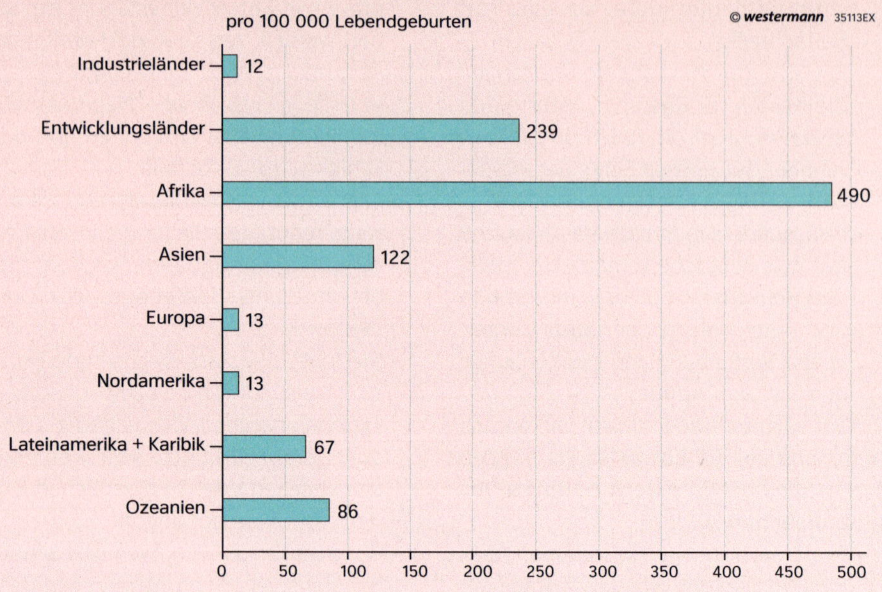

Quelle: DSW Datenreport 2016

M18 Korruption verursacht Schaden auf allen Ebenen und verhindert Entwicklung

3000 Paar Schuhe soll Imelda Marcos besessen haben, und ihr Mann Ferdinand Marcos, einstiger Präsident der Philippinen, ein sehr dickes Bankkonto in der Schweiz. Während seiner Amtszeit von 1972 bis 1986 soll er sechs bis zwölf Milliarden Franken in die eigene Tasche gewirtschaftet haben. Allein auf Schweizerkonten hortete Marcos 683 Millionen US-$ aus seiner korrupten Staatsführung. Doch Marcos ist kein Einzelfall: Laut Schätzungen sind 1000 Milliarden US-$ Korruptionsgelder im Umlauf.

Korruption ist im großen wie im kleinen Stil, im öffentlichen wie im wirtschaftlichen Leben und auf allen Gesellschaftsstufen anzutreffen – in den Industrie- wie in den Entwicklungsländern. Doch gerade in letzteren wirkt sich dieses Übel besonders verheerend aus, denn arme Länder können es sich am wenigsten leisten, dass der Staat betrogen und die Rechtssicherheit unterminiert werden.

[Korruption behindert die Beseitigung von Armut], weil sie Wirtschaftswachstum und nachhaltige Entwicklung unterminiert, die Millionen von Menschen aus der Armutsfalle befreien würden. Untersuchungen zeigen, dass Auslandsinvestitionen in Länder, die als korrupt wahrgenommen werden, niedriger sind. Auch dies beeinträchtigt die Chance dieser Länder, ihren Wohlstand zu erhöhen.

Die triste Praktik des Schmierens gibt es nicht nur auf höchster Ebene. Gerade in Ländern, in denen sich die Amtsträger vor den Augen aller illegal bereichern, bestimmt die Bezahlung von Schmiergeldern auch den Alltag der ärmsten Bevölkerungsschichten. Das wenige Geld, das diese Menschen zum Überleben zur Verfügung haben, wird durch die Bezahlung von Schmiergeldern noch weniger.

Korruption ist im Alleingang nicht möglich, es braucht immer zwei Parteien. In den Entwicklungsländern werden die Industriestaaten und die international tätigen Unternehmen meist als Bestechende wahrgenommen. Über Jahre galt denn auch in den obersten Etagen westlicher Multis die Bestechung ausländischer Amtsträger als Kavaliersdelikt.

Erst im Verlauf der Zeit, dank griffigeren Gesetzen, internationaler Konventionen und nicht zuletzt finanzieller Einbußen durch Imageschäden hat sich in mancher Führungsetage eine gewisse Sensibilität entwickelt. Diese scheint sich aber insbesondere in den boomenden Schwellenländern wie China, Indien oder Russland noch nicht durchgesetzt zu haben.

Quelle: Rosolli, Maria: Ob Moskau, Zürich oder Bogotá: Korruption gibt es überall. In: Eine Welt, 3/2007, S. 26–28

M19 Land Grabbing: Agrarland in Entwicklungsländern wird zum Spekulationsobjekt

In den Jahrzehnten [vor 2007] spielte Agrarland für Anleger auf den Finanzmärkten kaum eine Rolle. Doch dann weckten die Ernährungskrise und die gleich darauf folgende globale Finanzkrise das Interesse des Finanzsektors. Angesichts von Bevölkerungswachstum, Klimawandel, steigenden Nahrungsmittelpreisen sowie einem erhöhten Bedarf an Agrodiesel erkannte die Finanzwelt, dass der Druck auf die lebensnotwendigen Ressourcen Land und Wasser weiter steigen wird. Sie witterte gute Geschäfte mit hohen Renditen. Investoren sind aber nicht nur nationale und transnationale Unternehmen aus Europa und Nordamerika sowie aus dem Nahen Osten, Brasilien und Südafrika, sondern auch Privatpersonen. [...] Sie versuchen, über staatliche Unternehmen und Staatsfonds langfristig den Bedarf an Nahrungsmitteln für die eigene Bevölkerung zu sichern.

Die Investitionen werden in Staaten getätigt, wo Landreserven vorhanden sind, wo kein wirkungsvolles Bodenrecht die kleinbäuerliche Landwirtschaft schützt oder die entsprechenden Gesetze mangelhaft umgesetzt werden und wo Regierungen und Behörden schwach oder leicht korrumpierbar sind [...]. Die meisten der langfristig gepachteten oder gekauften Ländereien sind für den agroindustriellen Anbau von Pflanzen vorgesehen, aus denen Exportprodukte hergestellt werden: Agrotreibstoff, Futter-, Nahrungs- und Genussmittel. [...] Bei weitem [werden] nicht alle Investitionen wie angekündigt realisiert [...]. Das Land bleibt unbebaut, weil es oft einfach als Spekulationsmasse gekauft wird und dann brach liegt.

Weniger beachtet wird Water Grabbing, das fast immer Hand in Hand mit Land Grabbing geht. Denn viele der langfristig gepachteten und gekauften Böden sind ohne Bewässerungsmöglichkeit nutzlos für die Agroindustrie. In großem Stil investieren transnationale Unternehmen daher in Gebiete mit Flüssen oder Grundwasser. Durch diese Privatisierung der Wasserquellen werden die Rechte der lokalen Bevölkerung zusätzlich verletzt. [...]

Ein Ende des Runs auf Land ist nicht abzusehen und die Folgen sind vielschichtig.

Von Seiten der Investoren – dazu gehören inzwischen auch die Weltbank, zahlreiche Entwicklungsbanken, die Welternährungsorganisation FAO, der UN-Fonds für landwirtschaftliche Entwicklung IFAD sowie zahlreiche nationale Entwicklungshilfe-Agenturen – wird hervorgehoben, dass die groß angelegten Landwirtschaftsprojekte Arbeit für die Bevölkerung in den armen Ländern schaffen, dass sie dazu beitragen, die mangelhafte Infrastruktur zu entwickeln und allgemein Produktion und Wirtschaft ankurbeln. Dem gegenüber steht das Risiko, dass die Projekte Armut und Hunger der lokalen Bevölkerung verschärfen, ihre Rechte verletzen und die Umwelt stark schädigen. Und dass sich von selbst eine Win-win-Situation zwischen den auf Profit ausgerichteten transnationalen Unternehmen und der lokalen Bevölkerung einstellt, ist eine unrealistische Erwartung. Ebenso unrealistisch, wie die Verantwortung für die Einhaltung der Menschenrechte, die korrekte Erhebung von Steuern und Abgaben sowie deren Verteilung an die Bevölkerung vollständig auf die jeweiligen Regierungen abzuwälzen, wie es eine neue Publikation der Weltbank in Bezug auf die afrikanischen Staaten tut.

Allmählich zeichnet sich ein Trend ab, Land wie finanzielle Vermögenswerte zu handeln. Bei einer Nutzung ohne langfristige Perspektive ist die Gefahr groß, dass die Investoren durch den Einsatz von Pestiziden, Düngemitteln und anderen Chemikalien den Boden zerstören.

Quelle: Steinmann, Blanca: Attraktive Kapitalanlage – und die Folgen. In: Brot für Alle und Fastenopfer. Dossier 11, 2013, S. 3–5 (https://brotfueralle.ch/content/uploads/2016/03/Dossier-Entwicklungsbanken-und-Land-Grabbing.pdf)

M20 Die größten Investoren- und Zielländer von Land Grabbing 2013

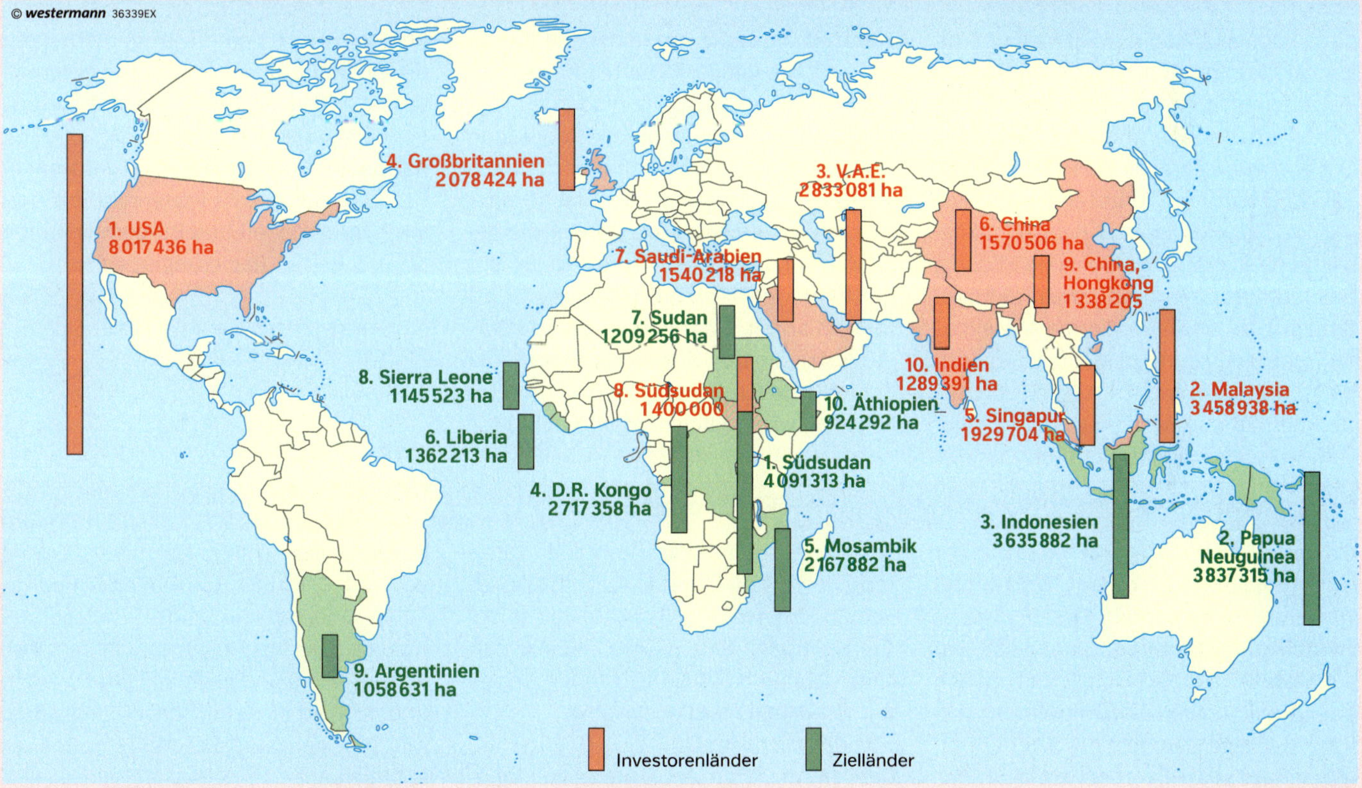

Quelle: https://brotfueralle.ch/content/uploads/2016/03/Dossier-Entwicklungsbanken-und-Land-Grabbing.pdf

Wege aus der Armutsfalle

M21 Verbesserung der Lebenschancen im ländlichen Raum in Entwicklungsländern

Das Leben der Landbevölkerung entspricht heute in vielen reichen Ländern in Bezug auf Wahlmöglichkeiten, Bildungschancen, Berufswahl, Gesundheitsversorgung und Freizeitangebot durchaus urbanen Standards.

Ganz anders sieht es in den ländlichen Gegenden in Entwicklungsländern aus. Leben auf dem Land bedeutet für viele Menschen Armut und Chancenlosigkeit. Die Not ist auf dem ersten Blick nicht so offensichtlich wie in den Städten mit ihren Slums und Armenvierteln, doch ist sie auf dem Land stärker verbreitet und oft noch bitterer.

In den ländlichen Gebieten Afrikas, Asiens und Lateinamerikas fehlt es häufig grundsätzlich an staatlichen Leistungen, angefangen von Straßen und Strom bis hin zu Gesundheitswesen und Bildungseinrichtungen. Als Folge dessen gibt es in ländlichen Gebieten auch wenig Handels- und Gewerbebetriebe und somit fast keine formalen Arbeitsplätze.

Die einzige Einnahmequelle ist vielleicht die Landwirtschaft. Auf ihr ruht ein besonderes Augenmerk. Die landwirtschaftlichen

Betriebe und Kleinbauern zu stärken, bedeutet, Entwicklung auf dem Land voranzubringen. Das ist vielerorts allerdings nicht einfach und bedarf laut Experten einer Anschubfinanzierung durch Geber – nicht zuletzt, um die Infrastruktur auszubauen. Dabei geht es um Straßen, Wasserleitungen und so weiter, aber auch um Schulen, Gesundheitszentren oder einfach nur um Zugang zu staatlicher Verwaltung. Wichtig ist zudem die Vermittlung von regionalspezifischem Wissen über Dinge wie Anbaumethoden, Pflanzenzüchtung, Bewässerung, Düngung und so weiter. Dabei müssen heute unbedingt auch die durch den Klimawandel veränderten Bedingungen berücksichtigt werden.

Quelle: Balk, Sabine: Lebenschancen im ländlichen Raum. In: E+Z, H. 9–10/2016, S. 6

M22 Bedeutung der Industrieländer bei der Armutsbekämpfung

Die üblichen empirischen Debatten behandeln die Frage, wie Entwicklungsländer ihre wirtschaftlichen Institutionen und ihre Wirtschaftspolitik gestalten sollten, um gravierende Armut innerhalb ihrer Landesgrenzen zu reduzieren. Mit Blick auf Hongkong, Singapur und jüngst auch China lautet die herkömmliche Devise, diese Länder sollten sich für freie und offene Märkte mit minimalen Steuern und Regulierungen entscheiden, um Investitionen anzuziehen und das Wachstum anzukurbeln, während eine Reihe einflussreicher Ökonomen hingegen fordert, wie im indischen Bundesstaat Kerala umfangreiche staatliche Investitionen in Bildung, Gesundheitswesen und Infrastruktur zu tätigen oder wie in Südkorea protektionistische Maßnahmen zu treffen, um noch junge Nischenbranchen zu schützen, bis sie international wettbewerbsfähig sind. Auch diese Debatten möchte ich ausklammern, um mich einmal mehr darauf zu konzentrieren, was sie ignorieren: die Rolle der Ausgestaltung der globalen institutionellen Ordnung bei der Fortdauer schwerer Armut. [...]

Die wohlhabenden Länder bezahlen sie für die Rohstoffe „ihrer" Länder, gewähren ihnen häufig hohe Kredite gegen die Sicherheit zukünftiger Exporte und verkaufen ihnen bereitwillig jene modernen Waffensysteme, auf denen ihre fortdauernde Herrschaft allzu oft beruht. Indem sie die Vergünstigungen staatlicher Machtträger substanziell erhöhen, verstärken die genannten Privilegien den Anreiz, die Macht mit Waffengewalt zu übernehmen und fördern somit Staatsstreiche und (Bürger-)Kriege in den ärmeren Ländern. [...] Schwere Armut wird tatsächlich von lokaler Misswirtschaft gefördert. Doch diese wird ihrerseits von globalen Regeln ermöglicht, die die wohlhabenderen Länder aufstellen und von denen sie erheblich profitieren.

Wird dieser Kausalzusammenhang zwischen der globalen institutionellen Ordnung einerseits und der Fortdauer schwerer Armut andererseits erst einmal erkannt, zeigt sich die Ungerechtigkeit dieser Ordnung und ihrer Aufrechterhaltung. Letztere liegt in der Verantwortung der wohlhabenden Staaten, die auf internationaler Ebene die Gestaltungsmacht besitzen – und damit letztendlich bei uns, ihren Bürgerinnen und Bürgern, in deren Namen unsere Regierungen agieren.

Quelle: Plogge, Thomas: Weltarmut und Menschenrechte. In: APuZ, H. 7–9/2015, S. 52 f. (http://www.bpb.de/apuz/200376/weltarmut-und-menschenrechte?p=all)

M23 Mikrokredite in Entwicklungsländern – Fluch oder Segen?

Als der Erfinder der Mikrokredite gilt der Unternehmer und Ökonom Muhammad Yunus aus Bangladesch. Er sah, dass es vielen Armen an Kapital mangelte, um ein eigenes kleines Geschäft aufzubauen oder einfach nur Arbeitsmittel zu erwerben. Als Folge gründete er 1976 die Grameen Bank, ein Mikrofinanzinstitut, das bis heute insgesamt 6,65 Mrd. US-$ an Krediten (in der Regel kleinere Beträge unter 5 US-$ pro Person) vergeben hat und für dessen Gründung Yunus 2006 sogar den Friedensnobelpreis erhielt. Das selbsterklärte Ziel der Bank ist Hilfe zur Selbsthilfe. Arme Leute nehmen einen Mikrokredit auf, mit dem sie ein kleines Geschäft aufbauen oder erweitern können, und zahlen dann den Kredit mit Zinsen zurück.

Kredite werden nicht durch Sachwerte besichert, weil Arme kaum Besitz mit Geldwert haben. An die Stelle von Sachwerten als Sicherheit tritt die soziale Verantwortung, die die Kreditnehmer zur pünktlichen Rückzahlung der Raten motivieren soll. Um das Ausfallrisiko zu vermindern, werden die Mikrokredite der Grameen Bank zudem nicht an Einzelpersonen, sondern nur an Selbsthilfegruppen mit fünf Mitgliedern ausgezahlt.

Verbindlich ist auch, die „16 Entscheidungen" des Grameen Systems zu akzeptieren. Dazu gehören Werte wie harte Arbeit, Disziplin, Mut, Einigkeit und das Versprechen, für gute Lebensumstände und Schulbildung der Kinder zu sorgen. Laut Grameen Bank werden 98,35 Prozent aller Kredite pünktlich zurückgezahlt. 97 Prozent aller Kreditnehmer sind Frauen. Heute wird das Konzept der Bank in 60 Entwicklungsländern angewandt.

Doch gibt es auch kritische Stimmen, die behaupten, Mikrokredite würden Armut nicht verringern, sondern geradezu fördern bzw. die Armut monetarisieren. Mikrokredite können für Arme eine Chance sein, der Armut zu entfliehen. Wichtig ist aber, dass das geliehene Geld ausschließlich zur Erzielung eines Mehrwerts verwendet wird – nicht für Konsum oder Medikamente. Ansonsten droht die Schuldenfalle. Nur wenn die Kreditnehmer auf ihrem Weg in die Selbstständigkeit begleitet werden und ihr Geld nicht für Konsum ausgeben müssen, geht das Geschäftsmodell erfolgreich auf.

Quelle: Streiter, Oskar: Mikrokredite in Entwicklungsländern – Fluch oder Segen? Berlin, 28.04.2014 (http://www.lending-school.de/blog/mikrokredite-in-entwicklungslaendern-fluch-oder-segen); leicht verändert

M24 Entwicklungspartnerschaften mit der Wirtschaft (EPW)

EPW oder Projekte der Public Private Partnership (PPP) sind kurz- bis mittelfristig angelegte gemeinsame Vorhaben von Unternehmen und Durchführungsorganisationen der Entwicklungszusammenarbeit.

Im Rahmen einer Entwicklungspartnerschaft handeln beide Partner gleichberechtigt: Beide versprechen sich einen Nutzen aus der Partnerschaft, aber beide beteiligen sich auch an den Kosten und der Durchführung der Projekte.

Entwicklungspartnerschaften kombinieren so die Innovationskraft der Wirtschaft mit den Ressourcen, dem Wissen und den Erfahrungen der Entwicklungspolitik. Sie mobilisieren zusätzliche Mittel für entwicklungspolitische Prozesse und Ziele und fördern den Transfer von Know-how und moderner Technologie in Entwicklungsländer. Sie sind dadurch ein großer Gewinn für die Entwicklungszusammenarbeit.

Aber auch die Unternehmen profitieren in besonderer Weise: weil ihnen zusätzliche öffentliche Mittel zur Verfügung gestellt werden, weil sie bei ihren Vorhaben von erfahrenen entwicklungspolitischen Durchführungsorganisationen unterstützt werden, die über sektor- und landesspezifische Kenntnisse verfügen und weil sie sich neue Märkte für ihre Produkte und Dienstleistungen erschließen.

Entwicklungspartnerschaften gibt es inzwischen in allen Arbeitsbereichen der Entwicklungszusammenarbeit. So werden zum Beispiel durch die Einführung von ökologischen und sozialen Standards die Arbeitsbedingungen in Entwicklungsländern verbessert. Es werden neue Techniken verbreitet oder neue Anbaumethoden in der Landwirtschaft erprobt. Viele Maßnahmen dienen dem Umwelt- und Ressourcenschutz und schaffen Arbeitsplätze – auch in ländlichen Regionen.

Quelle: Bundesministerium für wirtschaftliche Zusammenarbeit und Entwicklung: Angebote für Unternehmen (http://www.bmz.de/de/themen/privatwirtschaft/entwicklungspartnerschaften/index.html); leicht verändert

M25 Soziale Absicherung

In den Industrieländern sind die meisten Menschen sozial abgesichert. Sie haben eine Kranken-, Renten- und Lebensversicherung und erhalten in Notlagen Sozialtransfers durch den Staat. In den Entwicklungs- und Schwellenländern ist das anders. Rund 80 Prozent der Weltbevölkerung leben ohne soziale Absicherung: Im Alter, bei Missernten, Krankheit, Unfall oder Tod des Haupternährers sind viele Menschen unmittelbar von absoluter Armut bedroht. „Jeder hat als Mitglied der Gesellschaft das Recht auf soziale Sicherheit" heißt es bereits in der „Allgemeinen Erklärung der Menschenrechte". Soziale Sicherung gilt heute als wichtiger Baustein, um Armut zu reduzieren und ein nachhaltiges Wirtschaftswachstum zu fördern. Sie gewinnt in der Entwicklungszusammenarbeit zunehmend an Bedeutung. [...]

Die staatliche soziale Sicherung kann auf zwei Arten finanziert werden: durch Sozialabgaben, also Beiträge der Arbeitnehmer und Arbeitgeber, oder durch Steuern. Um alle Bevölkerungsgruppen zu erreichen, setzen heute fast alle Staaten auf beide Modelle in unterschiedlicher Ausprägung: steuerfinanzierte Instrumente zur Existenzsicherung für Arme, beitragsbezogene Systeme für Menschen mit mehr Einkommen, um Lebensstandards zu sichern.

Denn absolut Arme können praktisch keine Beiträge leisten. Zu dieser Gruppe gehören in den Entwicklungs- und Schwellenländern auch minderjährige Waisen, chronisch Kranke und Menschen mit Behinderungen. Diese Menschen benötigen daher Hilfe durch steuerlich finanzierte Sozialtransfers, sonst können sie der Armutsfalle nicht entrinnen. Andere Menschen können zwar grundsätzlich Beiträge leisten, brauchen aber Unterstützung in bestimmten Situationen etwa im Alter, im Mutterschutz, bei Erwerbslosigkeit oder langwieriger Krankheit. Für diese Gruppen gibt es daher beitragsfinanzierte Versicherungen.

Quelle: Stockstrom, Sanna (KfW Entwicklungsbank): Damit Schicksalsschläge nicht in absoluter Armut enden. Ein Dossier der KfW in Zusammenarbeit mit Redaktion Welt-Sichten, Dossier 12/2012, S. 3 (https://www.kfw-entwicklungsbank.de/Download-Center/PDF-Dokumente-Medienkooperation-mit-Weltsichten/2012_12_Soziale_Sicherung.pdf)

M26 Armut und Globalisierung

Zwei gegensätzliche Positionen dominieren die Debatte um Armut und Globalisierung: Zum einen wird die Ansicht vertreten, dass die Zunahme der internationalen Verflechtungen zu einem Anstieg des weltweiten Wohlstands führt und somit ein Schlüssel der Armutsbekämpfung gerade für Länder des Südens darstellt. Die andere Position ist, dass die Globalisierung regionale Wohlstandsdisparitäten verfestigt oder noch verschärft und der weltweite Wettbewerb zu erheblichen sozialen Verwerfungen und zur Marginalisierung ganzer Regionen führt.

Quelle: Dannenberg, Peter/Follmann, Alexander: Armut und Globalisierung. In: Praxis Geographie, H. 12/2015, S. 4

M27 Rücküberweisungen von Migranten

Nach dem Migrations- und Entwicklungsbericht der Weltbank haben im Jahr 2012 Arbeitsmigranten weltweit 406 Mrd. US-$ in ihre Herkunftsstaaten überwiesen, so viel wie nie zuvor. Davon haben erhalten:

Ostasien und Pazifik-Region	114 Mrd. US-$
Nordafrika und Mittlerer Osten	47 Mrd. US-$
Subsahara-Afrika	31 Mrd. US-$
Lateinamerika und Karibik	64 Mrd. US-$
Europa und Zentralasien	41 Mrd. US-$.

Die Weltbank erwartet eine jährliche Steigerung dieser Transfers um 10 %. Das würde für 2015 ca. 534 Mrd. US-$ ergeben, fast den vierfachen Wert der staatlichen Entwicklungszusammenarbeit. Obendrein erreicht dieses Geld die Familien direkt und ohne die Gefahr korrupter Zwischenstationen. Wegen der hohen Überweisungskosten wird vermutet, dass Rücküberweisungen auf inoffiziellen Wegen sogar noch um 50 % höher sind als diese offiziellen Zahlen.

Quelle der Daten: Pape, Ulrike: Rücküberweisungen von Migranten steigen. 10.12.2012 (http://www.bpb.de/gesellschaft/migration/newsletter/151277/welt-rueckueberweisungen-von-migranten-steigen); leicht verändert

M28 Politikkohärenz für Armutsbekämpfung

Politikkohärenz für Entwicklung oder entwicklungsbezogene Politikkohärenz – diese Begriffe klingen zunächst recht abstrakt. Sie werden aber sehr schnell konkret, wenn man sich klar macht, dass nicht nur Entwicklungspolitik, sondern auch andere Politiken das Leben der Menschen in den Partnerländern des Südens beeinflussen und auch schädigen können. Politikkohärenz für Entwicklung bedeutet, dass alle Politiken eine Mitverantwortung für Entwicklung haben.

Entwicklungspolitik muss daher ihre Aufmerksamkeit auch auf andere Politiken richten, um Inkohärenzen möglichst zu vermeiden und, besser noch, mit anderen Politiken im Hinblick auf die genannten Ziele zusammenzuwirken (Synergien).

Ein Beispiel für Synergien ist eine Handelspolitik, die Entwicklungsländern Absatzchancen in den Industrieländern eröffnet und damit Projekte der Entwicklungszusammenarbeit [zum Beispiel zur Überwindung der Armut] unterstützt. Ein anderes Beispiel ist eine Rohstoffpolitik, die bei der Sicherung von Rohstoffinteressen zugleich auf die Wahrung von Menschenrechten, Sozial- und Umweltstandards sowie guter Regierungsführung in den Rohstoffexportländern achtet.

Quelle: Aschoff, Guido: Politikkohärenz für Entwicklung. In: Gemeinsame Konferenz Kirche und Entwicklung (GKKE): Politikkohärenz für Entwicklung. Ein Dossier der GKKE in Zusammenarbeit mit der Redaktion Welt-Sichten, 2/2013, S. 3 f.

M29 Dünger statt Tabu

In Entwicklungsländern erkranken und sterben Millionen von Menschen mangels guter Sanitärversorgung. Neue Konzepte reduzieren menschliche Fäkalien und Urin nicht mehr auf ein hygienisches Gesundheitsproblem. Vielmehr setzen sie auf Recycling und nutzen die Exkremente als Düngemittel oder für die Energieproduktion.

Weltweit haben 2,4 Milliarden Menschen, das heißt, eine von drei Personen, keinen Zugang zu zweckmäßigen Sanitäreinrichtungen. Eine Milliarde verrichtet ihre Bedürfnisse im Freien. [...] Dies verunreinigt die Umgebung und macht krank. [...] Menschliche Exkremente [sollten] nicht länger bloß als Problem, sondern auch als Ressource gesehen werden. [...] Ein Wertstoff, der in China, Japan und Vietnam seit Jahrhunderten als Dünger ohne Tabus eingesetzt wird. [...] Die Wiederverwendung von menschlichen Exkrementen als Dünger für die Landwirtschaft wird jedoch vielerorts abgelehnt. Sie verstößt gegen rituelle und religiöse Tabus. „Muslime und Hindus weigern sich, Dünger aus menschlichen Exkrementen für den Anbau von Lebensmitteln zu verwenden, weil dadurch die reine Nahrung mit einem unsauberen Produkt in Berührung gerät“, ruft die Anthropologin Petra Keller in Erinnerung. [...]

Die von der Eawag (Wasserforschungsinstitut des ETH-Bereichs) zusammen mit dem österreichischen Designstudio EOOS sowie der Makerere University in Uganda entwickelte Blue Diversion-Toilette wurde 2014 von der Internationalen Wasserorganisation IWA mit dem Innovationspreis für die beste angewandte Forschung ausgezeichnet. Das System von Blue Diversion verbindet die Vorteile der Trockentoilette mit dem Luxus von Wasser, das in einem geschlossenen Kreislauf wieder aufbereitet wird. Die Toilette soll über eine Benutzungsgebühr finanziert werden. Die Verwendung der Exkremente als Dünger soll zusätzlich Kosten reduzieren. Erste Praxistests in Uganda und Nairobi wurden erfolgreich abgeschlossen. Für die Produktion von größeren Stückzahlen ist das Forscher- und Entwicklerteam nun auf der Suche nach Industriepartnern und Investoren.

Quelle: Beti, Luca: Dünger als Tabu. In: Eine Welt, 3/2015, S. 26–28 (leicht verändert)

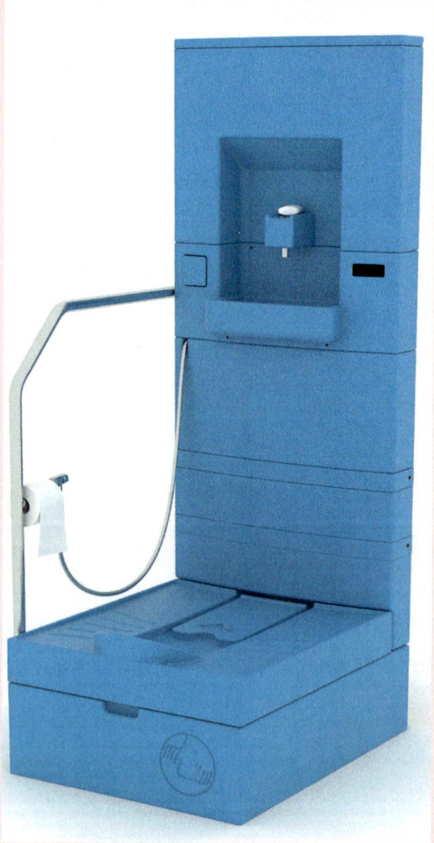

Die Blue Diversion-Toilette

M30 Fallbeispiel Niger

Strukturdaten (Stand 2016)

Fläche	1 267 000 km² (ca. zweieinhalbfache Größe Frankreichs)
Einwohnerzahl	19 700 000
Bevölkerungsdichte	15 Einwohner/km²
Bevölkerungswachstumsrate	3,5 %
Geburten je 1000 Einwohner	49
Gesamtfruchtbarkeitsrate	7,6
Lebenserwartung bei der Geburt	61 Jahre (männlich), 62 (weiblich)
Bevölkerung nach Alter	
unter 15 Jahre	50 %
über 64 Jahre	3 %
Beteiligung an Sekundarbildung (2015)	
männlich	22 %
weiblich	15 %
Bevölkerungsprojektion (in Mio.)	
2030	34,3
2050	68,9

Quelle: Der Neue Fischer Weltalmanach 2016, S. 329; Deutsche Stiftung Weltbevölkerung (DSW): Datenreport 2016

Probleme

Nirgends ging die Bevölkerungsentwicklung so rasant vonstatten wie in den Ländern südlich der Sahara. Im Laufe des 20. Jahrhunderts hat sich hier die Bevölkerung versiebenfacht. Angesichts des gleichbleibend hohen Fertilitätsniveaus kann man davon ausgehen, dass die Bevölkerungsexplosion im 21. Jahrhundert fortdauert. Besonders besorgniserregend ist die demographische Entwicklung im Niger. Hohes Bevölkerungswachstum führt zu mehr Armut, denn ein sehr starkes Bevölkerungswachstum belastet das Einkommenswachstum je Einwohner. Bei einer Zunahme der Kinderzahl um jährlich 750 000 wird die Deckung des Bedarfs in den Bereichen Bildung, Ausbildung und Gesundheit zu einer untragbaren finanziellen Belastung. Hinzu kommt, dass mehr als 85 % der Bevölkerung innerhalb der südlichen 20 % des Staatsgebietes leben. Und noch nicht einmal 8 % der Landesfläche erhalten eine jährliche durchschnittliche Niederschlagsmenge von 400 mm. Ungleichmäßig fallende Niederschläge, eine dramatische Abholzung zur Deckung des Brennholzbedarfs sowie die Übernutzung der Anbauflächen und zunehmende Konflikte mit den Viehzüchtern, die für ihre Wanderweidewirtschaft immer weniger Raum zur Verfügung haben, haben aufgrund des unkontrollierten Bevölkerungswachstums eine dramatische Ausbreitung der Armut in ländlichen Gebieten bewirkt. Unregelmäßige Niederschläge, große Unterschiede in der Bodenqualität, extensive Bodenbewirtschaftung und Knappheit an bewässerbaren/bewässerten Flächen haben dazu geführt, dass die rasch wachsende Bevölkerung zunehmend auf Nahrungsmittelimporte und humanitäre Hilfe angewiesen ist. Häufige Dürren sorgen für Getreidedefizite in Größenordnungen von mehr als 1 Million Tonnen/Jahr. In Anbetracht zunehmenden Hungers überrascht es nicht, dass im Niger und in anderen Sahelstaaten eine sich verstärkende Landflucht zu beobachten ist, die aber letztendlich nur eine Verlagerung des Problems bedeutet. Dennoch halten Experten eine Lösung des Armutsproblems für möglich, allerdings unter zwei Bedingungen: 1. Beginn sofort, 2. konsequente Umsetzung ohne Verzögerungen.

Quelle: Serge, Michailow: Vorprogrammierte Explosion? Welche Folgen das rasante Bevölkerungswachstum in Afrika südlich der Sahara haben könnte. In: Konrad-Adenauer-Stiftung: Demographischer Wandel als Schicksalsfrage. Auslandsinformationen 4/2016, S. 43–56 (Auszüge)

5 Entwicklungsdimension Umwelt

Karl-Heinz Otto

5.1 Mensch und Umwelt

Dieses Kapitel beschäftigt sich mit folgenden Fragen:

1. Warum hat man den Begriff „Anthropozän" eingeführt?
2. Welcher Zusammenhang besteht zwischen Umwelt und Entwicklung?
3. Welche Anstrengungen sind erforderlich, um eine nachhaltige, d. h. zukunftssichernde Entwicklung auf unserem Planeten zu erreichen?
4. Warum ist es notwendig, dass alle Staaten der Erde, egal ob Industrie- oder Entwicklungsland, an der Umsetzung der „Sustainable Development Goals" (SDGs) (vgl. S. 15) mitarbeiten?

Die natürliche Umwelt ist in doppeltem Sinne von entscheidender Bedeutung für eine nachhaltige Entwicklung. Einerseits stellt sie die für die menschliche Existenz erforderlichen, aber limitierten Ressourcen in Form von Rohstoffen, Energieträgern, Nahrungsgütern etc. und in Form von öffentlichen Gütern wie Luft, Wasser und Boden zur Verfügung. Andererseits dient die Natur als Deponieraum für verbrauchte Ressourcen (z. B. feste und flüssige Abfälle, Emissionen).

Das natürliche System der Erde wird durch den wirtschaftenden Menschen belastet, aber dieser Belastbarkeit sind Grenzen gesetzt. Die entscheidende Frage ist: Wann und wie werden diese Grenzen erreicht bzw. überschritten und damit das „Lebensnetz" unserer Erde irreversibel geschädigt sein? Auch ökonomisches Wachstum muss diese Grenzen respektieren, denn ihre Missachtung könnte die Existenz der Menschheit aufs Spiel setzen. Jede Überlastung der natürlichen Systeme schränkt sie in ihrer Fähigkeit zur Regeneration stark ein und vermindert die Ressourcenverfügbarkeit. Die Ökosysteme erfahren dadurch sowohl quantitative als auch qualitative Beeinträchtigungen. Ein zentrales Problem ist, dass negative Auswirkungen umweltschädigenden Verhaltens und Handelns oftmals nicht unmittelbar in Erscheinung treten und dementsprechend nicht direkt zu beobachten sind. Sie werden in der Regel erst mit einer zeitlichen Verzögerung wahrgenommen.

Bei Überbelastung wird das „Lebensnetz" dünner und weniger wirksam, das Fließgleichgewicht der natürlichen Umwelt wird empfindlich gestört. Die Anzeichen dafür sind schon jetzt unübersehbar: Klimawandel, Zunahme der Naturrisiken, Smog, Wasserknappheit, Land- und Bodendegradation, Waldschäden/-verluste, Überfischung, Meeresverschmutzung, Verlust der biologischen Vielfalt und Ökosystemleistungen, Gefährdung durch langlebige anthropogene Schadstoffe, Verlust von Phosphor etc. Ohne Änderung des Umweltverhaltens des Menschen, ohne technologische Entwicklungen zur Reduzierung der Umweltbelastungen auf ein erträgliches Maß, ohne grundlegende Korrekturen im Verhältnis Ökonomie – Ökologie ist die Zukunft der Menschheit gefährdet. Weiteres ökologisch unbekümmertes Wirtschafts- und Wohlstandswachstum im Norden und in den jungen Industrie- und Schwellenländern bei notwendigerweise wachsendem Ressourcenverbrauch im Süden würde in eine ökologische Einbahnstraße münden und damit in eine Entwicklungsfalle führen. Entwicklung bedeutet heute mehr denn je: Schaffung menschenwürdiger Lebensgrundlagen für alle und Sicherung der Lebensgrundlagen für künftige Generationen.

Literatur

Bündnis Entwicklung Hilft/UNU-EHS (Hrsg.) (2014): WeltRisikoBericht 2014. Berlin.
Hauff, V. (1987): Unsere gemeinsame Zukunft. Der Brundtland-Bericht der Weltkommission für Umwelt und Entwicklung. Greven.
Randers, J. (2014): 2052. Der neue Bericht an den Club of Rome. Eine globale Prognose für die nächsten 40 Jahre. München.
UNESCO (United Nations Educational, Scientific and Cultural Organization) (2014): Roadmap for Implementing the Global Action Program on Education for Sustainable Development. Paris.
Wissenschaftlicher Beirat der Bundesregierung Globale Umweltveränderungen (WBGU) (2016): Der Umzug der Menschheit: Die transformative Kraft der Städte. Hauptgutachten. Berlin.
Wissenschaftlicher Beirat der Bundesregierung Globale Umweltveränderungen (WBGU) (2011): Globale Megatrends. Factsheet Nr. 3/2011. Berlin.

AUFGABEN

1. Erklären Sie den Begriff „Anthropozän". (M1)
2. a) Stellen Sie Argumente für den Beginn des Anthropozäns 1950 und vor 5000 Jahren gegenüber. (M1, M3)
   b) Wie würden Sie entscheiden? Tragen Sie Ihre Meinung in M2 ein und begründen Sie sie.
3. Wählen Sie einen der in M4 aufgeführten Meilensteine auf dem Weg zu einem globalen Umweltschutz und informieren Sie sich über diesen genauer. Stellen Sie Ihre Ergebnisse den Mitschülern in einem Kurzreferat vor.
4. Erläutern Sie, in welchem Zusammenhang Umwelt und Entwicklung stehen. (M5)
5. a) Nennen Sie die fünf Sustainable Development Goals, die sich explizit auf die Umwelt beziehen. (Abb.11 auf S. 15)
   b) Begründen Sie, warum alle Staaten der Erde an der Erreichung dieser Sustainable Development Goals mitarbeiten müssen. (M5)

M1 Anthropozän – das Zeitalter des Menschen

Das Anthropozän umfasst jenen kurzen Abschnitt der langen Erdgeschichte, in dem der Mensch zur treibenden geologischen Kraft wurde. Allein durch den Bergbau wurden mehr Gesteine und Sedimente verschoben, als alle Flüsse der Erde je transportiert haben. Der Mensch verursachte u. a. die Erderwärmung, zerstörte die Ozonschicht, ließ die Meeresspiegel ansteigen und bewirkte die Versauerung der Ozeane. Angesichts der massiven globalen Eingriffe und Veränderungen wird das Anthropozän von vielen Wissenschaftlern bereits als neue geologische Epoche gesehen. [...] Auch wenn der Begriff gerade in aller Munde ist, ist er doch noch eine vorläufige, inoffizielle Bezeichnung für eine Epoche, die erst als Teil der geologischen Zeitleiste anerkannt werden muss. [...] Für Geowissenschaftler ist die geologische Zeitskala das, was das Periodensystem für Chemiker ist. Diese Zeitskala bildet die Basis für alle Untersuchungen zur Vergangenheit unseres Planeten. [...]Nun gibt es Wissenschaftler, die sich für einen frühen Beginn des Anthropozäns (vor ca. 5000 Jahren) aussprechen, weil der Mensch schon vor Jahrtausenden anfing, die Erdoberfläche durch Landwirtschaft und andere Aktivitäten zu verändern. Andere wiederum schlagen einen späten Beginn (Mitte des 20. Jahrhunderts) vor, weil viele Daten belegen, dass der massive Einfluss des Menschen auf die Umwelt erst ab da erfolgte [...].

Quelle: Monastersky, Richard: Anthropozän. Zeitalter des Menschen. In: Spektrum vom 14.04.2015 (http://www.spektrum.de/news/zeitalter-des-menschen/1341897)

M2 Erdzeitalter

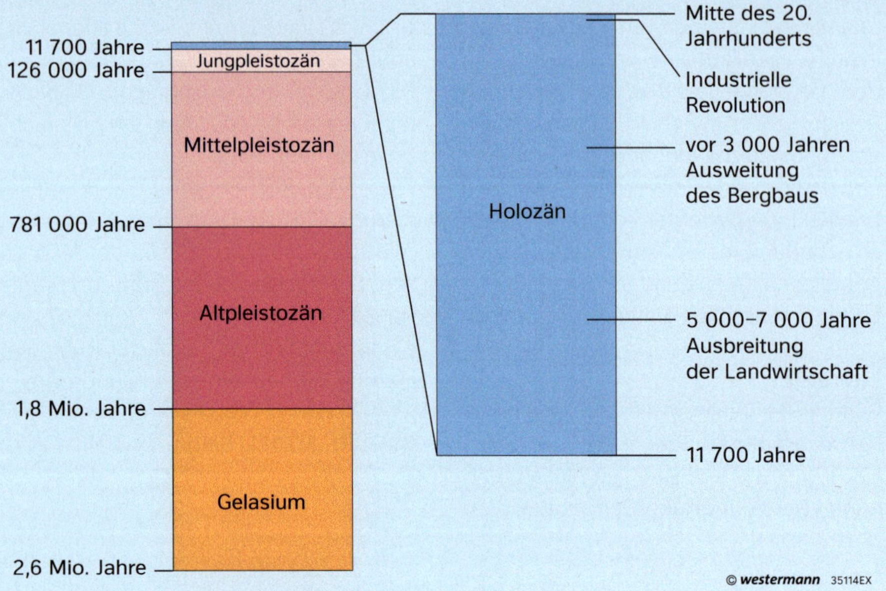

Quelle: http://www.spektrum.de/news/zeitalter-des-menschen/1341897

M3 Entwicklungen verschiedener Umweltparameter

M3a Bau großer Staudämme

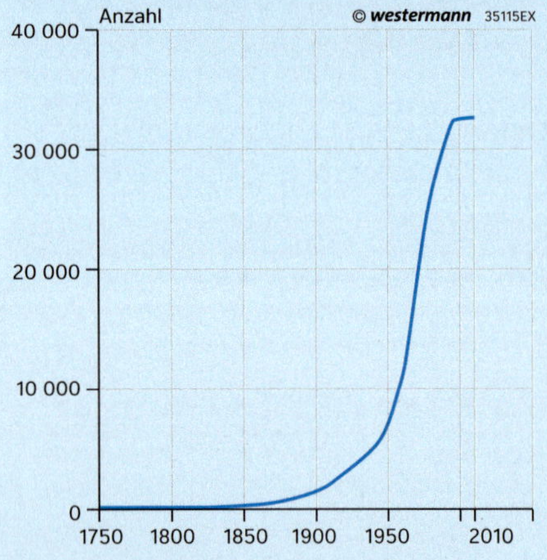

Quelle: http://www.spektrum.de/news/zeitalter-des-menschen/1341897 (nach: International Geosphere-Biosphere Programme)

M3b Wasserverbrauch

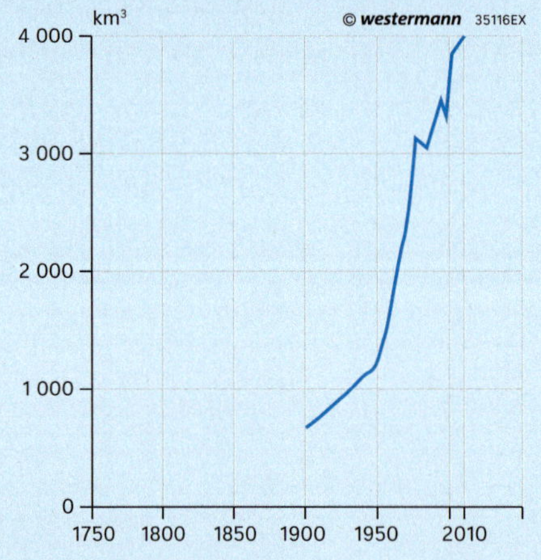

Quelle: http://www.spektrum.de/news/zeitalter-des-menschen/1341897 (nach: International Geosphere-Biosphere Programme)

M3c Einsatz von Düngemitteln

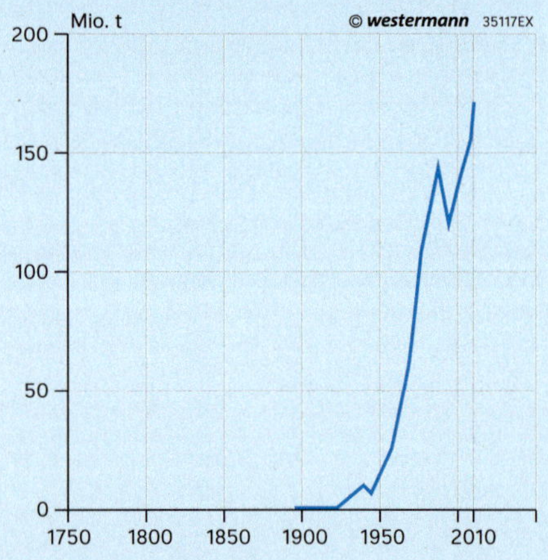

Quelle: http://www.spektrum.de/news/zeitalter-des-menschen/1341897 (nach: International Geosphere-Biosphere Programme)

M3d Radioaktiver Fallout

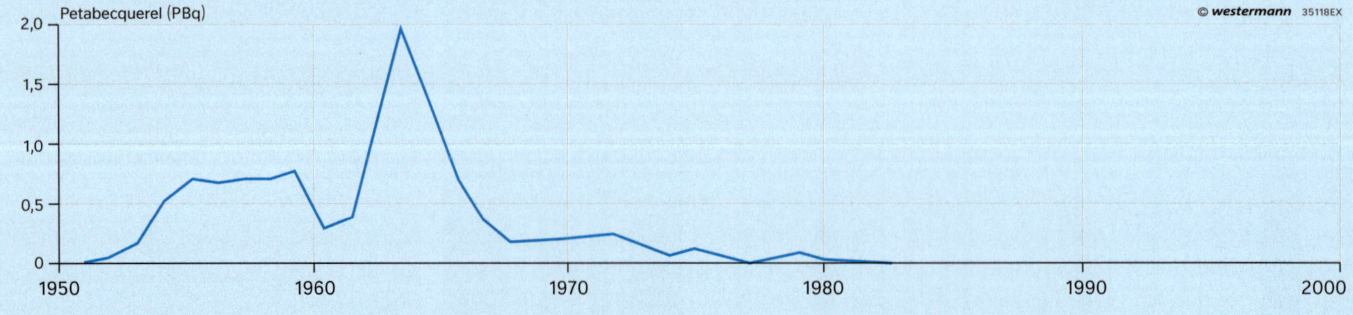

Quelle: http://www.spektrum.de/news/zeitalter-des-menschen/1341897 (nach: Zalasiewicz, J. u. a.: When did the Anthropocene begin? In: Quaternary International 2015)

M3e Intensive Landnutzung

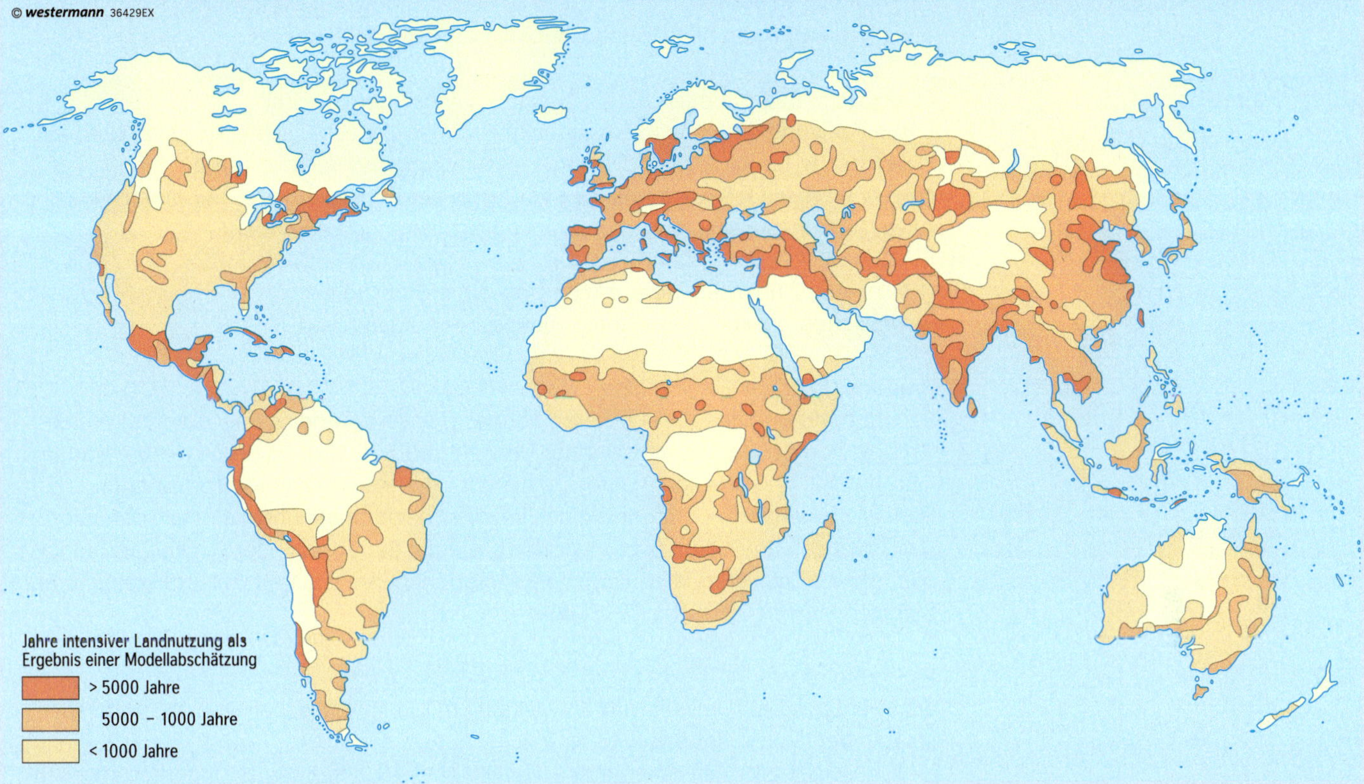

Quelle: http://www.spektrum.de/news/zeitalter-des-menschen/1341897 (nach: Ellis, E. C.: Anthropogenic transformation of the terrestrial biosphere. In: Phil. Trans. R. Soc. A 369, 2011, S. 1010–1035)

M3f Methankonzentration in der Atmosphäre

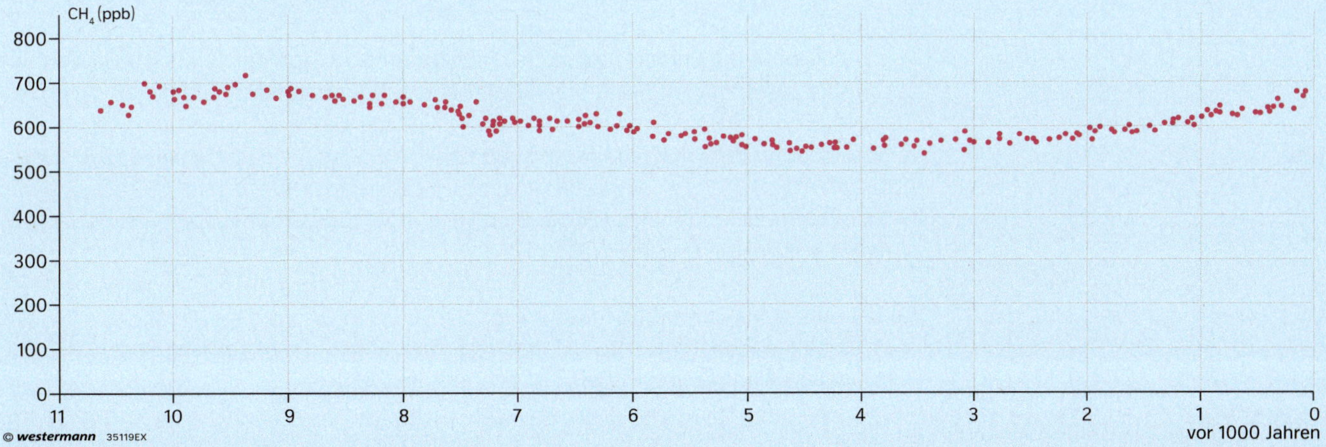

Quelle: http://www.spektrum.de/news/zeitalter-des-menschen/1341897 (nach: Ruddiman, W. F.: The Anthropocene. In: Ann. Rev. Earth. Planet. Sci. 41, 2013, S. 45–68)

M4 Meilensteine der Geschichte des Umweltschutzes

vor Beginn des Industriezeitalters	Eingriffe des Menschen in die Natur (z. B. Jagd, Abholzung, Waldweide, Torfgewinnung), deren Folgen blieben jedoch lokal oder regional begrenzt
1970er-Jahre	ökologische Bedrohungen haben globale Dimensionen erreicht Beschleunigung durch Ausbreitung nicht nachhaltiger Lebensstile, Kriege und Konflikte, zunehmende Armut sowie Bevölkerungswachstum und Verstädterung Folgen: wachsende Verwundbarkeit vor allem der Entwicklungsländer durch Naturrisiken, Nahrungskrisen, Hunger, Erkrankungsrisiken und Epidemien
1972	UN-Konferenz über die menschliche Umwelt in Stockholm → Umweltpolitik erstmals globales politisches Aufgabenfeld
1987	Brundtlandbericht Bericht mit dem Titel „Our Common Future" („Unsere gemeinsame Zukunft"), veröffentlicht von der Weltkommission für Umwelt und Entwicklung der Vereinten Nationen („Brundtland-Kommission") unter Vorsitz der norwegischen Ministerpräsidentin Gro Harlem Brundtland → Einführung des Begriffs „nachhaltige Entwicklung"; Definition: „Nachhaltige Entwicklung ist Entwicklung, die die Bedürfnisse der Gegenwart befriedigt, ohne zu riskieren, dass künftige Generationen ihre eigenen Bedürfnisse nicht befriedigen können." (Hauff 1987, S. 46)
1992	Rio-Konferenz erster Erdgipfel für Umwelt und Entwicklung mit Regierungschefs von 178 Mitgliedsstaaten der United Nations (UN) → wechselseitiger Zusammenhang zwischen Umwelt und Entwicklung im weltweiten Maßstab → gleichrangige Betrachtung von Gesellschaft, Ökologie und Ökonomie im Gesamtzusammenhang (in Deutschland wird seit längerem eine vierte Entwicklungsdimension für wichtig erachtet: Politik) → „Sustainable Development" (nachhaltige Entwicklung) als Leitziel zukünftiger internationaler Umwelt- und Entwicklungspolitik
2000	UN-Millenniumsgipfel → acht Millenniums-Entwicklungsziele (Millennium Development Goals, MDGs; Zeithorizont bis 2015), davon Ziel 7: Sicherung der ökologischen Nachhaltigkeit
2014	Verabschiedung des UN-Weltaktionsprogramms „Bildung für nachhaltige Entwicklung" (2015–2019) → Hauptthemen: 1. Klimawandel, 2. Biodiversität, 3. Katastrophenvorsorge, 4. Nachhaltigkeit in Konsum und Produktion
2015	70. UN-Generalversammlung in New York → 17 globale nachhaltige Entwicklungsziele (Sustainable Development Goals [SDGs]) für Industrieländer und Entwicklungsländer bis 2030

M5 Umwelt und Entwicklung

Nicht alle Regionen der Erde sind in gleichem Maße von Umweltgefährdungen und -risiken betroffen. In den reichen Industrieländern hat sich die Situation z. T. verbessert, während die Belastung in den Schwellen- und Entwicklungsländern besonders stark gestiegen ist. In den Industrieländern wie in den Newly Industrializing Countries (NIC) und den Schwellenländern können ökologische Fehlentwicklungen – trotz beachtlicher Fortschritte in den Umwelttechnologien – ebenso zur Bedrohung werden wie die ökonomische Unterentwicklung der Länder im Süden und Osten. Der technologische Fortschritt und materielle Wohlstand des Nordens sowie der NIC und einzelner Schwellenländer gingen und gehen bisher in erheblichem Umfang zu Lasten

- der natürlichen Umwelt
- der wirtschaftlich schwächeren Regionen und sozialen Gruppen
- zukünftiger Generationen.

Seit realisiert wurde, dass die Eingriffe des Menschen in die natürliche Umwelt globale Dimensionen erreicht haben, hat sich das Verhältnis zwischen Entwicklungsländern und Industrieländern grundlegend gewandelt: Jetzt sind auch die Industrieländer selbst zu veränderter Entwicklung und zu sozial und ökologisch verantwortlichem wirtschaftlichen Handeln herausgefordert. Konkret: Die reichen Länder müssen ihren Wohlstand mit viel geringerem Verbrauch an Rohstoffen sichern, er muss schlanker, ressourcenleichter werden. Und die Länder, die heute noch nicht am Wohlstandstisch sitzen, dürfen nicht die Entwicklung des Nordens imitieren. Sie müssen einen Weg suchen, der bei weitem nicht zu einer ähnlich hohen Belastung der Biosphäre führt. Dies sollte besonders für die beiden bevölkerungsreichsten Länder der Erde, China und Indien, gelten. In den Industrieländern hat die Entkopplung des Ressourcenverbrauchs vom Wirtschaftswachstum z. T. schon Fortschritte gemacht. Dieser Trend muss sich auch beim Wirtschaftswachstum in den Entwicklungsländern fortsetzen. Voraussetzungen dafür sind Förderung der Bildung und Gesundheit sowie Bekämpfung von Armut und Hunger.

Nachhaltige Entwicklungspolitik muss die ökologischen Grenzen berücksichtigen. Umweltpolitik wiederum muss ökonomische und soziale Unterschiede zwischen armen und reichen Ländern und Regionen beachten. Eine globale Umweltkrise wäre zugleich eine Entwicklungskrise, die die gesamte Menschheit bedroht. Wenn es nicht gelingt, die wachsenden wirtschaftlichen Globalisierungsprozesse den Geboten der ökologischen Nachhaltigkeit und der sozialen Gerechtigkeit zu unterwerfen, ist die Erde bzw. die Menschheit als Ganzes gefährdet.

5.2 Globale Umweltgefährdungen

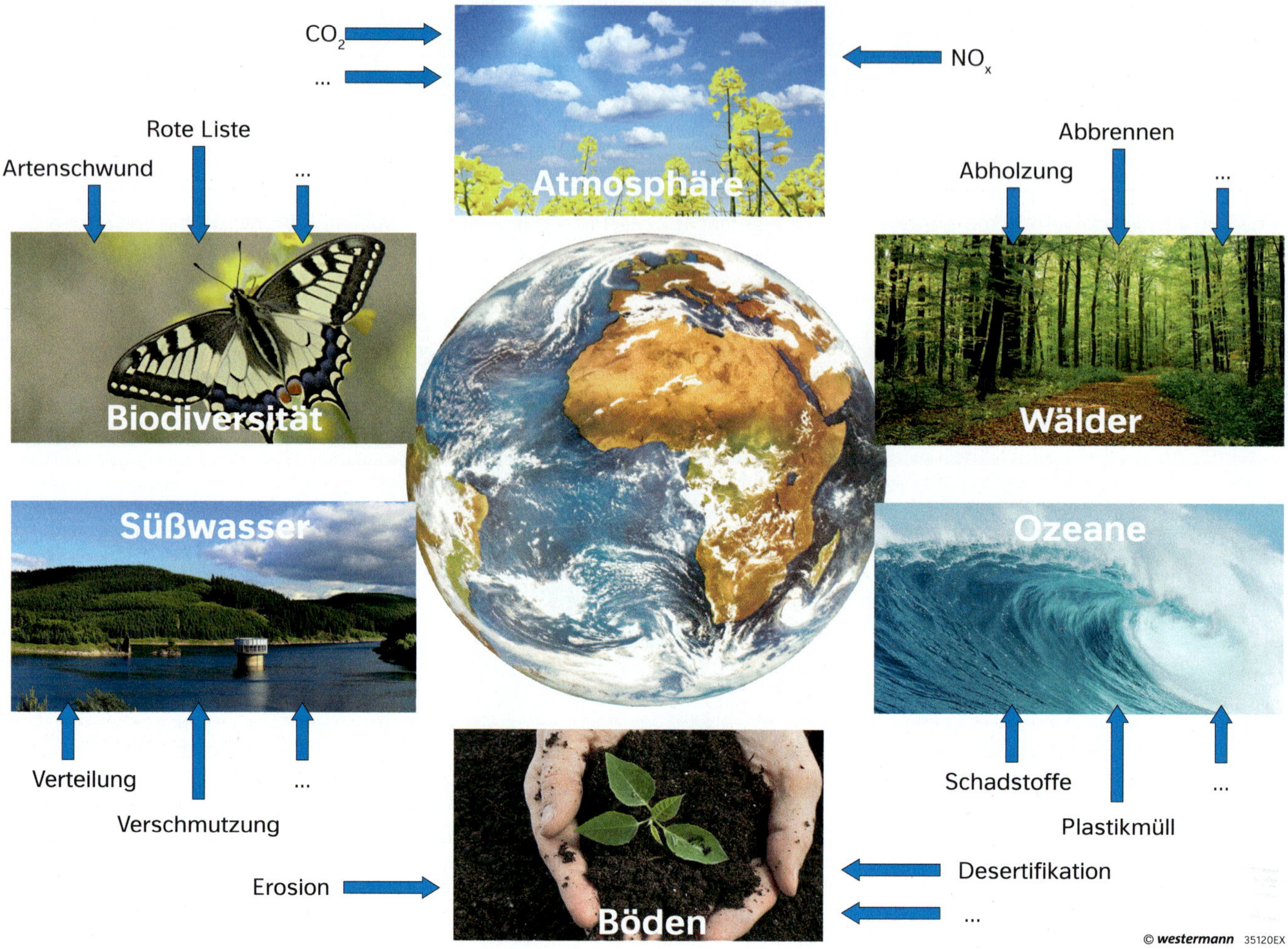

© westermann 35120EX

Dieses Kapitel beschäftigt sich mit folgenden Fragen:

1. Welche globalen Umweltprobleme bedrohen unseren Planeten?
2. Welches davon ist derzeit das virulenteste?

Die UN-Konferenz Umwelt und Entwicklung 1992 in Rio de Janeiro hat der Öffentlichkeit bewusst gemacht, dass unser Planet durch vielfältige Umweltgefährdungen bedroht ist, die beängstigend voranschreiten. Die drängendsten Umweltprobleme betreffen die Atmosphäre und das Klimasystem, die Ozeane, die Böden und die Gewässer, die Wälder sowie die biologische Vielfalt. Eng damit zusammen hängen u. a. der steigende Ressourcenverbrauch in den Industrie- und Schwellenländern, das stetige Wachstum der Weltbevölkerung, die weltweite Verknappung der landwirtschaftlich nutzbaren Flächen und der Süßwasservorkommen sowie das Phänomen der Verstädterung (Urbanisierung) der Weltbevölkerung.

Die Umweltgefährdungen können quantitativer oder qualitativer Art sein:

- Ein quantitatives Umweltproblem ist dann gegeben, wenn der Verbrauch einer bestimmten Umweltressource deren Regenerationsfähigkeit übersteigt, wenn beispielsweise einem Grundwasserreservoir mehr Wasser entnommen wird, als auf natürliche Weise eingespeist wird, oder mehr Kabeljau aus den Meeren gefischt wird, als naturbedingt nachwachsen kann.
- Ein qualitatives Umweltproblem liegt dann vor, wenn sich der Zustand eines bestimmten Umweltgutes materiell verschlechtert. Beispiel: Wenn Grundwasser in Folge landwirtschaftlicher Düngung verseucht oder die Luftqualität durch Verkehrs-, Haushalts- und Industrieabgase und Feinstäube dauerhaft reduziert wird.

Nicht alle Regionen der Welt sind im gleichen Maße von den vielfältigen Umweltgefährdungen betroffen. Vielmehr vergrößert sich die Diskrepanz zwischen einer relativ stabilen und in manchen Bereichen sogar verbesserten Umweltsituation in den wohlhabenden Industrienationen einerseits und einer dramatisch steigenden Umweltschädigung in den Entwicklungs- und Schwellenländern sowie einem Teil der Transformationsstaaten andererseits. Dies kommt vielerorts besonders deutlich in städtischen Regionen zum Ausdruck. Kurzum: Eine teilweise verbesserte Umweltsituation in den reichen Ländern der Erde steht einer steigenden Umweltbelastung in den ärmeren Ländern und in den Schwellenländern gegenüber (Lebensgrundlagen werden zerstört, Gesundheit wird geschädigt, Arbeitsfähigkeit wird herabgesetzt, Quellen für Naturheilmittel werden vernichtet etc.). Die Umweltprobleme in den ärmeren Regionen unseres

Planeten sind in der Regel eng mit den Bemühungen um ökonomische Entwicklung vor Ort verbunden. Beispiel: Die ökonomisch erfolgreiche Vermarktung von Tropenhölzern in Brasilien oder Indonesien steht im offenen Widerspruch zu den internationalen Vereinbarungen zum Klimaschutz und zur Biodiversität. Erschwerend kommt hinzu, dass die Verwundbarkeit (Vulnerabilität) der Entwicklungsländer gegenüber Umweltbelastungen und -risiken wesentlich größer ist als die der Industrieländer. Während die Industrieländer umfassende technologische und finanzielle Möglichkeiten besitzen, um auf Umweltveränderungen zu reagieren und sich diesen anzupassen (Adaption) – etwa durch aufwendige Frühwarnsysteme oder Hochwasserschutzmaßnahmen –, sind vergleichbare Potenziale zur Selbsthilfe in den armen Ländern nur begrenzt oder gar nicht vorhanden.

Literatur

Food and Agriculture Organization of the United Nations (FAO) (2014): The State of World Fisheries and Aquaculture. Opportunities and challenges. Rom.

Food and Agriculture Organization of the United Nations (FAO) (2015): Global Forest Resources Assessment 2015. Desk reference. Rom.

Intergovernmental Panel on Climate Change (IPCC) (2015): Climate Change 2014 Synthesis Report. Genf.

Martin, C. (2015): Endspiel. Wie wir das Schicksal der Tropischen Regenwälder noch wenden können. München.

Möller, L./Gardizi, F. (2012): Weltwasserbericht 2012: Kernaussagen. (http://www.unesco.de/wissenschaft/2012/weltwasserbericht4-kernaussagen.html)

Randers, J. (2014): 2052. Der neue Bericht an den Club of Rome. Eine globale Prognose für die nächsten 40 Jahre. München.

Wissenschaftlicher Beirat der Bundesregierung Globale Umweltveränderungen (WBGU) (2016): Der Umzug der Menschheit: Die transformative Kraft der Städte. Hauptgutachten. Berlin.

Internet

http://unesdoc.unesco.org/images/0023/002318/231823E.pdf

http://www.unesco.de/wissenschaft/2012/weltwasserbericht4-kernaussagen.html

https://www.bmbf.de/de/fuenf-blickwinkel-auf-die-zukunft-der-meere-1742.html

AUFGABE

Im Folgenden wird die Gefährdung wichtiger Umweltbereiche vorgestellt: Atmosphäre, Ozeane, Boden, Süßwasser und Wälder. Zudem geht es um den Rückgang der Biodiversität. Doch welches ist das derzeit bedeutendste Problem, welches gefährdet die Menschheit am meisten? Gehen Sie dieser Leitfrage im Rahmen eines Gruppenpuzzles nach.

1. Bilden Sie sechs Gruppen mit möglichst gleich vielen Schülern. In diesen Stammgruppen übernimmt jedes Mitglied die Bearbeitung eines der sechs Umweltbereiche. Jeder Schüler bearbeitet die zugehörigen Materialien zunächst selbstständig.

Stammgruppe 1: E1 E2 E3 E4 E5 E6

Stammgruppe 2: E1 E2 E3 E4 E5 E6

...

2. Nun trennen sich die Mitglieder der Stammgruppen und setzen sich mit den für denselben Umweltbereich zuständigen Schülern in Expertengruppen zusammen. Hier diskutieren Sie die Gefährdung und klären noch offene Fragen. Überlegen Sie sich, wie Sie im nächsten Schritt den Mitschülern ihrer Stammgruppe Ihr Thema vorstellen können.

Expertengruppe Atmosphäre: E1 E1 E1 E1 E1 E1

Expertengruppe Ozeane: E2 E2 E2 E2 E2 E2

...

3. Jetzt lösen sich die Expertengruppen wieder auf und alle Schüler gehen zurück in ihre Stammgruppen. Jede Stammgruppe hat nun alles Wissen beisammen, um gemeinsam darüber zu diskutieren, welches der vorgestellten Probleme derzeit am bedeutsamsten für die Menschheit ist.

Stammgruppe 1: E1 E2 E3 E4 E5 E6

Stammgruppe 2: E1 E2 E3 E4 E5 E6

...

Atmosphäre (Klimawandel)

M1 Der natürliche und der anthropogene Treibhauseffekt

Durch die Erdatmosphäre wird u. a. die reflektierende Wärmestrahlung der Erdoberfläche und bodennaher Luftschichten ins Weltall verringert. Ohne diesen „natürlichen Treibhauseffekt" läge die bodennahe Durchschnittstemperatur nicht bei 14,5 °C, sondern bei lebensfeindlichen -18 °C. An diesem natürlichen Treibhauseffekt sind als wichtiges natürliches Treibhausgas der Wasserdampf mit 61 %, Kohlendioxid (CO_2) mit 21 %, bodennahes Ozon (O_3) mit 7 % und weitere Gase (u. a. Fluorchlorkohlenwasserstoffe = FCKW) mit 11 % beteiligt. Sowohl die Konzentration der Treibhausgase in der Atmosphäre als auch die globale Durchschnittstemperatur ist natürlichen Schwankungen unterworfen. Diese werden jedoch durch zunehmende menschliche Aktivitäten überlagert. Vor allem die Verbrennung fossiler Rohstoffe wie Erdöl, Steinkohle, Braunkohle und Erdgas verursacht einen Anstieg der Treibhausgase und führt dadurch zu einer globalen Erwärmung („anthropogener Treibhauseffekt"). Dem Fünften Sachstandsbericht des Intergovernmental Panel on Climate Change (IPCC) 2015 zufolge ist die Erwärmung des Klimasystems eindeutig und es ist äußerst wahrscheinlich, dass der menschliche Einfluss die Hauptursache der festgestellten Erwärmung seit Mitte des 20. Jahrhunderts war. Klimasimulationen des Max-Planck-Instituts für Meteorologie zeigen, dass sich die globale Mitteltemperatur bis Ende des 21. Jahrhunderts um weitere 2,5 bis 4,1 °C erhöhen könnte, wenn die Emissionen von CO_2 und anderen Treibhausgasen unvermindert ansteigen. Andere Institute wie z. B. das IPCC befürchten, dass die Temperaturerhöhung noch stärker ausfallen wird.

M2 Folgen des Klimawandels

Die Folgen der bereits eingetretenen Klimaänderungen sind schon heute in den Ökosystemen aller Kontinente und Ozeane, aber auch in Gesellschaft und Wirtschaft zu beobachten.

Die weltweite Erwärmung hat in den vergangenen Jahren u. a.

- das Abschmelzen von Poleis und Gebirgsgletschern beschleunigt
- den Meeresspiegel signifikant ansteigen lassen (vor allem durch die thermische Ausdehnung der Wassermassen, auch durch das Abschmelzen der Polkappen)
- die Ozeane mit zusätzlicher Energie versorgt
- zur Versauerung der Ozeane beigetragen
- vermutlich den Prozess der Abschwächung der atlantischen Meeresströmung (Golfstrom) in Gang gesetzt
- die Zunahme von Wetterextremen bewirkt.

Der starke El Niño in 2015/2016 sorgte zudem für besonders hohe Temperaturen.

Ein wesentliches Merkmal des globalen Klimawandels ist, dass seine Folgen ungleich über die Erde verteilt sind. Die personellen, finanziellen und technischen Möglichkeiten der verschiedenen Gesellschaften – um zumindest einige Folgen der globalen Temperaturerhöhung abzuschwächen oder auszugleichen (vom Deichbau bis hin zur Gesundheitsversorgung und Capacity Building, also die Stärkung der Handlungskompetenz von Organisationen und Personal) – sind in höchstem Maße unterschiedlich, d. h., die Widerstandsfähigkeit (Resilienz) der Gesellschaften ist sehr different. So ist die Verletzbarkeit (Vulnerabilität) vieler Entwicklungsländer durch die Folgen des Klimawandels deutlich größer, als das in den hochentwickelten Industriestaaten der Fall ist. Sie leiden u. a. oftmals unter ungünstigeren klimatischen Bedingungen, Kapitalmangel, unzureichender Infrastruktur und defizitärer Bildung.

M3 Der Treibhauseffekt – Ursachen und ausgewählte Folgen

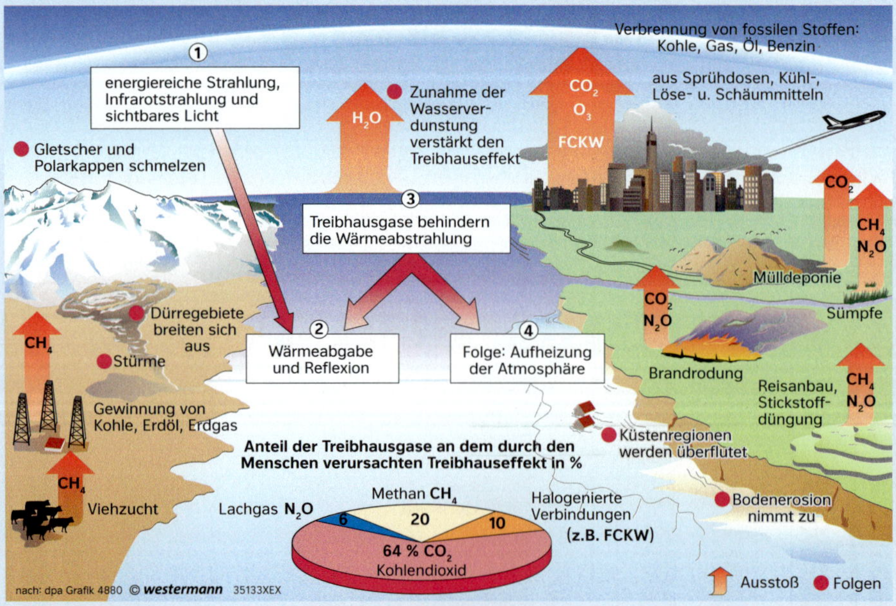

Quelle: Globus (http://www.bpb.de/cache/images/6/134876-3x2-original.jpg?FD4E0)

M4 Temperatur- und Meeresspiegelanstieg 1970–2050

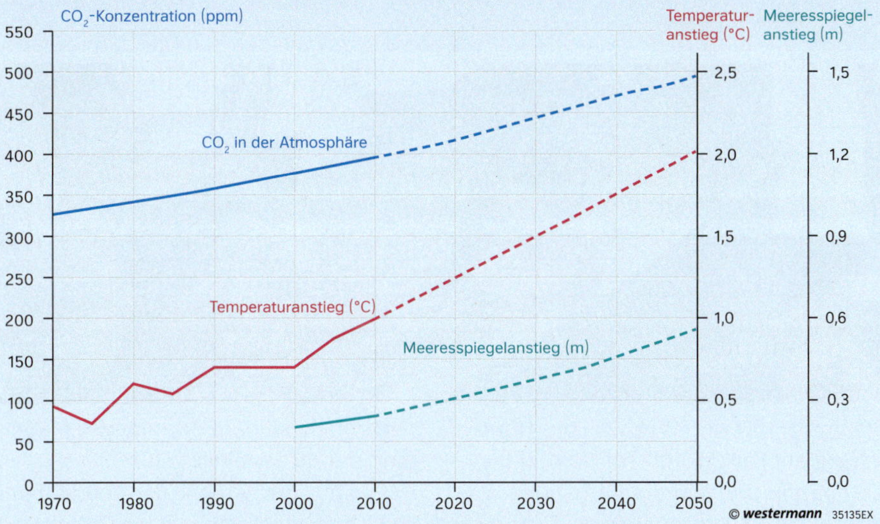

Quelle: Randers, J.: 2052. Der neue Bericht an den Club of Rome. Eine globale Prognose für die nächsten 40 Jahre. Deutsche Ausgabe: oekom Verlag München 2012, S. 88. Die Grafik entstammt dem Internet-Begleitmaterial zum Band unter www.2052.info, dort: The 2052 Forecast (Pestel Institut) Slides.pdf

M5 Die zehn größten CO_2-emittierenden Staaten nach ihrem Anteil an den weltweiten CO_2-Emissionen im Jahr 2015

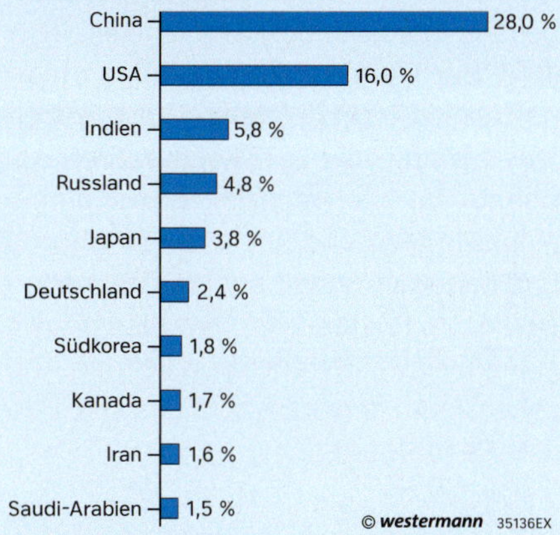

Quelle: http://www.co2online.de/klima-schuetzen/klimabilanz/die-groessten-co2-emittenten/ (nach Daten der IEA)

M6 Schadensereignisse weltweit 1980–2014

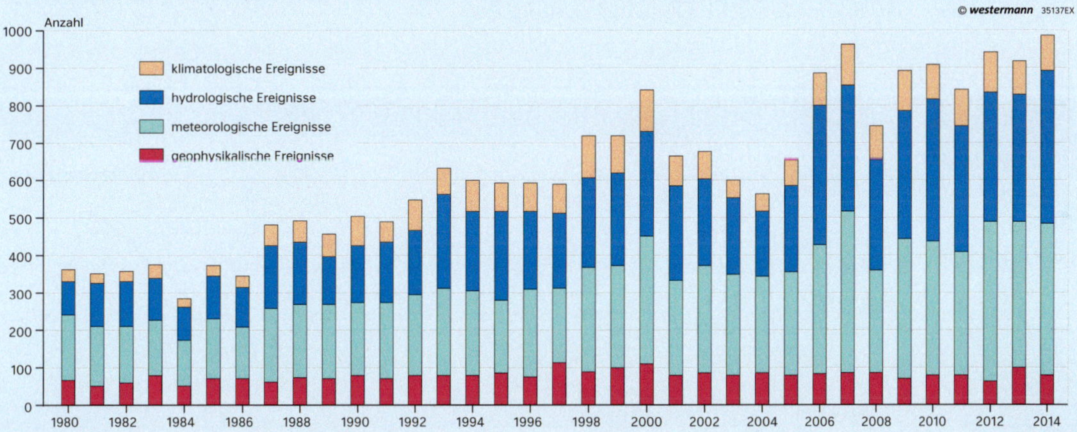

Quelle: https://www.munichre.com/site/touch-naturalhazards/get/documents_E1964457554/mr/assetpool.shared/Documents/5_Touch/_NatCatService/Focus_analyses/1980-2014-Schadenereignisse-weltweit.pdf

M7 Inseln versinken im Ozean

Einige der Inseln im Südsee-Inselstaat der Salomonen liegen nur knapp über dem Meeresspiegel. Fünf von ihnen wurde das im Frühjahr 2016 zum Verhängnis: Sie sind unwiederbringlich im Meer versunken. Sie waren zwar unbewohnt, aber ihr Verlust ist eine Warnung für zahlreiche andere Inseln. Ursache ist neben natürlicher Erosion der durch den Klimawandel verursachte Anstieg des Meeresspiegels.

Ozeane

M1 Bedeutung der Ozeane

Die Ozeane bedecken 71 % der Erdoberfläche und enthalten über 90 % der lebenden Biomasse unseres Planeten. Über 40 % der Weltbevölkerung leben innerhalb eines 100 km breiten Küstenstreifens. Bis zum Jahr 2020 könnte dieser Anteil auf 75 % anwachsen. Beinahe eine Milliarde Menschen sind für Ernährung und Lebensunterhalt auf die Ozeane angewiesen. Küstennahe Ökosysteme wie Mangrovenwälder oder Korallenriffe sind Lebensraum für eine große Zahl von Tier- und Pflanzenarten.

M2 Überfischung

Bis in die 1950er-Jahre war die Überfischung auf Fanggründe im Nordatlantik, Nordpazifik und Mittelmeer regional begrenzt. In den vergangenen 20 Jahren ist sie dann zunehmend zu einem weltweiten Problem geworden. Laut Welternährungsorganisation (FAO) waren im Jahre 2016 über 31,4 % der 2013 untersuchten Fanggründe überfischt, 58,1 % voll befischt und 10,5 % unterfischt. Die Überfischung der Meere hat zu einem dramatischen Rückgang der Artenvielfalt geführt.

Unmittelbare Ursache der Überfischung sind Überkapazitäten bei den Fangflotten, die global auf etwa 30–40 % geschätzt werden. Insbesondere die Zunahme von Schleppnetzen gefährdet die fragilen Ökosysteme auf dem Meeresgrund, an untermeerischen Gebirgen und Korallenriffen.

M3 Globale Fischproduktion 1950–2022

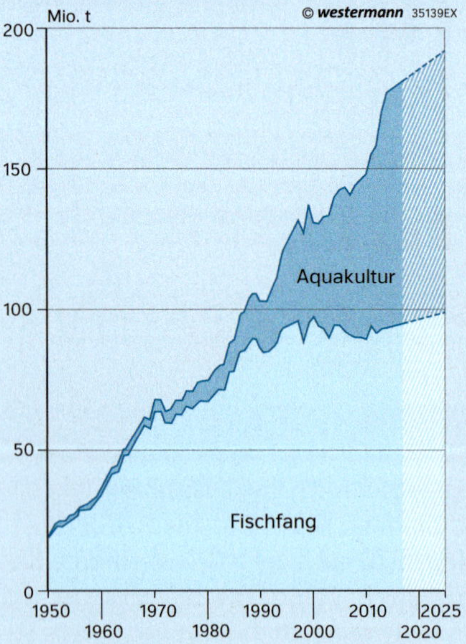

Quelle: FAO: The State of World Fisheries and Aquaculture 2016 (http://www.fao.org/3/a-i5555e.pdf)

M4 Weltweiter Fang von Thunfischen 1952–2009

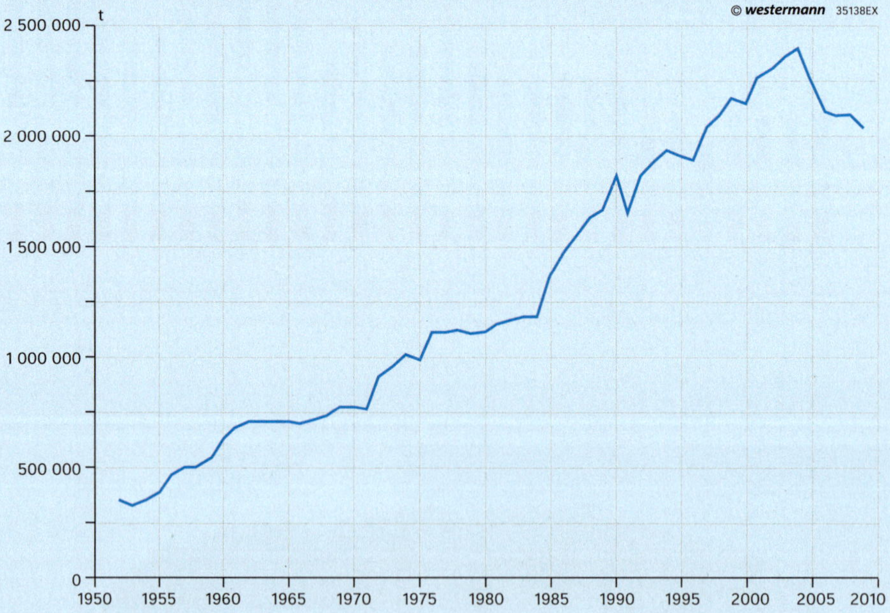

Quelle: https://upload.wikimedia.org/wikipedia/commons/8/8e/Fisheries_global_capture_of_Thunnus_species_from_1950.png; nach FAO

M5 Verschmutzung der Meere

Die Verschmutzung der Meere erfolgt vielfach durch festländische Einträge, wie beispielsweise Industrieabwässer, Dünger, Motoröl, Luftschadstoffe und andere Abfälle. Hinzu kommen Erdöl sowie Abwässer und Abfälle von Schiffen.

Öffentliches Aufsehen erregen immer wieder Tankerunglücke und Unfälle auf Ölplattformen, wie z. B. die Explosion der „Deepwater Horizon“ 2010 im Golf von Mexiko. Laut US-amerikanischen Behörden gelangten durch den Blowout 800 Mio. t

Öl ins Meer. Je nach Ausmaß der Havarie und den gegebenen lokalen Bedingungen kommt es dadurch zum Massensterben von Meerestieren (vor allem von Fischen und Vögeln) sowie zum Zusammenbruch von Fischerei und Tourismus. Als Reaktion auf diese Tanker-/Plattformkatastrophen hat die EU zwischenzeitlich zwei Gesetzespakete, Erika I und II, verabschiedet. Demnach dürfen nur noch doppelwandige Öltanker in europäische Häfen einlaufen.

Die Verklappung und Verbrennung von Abfällen und Schadstoffen auf offener See trägt ebenfalls in erheblichem Ausmaß zur Meeresverschmutzung bei. Zwar weniger spektakulär – dafür aber vermutlich folgenschwerer – sind die etwa 3 Mio. t Öl, die jedes Jahr kontinuierlich über die Fließgewässer und durch Schiffe eingetragen werden.

Durch illegal entsorgten Plastikabfall kommen jährlich bis zu 1 Mio. Seevögel, 100 000 Säugetiere und eine große Zahl von Fischen zu Tode.

Die derzeitigen Abfallmengen in den Meeren werden auf insgesamt 100 Mio. t geschätzt. Problematisch ist auch, dass viele Kunststoffe den Weichmacher Bisphenol A enthalten, wodurch Meerestiere unfruchtbar werden können.

M6 Geschätzte Abbauzeiten von häufigem Schwemm- und Treibgut

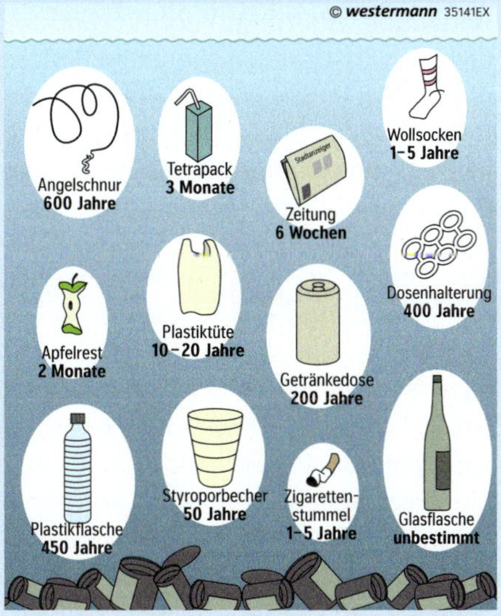

Quelle: https://www.umweltbundesamt.de/sites/default/files/medien/470/bilder/meeresmuell_grafik_studiogood.png

M8 Gefährdung der Ozeane durch den Klimawandel

Das Leben in den Ozeanen wird vom weltweiten Klimawandel in mehrfacher Hinsicht beeinflusst:

- Die Erwärmung des oberflächennahen Wassers zwingt Fische und Meeressäuger zu polwärtigen Wanderungen.
- Höhere Wassertemperaturen könnten die Ursache für den Rückgang des Phytoplanktons sein, die die pflanzliche Basis der ozeanischen Nahrungspyramide bilden.
- Vor allem Muscheln und Korallen, also Lebewesen, die ein Kalkskelett haben, leiden unter der zunehmenden Versauerung, eine Folge der höheren Wassertemperaturen, der Ozeane und Meere.

M7 Der Weg des Plastiks – so gelangt der Müll in die Meere

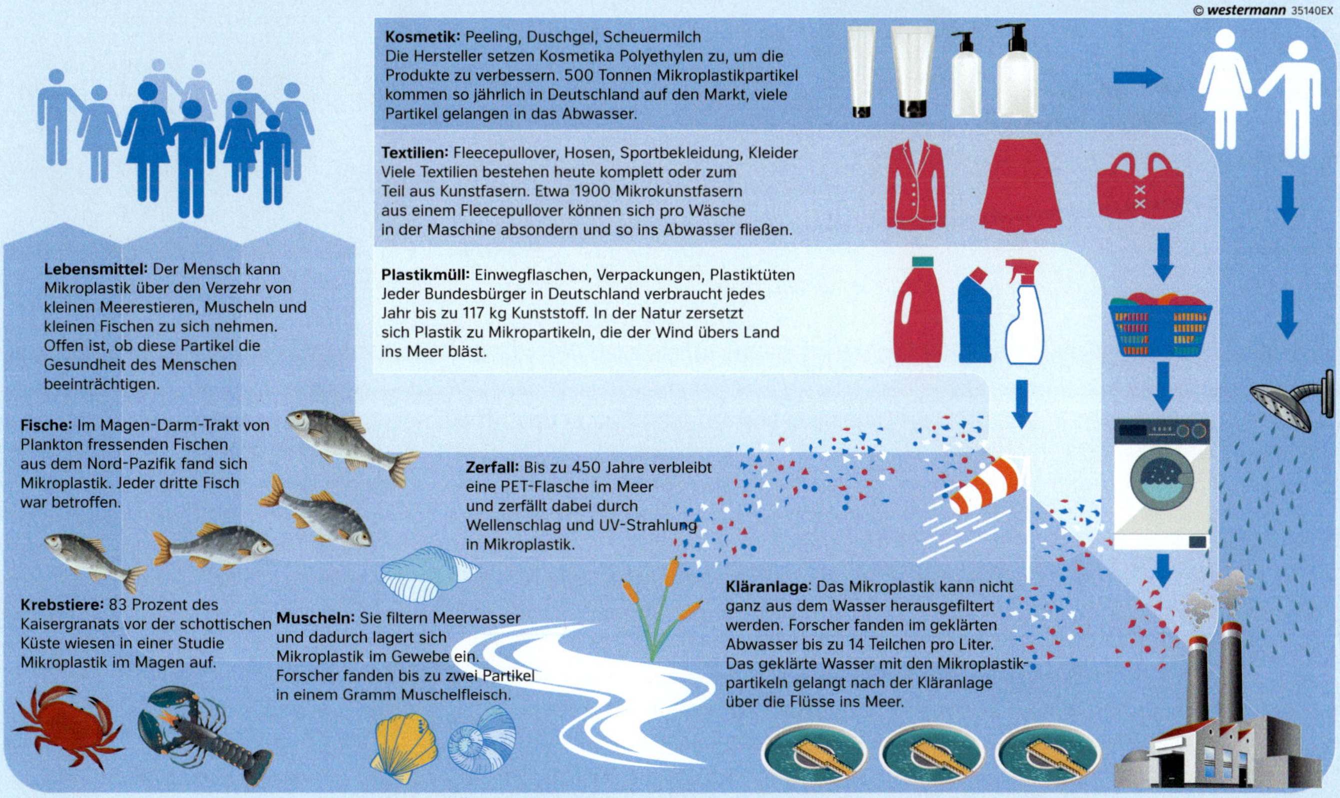

Quelle: https://www.bmbf.de/de/fuenf-blickwinkel-auf-die-zukunft-der-meere-1742.html

Böden

M1 Definitionen

Desertifikation: Anthropogener Landschaftswandel in Trockengebieten, der zur Verwüstung infolge Übernutzung oder nicht standortgerechter Nutzung der Landschaftsökosysteme führt.

Bodendegradierung: Verschlechterung des landwirtschaftlich genutzten Bodens durch natürliche, quasinatürliche und anthropogene Einflüsse. Das Problem wird insbesondere dadurch verschärft, dass degradierte Böden – wenn überhaupt – zumeist sehr lange Zeit brauchen, um sich zu regenerieren. Vielfach ist der Degradierungsprozess nicht mehr umzukehren, zurück bleiben dann vollständig verwüstete, irreversibel geschädigte Flächen (sog. Badlands, vgl. M4).

M2 Folgen von Desertifikation und Bodendegradation

Durch Bodendegradierung nehmen die landwirtschaftlich nutzbaren Acker- und Weideflächen stetig ab, zugleich nimmt aber die von Hunger und Armut betroffene Bevölkerung zu. Damit steigt die Gefahr von ernsthaften Ressourcenkonflikten und umweltbedingter Abwanderung (Migration). Durch den mit der Wüstenbildung einhergehenden Verlust der zuvor vorhandenen Vegetation wird zudem die für den Klimaschutz notwendige Speicherkapazität von CO_2 vermindert und auch die biologische Vielfalt reduziert. Durch die weltweite Klimaveränderung wird zudem die Entstehung und flächenhafte Ausdehnung von Trockengebieten gefördert. Die Desertifikation stellt zwar ein lokales bzw. regionales Umweltproblem dar, hat aber deutliche Auswirkungen auf globale Ökosysteme.

Die 50 am wenigsten entwickelten Länder der Welt (Least Developed Countries, LDC) sind besonders von diesem Prozess der schleichenden Wüstenbildung betroffen.

M3 Desertifikation (schematisch)

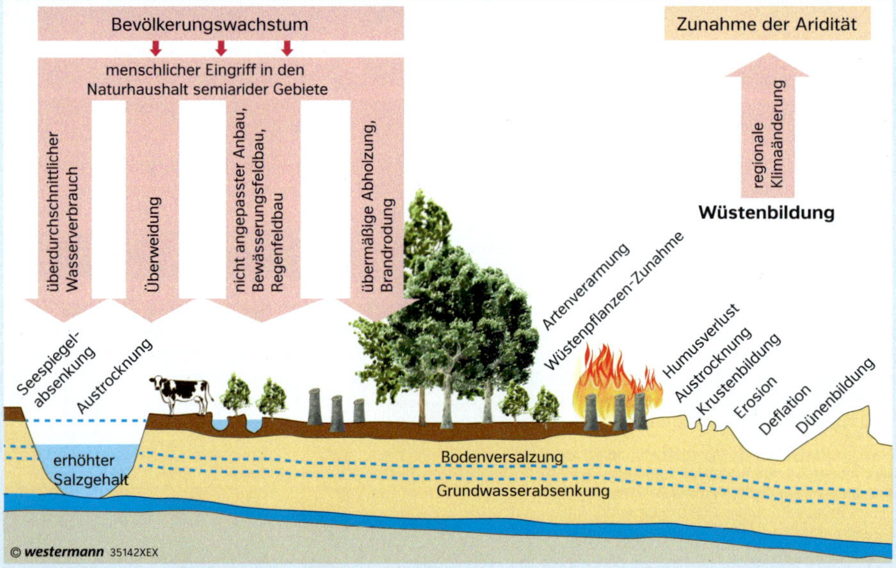

http://home.arcor.de/erdkundeunterricht/desertifikation2-Dateien/image001.jpg

M4 Beispiel für Bodendegradierung: Badlands im La Valle de la Luna (Bolivien)

M5 Bodenerosion – eine weltweite Gefahr

Weltweit sind die Böden in Gefahr. Die fruchtbare Erde schwindet in den nordamerikanischen Prärien und auf den chinesischen Lössplateaus entlang des Gelben Flusses, hier spülen Niederschläge in jedem Jahr Millionen Tonnen davon. Die Erde verflüchtigt sich auch in den Steppen und Savannen Afrikas, Australiens oder Zentralasiens. Fast elf Millionen Quadratkilometer Landoberfläche sind bereits durch Erosion geschädigt – eine Fläche, die fast dreimal so groß ist wie die Europäische Union. Selbst wenn der Staub auf einem anderen Acker landet, bildet er dort noch lange keinen nutzbaren Boden. Oft aber landet er ohnehin in Städten, im Meer, auf Autobahnen. Wo die Böden fortgetragen werden, ist die Landwirtschaft in Gefahr, und damit die Nahrungsmittelproduktion für die weiterhin schnell wachsende Weltbevölkerung.

Das Schlimmste aber ist, dass der Verlust dauerhaft ist. „Boden kann nicht ersetzt werden“, sagt Rainer Duttmann, Professor für physische Geographie an der Universität Kiel, „er ist eine nicht erneuerbare Ressource, weil kaum Bodenneubildung stattfindet.“ Im Durchschnitt rechnet man damit, dass pro Jahr 0,1 bis eine Tonne Boden pro Hektar neu gebildet werden. Auf diese Fläche verteilt entspricht das geschätzt gerade mal zwischen einem Hundertstel und einem Zehntel Millimeter.

Quelle: Kroker, Holger: Deutschlands Boden verschwindet. In: Die Welt vom 24.12.2015 (https://www.welt.de/wissenschaft/umwelt/article150306740/Deutschlands-Boden-verschwindet.html)

M6 Bodendegradation weltweit

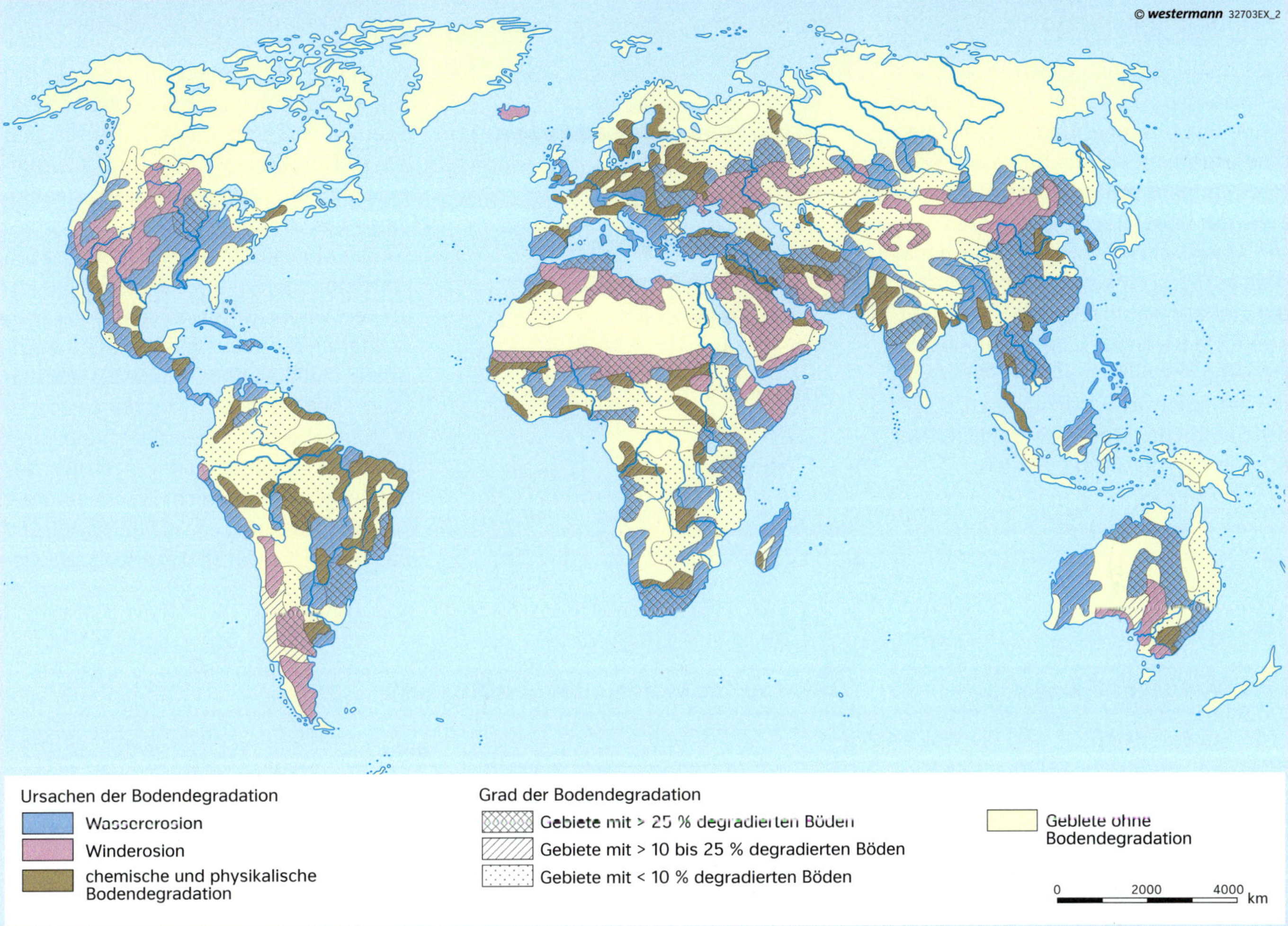

M7 Boden – ein knappes Gut

- Die Gemeinsame Forschungsstelle der Europäischen Kommission (JRC) schätzt, dass es europaweit durch Bodenversiegelung jährlich zu Einbußen von 4 Mio. t Weizen kommt.
- Die Inanspruchnahme fruchtbarer Böden auf der Erde steigt derzeit weiter an und der Landnutzungsdruck nimmt zu. Wesentliche Ursachen sind ein Konsumverhalten, das mit einem hohen Verbrauch an Boden, Energie, Wasser und anderen Ressourcen einhergeht, das Wachstum der Weltbevölkerung und nicht nachhaltige Formen der Landnutzung.
- Boden ist aufgrund der Verknappung sowie der steigenden Nutzungsansprüche globale Ware sowie Investitions- und Spekulationsobjekt internationaler Investoren geworden. Nachhaltige Bodennutzung bleibt dabei häufig auf der Strecke.
- Global gesehen wird hinlänglich davon ausgegangen, dass mindestens 2 Mrd. ha Boden und damit etwa 15 % der Landoberfläche degradiert sind, d. h., die Böden haben sich dramatisch verschlechtert bis hin zum völligen Verlust ihrer Funktionsfähigkeit. Davon sind ein Sechstel oder 305 Mio. ha so stark geschädigt, dass sie nicht mehr genutzt werden können und ihre Funktionen verloren haben. Diese Zahlen beruhen auf bereits mehr als 25 Jahre zurückliegenden, groben Schätzungen. Eine realistische Einschätzung der Situation ist kaum möglich. Notwendige aktuelle Zahlen würden aber vermutlich keine optimistischere Perspektive aufzeigen können.
- Die Leistungsfähigkeit der degradierten Böden für das Ökosystem wird nicht nur durch Versiegelung beeinträchtigt. Erosion, Überdüngung, Kompaktierung, Verunreinigung und in vielen tropischen Ländern auch Nährstoffauszehrung spielen dabei eine Rolle.

Quelle: Umweltbundesamt: Stark gefährdet – der Boden unter unseren Füßen. Daten und Fakten zum Thema Boden – national bis global. Dezember 2015, S. 2 f. (https://www.umweltbundesamt.de/sites/default/files/medien/378/publikationen/uba_factsheet_daten_und_fakten_zum_thema_boden.pdf)

Wälder

M1 Definition Wald

Die Ernährungs- und Landwirtschaftsorganisation der UN (FAO) definiert Wald als eine von Bäumen dominierte Vegetationsform, bei der die Bäume im Reifestadium mindestens 5 m groß sein und 10 % der Bodenfläche überdecken müssen. Waldflächen müssen demnach mindestens 0,5 ha umfassen. Laut FAO betrug die globale Waldfläche 2015 4 Mrd. ha, was etwa 31 % der Landfläche unseres Planeten entspricht. Rund 45 % der Wälder befinden sich in den Tropen, 8 % in den Subtropen, 16 % in den mittleren und 31 % in den nördlichen Breiten.

M2 Staaten mit den größten Wäldern

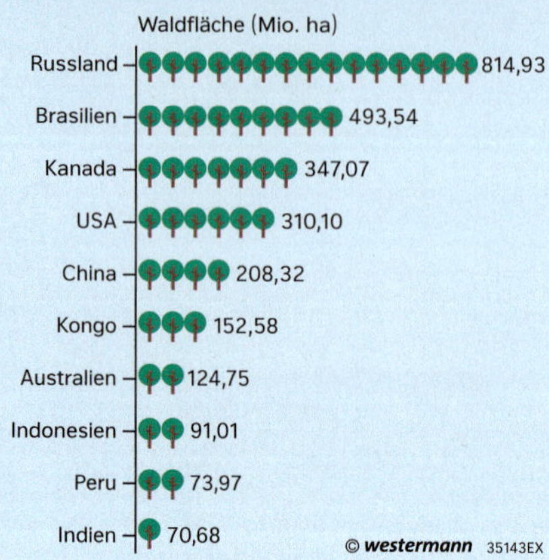

Quelle: FAO 2015

M3 Bedeutung der Wälder

Wälder spielen eine zentrale Rolle im weltweiten Kohlenstoffkreislauf. Allein in Bäumen und anderen Waldpflanzen sind 289 Mrd. t CO_2 gespeichert. Dies ist zusammen mit dem Kohlenstoff in den Waldböden mehr, als in der gesamten Erdatmosphäre vorhanden ist. Die anhaltenden Waldrodungen reduzieren diese Funktion der Wälder. Besonders die tropischen Wälder sind oft Quelle für neue medizinische Medikamente. Durch die großflächige Zerstörung vor allem der kostbaren Primärwälder wird vermutlich auch Vegetation vernichtet, deren medizinisches Potenzial noch gar nicht erkannt wurde. Weltweit existieren ca. 80 000 bis 100 000 Baumarten, wovon 34 000 Arten sozioökonomisch, ökologisch oder wissenschaftlich relevant sind.

M4 Waldzerstörung

In 25 Staaten der Erde sind die Wälder praktisch vernichtet, 18 Staaten haben mehr als 95 % und weitere elf mehr als 90 % ihrer ehemaligen Waldfläche verloren (z. B. östlicher Teil von Java in Indonesien, Teile von Nigeria und Tansania in Afrika). Die weltweite Zerstörung der Wälder schreitet voran. Dazu trägt vor allem auch der illegale Holzeinschlag mit geschätzten 15–30 % des globalen Holzhandels bei. Während in Europa und Asien die Waldflächen wachsen, schrumpfen sie in Nord-, Mittel- und Südamerika ebenso wie in Ozeanien. Wälder werden vor allem gerodet, um Anbauflächen zur Produktion von Rohstoffen wie Gummi und Palmöl sowie für den Anbau von Soja und für die Gründung neuer Viehfarmen zu schaffen.

In der auf dem Klimagipfel 2014 in New York verabschiedeten Declaration on Forests verpflichten sich 130 Staaten, Unternehmen, Organisationen und indigene Völker aus mehreren Ländern, den Waldverlust bis 2020 zu halbieren und bis 2030 zu beenden.

M5 Top Ten Waldzunahme 2010–2015

	in ha	in %
China	1 542 00	0,8
Australien	308 000	0,2
Chile	301 000	1,9
USA	275 000	0,1
Philippinen	240 000	3,5
Gabun	200 000	0,9
Laos	189 000	1,1
Indien	178 000	0,3
Vietnam	129 000	0,9
Frankreich	113 000	0,7

Quelle: FAO 2015

M6 Top Ten Waldrückgang 2010–2015

	in ha	in %
Brasilien	984 000	0,2
Indonesien	684 000	0,7
Burma	546 000	1,7
Nigeria	410 000	4,5
Tansania	372 000	0,8
Paraguay	325 000	1,9
Simbabwe	312 000	2,0
Kongo	311 000	0,2
Argentinien	297 000	1,0
Venezuela	289 000	0,5

Quelle: FAO 2015

M7 Bruttoentwaldung in Amazonien nach Staaten 2004–2012 (ha)

	2004	2005	2006	2007	2008	2009	2010	2011	2012	2004–2012
Bolivien	29 530	72 684	59 384	46 873	75 972	28 421	395 409	196 882	32 047	937 202
Brasilien	1 083 806	1 348 459	1 598 245	959 938	1 863 385	574 071	1 255 545	1 319 442	760 596	10 763 488
Kolumbien	36 973	23 133	30 259	60 129	65 416	45 410	56 943	27 111	10 018	355 391
Ecuador	10 100	4 036	1 854	3 642	4 401	4 046	8 817	11 930	5 436	54 262
Französisch Guayana	968	1 288	2 263	1 981	2 887	1 163	3 131	2 869	3 732	20 281
Guayana	892	1 730	2 670	3 579	6 265	5 313	14 361	8 729	10 112	62 653
Peru	38 023	55 523	34 107	35 152	62 781	69 259	70 179	94 633	109 317	568 974
Suriname	2 650	2 394	2 644	2 431	5 500	5 488	8 375	10 115	18 305	57 896
Venezuela	12 747	9 898	12 237	29 328	20 285	21 531	84 369	22 906	37 103	250 224
gesamt	1 215 689	1 519 145	1 743 663	1 143 052	2 106 892	754 520	1 897 132	1 694 618	995 665	13 070 371

Quelle: Martin, C. (2015): Endspiel. Wie wir das Schicksal der Tropischen Regenwälder noch wenden können. München, S. 60/61

M8 Ursachen für Waldflächenveränderungen 2000–2010

Ursachen für die Umwandlung von Waldflächen

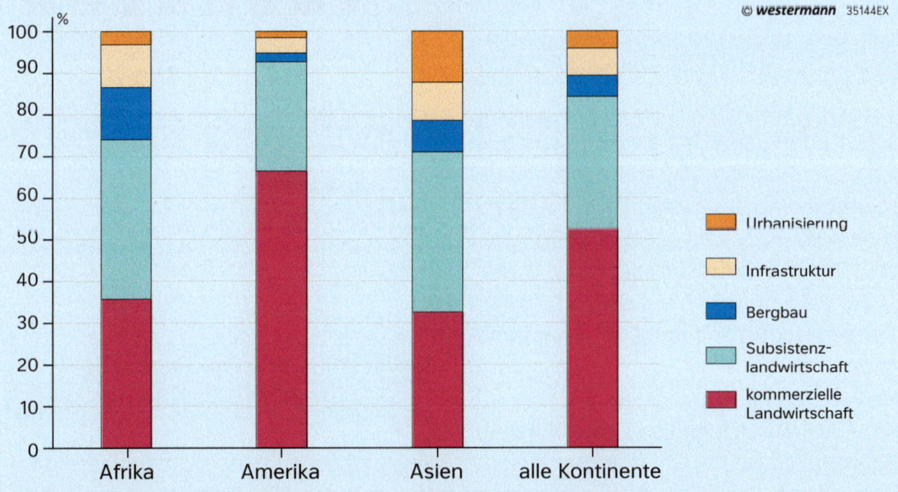

Ursachen für die Degradierung von Waldflächen

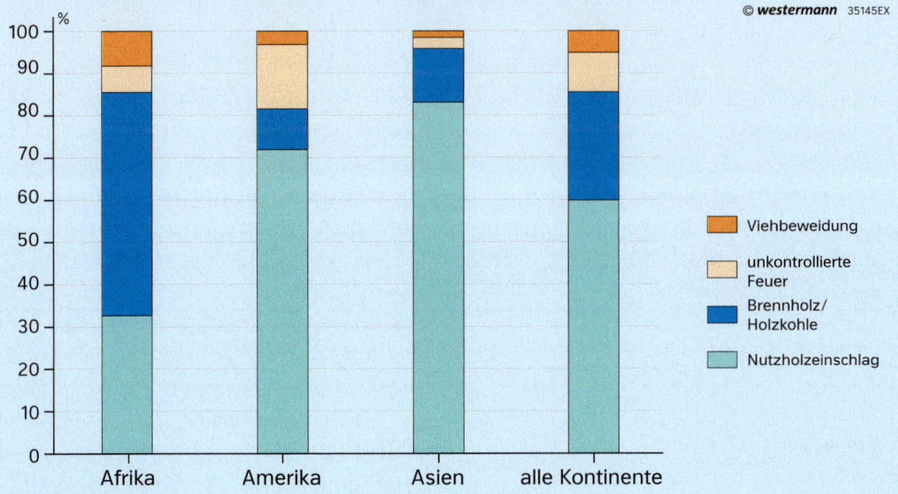

Erläuterungen:
100 % = alle umgewandelten Waldflächen
basierend auf Daten von 46 Ländern, die im genannten Zeitraum zusammen 81 % des Waldverlustes in tropischen und subtropischen Ländern auf sich vereinen
Quelle: Martin, C. (2015): Endspiel. Wie wir das Schicksal der Tropischen Regenwälder noch wenden können. München, S. 88

Süßwasser

M1 Wasservorrat der Erde

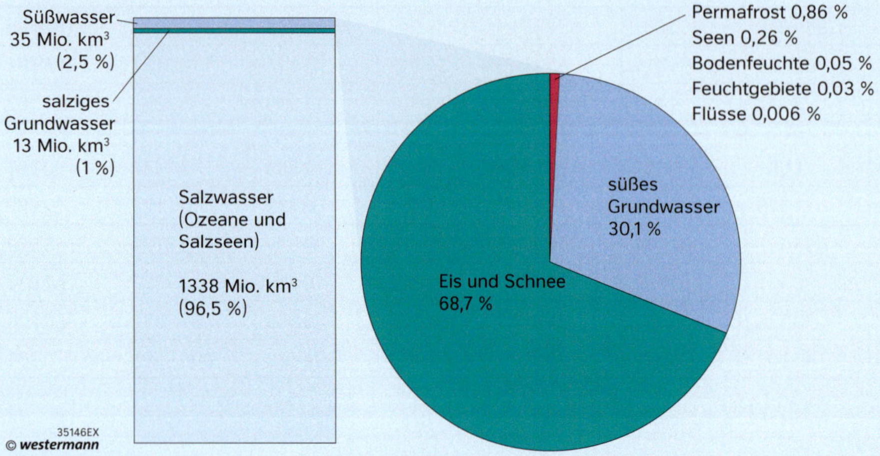

Quelle: http://wiki.bildungsserver.de/klimawandel/upload/thumb/Wasservorraete.jpg/420px-Wasservorraete.jpg)

M2 Süßwasserverknappung

Süßwasser ist durch nichts zu ersetzen. Es ist die Grundlage des Lebens und das wichtigste Nahrungsmittel des Menschen. Ohne Süßwasser sterben Pflanzen und Tiere, gibt es keine Agrarwirtschaft, stehen die Betriebe still.

Die starke Zunahme der Wassernutzung führt insbesondere in Regionen mit geringen natürlichen Vorkommen zu steigender Wasserknappheit, die durch Bevölkerungswachstum, Urbanisierung und den Klimawandel weiter verschärft wird. Im Verlauf des 20. Jahrhunderts hat sich die globale Wasserentnahme mehr als versechsfacht und ist damit mehr als doppelt so rasch gewachsen wie die Weltbevölkerung.

Mehr als 40 % der Weltbevölkerung werden 2050 wahrscheinlich in Regionen mit starkem Wasserstress leben. Es gibt eindeutige Belege für ein Schwinden der Grundwasservorräte: Schätzungsweise 20 % der Grundwasserleiter weltweit gelten als übernutzt, einige davon kritisch. Das Trinkwasser für rund 50 % der Weltbevölkerung stammt aus Grundwasser, ebenfalls 43 % des Wassers zur Bewässerung landwirtschaftlich genutzter Flächen. Zugleich führt die Verschlechterung des Zustands der Feuchtgebiete weltweit zur Verringerung der Fähigkeit von Ökosystemen zur Reinigung von Wasser.

Der globale Druck auf die natürlichen Wasserressourcen nimmt zu. Hauptursachen sind:

- Wasserversalzung
- die Verschmutzung von Oberflächengewässern sowie der Grundwasservorkommen durch ungeklärte feste und flüssige Haushalts-, Gewerbe- und Industrieabwässer sowie eingeleitete Chemikalien oder Mikroorganismen
- die künstliche Veränderung der Abflussregime sowie die Absenkung des Grundwasserspiegels
- globale Klimaänderungen wie u. a. die Umverteilung der Niederschläge, Zunahme extremer Niederschläge, regional zunehmende Trockenheit und der Anstieg des Meeresspiegels.

M3 Globaler Frischwasserbedarf 2000 und 2050 (Prognose)

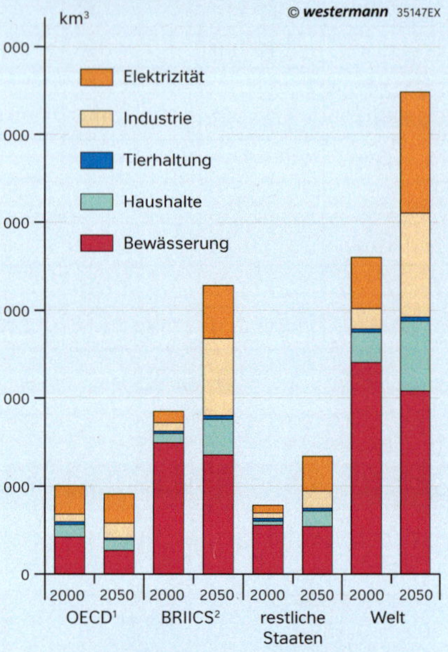

¹ OECD = Mitgliedsstaaten der Organisation für wirtschaftliche Zusammenarbeit und Entwicklung (35 überwiegend hoch entwickelte Staaten)
² BRIICS = Brasilien, Russland, Indien, Indonesien, China, Südafrika

Quelle: OECD: OECD Outlook to 2050: The Consequences of Inaction. Paris 2012 (http://dx.doi.org/10.1787/9789264122246-2n)

M4 Die Rolle der Bewässerungslandwirtschaft

Auch zwischen Wasserknappheit und Unterernährung besteht ein enger Zusammenhang. Wird der Zugang zu Trinkwasser eingeschränkt, z. B. durch Bewässerungswirtschaft, drohen massive inner- bzw. intergesellschaftliche Spannungen, die bisweilen sogar zu kriegerischen Auseinandersetzungen führen können. Überdimensionierte Entwicklungsprojekte wie beispielsweise große Staudämme oder die Umleitung von ganzen Flüssen, die zu dem Zweck errichtet wurden, Bewässerungslandwirtschaft auch in ariden und semiariden Gebieten zu ermöglichen, haben sich vielerorts als untauglich erwiesen. Oftmals hat Bewässerung zur Versalzung und Erosion ehemals ertragreicher Böden geführt und damit zur Verschärfung der bestehenden Umweltprobleme beigetragen. Die Austrocknung des Aralsees ist hierfür ein markantes Beispiel (vgl. M5–M7 auf S. 161 f.).

M5 Erneuerbare Wasservorräte 2013 in m³/Person

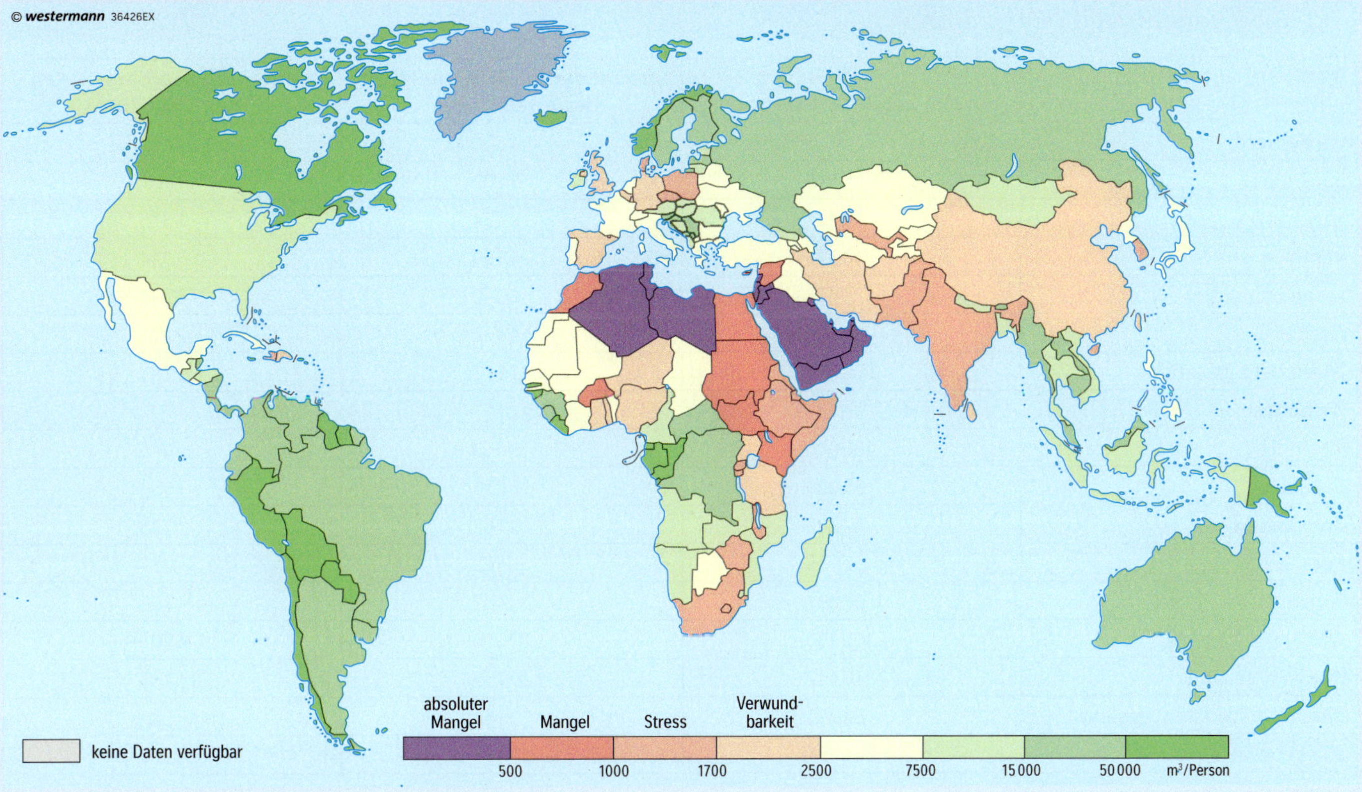

Quelle: http://unesdoc.unesco.org/images/0023/002318/231823E.pdf

M6 Zugang zu sauberem Wasser

Das Menschenrecht auf Zugang zu sauberem Wasser und Sanitäranlagen bleibt vielen Menschen weiterhin versagt. Weltweit haben schätzungsweise 768 Mio. Menschen heute noch immer keinen Zugang zu guter Wasserversorgung. Nach anderen Schätzungen könnte die Zahl der Menschen, deren Recht auf Wasser nicht erfüllt ist, sogar bei 3,5 Mrd. liegen. 2,5 Mrd. Menschen haben keinen Zugang zu ausreichender sanitärer Versorgung. Insbesondere sind es die Menschen in den Entwicklungsländern, deren Lebensstandard und Entwicklungschancen durch Wassermangel und geringe Wasserqualität stark beeinträchtigt werden. Hiervon sind vor allem Frauen und Mädchen betroffen, weil sie in vielen traditionellen Gesellschaften für die tagtägliche Versorgung mit Süßwasser zuständig sind.

M7 Wasserverschmutzung durch Insektizide

Wissenschaftler [...] haben erstmals umfangreiche globale Daten [11 300 Fälle] der Insektizidbelastung von Gewässern [...] verglichen. Das Ergebnis ist alarmierend: In über 40 % der Fälle, in denen ein Insektizid durch eine Wasserprobe in einem Gewässer weltweit nachgewiesen wurde, war die gefundene Konzentration höher, als sie laut behördlichem Zulassungsverfahren sein dürfte. Bei Sedimenten, den Ablagerungen am Gewässergrund, für die häufig weniger bindende behördlich festgelegte Werte vorliegen, waren über 80 % der Messwerte inakzeptabel hoch. [...] Die Folgen für die Gewässer sind enorm, selbst bei den gemäß Zulassungsverfahren noch als unbedenklich einzustufenden Insektizidkonzentrationen wird die Biodiversität der Gewässerorganismen bereits um etwa 30 % reduziert.

Quelle: Universität Koblenz-Landau: Insektizidbelastung in Gewässern ist weltweit höher als erwartet (https://www.uni-koblenz-landau.de/de/aktuell/archiv-2015/studie-insektizidbelastung)

M8 Wasserpolitik und -konflikte

Während es sich beispielsweise beim Klima um ein globales Gut handelt, sind die Süßwasserreserven nationale oder regionale Güter. Zu ihrem Schutz bedarf es deshalb nationaler oder länderübergreifender Regelungen und Abmachungen. Wenn beispielsweise Länder abhängig sind von Süßwasserressourcen aus Nachbarstaaten, können daraus Konflikte resultieren, insbesondere dann, wenn Wasserknappheit oder gar Wassermangel herrscht und die gemeinsame Nutzung nicht vertraglich abgesichert ist. Weltweit haben 148 Länder Gebietsanteile in 276 grenzüberschreitenden Flusseinzugsgebieten. Diese Territorien bedecken 46 % der Festlandfläche und enthalten 60 % des weltweiten Flusswassers, 40 % der Weltbevölkerung leben in diesen Regionen.

Quelle: Möller, Lutz/Gardizi, Farid: Weltwasserbericht 2012: Kernaussagen. März 2012 (http://www.unesco.de/wissenschaft/2012/weltwasserbericht4-kernaussagen.html)

Biodiversität

M1 Biodiversität und ihre Bedrohung

	Anzahl beschriebener Arten	Anzahl der für die Rote Liste[1] bewerteter Arten	Anzahl der bedrohten Arten (Rote Liste 2015)
Wirbeltiere			
Säugetiere	5515	5502	1197
Vögel	10424	10424	1375
Reptilien	10272	4669	944
Amphibien	7448	6460	1994
Fische	33200	14462	2271
Wirbeltiere gesamt	66859	41517	7781
Wirbellose			
Insekten	1000000	5573	1046
Schnecken	85000	7216	1950
Krustentiere	47000	3168	728
Korallen	2175	862	237
Sonstige	68827	487	76
Wirbellose gesamt	1305250	17516	4201
Pflanzen gesamt	310442	20755	11233
Pilze und Protisten[2] gesamt	52280	49	35
alle Lebewesen	1734831	79837	23250

[1] Die Rote Liste ist ein Indikator für den Zustand der Biodiversität und gibt Auskunft über den internationalen Gefährdungsstatus von Tier- und Pflanzenarten. Herausgegeben wird die Rote Liste in regelmäßigen Abständen von der Weltnaturschutzunion IUCN.

[2] ein- bis wenigzellige Eukaryoten (Algen, Protozoen und einige Pilze)

Quelle: IUCN Red List 2016

M2 Artensterben

Fossilienfunde belegen, dass es in den vergangenen 540 Mio. Jahren fünf gewaltige Artensterben gab. Manche Wissenschaftler sehen eine sechste Welle in vollem Gange. Denn derzeit sterben jährlich 11 000 bis 58 000 Arten aus. Neuste Erhebungen gehen davon aus, dass sich die Aussterberate von Arten durch menschliche Einflüsse mittlerweile um den Faktor 1000–10 000 gegenüber der natürlichen Rate erhöht hat. Eine von der UNEP publizierte Studie bilanziert, dass der globale Artenverlust durch menschliche Landnutzung zwischen 1500 und 2005 durchschnittlich 13,6 % betrug. Die größte Aussterberate erfolgte in den letzten 100 Jahren. Deutschland hat laut UNEP seit vorindustrieller Zeit ca. 20 % seiner Arten verloren.

M3 Warum brauchen wir biologische Vielfalt?

Die biologische Vielfalt ist eine existenzielle Grundlage für das menschliche Leben. Es gibt zahlreiche ökologische, ökonomische, soziale und auch ethische Gründe, Biodiversität zu erhalten und zu bewahren.

Ethische Gründe

Wir sind ethisch dazu verpflichtet, die Biodiversität zu schützen und aus Gründen der sozialen und der Generationengerechtigkeit zu bewahren. Laut Grundgesetz schützt der Staat „auch in Verantwortung für die künftigen Generationen die natürlichen Lebensgrundlagen“ (GG Art. 20 a).

Ernährung und Rohstoffe

Pflanzen und Tiere spielen bei der Ernährung des Menschen die zentrale Rolle. Ungefähr 7000 Pflanzenarten wurden bislang für die menschliche Ernährung weltweit kultiviert – ein Prozess, der bereits vor 12 000 Jahren begann. Ferner erhalten wir zahlreiche Rohstoffe (z. B. Holz als Baumaterial oder Energielieferant) aus der Natur.

Ökosystemdienstleistungen

Ganz selbstverständlich nutzen wir täglich die „Dienstleistungen“ der Natur: frische und saubere Luft, sauberes Wasser, Obst und Honig (erzeugt durch bestäubende Insekten wie z. B. Bienen), CO_2-Speicherung (z. B. in Wäldern, Mooren, Böden, Weltmeeren) und vieles mehr. Diese Dienstleistungen kann die Natur nur aufgrund ihrer intakten Biodiversität liefern. Es sind für uns lebenswichtige, aber unentgeltliche Ökosystemfunktionen. Wir können es uns nicht leisten, auf sie zu verzichten.

Genetische Vielfalt

Die Vielfalt der Gene ist von enormer Bedeutung. Erbinformationen, die genetischen Ressourcen, können in der Ernährung und in der Medizin helfend eingesetzt werden. Diese genetische Vielfalt gilt es nutzbar zu machen (z. B. durch die Zucht besserer Nutztierrassen und Pflanzensorten). Damit das gelingen kann, muss die biologische Vielfalt in ihrer ganzen Breite erhalten werden.

Anpassung an Umweltveränderungen
Ein reicher Genpool führt dazu, dass Organismen, Arten und somit auch ganze Ökosysteme gesund und flexibel bleiben und sich an sich verändernde Lebensbedingungen anpassen können. Besonders in Zeiten des Klimawandels ist es wichtig, dieses Anpassungspotenzial aufrecht zu erhalten.

Bionik
Pflanzen und Tiere haben bereits zahlreiche Vorlagen für technische Erfindungen geliefert (Bionik). Die Übernahme von erfolgreichen Anpassungen in der Natur kann zu leichteren und trotzdem stabileren Bauten führen und so auch dabei helfen, Rohstoffe und Energie einzusparen.

Erholung und Wohlbefinden
Die biologische Vielfalt der Natur dient unserer Erholung. Ob Waldspaziergänge, Reisen ans Meer oder Wanderungen in den Bergen, die Ästhetik und Schönheit der Natur aufgrund ihrer Vielfalt spielen für unser Wohlbefinden eine entscheidende Rolle.

Quelle: Bundesamt für Naturschutz (https://www.bfn.de/0304_fakten.html#c21967)

M4 Ursachen des Artensterbens

Der stetig wachsende Bevölkerungsdruck und die zunehmende Globalisierung der Wirtschaft haben den Anteil unberührter Natur vor allem durch Vernichtung und ökologische Beeinträchtigung von Lebensräumen sowie durch Übernutzung von Ökosystemen stark reduziert. Besonders dramatisch verändert der Mensch die Natur durch die radikale Abholzung der tropischen Wälder, weil dort die ökologische Vielfalt besonders hoch ist. Die fortwährende Überfischung der Meere durch industrielle Fangflotten bedroht den Fortbestand global beliebter Speisefischsorten wie beispielsweise Thunfisch, Kaiserbarsch, Seehecht oder Kabeljau.

Weitere Ursachen für den Verlust biologischer Vielfalt auf unserer Erde sind:

- die Einführung fremder (invasiver) Arten: Sie ist besonders häufig für das Verschwinden von Vogelarten (vor allem auf Inseln und Inselketten) verantwortlich.
- die Verschmutzung und Vergiftung durch Luftschadstoffe sowie flüssige und feste Abfälle
- die globale Erwärmung, an deren Geschwindigkeit und Ausmaß sich viele Tier- und Pflanzenarten nicht anpassen können (u. a. Absterben von Korallenriffen und damit einhergehend das Verschwinden der hier lebenden Biozönosen).

Wichtigen Einfluss auf die biologische Vielfalt hat auch die Landwirtschaft, vor allem dann, wenn sie intensiv betrieben wird. Sie führt vielfach zum Verlust von Lebensräumen, z. B. von Hecken oder Feldrainen. Zugleich nehmen die Flächen mit artenarmen Intensiv-Grünland und der Einsatzes von Pestiziden zu.

Mit der Intensivierung der Landwirtschaft geht gleichzeitig ein Rückgang der genetischen Vielfalt bei Nutztieren und -pflanzen einher. Auf der Roten Liste der Nutztierrassen in Deutschland (2013) werden 52 der 74 einheimischen Nutztierrassen als gefährdet eingestuft.

Zwischen mangelndem Artenschutz und Armut besteht ein auffälliger Zusammenhang. Für viele Menschen in den Entwicklungsländern ist das Roden bzw. Urbarmachen der Wälder – zum Ackerbau oder als Weideflächen – vielfach eine Frage des Überlebens. Der damit verbundene Verlust von Arten bleibt vor Ort zunächst unbemerkt. Auch wenn der Schutz der biologischen Vielfalt als Ziel grundsätzlich eingesehen und schließlich akzeptiert wird, führt dies bei den Armen im eigenen Land nicht zu direkten Einkünften, die helfen, das Überleben zu sichern.

M5 Maßnahmen zum Erhalt der Biodiversität

Einen wichtigen Beitrag zum Erhalt der Biodiversität steuern nationale und internationale Schutzgebiete bei (vgl. Kapitel 5.5, S. 178 ff.). Laut UNEP ist der deutliche Anstieg der Schutzgebietsflächen allerdings nicht allein auf die Zunahme der Schutzgebiete zurückzuführen, sondern u. a. auch auf weiter gefasste Kategorien für solche Schutzgebiete.

Die Vereinten Nationen haben schon früh erkannt, dass die Erhaltung der biologischen Vielfalt sehr komplex ist und nicht durch isolierte Naturschutzaktivitäten gelöst werden kann, sondern weltweite internationale Zusammenarbeit erfordert. Deshalb wurde die Biodiversitätskonvention oder das Übereinkommen über die biologische Vielfalt (CBD) geschaffen und auf der Konferenz der Vereinten Nationen für Umwelt und Entwicklung (UNCED) 1992 in Rio de Janeiro verabschiedet. Die CBD ist ein völkerrechtlicher Vertrag zwischen souveränen Staaten. Inzwischen ist das Übereinkommen von 194 Vertragsparteien unterzeichnet und auch ratifiziert worden (Stand: Oktober 2014). Die Mitgliedsstaaten haben sich das Ziel gesetzt, 1. die Vielfalt des Lebens auf der Erde zu schützen, zu erhalten und 2. deren nachhaltige Nutzung so zu organisieren, dass 3. möglichst viele Menschen heute und auch in Zukunft davon leben können. Mit den drei Zielen der Biodiversitätskonvention wird versucht, ökologische, ökonomische und soziale Aspekte beim Umgang mit biologischer Vielfalt in Einklang zu bringen. Damit geht die CBD weit über die klassischen Schutzansätze hinaus und ist somit von ihrem Anspruch und Umfang her das weltweit umfassendste Übereinkommen im Bereich des Naturschutzes und der Entwicklungspolitik.

Die existenzielle Bedeutung der biologischen Vielfalt haben die Vereinten Nationen im Dezember 2010 dazu veranlasst, das gegenwärtige Jahrzehnt zur „UN-Dekade Biologische Vielfalt 2011–2020“ auszurufen. Die Dekade bietet die große Chance, mehr Menschen für den Erhalt der biologischen Vielfalt zu sensibilisieren.

Ende 2010 wurde ebenso der Strategische Plan 2011–2020 für die Erhaltung der biologischen Vielfalt entwickelt. Zweck dieses Strategischen Planes ist es, die Umsetzung der CBD durch ein Strategiekonzept zu fördern, um auf diese Weise den Verlust der Artenvielfalt zu reduzieren.

leben.natur.vielfalt
die UN-Dekade

UN-Dekade „Biologische Vielfalt“ 2011–2020

5.3 Konzepte zur Analyse globaler Umweltprobleme

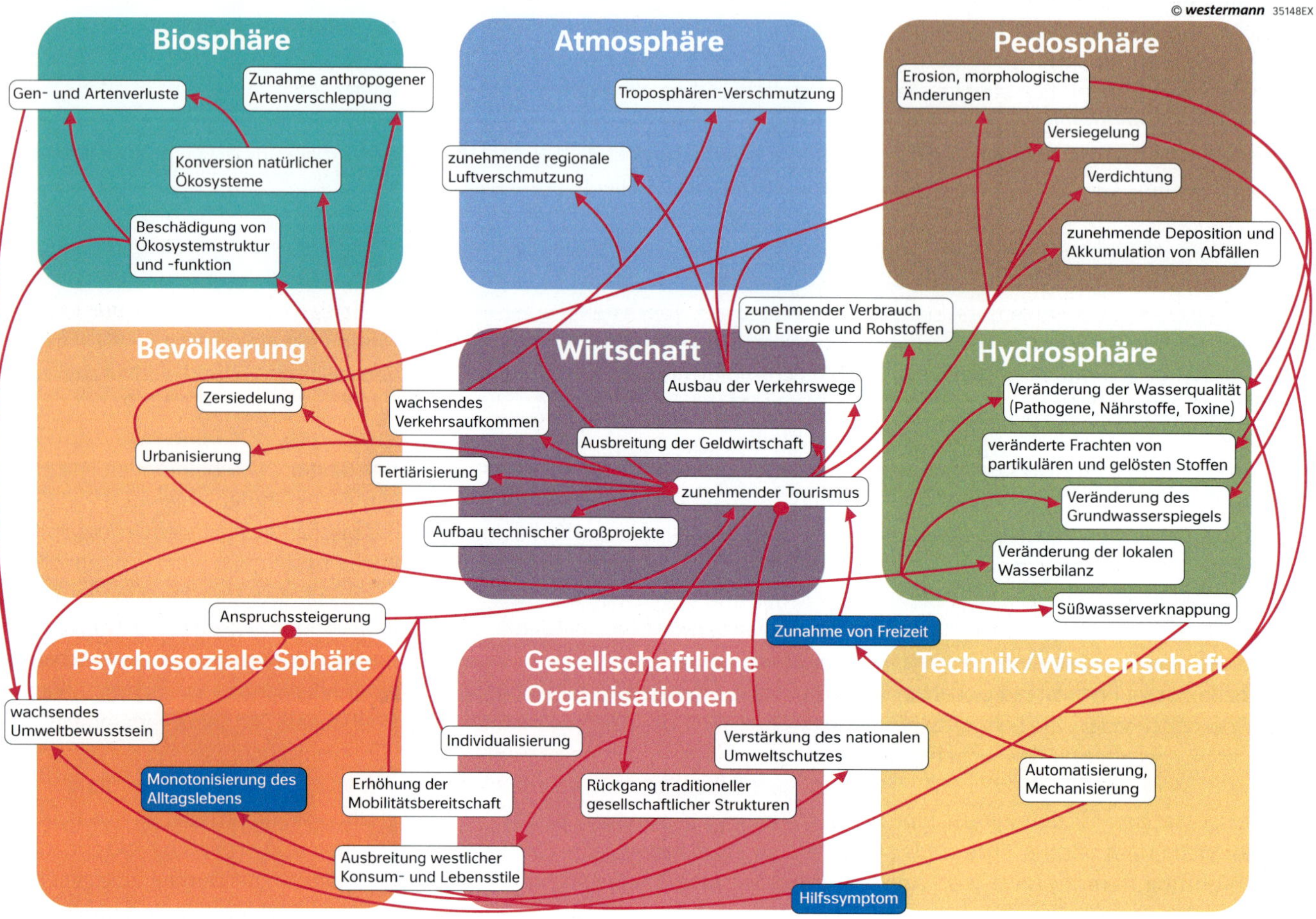

Massentourismus-Syndrom

Quelle: Cassel-Gintz/Harenberg 2002, S. 32

Dieses Kapitel beschäftigt sich mit folgenden Fragen:

- Was steckt hinter dem Syndromkonzept?
- Was versteht man unter dem Aralsee-Syndrom und dem Sahel-Syndrom?
- Welche weiteren Konzepte zur Analyse globaler Umweltprobleme gibt es?

Die Entwicklung der menschlichen Gesellschaft und die Veränderungen/Belastungen der Umwelt sind eng miteinander verknüpft und nicht als voneinander getrennte Prozesse zu betrachten. Zivilisatorische Eingriffe wie beispielsweise der Abbau von Rohstoffen, die Umlenkung von Stoff- und Energieflüssen, die Veränderung großräumiger natürlicher Strukturen und die kritische Belastung von Schutzgütern verändern das System Erde mehr und mehr in seinem Charakter. Mittlerweile ist vielen Menschen klar geworden, dass die Zerstörungen und Belastungen der Umwelt eine globale Dimension erreicht haben und damit eine existenzielle Bedrohung für die gesamte Menschheit darstellen. Hinzu kommt, dass die daran beteiligten bzw. dabei angestoßenen Prozesse eine hohe Komplexität aufweisen, die deren Analyse, Modellierung und übersichtliche Darstellung enorm erschwert. Damit steht die Erforschung der Umweltveränderungen vor einer ganz wichtigen Herausforderung: Um die bestehenden Wechselwirkungen und Dynamiken im System Erde–Mensch (von Beginn der Neuzeit) zu verstehen, ist die interdisziplinäre Zusammenarbeit von Gesellschafts- und Naturwissenschaften erforderlich. Es müssen neue wissenschaftliche Konzepte mit einer fachübergreifenden oder fächerverbindenden Betrachtungsweise entwickelt werden, die innovative Lösungsvorschläge anbieten.

Die Erforschung des globalen Wandels muss sich demnach mit

- der Diagnose, Prognose und Bewertung der globalen Trends
- der Vermeidung negativer Entwicklungen (Prävention)
- der Reparatur bereits eingetretener Veränderungen/Belastungen/Zerstörungen (Sanierung)
- der Anpassung an Unabwendbares (Adaption) beschäftigen.

Zusätzlich müssen die bestehenden Wechselwirkungen zwischen den auftretenden Trends genau erfasst, beschrieben und erläutert werden. Die Forschungsvorhaben sollen sich am Leitbild der nachhaltigen Entwicklung orientieren. Das zentrale und allgemein anerkannte Kennzeichen des

Konzeptes ist der untrennbare Zusammenhang zwischen Umwelt und Entwicklung. Die Erforschung des Globalen Wandels muss sich mit zwei prinzipiellen Problemen auseinandersetzen: Einerseits erfordert die Erforschung des Systems Erde–Mensch einen integrativen Ansatz, denn die Interaktionen reichen über die Grenzen von Disziplinen, Sektoren und Umweltmedien (wie z. B. Wasser, Boden, Luft) hinweg. Andererseits erschwert die hohe Komplexität der dynamischen Zusammenhänge eine übersichtliche Analyse, Modellierung und Darstellung. Nur eine entsprechend vernetzte interdisziplinäre Betrachtungsweise kann beide Probleme bewältigen.

Zur Erforschung des Globalen Wandels hat die Bundesregierung 1992 als unabhängiges wissenschaftliches Beratergremium den „Wissenschaftlichen Beirat der Bundesregierung Globale Umweltveränderungen (WBGU)" ins Leben gerufen. Seine zentrale Aufgabe besteht darin, die globalen Umwelt- und Entwicklungsprobleme zu identifizieren und zu erforschen, darüber in Gutachten zu berichten und im Sinne von Frühwarnung auf neue Problemfelder aufmerksam zu machen. Für die erforderliche integrative Beschreibung des Globalen Wandels und ihrer Dynamik hat der Beirat einen eigenständigen, neuen Forschungsansatz entwickelt: das Syndromkonzept. Die Bezeichnung „Syndrom" ist der Medizin entlehnt, wo es komplizierte Krankheitsbilder bezeichnet.

Neben dem Syndromkonzept gibt es noch weitere Konzepte zur Analyse globaler Umweltprobleme, z. B. den ökologischen Fußabdruck oder virtuelles Wasser (s. M11–M16).

Literatur

Cassel-Gintz, M./Bahr, M. (2008): Syndrome des globalen Wandels. Ein integratives Analyseinstrument für den Einsatz im Geographieunterricht. In: Praxis Geographie, H. 6, S. 4–10.

Cassel-Gintz, M./Harenberg D. (2002): Syndrome des Globalen Wandels als Ansatz interdisziplinären Lernens in der Sekundarstufe. Ein Handbuch mit Basis- und Hintergrundmaterial für Lehrerinnen und Lehrer. Berlin. (http://www.dekade.org/transfer_21/wsm/01)

Wissenschaftlicher Beirat für Globale Umweltveränderungen (WBGU) (1996): Welt im Wandel. Herausforderung für die Deutsche Wissenschaft. Jahresgutachten 1996. Berlin-Heidelberg, S. 111–132.

AUFGABEN

1. Erläutern Sie den Begriff „Syndrom" und stellen Sie das Syndromkonzept vor. (M1, M2, M3, M4)
2. Vergleichen Sie die beiden Satellitenbilder des Aralsees von 2000 und 2014. (M5)
3. Erläutern Sie die Bildüberschrift von M6.
4. Bewerten Sie die von Kasachstan durchgeführten Maßnahmen zur Rettung des Aralsees. (M7)
5. In Afrika gibt es einen weiteren Fall, der dem Aralsee-Syndrom zuzuordnen ist. Ermitteln Sie ihn zunächst mithilfe der physischen Afrikakarte in Ihrem Atlas und informieren Sie sich anschließend darüber im Internet.
6. Begründen Sie, warum der Aralsee Namensgeber für ein Syndrom ist.
7. Nennen Sie die wichtigsten Verursachungsfaktoren des Sahel-Syndroms und erläutern Sie zwischen diesen bestehende Zusammenhänge. (M8)
8. Stellen Sie den zentralen Teufelskreis des Sahel-Syndroms anhand von M9 und M10 dar.
9. In M11–M16 werden weitere Konzepte zur Analyse globaler Umweltprobleme kurz vorgestellt. Bilden Sie Dreiergruppen. Jedes Gruppenmitglied informiert sich über jeweils zwei Konzepte. Stellen Sie den anderen Gruppenmitgliedern die Konzepte vor und fassen Sie Ihre Ergebnisse in einer Tabelle (s. u.) zusammen.

Konzept	**Planetarische Leitplanken**	**Ökologischer Fußbadruck**	**Ökologischer Rucksack**	**Budgetansatz**	**Virtuelles Wasser**	**Wasser-Fußabdruck**
Wann entwickelt?						
Von wem erdacht?						
Kurzbeschreibung						

Das Syndromkonzept

M1 Das Syndromkonzept

Das Syndromkonzept des Wissenschaftlichen Beirats der Bundesregierung Globale Umweltveränderungen (WBGU) ist ein wissenschaftlicher Ansatz, der versucht, nicht nachhaltige globale Umweltveränderungen zu identifizieren und zu beschreiben. Dabei werden nicht nur Einzelphänomene erfasst. Die wichtigen Faktoren, die an solchen Prozessen beteiligt sind, sollen zusammenhängend beschrieben werden, d. h. in ihren Wechselwirkungen und gegebenenfalls mit Rückkopplungseffekten. Grafisch können solche komplexen Sachlagen in Form von Beziehungsgeflechten dargestellt werden, die Trends, Ursachen und Einflüsse veranschaulichen (vgl. S. 158 und M10). Weltweit wurden 16 spezifische Muster von Veränderungen identifiziert und als Syndrome (Krankheitsbilder) des Globalen Wandels bezeichnet (vgl. M3). Diese Syndrome sind unterschiedlich ausgeprägt, lassen sich jedoch auf wenige Grundmuster zurückführen. Man kann mit diesem Konzept lokale Entwicklungen in globale Prozesse und Kategorien einordnen. Ziel des Syndromkonzepts ist nicht nur, die Ursachen und Wechselwirkungen globaler Umwelt- und Entwicklungsprobleme zu erkennen, sondern auch Maßnahmen zu ihrer Linderung oder Vermeidung aufzuzeigen und künftige Entwicklungen vorherzusagen.

Quelle: verändert nach WBGU 1996

M2 Syndrome als funktionale Muster des Globalen Wandels

Beziehungen zwischen Gesellschaft und Umwelt laufen in bestimmten Regionen häufig nach typischen Mustern ab. Diese funktionalen Muster, die als Syndrome bezeichnet werden, sind unerwünschte Konstellationen von natürlichen und gesellschaftlichen Trends/Kernproblemen und ihrer Wechselwirkungen. Eine Kernaussage des Wissenschaftlichen Beirats besagt, dass sich die hochkomplexen weltweiten Umwelt- und Entwicklungsprobleme auf eine begrenzte Anzahl von Umweltzerstörungs-/-belastungsmustern zurückführen lassen. Syndrome sind durch einen transsektoralen Charakter gekennzeichnet. Das bedeutet, die assoziierten Problemlagen greifen über verschiedene/mehrere Sektoren (wie z. B. Bevölkerung, Wirtschaft, Biosphäre) oder Umweltmedien (wie z. B. Wasser, Boden, Luft) hinweg, haben aber stets einen mittelbaren oder unmittelbaren Bezug zu Naturressourcen. Global bedeutsam sind solche Syndrome, die das System Erde modifizieren und dadurch die Lebensgrundlagen für einen Großteil der menschlichen Gesellschaft deutlich beeinflussen, oder wenn für die Bewältigung/Überwindung der Probleme ein globaler Lösungsansatz notwendig ist. Bei jedem einzelnen dieser weltweiten „Krankheitsbilder" handelt es sich also um ein eigenständiges Grundmuster der zivilisatorisch verursachten Umweltdegradation. Daraus folgt, dass ein Syndrom prinzipiell unabhängig von den anderen auftreten und sich entwickeln kann. Die grundsätzliche Eigenständigkeit eines Syndroms bedeutet jedoch nicht, dass eine passive Überlagerung oder aktive Wechselwirkungen solcher Degradationsmuster nicht möglich sind; vielmehr gibt es unterschiedliche Formen der Syndromkopplung (vgl. M4).

Das Syndromkonzept bietet mehrere Erkenntnismöglichkeiten: Einerseits kann die Analyse soweit vorangetrieben werden, dass die Verletzlichkeit (Vulnerabilität) einer Region für ein Syndrom ermittelt werden kann (Prävention). Andererseits ergibt sich aufgrund der systemaren Einbeziehung von Ursachen, Mechanismen und Folgen ein problemspezifisches Muster, das ein besseres Systemverständnis erlaubt. Hierdurch ist es möglich, fundiertere Empfehlungen zur Kuration von erkrankten Systemen auszusprechen.

Das Konzept eröffnet außerdem einen Weg zur Operationalisierung des Begriffs der nachhaltigen Entwicklung. Um die globale Entwicklung zu kennzeichnen, werden zuerst nicht erwünschte oder gefährliche Zustände im Umwelt-, Wirtschafts-, Sozial- und Kulturbereich festgelegt. Diese nicht nachhaltigen Bereiche sind durch „Leitplanken" bzw. „Grenzflächen" vom Handlungsraum abgegrenzt. Innerhalb der Leitplanken bleibt die Gesellschaft handlungsfähig, es kann über mögliche Aktivitäten frei entschieden werden. Allerdings wird in der Nachbarschaft der Leitplanken das Risiko erhöht und die Stabilität vermindert. Dagegen sollte das Erdsystem destabilisierende Handeln jenseits der Grenzflächen auf jeden Fall vermieden werden. Infolge der Komplexität des Systems und der vielfach nur sehr begrenzten Datenlage sind die planetarischen Leitplanken bzw. Grenzflächen nicht genau definierbar, sondern eher im Sinne von Grenzzonen mit unscharfen Konturen zu begreifen. Da die Festlegung dieser Grenzzonen vom jeweiligen Kenntnisstand, von den aktuellen Wertvorstellungen und der Risikobereitschaft der Bevölkerung abhängt, ist ihre Entwicklung/Ausdehnung auch einem zeitlichen Wandel unterlegen. Die Aufgabe der politischen Steuerung des Erdsystems ist es, ein Abgleiten in die nicht nachhaltigen Bereiche zu verhindern.

M3 Übersicht über die Syndrome des Globalen Wandels

Syndromgruppe „Nutzung" (Folgen einseitiger oder sorgloser Ausbeutung von Naturschätzen)

1. Landwirtschaftliche Übernutzung marginaler Standorte: Sahel-Syndrom (vgl. M8–M10)
2. Raubbau an natürlichen Ökosystemen: Raubbau-Syndrom
3. Umweltdegradation durch Preisgabe traditioneller Landnutzungsformen: Landflucht-Syndrom
4. Nicht nachhaltige industrielle Bewirtschaftung von Böden und Gewässern: Dust-Bowl-Syndrom
5. Umweltdegradation durch Abbau nicht erneuerbarer Ressourcen: Katanga-Syndrom
6. Erschließung und Schädigung von Naturräumen für Erholungszwecke: Massentourismus-Syndrom
7. Umweltzerstörung durch militärische Nutzung: Verbrannte-Erde-Syndrom

Syndromgruppe „Entwicklung" (Folgen nicht nachhaltiger Fortschrittsprozesse)

8. Umweltschädigung durch zielgerichtete Naturraumgestaltung im Rahmen von Großprojekten: Aralsee-Syndrom (vgl. M5–M7)
9. Umweltdegradation durch Verbreitung standortfremder landwirtschaftlicher Produktionsverfahren: Grüne-Revolution-Syndrom
10. Vernachlässigung ökologischer Standards im Zuge hochdynamischen Wirtschaftswachstums: Kleine-Tiger-Syndrom
11. Umweltdegradation durch ungeregelte Urbanisierung: Favela-Syndrom
12. Landschaftsschädigung durch geplante Expansion von Stadt- und Infrastrukturen: Suburbia-Syndrom
13. Singuläre anthropogene Umweltkatastrophen mit längerfristigen Auswirkungen: Havarie-Syndrom

Syndromgruppe „Senken" (Folgen unangepasster Entsorgung von Stoffen in Wasser, Boden oder Luft)

14. Umweltdegradation durch weiträumige diffuse Verteilung von meist langlebigen Wirkstoffen: Hoher-Schornstein-Syndrom
15. Umweltverbrauch durch geregelte und ungeregelte Deponierung zivilisatorischer Abfälle: Müllkippen-Syndrom
16. Lokale Kontamination von Umweltschutzgütern an vorwiegend industriellen Produktionsstandorten: Altlasten-Syndrom

Quelle: WBGU 1996, S. 131

M4 Zuordnung der Kernprobleme des Globalen Wandels zu den Syndromen

Kernproblem / Syndrom	Klimawandel	Verlust an Biodiversität	Bodendegradation	Süßwasserverknappung	Gefährdung der Weltgesundheit	Gefährdung der Welternährung	Bevölkerungsentwicklung	Anthropogene Naturkatastrophen	Übernutzung und Verschmutzung der Weltmeere	Globale Entwicklungsdisparitäten
Sahel-Syndrom		X	X	X		X	X	X		X
Raubbau-Syndrom	X	X	X	X				X	X	X
Landflucht-Syndrom		X	X			X	X	X		X
Dust-Bowl-Syndrom	X	X	X	X		X		X		
Katanga-Syndrom		X	X	X						
Massentourismus-Syndrom		X	X	X				X		
Verbrannte-Erde-Syndrom		X	X		X	X	X			X
Aralsee-Syndrom	X	X	X	X			X	X		X
Grüne-Revolution-Syndrom		X	X	X	X	X	X			X
Kleine-Tiger-Syndrom	X	X	X	X	X		X			X
Favela-Syndrom	X		X	X	X		X			X
Suburbia-Syndorm	X	X	X	X						
Havarie-Syndrom		X	X		X					
Hoher-Schornstein-Syndrom	X	X	X		X	X		X		
Müllkippen-Syndrom		X	X		X					
Altlasten-Syndrom		X	X		X				X	

Quelle: WBGU 1996, S. 131

Beispiel: Das Aralsee-Syndrom

M5 Der Aralsee im Satellitenbild

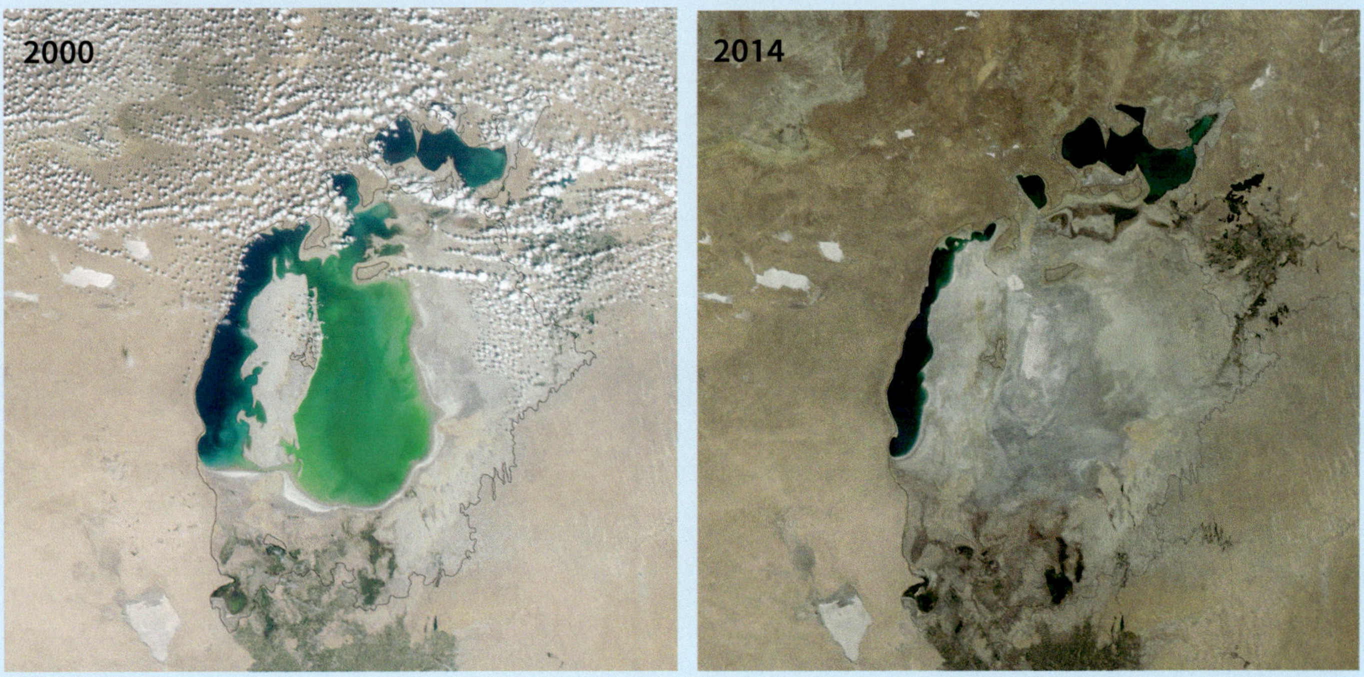

M6 Zeugen der Vergangenheit

M7 Verheerende Umweltkatastrophe am Aralsee – Der ehemals viertgrößte See der Welt ist nahezu ausgetrocknet

Einst war der Aralsee mit seinem 2 Mio. km² großen Einzugsgebiet der viertgrößte Süßwassersee der Erde. Er liegt in einer ariden bis semiariden Region an der Grenze zwischen Kasachstan und Usbekistan. Sein Wasser bedeckte eine Fläche annähernd so groß wie die vom Bundesland Bayern. Er wurde über Jahrtausende hinweg von zwei großen Flüssen gespeist, dem Amudarja und dem Syrdarja. Aber nun ist kaum noch etwas übrig von den gigantischen Ausmaßen des Sees.

Heute findet man hier vielerorts Schiffswracks auf staubigem Boden [s. M6]. Sie veranschaulichen den dramatischen Rückgang des Wassers von 2000 bis 2014. Im Jahr 2000 war bereits ein großer Teil des Sees ausgetrocknet. Zwischen dem nördlichen und dem südlichen Teil des Aralsees bestand schon damals keine Verbindung mehr. Seit 2014, einem extrem dürren Jahr, ist nun auch der Ostteil des südlichen Aralsees völlig ausgetrocknet und versandet [s. M5].

Schuld an dieser gigantischen Umweltkatastrophe ist der Mensch. In den 1960er-Jahren leitete die Sowjetunion das Schmelzwasser aus den Zuflüssen des Aralsees über tausende Kilometer lange Bewässerungsgräben um, mit dem Ziel, die Wüste in riesige Baumwollplantagen zu verwandeln. Der Aralsee verlor seitdem nicht nur immense Mengen Wasser, er wurde auch immer salziger. Düngemittel und Pestizide verunreinigten sein Wasser.

Im Jahr 2005 versuchte Kasachstan, die Reste des nördlichen Sees durch einen 13 Kilometer langen Staudamm zu retten, der mit Unterstützung der Weltbank auch realisiert werden konnte. Und tatsächlich, seit der Fertigstellung des Damms haben sich der See und die Fischbestände rascher erholt als erhofft. Durch den Damm wurde der nördliche Teil des Aralsees gerettet, zugleich schnitt er den Rest endgültig von einer der wichtigsten Wasserquellen ab. Damit erteilte man dem südlichen Teil endgültig den Todesstoß.

Der Verlust eines so großen Sees bleibt nicht unbemerkt. Früher hatte er dazu beigetragen, das Klima abzumildern. Seit der See zu großen Teilen verschwunden ist, werden die Winter in der Region nun kälter, die Sommer heißer.

Quelle: o. V.: Verheerende Umweltkatastrophe am Aralsee. Der ehemals viertgrößte See der Welt ist nahezu ausgetrocknet. In: Focus online vom 01.10.2014 (http://www.focus.de/wissen/videos/verherrende-umweltkatastrophe-am-aralsee-der-ehemals-viertgroesste-see-der-welt-ist-nahezu-ausgetrocknet_id_4173883.html, mit Video)

Beispiel: Das Sahel-Syndrom

M8 Das Sahel-Syndrom

Das Sahel-Syndrom ist definiert als „die landwirtschaftliche Übernutzung marginaler Standorte durch armutsgefährdete Bevölkerungsgruppen". Dabei geht es um Degradationserscheinungen, die bei Überschreitung der ökologischen Tragfähigkeit in Regionen auftreten, wo die natürlichen Umweltbedingungen (u. a. Boden, Klima) nur eingeschränkte landwirtschaftliche Nutzungen erlauben. Typische Erscheinungsformen der betroffenen Gebiete sind Bodendegradierung (d. h. Erosion, Fertilitätsverlust, Versalzung), Ausbreitung wüstenhafter Verhältnisse (Desertifikation), Nutzung fossiler Süßwasservorkommen, Konversion naturnaher Ökosysteme (u. a. durch Entwaldung), Biodiversitätsverlust und Veränderung des Klimas.

Das Sahel-Syndrom ist typischerweise in Regionen mit Subsistenzwirtschaft verbreitet, wo von Armut betroffene ländliche Bevölkerungsgruppen und von Ausgrenzung bedrohte Bevölkerungsteile durch die Übernutzung vorhandener landwirtschaftlicher Nutzflächen (u. a. durch Überweidung, Ausweitung von Ackerbau auf ökologisch fragile Bereiche) einer zunehmenden Degradation ihrer natürlichen Umwelt ausgesetzt sind. Die syndromspezifischen Probleme der dort lebenden Bevölkerung sind zunehmende Verarmung, Landflucht, wachsende Verwundbarkeit gegenüber Naturrisiken sowie zunehmende Häufigkeit von politischen und sozialen Spannungen und Konflikten um knapper werdende Ressourcen. Kennzeichen des Syndroms sind die Intensivierung ursprünglich nachhaltiger Bodenbearbeitungsverfahren, wie beispielsweise die Aufgabe von traditionellen Fruchtfolge- und Rotationssystemen oder die Verkürzung der Brachezeiten. Unangepasste und unangemessene Entwicklungsstrategien (Sesshaftmachung von Nomaden, Bau von Tiefbrunnen) können zur Entstehung und Ausbreitung des Syndroms beitragen. Diese Entwicklung, die häufig durch ein hohes Wachstum der Bevölkerung verschärft wird, erfolgt im Kontext gesamtgesellschaftlicher Transformationsprozesse, wie der Auflösung traditioneller Solidarsysteme, der Verschiebung örtlicher Preisgefüge aufgrund subventionierter Exporte aus Industrieländern und kulturell bedingter Veränderungen. Im Verlauf der Verstärkung des Sahel-Syndroms werden die Handlungsspielräume für die betroffenen sozialen Gruppen zunehmend enger, weil sich Verarmung, Übernutzung und Umweltdegradation gegenseitig verstärken. Im Extremfall ist es bereits zu Hungerkatastrophen gekommen. In der Sahelregion ist infolge der Destabilisierung der ländlichen Produktions- und Sozialsysteme inzwischen ein Großteil der Bevölkerung von Hunger bedroht.

M9 Zentraler Mechanismus des Sahel-Syndroms („Teufelskreis")

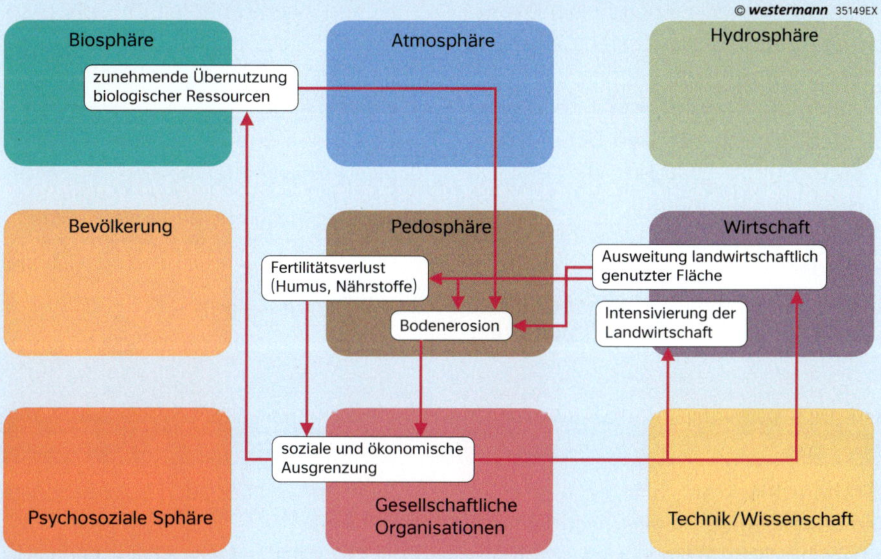

Quelle: WBGU 1996, S. 140

M10 Vollständiges Beziehungsgeflecht des Sahel-Syndroms

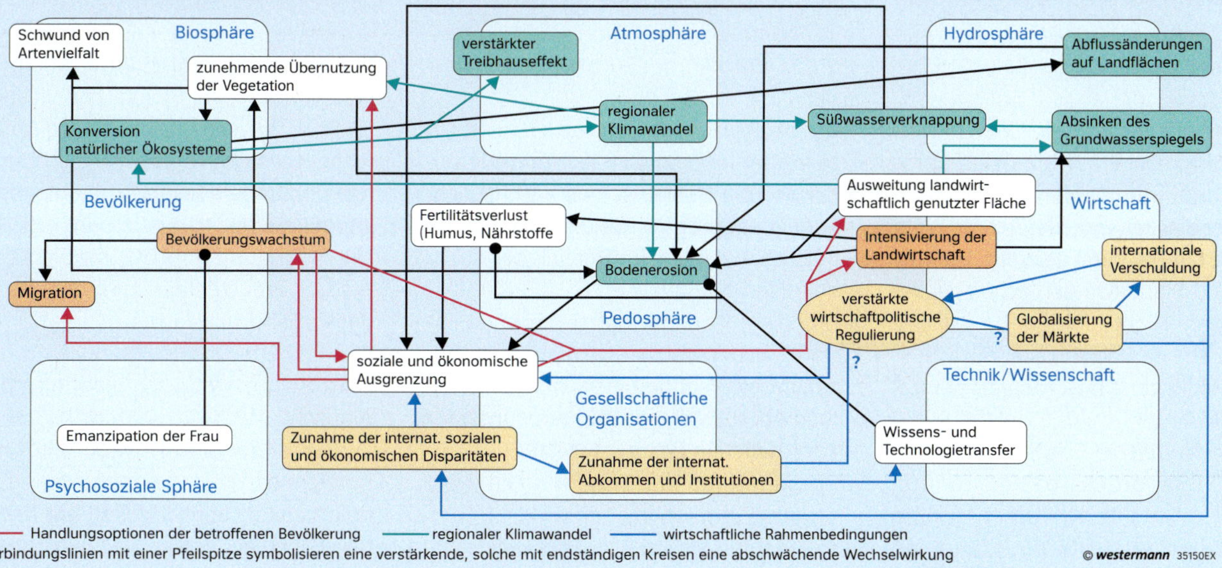

Quelle: WBGU 1996, S. 141

Weitere Konzepte

M11 Konzept: Planetarische Leitplanken

Der Wissenschaftliche Beirat der Bundesregierung Globale Umweltveränderungen (WBGU) hat zur Begrenzung globaler Umweltveränderungen das Konzept der „planetarischen Leitplanken" entwickelt. Damit sind Schadensgrenzen gemeint, deren Überschreiten heute oder in der Zukunft intolerable Folgen mit sich brächte. Wenn Leitplanken überschritten werden, dann sind die Erhaltung natürlicher Lebensgrundlagen und somit auch Armutsbekämpfung und nachhaltige Entwicklung gefährdet. [...]

Der WBGU fordert vor diesem Hintergrund folgende Handlungsziele:

1. Klimawandel: Die Erwärmung des Klimasystems sollte auf 2 °C begrenzt werden. Daher sollen die globalen CO_2-Emissionen aus fossilen Quellen bis etwa 2070 vollständig eingestellt werden.
2. Ozeanversauerung: Für den Schutz der Meere sollte der pH-Wert der obersten Meeresschicht in keinem größeren Ozeangebiet um mehr als 0,2 Einheiten gegenüber dem vorindustriellen Wert absinken. Daher sollen die CO_2-Emissionen aus fossilen Quellen bis etwa 2070 vollständig eingestellt werden (kongruent mit Handlungsziel 1).
3. Verlust von biologischer Vielfalt und Ökosystemleistungen: Der vom Menschen verursachte Verlust von biologischer Vielfalt und Ökosystemleistungen muss gestoppt werden. Dessen unmittelbare anthropogene Treiber, z. B. die Konversion natürlicher Ökosysteme, sollen bis spätestens 2050 zum Stillstand gebracht werden.
4. Land- und Bodendegradation: Die anthropogene Land- und Bodendegradation muss gestoppt werden. Die Netto-Landdegradation soll bis 2030 weltweit und in allen Ländern gestoppt werden.
5. Gefährdung durch langlebige anthropogene Schadstoffe: Die substituierbare Nutzung von Quecksilber sowie die anthropogenen Quecksilberemissionen sollen bis 2050 gestoppt werden. Die Freisetzung von Plastikabfall in die Umwelt soll bis 2050 weltweit gestoppt werden. Die Produktion von Kernbrennstoffen für Kernwaffen und Kernreaktoren soll bis 2070 gestoppt werden.
6. Verlust von Phosphor: Phosphor ist eine unverzichtbare Ressource für die Landwirtschaft und daher auch für die Ernährungssicherheit. Die Freisetzung nicht rückgewinnbaren Phosphors soll bis 2050 gestoppt werden, sodass seine Kreislaufführung weltweit erreicht werden kann.

Quelle: Wissenschaftlicher Beirat der Bundesregierung Globale Umweltveränderungen (WGBU): Zivilisatorischer Fortschritt innerhalb planetarischer Leitplanken. Politikpapier Nr. 8, Juni 2014, S. 4 (http://www.wbgu.de/fileadmin/templates/dateien/veroeffentlichungen/politikpapiere/pp2014-pp8/wbgu_politikpapier_8.pdf)

M12a Konzept: Ökologischer Fußabdruck

Der ökologische Fußabdruck ist eine Messgröße für den Ressourcenverbrauch einer Person in einem Jahr, um ihren Lebensstil und Lebensstandard dauerhaft zu gewährleisten. Basis der Berechnungen ist die Biokapazität unseres Planeten, d. h. die Verfügbarkeit primärer Ressourcen (u. a. aus dem Bergbau, der Land- und Forstwirtschaft, der Fischerei) und die Aufnahmekapazität der Erde, z. B. für Abfälle, Treibhausgase oder andere Emissionen. Allerdings beschränkt sich der ökologische Fußabdruck auf biologisch produktive Land- und Wasserflächen, die in die Bereiche Ackerland, Weideland, Wald sowie von der Fischerei genutzte Meeresflächen und Binnenwasserflächen gegliedert werden. Nicht biologisch nutzbare Flächen (bebaute Flächen, aber auch Wüsten und Hochgebirge) werden als neutral eingestuft.

Der methodische Erfolg des ökologischen Fußabdrucks basiert darauf, dass sich diese Flächen unter Mithilfe von Produktivitätsfaktoren in „globale Hektar" umrechnen lassen. Damit erhält man einen durchschnittlich produktiven „Standard-Hektar", also eine gemeinsame Maßeinheit, mit der weltweit sehr unterschiedliche Flächen miteinander verglichen werden können. Darüber hinaus können auf dieser Grundlage Zahlen bis 1960 zurückgerechnet werden, obwohl der ökologische Fußabdruck erst 1994 von Umweltwissenschaftlern der New Economic Foundation (NEF) konzipiert wurde. Zu den Stärken des Konzepts gehören u. a.:

- Der ökologische Fußabdruck ist einfach zu visualisieren und zu kommunizieren.
- Ein globaler Hektar ist sehr anschaulich.
- Sein ausgeprägter Reduktionismus ist nützlich, vor allem im Bereich der nachhaltigen Bildung.
- Grundlage ist der aktuell bestehende Zustand, weder gibt es Spekulationen über zukünftige Technologien, noch Annahmen über zweckmäßigen Konsum oder erforderlichen Lebensstandard.
- Der Terminus der Tragfähigkeit wird bewusst vermieden.
- Alte Zahlen sind mit neuen vergleichbaren Zahlen für vergangene Zeitabschnitte errechenbar.

Dem stehen aber auch Schwächen gegenüber:

- Die Reduktion auf eine einzige Kenngröße ist zugleich eine elementare Schwäche.
- Das Konzept müsste durch komplementäre Indikatoren, die weitere zentrale Aspekte von Nachhaltigkeit berücksichtigen, ergänzt werden.
- Zudem ist der Hektar-Ansatz nicht für alle biologischen Faktoren anwendbar (u. a. Wasserverbrauch, biologische Vielfalt).
- Nicht biologische Faktoren wie Abfälle, nicht regenerative Ressourcen oder giftige und andere gefährliche Substanzen werden außer Acht gelassen.
- Die Erzeugung von CO_2 macht in den meisten Industrieländern mehr als 50 % des Fußabdrucks aus.
- Die absolute Dominanz eines einzigen Faktors ist methodisch nicht unproblematisch.
- Zudem ist der Produktivitätsfaktor nicht problemlos, denn die intensive und monokulturelle Landwirtschaft hat demzufolge einen geringeren Flächenverbrauch als der ökologische Landbau und schneidet deshalb beim Fußabdruck besser ab.

Mithilfe des ökologischen Fußabdrucks lässt sich der sog. Earth Overshoot Day (auch Ecological Debt Day, Ökoschuldentag oder Welterschöpfungstag genannt) ermitteln. Dieser wurde 2003 von der Umwelt-Think-Tank (Umweltdenkfabrik) Organisation Global Footprint Network konzipiert. Der Earth Overshoot Day kennzeichnet den Tag im Jahr, ab dem die Menschheit beginnt, mehr natürliche Ressourcen zu verbrauchen, als die Erde in einem Jahr bereitstellen und reproduzieren kann. An diesem Tag übersteigt die Menschheit die Kapazität der natürlichen Ressourcen. Berechnet wird der Ecological Debt Day durch Division der globalen Biokapazität, also der in einem Jahr von der Erde produzierten natürlichen Ressourcen, durch den ökologischen Fußabdruck der gesamten Menschheit multipliziert mit der Zahl 365, also der Anzahl von Tagen im Gregorianischen Kalender. Gegenwärtig verbraucht die Menschheit etwa das 1,5-Fache der globalen Ressourcen des Jahres. Während der Earth Overshoot Day 1993 noch am 21. Oktober lag, war er 2016 bereits am 8. August erreicht. Der jährliche Trend zeigt also eine Vorverlegung zu einem früheren Datum.

M12b Ökologischer Fußabdruck ausgewählter Staaten im Vergleich im Vergleich zur Staatsfläche

Wie oft verbrauchen Länder die ihnen zur Verfügung stehende Fläche? Um unseren Ressourcenverbrauch in Deutschland zu decken, verbrauchen wir zweieinhalbmal die Fläche unseres Landes pro Jahr.

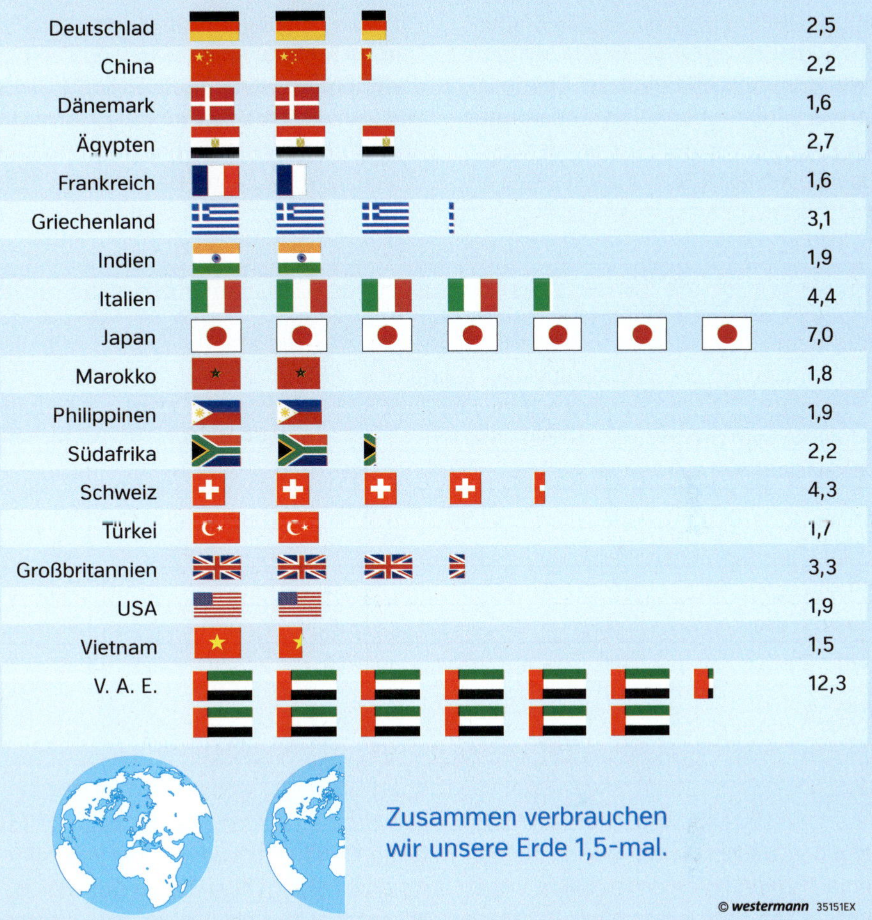

Quelle: http://klimaohnegrenzen.de/klimawissen/okologischer-fussabdruck

M13a Konzept: Ökologischer Rucksack

Der ökologische Rucksack ist die visualisierte Darstellung der Menge an Ressourcen, die bei der Produktion, dem Gebrauch und der Entsorgung eines Erzeugnisses oder einer Dienstleistung benötigt werden. Sie soll im Rahmen der Ökobilanz eine Vergleichsgröße bieten, mit der deutlich gemacht wird, welche ökologischen Konsequenzen die Bereitstellung bestimmter Güter verursacht. Das Konzept wurde von Friedrich Schmidt-Bleek entworfen, der es 1994 im Rahmen der Überlegungen zum Material-Input pro Serviceeinheit (MIPS) erstmals publizierte. Der ökologische Rucksack ist ähnlich wie der ökologische Fußabdruck als grobe Zahl zu verstehen, die einen Einblick in Prozesse und Aufwendungen gibt, welche durch die Herstellung von Konsumgütern verursacht werden. Das genaue Verständnis des ökologischen Rucksackes wird dadurch erschwert, dass bei der Berechnung zentrale Ressourceninputs nicht mit einbezogen werden. Beispielsweise werden oftmals die erforderlichen Inputmengen an Wasser oder Luft nicht berücksichtigt. Bei vielen Konsumgütern ist der benötigte Wasserinput aber der bedeutendste Masseninput. Hierzu wurde eigens der Begriff des virtuellen Wassers (s. M15a, M15b) geprägt, der hier die erforderlichen Berechnungen möglich machen soll.

Beispiele für den ökologischen Rucksack: Der typische Wert für Kunststoffe beträgt Faktor 5, d. h., für ein Kilogramm Kunststoff werden 5 Kilogramm Ressourcen verbraucht. Weitere Werte sind: Faktor 15 für Papier, Faktor 85 für Aluminium, Faktor 500 für Kupfer und Faktor 550 000 für Gold.

M13b Ökologischer Rucksack eines Mobiltelefons

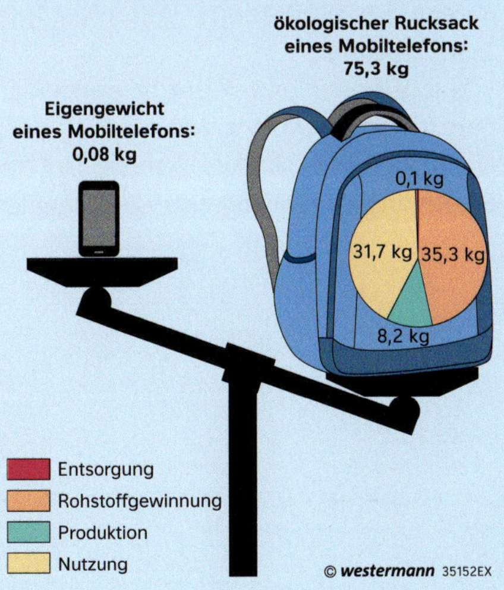

M14a Konzept: Budgetansatz

Um den gefährlichen Klimawandel in den Griff zu bekommen, muss die internationale Staatengemeinschaft den Ausstoß von CO_2 aus fossilen Quellen durch Festlegung eines globalen Budgets begrenzen. Genau an dieser Stelle setzt der vom Wissenschaftlichen Beirat der Bundesregierung Globale Umweltveränderungen (WBGU) 2009 zur Weltklimakonferenz in Kopenhagen konzipierte Budgetansatz an. Ermittelt wird zunächst das Gesamtbudget an CO_2-Emissionen, das die Weltbevölkerung von 2010 bis 2050 emittieren darf, wenn mit einer Wahrscheinlichkeit von zwei Drittel der Anstieg der globalen Durchschnittstemperatur um 2 °C nicht überschritten werden soll. Es sollten laut WBGU in diesem Zeitraum 750 Mrd. t nicht überschritten werden. Bei einer Weltbevölkerung von 6,9 Mrd. Menschen im Jahr 2010 und einem Gesamtbudget von 750 Mrd. t CO_2 ergeben sich bis 2050 durchschnittlich erlaubte Pro-Kopf-Emissionen von rund 2,7 t CO_2. Dabei wird das Bevölkerungswachstum nicht berücksichtigt. Für Deutschland würde das bedeuten, dass bis 2050 maximal weitere 9 Mrd. t CO_2 emittiert werden dürften.

M14b Nationale Budgets zur Einhaltung der 2 °C-Leitplanke (bei einer Wahrscheinlichkeit der Einhaltung von zwei Dritteln)

	Anteil an der Weltbevölkerung im Jahr 2010 (Schätzung) [%]	Budget 2010–2050 [Mrd. t CO_2]	Emissionen im Jahr 2008 (Schätzung) [Mrd. t CO_2]	Reichweite des Budgets bei jährlichen Emissionen wie 2008 [Jahre]
Deutschland	1,2	9,0	0,91	10
USA	4,6	35	6,1	6
China	20	148	6,2	24
Indien	18	133	1,5	88
Burkina Faso	0,24	1,8	0,00062	2 892
Welt	100	750	30	25

Quelle: http://www.wbgu.de/fileadmin/templates/dateien/veroeffentlichungen/factsheets/fs2009-fs3/wbgu_factsheet_3.pdf

M15a Konzept: Virtuelles Wasser

Virtuelles Wasser ist die Wassermenge, die nach einer umfassenden Bilanz insgesamt für die Herstellung eines Produkts benötigt wurde. Der Begriff wurde um 1995 von dem englischen Geographen John Anthony Allan geprägt. Für seine wissenschaftliche Leistung wurde er 2008 mit dem „Stockholmer Wasserpreis" des Stockholm International Water Institute ausgezeichnet.

Nach dieser Bilanzierung werden in Deutschland pro Einwohner und Tag rund 4000–5000 Liter Wasser genutzt. Bei der Erzeugung eines Kilogramms Rindfleisch fallen 15 000 Liter an, bei der Produktion eines Mikrochips 32 Liter. In der Bilanz wird auch stets der Wasserverbrauch berücksichtigt, der auf den ersten Blick verdeckt ist. Bei der Erzeugung von Rindfleisch ist es nicht nur das Trinkwasser für die Tiere, sondern auch der natürliche Niederschlag und die Bewässerung für die Felder und Wiesen, die das Futter für die Tiere liefern. Es wird zwischen „grünem virtuellem Wasser" (jenes aus Niederschlag und natürlicher Bodenfeuchte) sowie „blauem virtuellem Wasser" (jenes für künstliche Bewässerung) unterschieden.

M15b Virtueller Wasserverbrauch von Produkten (2015)

M16a Konzept: Wasser-Fußabdruck

Der Wasser-Fußabdruck (eng. Water Footprint) wurde 2011 von Arjen Y. Hoekstra und Mesfin M. Mekonnen (Wissenschaftler der Universität Twente) entwickelt. Er beinhaltet die gesamte Wassermenge, die für die Herstellung von Gütern und Dienstleistungen erforderlich ist. Hierbei wird zwischen „blauem", „grünem" und „grauem" Wasser differenziert: Der blaue Fußabdruck bezieht sich auf das Grund- und Oberflächenwasser, das bei der Produktion unmittelbar verdunstet wird. Der grüne Fußabdruck umfasst die Wassermenge, die durch die Vegetation selbst verdunstet, also die Transpiration. Sie ist somit vor allem in der Landwirtschaft von Bedeutung. Der graue Fußabdruck beschreibt die Wassermengen, die durch Herstellungsprozesse verschmutzt werden. Mit diesen Fragenstellungen beschäftigt sich das Water Footprint Network, ein Netzwerk von Wissenschaftlern, das auch mit den Vereinten Nationen zusammenarbeitet.
Der Fußabdruck des Wasserverbrauchs eines Landes bezieht sich stets auf seine Gesamtbevölkerung. Hier spricht man auch von der Wasserspur oder dem Wasserverbrauchsindex eines Landes.

Beispiele: Der Wasserverbrauchsindex Chinas beträgt etwa 700 m^3 pro Kopf und Jahr; davon werden ca. 7 % über Güter importiert. In Deutschland erreicht dieser Index 1595 m^3. Die Ursachen für diesen hohen Index liegen insbesondere im hohen Konsum sowohl von Industrieprodukten als auch von Fleisch. Der Wasser-Fußabdruck Japans beläuft sich auf 1150 m^3; davon werden ca. 65 % bereits außerhalb des Landes verwendet. Der Wasserverbrauchsindex der USA liegt bei 2483 m^3.

M16b Der Wasser-Fußabdruck weltweit (2015)

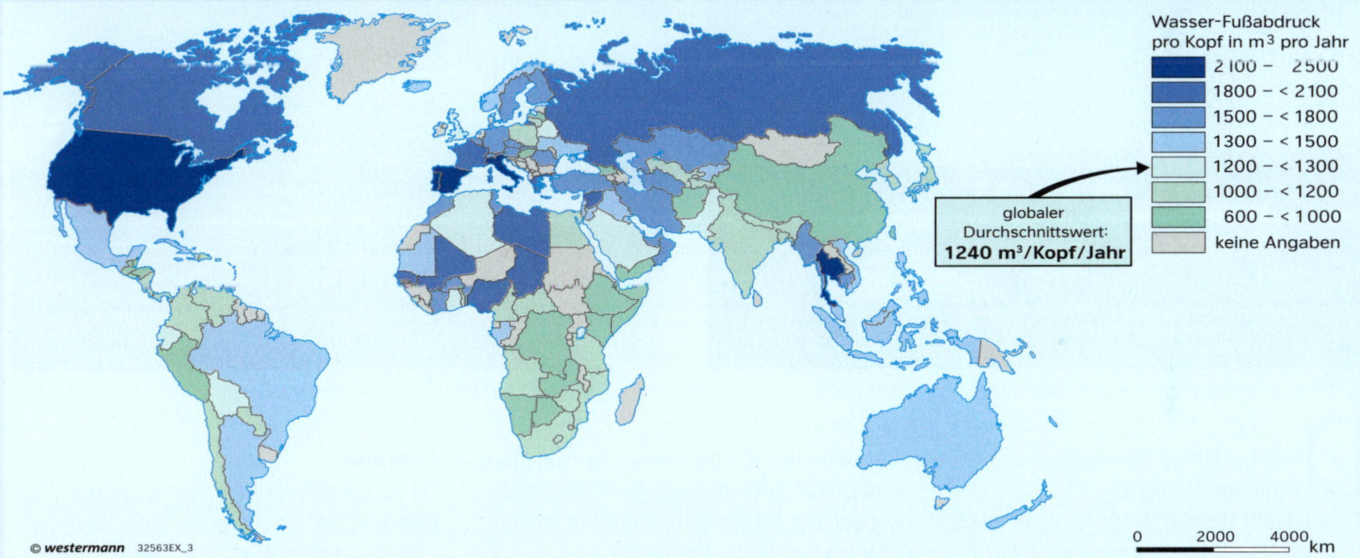

5.4 Alternative Energien – ein Ausweg aus der Klimakrise?

Dieses Kapitel beschäftigt sich mit folgenden Fragen:

1. Wie sieht die derzeitige Energieversorgung in Industrie- und Entwicklungsländern aus?
2. Welche Auswirkungen hat das auf das Klima?
3. Welche Maßnahmen sind erforderlich bzw. werden ergriffen, um die Klimakrise zu bekämpfen?

Energie ist die Voraussetzung dafür, dass Unternehmen produzieren können und Arbeitsplätze schaffen. Sie wird auch gebraucht, um Lebensmittel anzubauen, Nahrung herzustellen, Wohnungen, Geschäfte und Schulen zu heizen, Krankenhäuser zu betreiben und um sauberes Trinkwasser bereitzustellen. Energie ermöglicht Kommunikation und Mobilität. Ohne Energie ist Entwicklung nicht möglich. Kurzum: Fast alles, was Menschen tun, braucht Energie.

Mit dem Energieverbrauch ist zugleich aber der Ausstoß von Kohlenstoffdioxid verbunden. Dieses wichtige Treibhausgas trägt deutlich zur globalen Erderwärmung und damit zum anthropogenen Klimawandel bei. Die Folgen sind einerseits fehlende Entwicklungschancen für die Ärmsten, andererseits Schutzlosigkeit gegenüber den Folgen des Klimawandels, vor allem für die am wenigsten entwickelten Länder und deren Bevölkerung.

Die Menschheit benötigt daher, gerade in den Entwicklungs- und Schwellenländern, vermehrt Energie aus kohlenstoffarmen und – wegen der hohen Risiken – auch aus kernkraftfreien Energieträgern. Die Weltgemeinschaft steht somit vor einer großen Herausforderung: Der Auf- und Ausbau der Energieversorgung in den Entwicklungsländern ist eine grundlegende Voraussetzung für Erfolge bei der Bekämpfung der Armut und für die Umsetzung der Sustainable Development Goals (vgl. S. 15). Zugleich aber müssen entschlossene Maßnahmen ergriffen werden, um den weltweiten Energieverbrauch zu senken und dadurch den Klimawandel zu begrenzen. Dies ist bisher aber nur in Ansätzen gelungen.

Literatur

Bals, C./Kreft, S./Weischer, L. (2016): Wendepunkt auf dem Weg in eine neue Epoche der globalen Klima- und Energiepolitik. Bonn. (http://germanwatch.org/de/download/13982.pdf)

Ekardt, F. (2014): Jahrhundertaufgabe Energiewende. Ein Handbuch. Berlin.

Randers, J. (2014): 2052. Der neue Bericht an den Club of Rome. Eine globale Prognose für die nächsten 40 Jahre. München.

UNESCO (United Nations Educational, Scientific and Cultural Organization) (2014): Roadmap for Implementing the Global Action Program on Education for Sustainable Development. Paris.

Internet

https://www.iea.org/
http://www.who.int/topics/global_burden_of_disease/en/
http://www.bp.com/content/dam/bp/pdf/energy-economics/statistical-review-2016/bp-statistical-review-of-world-energy-2016-full-report.pdf

AUFGABEN

1. Beschreiben und beurteilen Sie unter Umweltgesichtspunkten die Entwicklung des Weltenergieverbrauchs nach Energieträgern. (M1)
2. Analysieren Sie mithilfe von M2 und M3 die Entwicklung der globalen energiebedingten Kohlenstoffdioxidemissionen und beschreiben Sie die daraus resultierenden Folgen für die Atmosphäre.
3. Stellen Sie die bisherige und prognostizierte Entwicklung der erneuerbaren Energien, differenziert nach Regionen, dar. (M4–M6)
4. Bilden Sie Zweiergruppen. Einer von Ihnen ist ein Vertreter eines Entwicklungslandes, der andere Vertreter eines Industrielandes. Informieren Sie sich zunächst mithilfe von M7 und M8 über die spezifischen Probleme von Entwicklungs- und Industrieländern bezüglich der Energieversorgung. Diskutieren Sie anschließend darüber, was sie zusammen dafür tun können, erneuerbare Energien zu fördern.
5. Stellen Sie in einer Tabelle die Klimaabkommen gegenüber (Name, Jahr, Ort, zentrale Vereinbarungen [nur die wichtigsten], Konsequenzen [falls angegeben]). (M9–M14)
6. Analysieren und vergleichen Sie die Bewertung von Deutschland im Rahmen des Klimaschutzindex 2015. (M15)
7. In M16–M18 wird die Energieversorgung von drei Beispielländern dargestellt. Stellen Sie in einer Tabelle Struktur, Probleme und positive Ansätze gegenüber.
8. Die Energiewende ist bereits weltweit im Gang. Beweisen Sie diese Aussage anhand von M19 und M20.
9. Beurteilen Sie selbstkritisch, ob die Energiewende auch bei Ihnen angekommen ist. Sind die in M21 aufgeführten Maßnahmen für Sie relevant? Oder würden Sie andere Maßnahmen vorschlagen?

Energieverbrauch und Umweltauswirkungen

M1 Weltenergieverbrauch nach Energieträgern 1990–2015

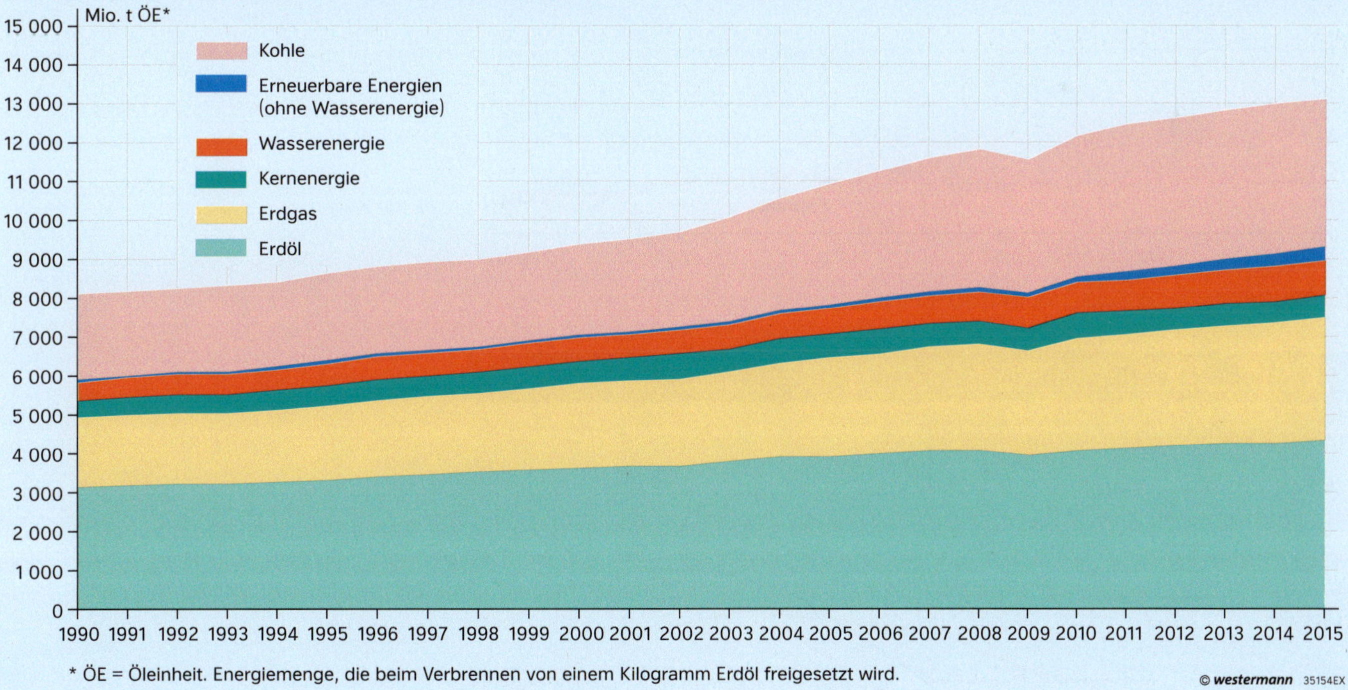

* ÖE = Öleinheit. Energiemenge, die beim Verbrennen von einem Kilogramm Erdöl freigesetzt wird.

© westermann 35154EX

Quelle: http://www.bp.com/content/dam/bp/pdf/energy-economics/statistical-review-2015/bp-statistical-review-of-world-energy-2016

M2 CO_2 – weltweite energiebedingte Emissionen und Konzentration in der Atmosphäre 1860–2014

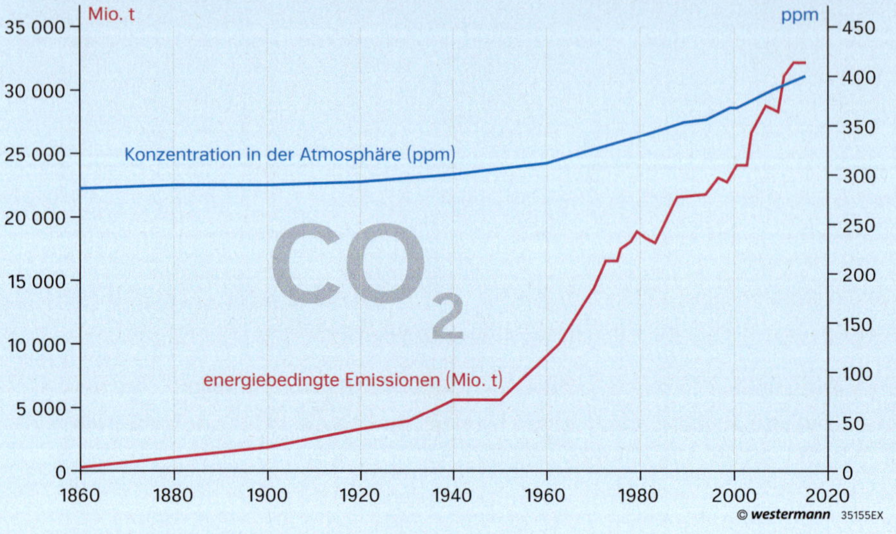

Quelle: http://www.volker-quaschning.de/datserv/CO2/index.php

M3 Globale CO_2-Quellen 1960–2011

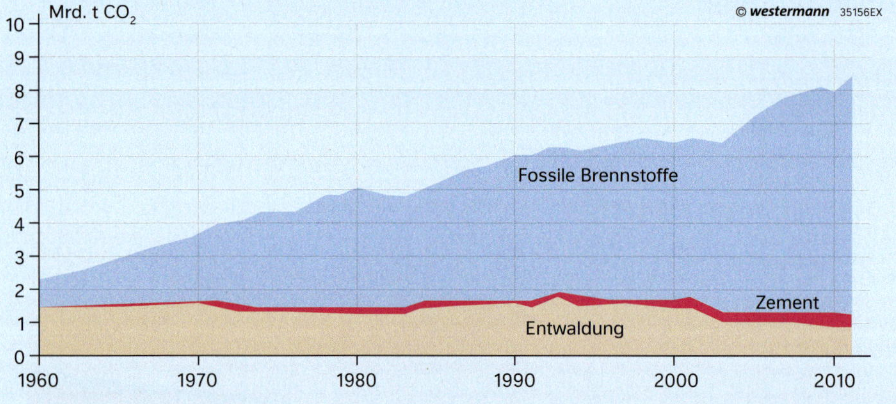

Quelle: Randers 2012, S. 65

M4 Globaler Verbrauch verschiedener Energiearten 1970–2050

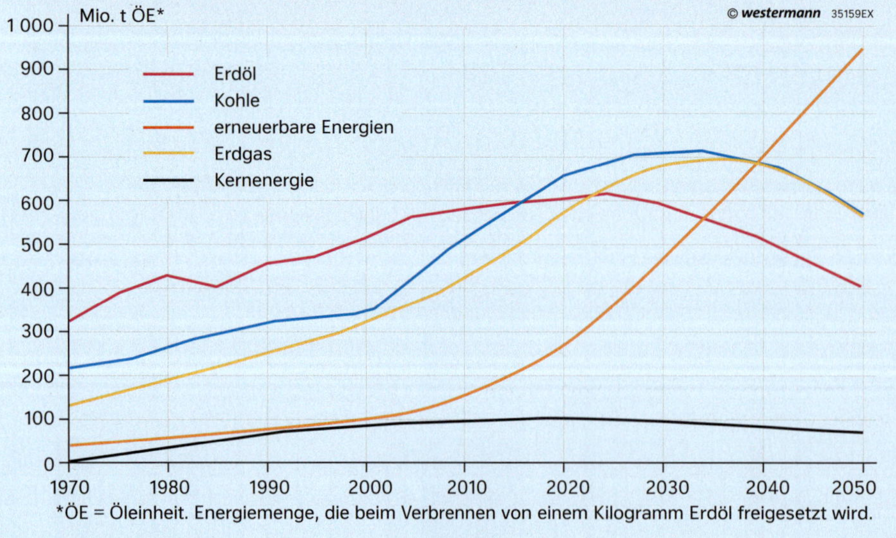

*ÖE = Öleinheit. Energiemenge, die beim Verbrennen von einem Kilogramm Erdöl freigesetzt wird.

Quelle: Randers 2012, S. 135

M5 Weltkapazität regenerativer Energien (ohne Wasserenergie) (2015)

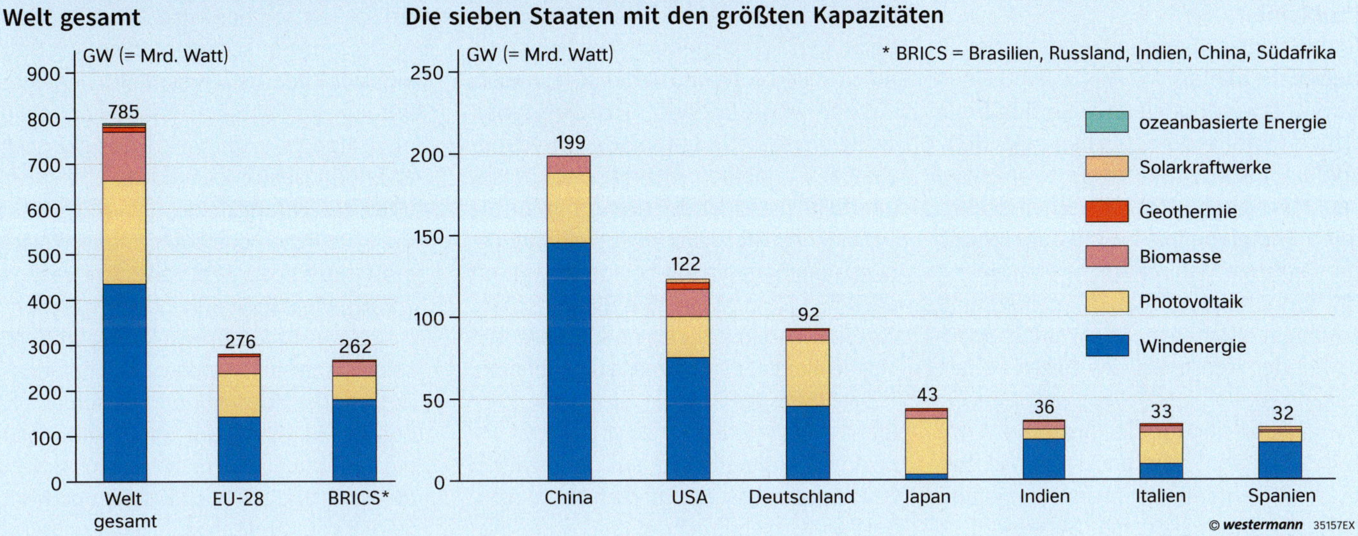

Quelle: http://www.ren21.net/wp-content/uploads/2016/06/GSR_2016_Full_Report.pdf

M6 Anteil erneuerbarer Energieträger* an der globalen Stromerzeugung nach Regionen (1995–2015)

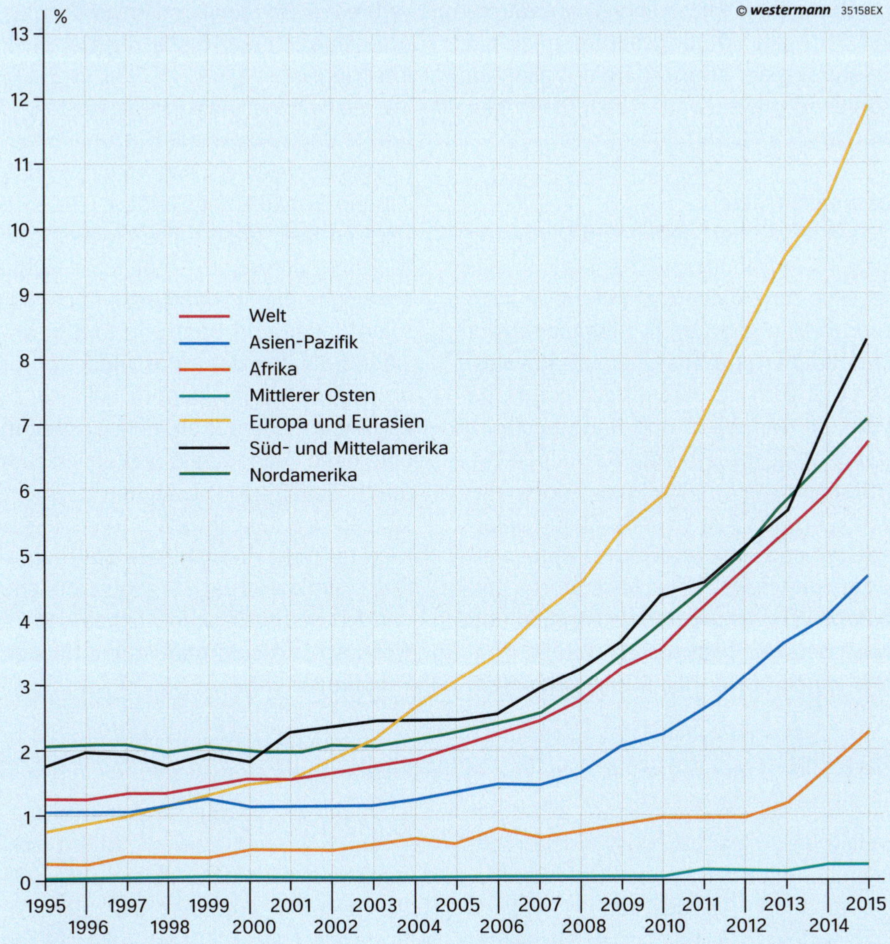

* ohne Wasserkraft

Quelle: http://www.bp.com/content/dam/bp-country/de_at/pdfs/bp-statistical-review-of-world-energy-2016-full-report.pdf

M7 Situation in den Entwicklungsländern

Probleme

In den Entwicklungsländern der Erde haben mehr als 1,3 Mrd. Menschen keinen Strom, etwa doppelt so viele sind beim Kochen und Heizen auf Feuerholz, Holzkohle, Dung oder Pflanzenreste angewiesen. Mehr als 2,5 Mrd. Menschen decken ihren Energiebedarf für die Zubereitung der täglichen Mahlzeiten und zum Heizen mit Brennholz, Holzkohle, Tierdung und sonstiger Biomasse. Der weitaus größte Teil der Menschen, die derzeit keinen Zugang zur kommerziellen Energieversorgung haben und für die künstliches Licht zum Arbeiten, Lesen und Lernen in den dunklen Stunden des Tages eine Seltenheit ist, lebt in ländlichen Gebieten.

In vielen Regionen sind die Wald- und Baumbestände schon dramatisch geschrumpft. Frauen und Kinder müssen tagtäglich oft stundenlange Wege zurücklegen, um genügend Feuerholz zu sammeln. In waldarmen Ländern, wie beispielsweise in den Sahelstaaten, in Äthiopien, Kenia und in Teilen des südlichen Afrikas, aber auch in den Steppen Asiens, ersetzt z. T. Viehdung das Brennholz. Dann fehlt er jedoch als Dünger für die Äcker.

Feuerholz ist ein erneuerbarer Energieträger. Es trägt aber ebenso wie das Verbrennen der nicht erneuerbaren Energieträger Erdöl, Erdgas und Kohle in doppelter Weise zu Umweltbelastungen bei. Seine Rauchgase verstärken den anthropogenen Treibhauseffekt und beschleunigen damit Klimaveränderungen. Zudem reduziert die übermäßige Feuerholzentnahme die Waldbestände und vermindert so deren CO_2-Aufnahmekapazität.

Die ineffektive und nicht nachhaltige Nutzung von Biomasse hat nicht nur schwerwiegende Folgen für die natürliche Umwelt, sondern auch für die Gesundheit und wirtschaftliche Entwicklung. Die Global Burden of Disease Study schätzt, dass weltweit jährlich 3,5 Mio. Menschen vorzeitig an den Folgen der Luftverschmutzung durch Rauch in Wohnunterkünften sterben.

Doch wenn Energie nicht verfügbar, nicht effizient nutzbar oder nicht bezahlbar ist, bleiben wichtige Bedürfnisse unerfüllt. Diese Art der Armut hat für die Betroffenen dramatische Folgen: Ihre Lebensqualität ist davon beeinträchtigt, oft auch ihre Gesundheit; ihre Bildungschancen sind genauso eingeschränkt wie ihre Möglichkeiten, Einkommen zu generieren.

Das Recht der Entwicklungsländer, ihren Primärenergieverbrauch zu steigern, ist unbestritten; es ergibt sich aus dem starken Bevölkerungsanstieg und dem Nachholbedarf an wirtschaftlichem Wachstum. Angetrieben von Indien, China, Afrika, dem Nahen Osten und Südostasien, wird der weltweite Energieverbrauch laut einem Szenario der International Energy Agency (IEA) bis 2040 um ein Drittel weiter ansteigen. Unbestritten ist aber auch, dass die Erhöhung ihres Primärenergieverbrauchs auf der Basis traditioneller Energien die Zerstörung der Atmosphäre mit all ihren Folgewirkungen weiter beschleunigen würde.

Lösungsansätze

In den ländlichen Gebieten der meisten Entwicklungsländer wird Energie in erster Linie zum Kochen, gebietsweise auch zum Heizen gebraucht. Biogasanlagen, Solarkocher und energiesparende Herde verringern den Brennholzbedarf und schonen den Wald- und Baumbestand. Notwendig ist hier eine nachhaltige Bewirtschaftung des Waldbestandes, um den Holzbedarf zu sichern. Kleine Solaranlagen und solarbetriebene Pumpen ersetzen dieselgetriebene Generatoren und Pumpen zur Trinkwasserversorgung und Bewässerung, Kleinwasserkraftwerke können ganze Dörfer mit Strom versorgen. Der Betrieb solcher Anlagen ist kostengünstig, ihre Anschaffung bzw. ihr Bau verursacht aber relativ hohe Kosten, ihre Wartung setzt Wissen voraus. Hier ist die Entwicklungszusammenarbeit gefordert; der Energiesektor ist dafür ein beispielhaftes Bewährungsfeld:

- Die Nutzung erneuerbarer Energien setzt ein relativ anspruchsvolles Know-how voraus. Viele Bauteile und Anlagen können zwar in den Entwicklungsländern selbst hergestellt werden, doch dafür benötigen die Hersteller und Betreiber neben der Bereitstellung von Baulizenzen die Vermittlung von technischem Wissen, Beratung und z. T. auch Kredite und Kontakte zu ausländischen Zulieferern. Beratung der Politiker und Entscheidungsträger im Rahmen der Entwicklungszusammenarbeit ist dabei besonders hilfreich, denn sie müssen Gesetze und Anreize generieren, damit erneuerbare Energien kommerziell attraktiv werden und sich verbreiten. Beratung und Know-how benötigen auch die Nutzer regenerativer Energien.
- Die relativ hohen Anschaffungskosten für Geräte und Anlagen zur Nutzung erneuerbarer Energien erschweren ihre Einführung in Entwicklungsländern. Deshalb müssen Kreditsysteme entwickelt und realisiert werden, die möglichst vielen Menschen die Anschaffung erleichtern. Auch dabei sind Beratung und finanzielle Beihilfen der Industrieländer für arme Bevölkerungsgruppen hilfreich. Es kommt also darauf an, den Einstieg in eine neue Technologie breitenwirksam durch vielfältige Maßnahmen zu unterstützen (z. B. Gewährung zinsverbilligter Kredite, nicht rückzahlbare Startbeihilfen; Politikberatung; organisatorische und technische Beratung; Erwachsenenbildung; Curriculumbausteine für den Schulunterricht).

M8 Handlungsfelder für die Industrieländer

Obwohl die nötige Technologie vorhanden ist, wird das Potenzial regenerativer Energien in den Industrieländern bei weitem nicht voll genutzt. Stärker als bisher müssen Politik und Nichtregierungsorganisationen darauf drängen, dass die gesellschaftlichen Kosten der umweltbelastenden Energienutzung sich in den Energiepreisen niederschlagen. Erst dann wird sich bei der Bevölkerung die Überzeugung durchsetzen, dass erneuerbare Energien die einzige Nutzungsform sind, die vorhandene Luftbelastungen abbauen und das ökologische Fließgleichgewicht stabilisieren kann. Langfristig wird sich ihr Wettbewerbsvorsprung noch erhöhen, weil die Reserven der fossilen Energieträger in absehbarer Zeit erschöpft sein werden. Die Energiewende muss in den Industrieländern einsetzen, wenn sie für Entwicklungsländer Vorbildcharakter haben soll.

Mit Blick auf eine unsichere, nicht exakt vorhersehbare Entwicklung sollten sich die Industrieländer zudem für den Einsatz alternativer Energien nicht nur bei sich zu Hause, sondern auch in den Entwicklungsländern stark machen.

Klimaabkommen und ihre Auswirkungen

M9 Klimarahmenkonvention von Rio de Janeiro (Brasilien) 1992

Die bedeutendste Vereinbarung zum Klimaschutz ist die auf der UN-Konferenz für Umwelt und Entwicklung 1992 in Rio de Janeiro unterzeichnete Klimarahmenkonvention mit dem Ziel, „die Stabilisierung der Treibhausgaskonzentration in der Atmosphäre auf einem Niveau zu erreichen, auf dem eine gefährliche anthropogene Störung des Klimasystems verhindert wird“. Die Klimarahmenkonvention trat 1994 in Kraft. Die Industrieländer sollen dabei den Hauptteil der finanziellen Last übernehmen und ihr technologisches Know-how zur Verfügung stellen. Sie haben zugesagt, die Länder des Südens beim Klimaschutz und bei der Anpassung an den Klimawandel zu unterstützen.

M10 Weltklimakonferenz in Kyoto (Japan) 1997

Ergänzend zur Klimarahmenkonvention wurde auf der Weltklimakonferenz in Kyoto (Japan) 1997 das erste – und bis heute einzige – rechtlich bindende Abkommen über Emissionsbegrenzungen verabschiedet, das Kyoto-Protokoll. Darin verpflichten sich die sogenannten Annex-B-Staaten, die im Wesentlichen alle Industrieländer umfassen, ihre Emissionen um insgesamt 5,2 % im Zeitraum 2008 bis 2012 (1. Verpflichtungsperiode) zu reduzieren. Die Reduktionsverpflichtung bezieht sich im Vergleich auf die Emissionen des Basisjahres 1990 und kann nicht nur durch die Reduktion von CO_2-Emissionen erfüllt werden, sondern durch Reduktionen der Emissionen eines so genannten „basket“ von sechs Gasen. Dieser umfasst die Treibhausgase Kohlenstoffdioxid (CO_2), Methan (CH_4), Distickoxid (N_2O) (Lachgas), wasserstoffhaltige Fluorkohlenwasserstoffe (FKW), perfluorierte Fluorkohlenwasserstoffe (PFC) und Schwefelhexafluorid (SF_6). Um die Erfüllung der Reduktionsverpflichtungen beurteilen zu können, wird CO_2 als Standardgröße herangezogen. Um das anvisierte Ziel möglichst rasch und kostengünstig zu erreichen, erlaubt das Kyoto-Protokoll auch alternative Lösungen. Die Industrieländer können ihre Verpflichtungen z. B. auch durch Ausweitung von Waldflächen, die als Kohlenstoffspeicher (Senken) anerkannt sind, erfüllen oder Emissionsrechte von anderen Ländern kaufen, die ihr Soll übererfüllt haben. Es besteht auch die Möglichkeit, dass sich die Industrieländer im Rahmen des Clean Development Mechanism (CDM) Investitionen in klimafreundliche Technologien in Entwicklungsländern auf ihr Reduktionsziel anrechnen lassen. Dies gilt allerdings nicht für die Kernkraft. Das Kyoto-Protokoll trat schließlich, 90 Tage nachdem Russland den Vertrag ratifiziert hatte, am 10. Februar 2005 in Kraft. Denn damit waren die beiden erforderlichen Bedingungen erfüllt: Mindestens 55 Staaten mit mindestens 55 % der Treibhausgas-Emissionen müssen das Protokoll unterzeichnet haben, damit es wirksam werden kann. Mitte 2007 hatten 174 Staaten sowie die EU das Protokoll entsprechend seinem Artikel 24 ratifiziert (bzw. angenommen oder genehmigt) oder waren ihm nach Ablauf der Unterzeichnungsfrist beigetreten.

M11 Treibhausgas-Begrenzungsverpflichtungen nach dem Kyoto-Protokoll und bisher erreichter Status

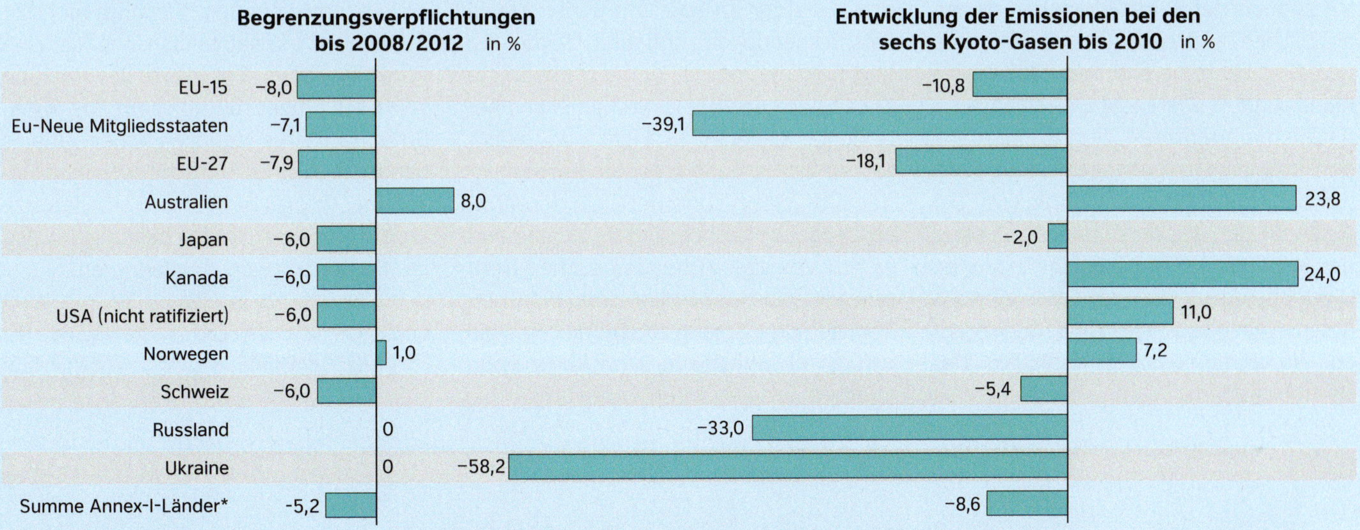

* Länder, die im Anhang der Klimarahmenkonvention von 1992 aufgelistet werden. Sie haben im Rahmen der Klimarahmenkonvention die Selbstverpflichtung zur Reduktion ihrer Treibhausgasemissionen bis zum Jahr 2000 auf das Niveau von 1990 übernommen. Hierzu gehören alle OECD-Länder (außer Mexiko und Südkorea) sowie alle osteuropäischen Länder (außer Jugoslawien und Albanien), weshalb der Begriff oft synonym mit „Industrieländer“ benutzt wird.

Quelle: https://www.wiwi.uni-muenster.de/vwt/Veranstaltungen/Ausgewaehlte_Kapitel_der_Energiewirtschaft/WS1112/07_et.pdf

M12 Klimakonferenz in Doha (Katar) 2012

Nach mehrjährigen Verhandlungsrunden einigten sich die Vertragsstaaten auf der Klimakonferenz in Doha (Katar) auf eine Verlängerung des Kyoto-Protokolls bis 2020. In diesem Rahmen verpflichteten sich die Annex-B-Länder dazu, ihre Emissionen bis 2020 um insgesamt 18 % gegenüber 1990 zu reduzieren. Die Europäische Union hat sich zu einer Verringerung von 20 % verpflichtet.

M13 Der Klimagipfel COP 21 in Paris (Frankreich) 2015

Erstmals einigten sich 195 Staaten auf dem Klimagipfel COP 21 in Paris am 12.12.2015 auf ein völkerrechtlich verbindliches Abkommen, das Verpflichtungen für alle enthält. Die Weltgemeinschaft verpflichtet sich darin, einerseits auf ein Paket für ernsthaften Klimaschutz und das Ende von Kohle, Öl und Gas zur Mitte des Jahrhunderts. Andererseits hat sie ein Solidaritätspaket für diejenigen vereinbart, die von den Folgen des bereits stattfindenden Klimawandels besonders betroffen sind. [...]

Die wichtigsten Ergebnisse des Klimagipfels COP 21 in Paris:

Langfristige Ziele
- Begrenzung der Erwärmung auf deutlich unter 2 °C und Anstrengungen, um eine Begrenzung auf 1,5 °C zu erreichen.
- Erhöhung der Fähigkeit zur Anpassung an den Klimawandel (Resilienz).
- Umlenken aller Finanzströme, um sie mit diesen Klimazielen kompatibel zu machen.

Gemeinsames Emissionsziel
- Globales Ziel von Netto-Null-Treibhausgasemissionen in der zweiten Hälfte des Jahrhunderts, was auch eine globale Dekarbonisierung bis Mitte des Jahrhunderts bedeutet.

Nationale Klimaziele
- Verbindliche Verpflichtung aller Staaten, ihre Ziele einzureichen und Maßnahmen zu ergreifen, um die Ziele zu erreichen.
- Nachschärfungsrunden alle fünf Jahre, beginnend 2018.

Kapazitätsaufbau
- Neuer Mechanismus zum Aufbau von Kapazitäten in Entwicklungsländern.

Finanzierung
- Fortsetzung der Klimafinanzierung durch Industrieländer mit 100 Mrd. US-$ jährlich von 2020–25 plus freiwillige Ergänzung durch Schwellenländer. Danach Festlegung eines neuen, weitergehenden Ziels unter Berücksichtigung des Beitrags der Schwellenländer.
- Regelmäßige Finanzierungsberichte und -zusagen der Geber alle zwei Jahre.

Klimawandelbedingte Schäden und Verluste
- Anerkennung als eigenes Thema.

Berichte
- Verbessertes einheitliches Berichtswesen.

Quelle: Bals, Christoph/Kreft, Sönke/Weischer, Lutz (2016): Wendepunkt auf dem Weg in eine neue Epoche der globalen Klima- und Energiepolitik. Bonn, S. 2, 5 (http://germanwatch.org/de/download/13982.pdf)

M14 Ausstieg aus Kohle und Öl mindert Fluchtursachen

Mit dem Pariser Klimaabkommen stehen die Zeichen auf Ausstieg aus Kohle, Öl und Gas. Dies kann die enormen Risiken des Klimawandels zwar nicht beseitigen, aber deutlich eindämmen. Der Ausstieg aus den fossilen Energieträgern kann auch weitere Konfliktursachen verhindern. Bei vielen Kriegen war der Zugang zu Öl einer der treibenden Kräfte, etwa im Sudan, im Nigerdelta oder im zweiten Golfkrieg. Auch der internationale Terrorismus speist sich aus Einnahmen aus Erdölverkäufen: Der „Islamische Staat" verfügt beispielsweise über Ölfelder im Irak und Syrien sowie entsprechende Infrastruktur für Förderung und Transport. Kriege und terrorbedingte Krisen zwingen viele Menschen in den betroffenen Regionen zur Flucht. Im Gegensatz zu fossilen sind erneuerbare Energieträger in jedem Land der Erde dezentral verfügbar. Inzwischen sind sie zunehmend wettbewerbsfähig. Sie ermöglichen Menschen in ärmeren Ländern und ländlichen Gebieten den Zugang zu sauberer Energie und einer nachhaltigen Entwicklung. Doch auch bei erneuerbaren Energien gilt es, genau hinzuschauen. Es sollte nicht zu Konkurrenz um Anbauflächen für Lebensmittel kommen. Die lokale Bevölkerung sollte auch bei Großprojekten Zugang zu Strom und Arbeitsplätzen haben. Und es bedarf auch einer Strategie, um neue Einkommensmöglichkeiten und Arbeitsplätze für die Menschen in den bisherigen fossilen Förderregionen zu generieren.

Quelle: Künzel, Vera/Bosquet, Nicole: Ausstieg aus Kohle und Öl mindert Fluchtursachen. In: Weitblick, 1/2016, S. 1 (http://germanwatch.org/de/download/14478.pdf)

M15 Klimaschutzindex 2015

Rang	Veränderung zum Vorjahr	Land	Punkte
1*	–	–	–
2*	–	–	–
3*	–	–	–
4	–	Dänemark	71,76
5	↑	Schweden	71,44
6	↓	Großbritannien	70,79
7	–	Portugal	67,26
8	↑	Zypern	66,99
9	↑	Marokko	65,73
10	↑	Irland	65,15
11	↓	Schweiz	65,05
12	↓	Frankreich	64,11
13	–	Island	63,07
14	↓	Ungarn	62,82
15	↑	Slovakei	62,50
16	↓	Belgien	61,89
17	↑	Italien	61,75
18	↑	Mexiko	61,30
19	↑	Slowenien	60,99
20	↓	Malta	60,84
21	–	Litauen	60,07
22	–	Deutschland	59,60
23	↑	Indonesien	59,57
24	↑	Ägypten	59,19
25	↓	Rumänien	59,02
26	↑	Tschechien	57,99
27	↓	Norwegen	57,88
28	↓	Spanien	57,34
29	↓	Luxemburg	57,25
30	↑	Ukraine	57,10
31	↑	Indien	56,97
32	–	Finnland	56,76
33	↓	Lettland	56,65
34	↑	Kroatien	56,35
35	↑	Griechenland	55,89
36	↓	Österreich	55,39
37	↑	Südafrika	54,63
38	↓	Weißrussland	54,54
39	↑	Algerien	54,46
40	↑	Polen	54,36
41	↓	Bulgarien	54,05
42	↓	Niederlande	53,27
43	↓	Neuseeland	52,56
44	–	USA	52,33
45	↑	China	51,77
46	↑	Estland	51,58
47	↓	Thailand	50,61
48	↓	Argentinien	49,61
49	↓	Brasilien	48,51
50	↓	Singapur	47,27
51	↑	Türkei	46,95
52	↓	Malaysia	46,84
53	↓	Japan	45,07
54	↓	Taiwan	45,03
56	–	Südkorea	44,15
57	–	Russland	43,39
58	↑	Iran	40,99
59	–	Kanada	38,81
60	–	Kasachstan	37,72
61	↓	Australien	35,57
62	–	Saudi-Arabien	24,19

Sektoren

- Emissionsniveau (30 % Gewichtung)
- Entwicklung der Emissionen (30 % Gewichtung)
- erneuerbare Energien (10 % Gewichtung)
- Effizienz (10 % Gewichtung)
- Klimapolitik (20 % Gewichtung)

Bewertung

- sehr gut
- gut
- mäßig
- schlecht
- sehr schlecht

* Kein Land erreicht den ersten bis dritten Platz, da kein Land genug unternimmt, um einen gefährlichen Klimawandel zu vermeiden.

Quelle: https://germanwatch.org/de/download/10412.pdf, S. 2

Fallbeispiele

M16 Norwegen

Norwegen deckt über 95 Prozent seines Strombedarfs durch Wasserkraft. Der Anteil fossiler Energien ist mit unter 0,5 Prozent verschwindend gering, obwohl das Land zu den weltweit führenden Erdöl- und Erdgasproduzenten zählt. Auf Nuklearenergie verzichtet Norwegen gänzlich, setzt dafür aber immer stärker auf erneuerbare Energien, vor allem auf neue Erzeugungskapazitäten im Bereich On- und Offshore-Windenergie, aber auch auf eine Ausweitung der Nutzung der Biomasse im Transport- und Wärmesektor. Es gibt staatliche Investitionszuschüsse und ein Handelssystem für sogenannte Grüne Zertifikate (ein System, mit dem der Ausbau der erneuerbaren Energien vorangebracht werden soll). Außerdem bestehen für alle Erneuerbare-Energie-Technologien umfangreiche Forschungs- und Entwicklungsprogramme, die beispielsweise bereits dem norwegischen Solarenergiesektor starken Auftrieb gaben.

Quelle: Kemfert, Claudia: Globale Energiewende: „Made in Germany“? In: Aus Politik und Zeitgeschichte, 12–13/2016, S. 17–24

M17 Indien

In Indien werden etwa zwei Drittel der Energienachfrage durch fossile Träger gedeckt – mit steigender Tendenz, weil auch arme Haushalte beim Kochen zunehmend von Biomasse auf Strom umschwenken. Dies wird sich mit zunehmendem Netzausbau noch verstärken; 20 % der Bevölkerung sind bislang noch ohne Stromversorgung. Kohle als wichtigster und derzeit mit Abstand billigster Energieträger kommt für einen deutlich über dem internationalen Durchschnitt liegenden und (im Gegensatz zu China) wachsenden Anteil des Energieverbrauchs auf: 2013 betrug er 44 %. Sie wird hauptsächlich für die Produktion von Elektrizität, Stahl und Zement verwendet. Indien ist weltweit zwar der drittgrößte Kohleproduzent und verfügt über erhebliche Reserven, importiert aber auch immer mehr, weil der dominante staatliche Anbieter (Coal India) seit Jahren hinter dem Fördersoll hinterherhinkt und die staatlichen Eisenbahnen den Transport von den

Fördergebieten zu den Abnehmern nicht bewältigen.

Erdöl deckt 23 % der indischen Energienachfrage. Seine Förderung stagniert seit Mitte der 1990er-Jahre. Zunehmende Importe belasten die ohnedies angespannte Leistungsbilanz erheblich; bis 2030 wird die Importquote bei Öl voraussichtlich auf 90 % ansteigen.

Auch die Produktion von Gas, dessen Anteil am Energieverbrauch 6 % ausmacht, stieg trotz neu entdeckter Reserven nur moderat. Ab 2004 muss Indien in wachsendem Maße Gas importieren.

Erneuerbare Energien werden ein zunehmend wichtiger Teil des indischen Energiemixes; ihr Anteil liegt derzeit bei etwa 27 %. Wasserkraft war bei erneuerbaren Energien bislang Nummer eins, der Ausbau verzögert sich aber seit Jahren wegen Problemen beim Landerwerb und der Umsiedlung der Bevölkerung. Biomasse ist ein traditionell wichtiger Bestandteil der ländlichen Energieversorgung, wird wegen des Anschlusses ländlicher Gemeinden ans Stromnetz aber voraussichtlich an Bedeutung verlieren. Windenergie kommt für den nächstgrößten Anteil erneuerbarer Energien auf, wird aber bald von der Solarenergie überholt werden, deren Ausbau von der indischen Regierung forciert wird. Indien liegt weltweit bereits auf Platz fünf der Windkrafterzeugung, verfügt über erhebliche Kapazitäten zum Ausbau der Solarenergie und eine stattliche Anzahl von Betrieben zur Herstellung von Wind- und Solarstromanlagen.

Quelle: Betz, Joachim: China und Indien: (Keine) Wege aus dem Energie- und Klimadilemma. In: Aus Politik und Zeitgeschichte, 12–13/2016, S. 25–31

M18 China

Mehr als bei allen anderen aufstrebenden Mächten dominiert in China Kohle beim Energieverbrauch mit einem Anteil von zwei Dritteln; bei der Stromproduktion sind es sogar fast 90 % (wenn auch mit leicht abnehmender Tendenz). Zurzeit konsumiert China fast die Hälfte der weltweiten Kohleproduktion. Selbst wenn alle Pläne zur Entwicklung erneuerbarer Energien und zur Energieeinsparung umgesetzt werden, wird der Kohleanteil auch mittelfristig sehr groß bleiben. Die Dominanz von Kohle ist nicht überraschend, da das Land der mit Abstand größte Kohleproduzent ist und über 14 % der weltweiten Reserven verfügt. Wie in Indien ist die chinesische Kohle teilweise minderer Qualität, zudem wird die Förderung wegen der notwendigen Vertiefung der Schächte immer schwieriger und teurer. Die Reserven liegen vornehmlich in den nördlichen und westlichen Provinzen, die mit den verbundenen Umweltproblemen schlecht umgehen können. Der Verbrauch konzentriert sich dagegen auf die Küstenregionen. Seit 2002 muss China immer mehr Kohle importieren.

Die zweitwichtigste Energiequelle in China ist Öl: Ihr Anteil am Energieverbrauch beträgt 20 %. Obwohl die heimische Ölförderung rasch ansteigt, kann sie mit dem Verbrauch nicht mithalten; die Importquote stieg inzwischen auf über 50 %, 2035 wird sie 72 % betragen. 2014 wurde China vor den USA zum größten Ölimporteur.

Gas kommt für 5 % des Energiekonsums auf – mit steigender Tendenz, da Gas Kohle als Energieträger teilweise ersetzen soll, um die Luftverschmutzung zu reduzieren. Seit 2007 muss China Gas importieren, die Einfuhrquote liegt bereits bei einem Drittel.

Nuklearenergie deckt in China bislang nur 1 % der Energienachfrage – trotz des raschen Ausbaus der Kapazitäten, der nach dem Fukushima-Vorfall aber abgebremst wurde.

15 % des Energiekonsums sollen bis 2020 auf erneuerbare Energien entfallen; seit Jahren sind die chinesischen Investitionen in diese Energiequellen weltweit am höchsten. Wasserkraft ist dabei preisbedingt die Hauptquelle und kommt zurzeit für 2,2 % des Energieverbrauchs auf, bei der Stromerzeugung aber immerhin für 17 %. Auch was Windkraft angeht, ist China inzwischen der zweitgrößte Konsument der Welt. Gleichzeitig wird heftig in die Entwicklung von Solarenergie investiert; führende Hersteller von Windkraft- und Solaranlagen sind in China beheimatet. Dennoch: Wind- und Solarenergie kommen bislang nur für 1 % des chinesischen Energieverbrauchs auf. Die restlichen rund 6 % entfallen auf traditionelle Energiequellen (Dung, Holz etc.).

Quelle: Betz, Joachim: China und Indien: (Keine) Wege aus dem Energie- und Klimadilemma. In: Aus Politik und Zeitgeschichte, 12–13/2016, S. 25–31

Energiewende

M19 Indizien für eine beginnende globale Energiewende (Stand 2016)

Kohle gerät weltweit unter Druck
In den USA sind seit 2010 200 Kohlekraftwerke abgeschaltet worden. Mehrere Staaten in den USA und Kanada haben den Ausstieg aus der Kohle beschlossen: Oregon und Alberta werden bis 2030 ihre Kohlekraftwerke abschalten. New York will schon 2020 aussteigen und Ontario (Kanada) hat bereits 2014 die Kohle-Ära beendet.

Neuseeland schaltet Kohlekraftwerke ab
Die letzten zwei Kohlekraftwerke Neuseelands werden im Dezember 2018 abgeschaltet. Neuseeland bezieht seine Energie immer mehr aus Geothermie und Wasserkraftwerken.

China bremst bei Kohlenutzung
Die chinesische Regierung hat sich ein dreijähriges Moratorium für den Bau neuer Kohlekraftwerke auferlegt. Zugleich soll der Anteil von Kohle am Energiemix im Jahr 2016 im Vergleich zum Vorjahr um zwei Prozentpunkte auf 62,6 % reduziert werden, indem wie bereits 2015 bis zu 1000 Kohleminen stillgelegt werden sollen.

Der Finanzmarkt reagiert
Seit Beginn der Divestment-Bewegung haben über 500 Institutionen mit einem Investitionsvolumen von insgesamt ca. 3,4 Billionen US-Dollar beschlossen, ihr Geld aus fossilen Investitionen abzuziehen. Darunter die beiden weltgrößten Versicherungskonzerne Allianz und Axa, der Rockefeller Brothers Fund und der Norwegische Staatsfonds sowie Städte wie Oslo, Kopenhagen und Münster.

Uruguays Strom: aus erneuerbaren Quellen und bezahlbar
Über 90 % des Strombedarfs wird in Uruguay aus erneuerbaren Energien gewonnen. Trotz des rasanten Anstiegs des Anteils erneuerbarer Energien seit der Jahrtausendwende hat sich der Strompreis nur unwesentlich erhöht.

Die erneuerbaren Energien wachsen unaufhaltsam
Im vergangenen Jahr [2015] wurde weltweit eine Rekordsumme in den Ausbau erneuerbarer Energien investiert. Der Nachrichtenagentur Bloomberg zufolge flossen insgesamt 328,9 Mrd. US-Dollar in den Sektor. Allein in China betrugen die Investitionen 110,5 Mrd. US-Dollar.

Marokko setzt auf Solarenergie
Marokko hat im vergangenen Jahr den größten Solarpark der Welt in Betrieb genommen. Die Technik auf der Anlage ermöglicht eine verhältnismäßig unkomplizierte Speicherung der Wärmeenergie und soll in Zukunft mehr als eine Million Menschen in dem nordafrikanischen Land mit Strom versorgen.

Windenergie-Weltrekord in Dänemark
Im Jahr 2015 generierte Dänemark 42 % seines Strombedarfs aus Windenergie – kein Land verzeichnete bis dato einen höheren Anteil.

Quelle: o. V.: Positive Nachrichten: Indizien für eine beginnende globale Energiewende. In: Weitblick 1/2016, S. 3 (http://germanwatch.org/de/download/14478.pdf)

M20 Energiewende weltweit auf der Überholspur

Die Welt baut in steigendem Tempo erneuerbare Energien aus und verabschiedet sich zunehmend von fossilen und nuklearen Kraftwerken. 2013 wurde rund um den Globus erstmals mehr erneuerbare als fossil-nukleare Kraftwerksleistung installiert. Und 2014 floss mehr als doppelt so viel Geld in erneuerbare wie in fossile Anlagen. Seit der Jahrtausendwende hat sich die weltweit installierte Leistung der Photovoltaik verfünfzigfacht. Die Windenergie nahm im gleichen Zeitraum um den Faktor acht zu. Die Folge: Im vergangenen Jahr stieg der Ausstoß klimaschädlicher Treibhausgase im Energiesektor erstmals seit 40 Jahren nicht an – und das trotz steigender Wirtschaftskraft und weiterhin wachsendem Energieverbrauch.

Digitalisierung und Dezentralisierung werden das globale Energiesystem der Zukunft kennzeichnen. Viele Millionen kleinerer und größerer Anlagen sind die Stromproduzenten der Zukunft. Auch die Energiearmut kann mit immer kostengünstigeren und dezentralen Ökostrom-Technologien verringert werden.

Treiber des globalen Wandels sind gewaltige Technologiesprünge und rasant fallende Preise. Beispiel Solarstrom: Der Preis für eine Kilowattstunde Sonnenenergie fiel in wenigen Jahrzehnten von einem Euro auf bis zu fünf Cent in sonnenreichen Staaten. In Zukunft könnte er auf zwei Cent sinken, prognostiziert das Fraunhofer Institut.

In Erwartung strengerer Klimavorgaben der Weltgemeinschaft ziehen immer mehr Investoren ihr Geld aus fossilen und atomaren Engagements ab. Jüngstes Beispiel ist der Abschied des weltgrößten staatlichen Pensionsfonds in Norwegen von Kohle-Investitionen.

Quelle: o. V.: Energiewende weltweit auf der Überholspur. 30.06.2015 (http://www.wwf.de/2015/juni/energiewende-weltweit-auf-der-ueberholspur/)

M21 Wie erreicht die Energiewende die Menschen?

Der Weg zu einer echten Energie- und Klimawende bedarf neben anderen Maßnahmen, wie etwa einer stärkeren Bepreisung von Brennstoffen, weiterer Ergänzungen.

Hilfreich wären beispielsweise mehr echte Vorbilder seitens politischer und allgemein öffentlicher Persönlichkeiten in puncto Energie. Viele Politik-Vorbilder sind aber häufig eher mäßig geeignet, wenn man sie genauer betrachtet. Friedensnobelpreisträger Al Gore etwa mag viel zur Diskussion über den Klimawandel beigetragen haben durch seinen Film „Eine unbequeme Wahrheit“. Gleichzeitig ständig zu fliegen, in einem riesigen Haus zu wohnen, die Notwendigkeit klarer Verhaltensänderungen nicht anzusprechen und in der Zeit als US-Vizepräsident nicht gerade als Klimavorreiter hervorzutreten, wirkt dagegen weniger vorbildlich.

Ein weiteres weiches Politikinstrument ist die Bildung für nachhaltige Entwicklung, die in einem staatlichen Bildungssystem ebenfalls zum Bereich der Staatsaufgaben gehört. Neben mehr Vorbildern und mehr Bildung für nachhaltige Entwicklung kann auch mehr Bürgerbeteiligung respektive Partizipation die Energiewende befördern, ob nun an Verwaltungsentscheidungen oder etwa per Internetanhörungen zu Gesetzgebungsverfahren.

Kein Zweifel: Wir brauchen Diskurse über den Klimawandel, um die nötige Klimawende anzustoßen, zu begleiten und zu verarbeiten, und dazu gehört ebenfalls Beteiligung, nicht zuletzt auch verstärkt an globalen Entscheidungen.

Quelle: verändert nach Ekardt, Felix (2014): Jahrhundertaufgabe Energiewende. Ein Handbuch. Ch. Links, Berlin, S. 121 f.

5.5 Ansätze zur Überwindung globaler Umweltgefahren

Vom offenen Feuer zum Lehmofen – ein kleiner Schritt mit großer Wirkung für die Umwelt und die Menschen (vgl. M11)

Dieses Kapitel beschäftigt sich mit folgender Frage:

1. Welche Ansätze zur Überwindung globaler Umweltgefahren existieren bereits?

Neben veränderten weltwirtschaftlichen Rahmenbedingungen (vgl. Kapitel 2.3, S. 26 ff.) und voranschreitendem Bevölkerungswachstum (vgl. Kapitel 6.2, S. 195 ff.) sind auch interne politische, ökonomische und soziale Faktoren für Umweltprobleme in Industrie- und Entwicklungsländern verantwortlich, z. B.:

- Schwache, nicht reformfähige oder reformunwillige Regierungen stehen dringend erforderlichen Wirtschafts- und Sozialreformen im Wege.
- Im Zielkonflikt zwischen Wirtschaft und Umwelt haben viele Regierungen – nicht nur im Norden, sondern auch im Süden und Osten – der Kostenentlastung für die Wirtschaft den Vorrang gegeben, um ihre Wettbewerbsfähigkeit und die Exporterlöse zu sichern.
- Kriegerische Konflikte schaffen zusätzliche Umweltprobleme.
- Große Flüchtlingsbewegungen können enorme negative Umweltauswirkungen haben, z. B. im Umkreis von Flüchtlingslagern und -siedlungen kann es zu Problemen kommen, wie Abholzung, Überfischung, Wilderei und Verbrauch ohnehin knapper Wasserressourcen. Andererseits kann der Klimawandel Auslöser von Flüchtlingsströmen werden.
- Wachsende Armut, z. B. in den Ländern Subsahara-Afrikas (vgl. M9–M21, S. 128 ff.), drängt Umweltprobleme beiseite.
- Erzeugerfeindliche Steuer- und Abgabensysteme erschweren umweltverträgliche Innovationen.

Die Suche nach Lösungen der Umweltprobleme ist zwar eine der schwierigsten Gegenwarts- und Zukunftsaufgaben der Weltgemeinschaft, aber es gibt hoffnungsvolle Ansätze, die Mut machen, z. B.:

- internationale umwelt- und entwicklungspolitische Vereinbarungen
- Ansätze für eine neue Weltordnungspolitik in Verbindung mit der Diskussion sozialethischer Grundfragen
- Ansätze zu Änderungen globaler marktwirtschaftlicher Rahmenbedingungen
- Anstrengungen zur Umsetzung umwelt- und entwicklungspolitischer Zielsetzungen und Leitbilder auf nationaler Ebene
- Fortschritte in der Entwicklung von Umwelttechnologien
- zunehmendes zivilgesellschaftliches Engagement im Bereich Umwelt und Entwicklung.

Und doch: In Industrie- und Schwellenländern besteht zwar in breiten Bevölkerungsschichten die Einsicht, dass sich im Umweltbereich Grundlegendes ändern muss; in der Regel neigt aber der Einzelne zu der Annahme, dass er allein nichts bewirken könne. In Entwicklungsländern wiederum haben für den Einzelnen oft andere existenzbedrohende Probleme (Armut, Arbeitslosigkeit, Nahrungsmangel) Vorrang vor Umweltproblemen.

Trotz unterschiedlicher Schwierigkeiten bei der Umsetzung der Zielvorgaben gilt: Je länger der Beginn von Veränderungen hinausgeschoben wird, desto größer werden die Gefährdungen und Kosten und umso einschneidender müssen die Maßnahmen zur Abwehr und späteren Überwindung der Gefahren sein. Und was passiert, wenn Irreversibles geschieht!? Mehr und mehr wird die Politik bei der Durchsetzung ihrer Ziele durch Bürgeraktivitäten unterstützt oder auch zum Handeln genötigt. Letztendlich hängt es vom Handeln der Bürger heute ab, ob auch zukünftigen Generationen ein gesichertes Leben ermöglicht wird.

Literatur

Randers, J. (2014): 2052. Der neue Bericht an den Club of Rome. Eine globale Prognose für die nächsten 40 Jahre. München.

Wissenschaftlicher Beirat der Bundesregierung Globale Umweltveränderungen (WBGU) (2016): Der Umzug der Menschheit: Die transformative Kraft der Städte. Hauptgutachten. Berlin.

Internet

http://www.bmz.de/de/themen/
http://www.forum-fairer-handel.de/

AUFGABEN

1. M1–M15 zeigen zahlreiche Ansätze zur Überwindung von Umweltgefahren auf verschiedenen Ebenen. Stellen Sie die Ansätze in einer Tabelle (Querformat!) nach dem folgenden Muster zusammen (ein Beispiel wurde bereits aufgeführt).

Material	Problem	betroffener Raum	Ursachen	Maßnahmen	Erfolgschancen
M1	fehlende Grundversorgung mit sauberem Wasser	Entwicklungsländer (783 Mio. Menschen sind betroffen)	Armut, Land Grabbing, Privatisierung von Wasser	Recht auf Wasser wird in die Liste der Menschenrechte aufgenommen	gering
M2	...				

2. Welchen der Ansätze finden Sie besonders interessant? Begründen Sie Ihre Meinung.

M1 Wasser ist Menschenrecht

Mehr als 60 Jahre nach der Allgemeinen Erklärung der Menschenrechte haben die Vereinten Nationen im Jahr 2009 der Forderung nachgegeben, das Recht auf Wasser und adäquate sanitäre Versorgung in die Liste der Menschenrechte aufzunehmen. Angesichts alarmierender Zahlen war dieser Schritt lange überfällig. Sauberes Trinkwasser ist ca. 783 Mio. Menschen verwehrt. Zusätzlich leben etwa 2,6 Mrd. Menschen ohne jedwede sanitäre Grundversorgung. Daraus resultierend sterben jedes Jahr etwa 1,5 Mio. Kinder unter fünf Jahren an Krankheiten, die mit verschmutztem Trinkwasser oder schlechter sanitärer Versorgung in Verbindung stehen. Insgesamt schätzt die Weltgesundheitsorganisation (WHO) die Zahl der jährlichen Toten im Zusammenhang mit inadäquatem Trinkwasser und schlechten hygienischen Bedingungen auf 8 Mio. weltweit. Am stärksten betroffen ist der Teil Afrikas südlich der Sahara. So schätzte die UNO 2012, dass weiterhin 40 % der Bevölkerung Subsahara-Afrikas sauberes Trinkwasser verwehrt ist.

Allerdings stellen nicht nur eine schlechte Trinkwasserversorgung oder mangelhafter Zugang zu sanitären Anlagen ein Problem dar. Auch zunehmende Tendenzen zu Land Grabbing im Zusammenhang mit Wasser und Privatisierung von Wasser spielen eine starke Rolle in Ländern des globalen Südens wie auch des Nordens. Verstärkt versuchen international agierende Konzerne, Wasser und Wasservorkommen zu privatisieren und kommerziell zu nutzen. Nicht zuletzt die Bürgerinitiative gegen Privatisierung von Wasser innerhalb der EU von 2013 zeigt, wie aktuell das Thema ist. Entgegen den Strukturen in der Europäischen Union fehlen vor allem in Afrika solche Regionalorganisationen. Daher ist der Erwerb von Wasser- und Landtiteln in diesen Staaten um einiges einfacher. Zusammengenommen führt die bereits prekäre Lage in Bezug auf sauberes Trinkwasser und sanitäre Versorgung sowie die Privatisierung von Wasser dazu, dass vielen Menschen ihr Menschenrecht auf Wasser verwehrt bleibt.

Quelle: verändert nach: http://www.wasserraub.de/home/das-menschenrecht-auf-wasser

M2 Welttoilettentag

[An jedem 19. November] soll mit dem Welttoilettentag daran erinnert werden, dass immer noch 2,5 Mrd. Menschen ohne eine gesundheitlich unbedenkliche sanitäre Versorgung auskommen müssen. Entweder können sie nur Toiletten benutzen, die ihre Gesundheit gefährden, oder sie müssen ihre Notdurft im Freien verrichten. Gefährliche Krankheiten, die von unhygienischen Toiletten ausgehen, beeinträchtigen die Lebensqualität von Millionen Menschen weltweit; besonders Kinder sind davon betroffen. Deshalb hat die World Toilet Organization, eine internationale Nichtregierungsorganisation mit Sitz in Singapur, 2001 den 19. November zum jährlichen Welttoilettentag erklärt. Das anrüchige Thema der sanitären Versorgung soll endlich einen prominenten Platz auf der entwicklungspolitischen Prioritätenliste und in der nationalen Entwicklungspolitik erhalten. Der Welttoilettentag findet bisher nicht die gleiche Beachtung wie der Weltwassertag am 22. März jeden Jahres.

Der Welttoilettentag [...] soll ins Bewusstsein rufen, wie weit die Welt noch davon entfernt ist, dass alle Menschen ohne gesundheitliche Risiken zur Toilette gehen können.

Quelle: Moss, Patrick: 2,5 Milliarden Menschen ohne Klo. UN-Aktuell, 15.11.2013 (http://menschliche-entwicklung-staerken.dgvn.de/meldung/25-milliarden-menschen-ohne-klo/)

M3 Schutzgebiete schaffen und erhalten

Ein wichtiges Instrument zum Erhalt der biologischen Vielfalt sind nachhaltig verwaltete und bewirtschaftete Schutzgebiete wie Nationalparks, Biosphärenreservate und Weltnaturerbestätten, aber auch lokale und private Schutzgebiete. Sie leisten einen Beitrag zum Erhalt von Land- und Meeresökosystemen und bewahren genetische Ressourcen für zukünftige Generationen. Für die Lebens- und Wirtschaftsgrundlage des Menschen erbringen sie wichtige Ökosystemdienstleistungen und tragen dazu bei, kulturelle Identität zu bewahren. Investitionen in Schutzgebiete lohnen sich, denn die zunehmende Zerstörung biologischer Vielfalt verursacht enorme wirtschaftliche Kosten, die bisher nur unzureichend in der ökonomischen Gesamtrechnung abgebildet werden.

Die große Bedeutung von Schutzgebieten spiegelt sich auch im strategischen Plan für die Umsetzung des Übereinkommens über die biologische Vielfalt (CBD) wider, der 2010 im japanischen Nagoya beschlossen wurde. Das elfte der 20 formulierten Ziele sieht vor, weltweit bis zum Jahr 2020 mindestens 17 % der terrestrischen Fläche (derzeit knapp 13 %) und mindestens 10 % der Küsten- und Meeresfläche unter Schutz zu stellen.

Quelle: http://www.bmz.de/de/themen/biodiversitaet/arbeitsfelder/schutzgebiete/index.html

M4 Bekämpfung von Wilderei und illegalem Handel mit Wildtierprodukten

In den vergangenen Jahren hat die Wilderei und damit der organisierte illegale Handel mit Wildtierprodukten stark zugenommen. Insbesondere Elefanten und Nashörner in Afrika sind betroffen. Deutschland arbeitet mit zahlreichen Partnern länder-, regionen- und sektorübergreifend zusammen, um den Schutz der bedrohten Arten und ihrer Lebensräume zu verbessern. Dazu wird zum Beispiel das Management von Schutzgebieten verbessert, und es werden Projekte unterstützt, die die Nachfrage nach Wildtierprodukten verringern sollen.

Allein 2014 wurden in Südafrika mehr als 1200 Nashörner gewildert. Außerdem fielen Zehntausende Elefanten der Wilderei zum Opfer, vor allem in afrikanischen Ländern südlich der Sahara. Diese Entwicklung wird durch die vor allem in Asien steigende Nachfrage nach Wildtierprodukten wie Elfenbein und dem Horn von Nashörnern befeuert. Der Handel mit diesen Erzeugnissen, der hohe finanzielle Gewinne garantiert, wird inzwischen größtenteils von internationalen kriminellen Organisationen kontrolliert. Dadurch sind nicht nur viele bereits vom Aussterben bedrohte Tierarten gefährdet. In zunehmendem Maße werden auch die Lebensgrundlagen und die Sicherheit der Menschen beeinträchtigt.

Zwar haben die Regierungen der betroffenen Länder und die internationale Gemeinschaft auf diese Herausforderungen reagiert. Doch die Anstrengungen und Ressourcen reichen in vielen Fällen nicht aus, um das Problem dauerhaft in den Griff zu bekommen. Im Kampf gegen die Wilderei und den illegalen Handel mit Wildtierprodukten ersuchen die afrikanischen Partnerländer die internationale Gemeinschaft verstärkt um politische, technische und finanzielle Unterstützung. Außerdem arbeiten die betroffenen Staaten enger mit jenen Ländern zusammen, in denen illegale Wildtiererzeugnisse wie Elfenbein oder Horn von Nashörnern nachgefragt und verkauft werden.

Quelle: http://www.bmz.de/de/themen/biodiversitaet/arbeitsfelder/wilderei/index.html

In Kamerun wurden mehr als 300 Elefanten abgeschlachtet

M5 Grenzüberschreitende Ansätze fördern

Die Zerstörung natürlicher Lebensräume durch menschliche Eingriffe gilt als Hauptursache für den Verlust von Biodiversität. Ihre Folgen machen nicht an Landesgrenzen halt. Erforderlich sind darum grenzüberschreitende Ansätze, die Ökosysteme in ihrer Gesamtheit schützen und darauf hinwirken, die unterschiedlichen Schutz- und Nutzungsinteressen in Einklang zu bringen.

Häufig erschweren Krisen und Konflikte eine länderübergreifende Kooperation. Dennoch hat sich gezeigt, dass Naturschutz und nachhaltige Entwicklung Themen sind, die die Zusammenarbeit von Ländern auch in schwierigen Situationen fördern können. Sie machen einen Erfahrungsaustausch möglich und geben Raum für gemeinsame Lernprozesse.

Im Zentrum der grenzübergreifenden Schutzmaßnahmen stehen Ökosysteme mit einer besonders hohen biologischen Vielfalt. Zu solchen Biodiversitätsschwerpunkten zählen Waldökosysteme, die nach Schätzungen der FAO rund 90 Prozent der biologischen Vielfalt auf dem Festland beherbergen.

Quelle: http://www.bmz.de/de/themen/biodiversitaet/arbeitsfelder/regionale_ansaetze/index.html

M6 Energieeffizienz: Energie klüger nutzen

Die effiziente Nutzung von Energie ist – neben der Nutzung erneuerbarer Energien – eine wichtige Voraussetzung für die Entwicklung einer nachhaltigen Energieversorgung.

Weit mehr als die Hälfte der weltweit eingesetzten Primärenergie geht heute noch immer bei der Produktion, bei der Weiterleitung und beim Verbrauch der Energie verloren. In diesen teilweise unnötigen Verlusten liegt ein riesiges Einsparpotenzial. Ohne eine deutliche Steigerung der Energieeffizienz kann keine nachhaltige Energiewirtschaft aufgebaut werden. Sie ist außerdem eine der wichtigsten Bedingungen für Erfolge beim Klimaschutz.

Energieeffizienz ist besonders für Entwicklungsländer ein wichtiges Thema. Wer arm ist, zahlt ohnehin schon überproportional viel für Energie und kann oft nur „minderwertige" Energieträger nutzen. Eine effiziente Nutzung kann diese Situation deutlich verbessern.

Viele Entwicklungsländer stehen vor der Frage, wie sie den wachsenden Energiebedarf der Bevölkerung decken können. Dabei gilt: Je effizienter das verfügbare Energiesystem genutzt wird, desto weniger neue Kraftwerkskapazitäten müssen zusätzlich aufgebaut werden und desto leichter kann der zusätzliche Bedarf durch erneuerbare Energie gedeckt werden.

Quelle: http://www.bmz.de/de/themen/energie/energieeffizienz/index.html

M7 Die Schlüsselrolle der Frauen

Im ländlichen Raum der Entwicklungsländer haben Frauen eine Schlüsselrolle bei der Nutzung der natürlichen Ressourcen: Sie produzieren den Hauptteil der Nahrungsmittel und sammeln Holz zum Kochen und Heizen. Meistens sind auch sie es, die den gesamten Haushalt mit Wasser versorgen. In den von Desertifikation betroffenen Regionen wird ihre Arbeitsbelastung noch erhöht, denn Erosion, abnehmende Bodenfruchtbarkeit und versiegende Wasserquellen gefährden die Grundversorgung der Familien. Wandern die Männer in die Städte ab, bleiben die Frauen häufig als Alleinversorgerinnen in den Dörfern zurück.

Doch trotz ihrer vielfältigen Aufgaben und besonderen Leistungen haben die Frauen nur stark eingeschränkte Mitspracherechte und Entscheidungsbefugnisse bei der Verteilung und Nutzung von Ressourcen. Die Entwicklungszusammenarbeit muss deshalb der besonderen Rolle und den speziellen Bedürfnissen der Frauen Rechnung tragen.

Quelle: http://www.bmz.de/de/themen/boden/bodenschutz_deutsch/index.html

M8 Artenschwund in der Landwirtschaft verhindern

Die ursprünglich vorhandene Vielzahl von regionalen Nutzpflanzen und -tieren ist seit über hundert Jahren weltweit stark rückläufig. In den Industrieländern fand dieser Prozess hauptsächlich im 20. Jahrhundert statt. Während sich hier diese Entwicklung inzwischen abgeschwächt hat, ist die Dynamik in den Partnerländern der deutschen Entwicklungszusammenarbeit nach wie vor ungebremst. So wurden beispielsweise in China im Jahr 1949 noch 10 000 lokale Weizensorten angebaut, heute sind es weniger als 1000, die in großem Umfang genutzt werden. Mit anderen Worten: 90 % der dortigen Weizensorten wurden innerhalb eines halben Jahrhunderts aus dem Anbau verdrängt.

Die Gründe für den Verlust von Artenvielfalt in der Landwirtschaft sind vielfältig und komplex. In erster Linie hat die moderne Landwirtschaft selbst durch Intensivierung, Rationalisierung, Spezialisierung und Konzentration der Produktion maßgeblich zur Verringerung der landwirtschaftlichen Vielfalt beigetragen. Auch die Einführung gentechnisch veränderter Sorten, fehlende ökonomische Anreize für den Biodiversitätserhalt sowie die zunehmende Privatisierung genetischer Ressourcen sind wichtige Gründe für den Arten- und Sortenschwund.

Wir sind jedoch auf die landwirtschaftliche Vielfalt angewiesen. Zum einen leistet sie einen entscheidenden Beitrag zur Ernährungssicherung, vor allem für Menschen in den Entwicklungsländern. Auf weniger fruchtbaren Böden schneiden regionale Pflanzensorten oft besser ab als Hochertragssorten. Mischkulturen verhindern die Risiken von Ertragsausfällen. Sie eröffnen der ländlichen Bevölkerung langfristige Einkommensmöglichkeiten und damit auch eine Chance, Armut und Hunger zu überwinden. Auch das Wissen um essbare Wildpflanzen und regionaltypische Nutzpflanzen muss in Anbetracht von Missernten und Krisenzeiten erhalten werden, um die Nahrungsgrundlage der ländlichen Bevölkerung zu sichern.

Zum anderen erleichtert ein großer Genpool die Anpassung der Landwirtschaft an globale Umweltveränderungen wie den Klimawandel und die Wüstenbildung. Durch ihn steigt die Wahrscheinlichkeit, dass ausreichend Pflanzen- und Tierarten vorhanden sind, die zum Beispiel längere Hitze- und Trockenperioden überstehen können.

Von zunehmender Bedeutung ist die Agrobiodiversität auch für die Industrie, etwa bei der Produktion von Lebensmitteln, als Rohstoff für Medikamente und Kosmetika oder als Grundlage zur Erzeugung erneuerbarer Energien.

Quelle: http://www.bmz.de/de/themen/biodiversitaet/arbeitsfelder/agrobiodiversitaet/index.html

M9 Grüne Wirtschaft?

Das UN-Umweltprogramm (UNEP) definiert Grüne Wirtschaft als „eine Wirtschaft, die menschliches Wohlergehen steigert und mehr Gerechtigkeit schafft, während gleichzeitig Umweltrisiken und ökologische Knappheiten erheblich verringert werden". In ihrer Green Economy Initiative definiert UNEP drei Komponenten:

- Eine ökologische und ressourcenschonende Wachstumsstrategie durch gezielte „grüne Investitionen", z.B. in erneuerbare Energien, Maßnahmen zur Stärkung der Ressourceneffizienz, die zu mehr sozialer Gerechtigkeit führt.
- Durch nachhaltige Investitionen sollen sogenannte Ökosystemdienstleistungen, wie zum Beispiel die Bereitstellung von Trink- und Süßwasser, frischer Luft und anderer Naturgüter, einen Marktwert bekommen, der sich in entsprechenden Preisen widerspiegelt. Dadurch sollen Wachstum und verschwenderischer Ressourcenverbrauch entkoppelt werden.
- Die drei Säulen der Nachhaltigkeit – Ökonomie, Ökologie und Soziales – dürfen nur noch gemeinsam betrachtet und müssen ausbalanciert werden.

Quelle: http://menschliche-entwicklung-staerken.dgvn.de/herausforderungen/gruene-wirtschaft/

M10 Beispiele für umweltverträgliches Handeln

in Entwicklungsländern:

- Errichtung von Erosionsschutzanlagen (u.a. Terrassen, hangparallele Steinwälle)
- Nutzung erneuerbarer Energien (u.a. Biogas, Sonnenkollektoren, Bauholz sparende Lehmöfen zur Überwindung der Brennholzkrise)
- Wechsel von kapital- und energieintensiven Investitionen zu arbeitsintensiven
- Verbreiterung der Ernährungsbasis durch Aquakulturen
- Belebung traditioneller, ökologisch bewährter Bodennutzungssysteme (u.a. gemischter Anbau, Damm- und Hügelkulturen im afrikanischen Hackbau)

in Industrieländern:

- Gründung von Pkw-Fahrgemeinschaften
- ökologisches Bauen (z.B. Energiesparhäuser), Gebäudesanierung (u.a. Wärmedämmung, Austausch der Heizung, Erneuerung der Fenster), Verwendung erneuerbarer Energien zur Senkung des Verbrauchs nicht erneuerbarer Energie (u.a. Sonnenkollektoren, Fotovoltaik, Erdwärme[-pumpen])
- stärkere Nutzung von Windenergie zur Elektrizitätserzeugung
- Bürgerinitiativen zur Nutzung erneuerbarer Energien
- umweltschonender Umgang mit Dünge- und Schädlingsbekämpfungsmitteln
- Abfallkreislaufwirtschaft und Recycling
- Minimierung des Stoffeinsatzes durch neue Techniken (u.a. Glasfaserkabel statt Kupferkabel)
- Initiative „Fairer Handel" (M13a, M13b; M5 auf S. 50)
- Maßnahmen (Projekte) im Rahmen der Lokalen Agenda 21
- vielfältige zivilgesellschaftliche Initiativen im Bereich Entwicklung und Umwelt

M11 Vorteile eines Lehmofens

Hätte Anne Odhiambo einen Ofen, dann müsste sie statt fünf Stunden nur noch eine Stunde kochen. In der gesparten Zeit könnte sie in ihrem Dorf Marenyo im Westen Kenias arbeiten. Die Armen dieser Welt würden allein durch den Besitz von Öfen jeden Tag hochgerechnet Hunderte Millionen Arbeitsstunden gewinnen.

Hätte Anne Odhiambo einen Ofen, dann müsste sie nicht länger den Rauch eines offenen Feuers einatmen. Daran sterben jährlich zwischen zwei und vier Millionen Menschen in den Entwicklungsländern – mehr als an Malaria.

Hätte Anne Odhiambo einen Ofen, dann würde sie zwei Drittel weniger Holz verbrauchen. Bislang werden in Kenia jährlich 3,5 Millionen Tonnen Feuerholz geschlagen. Wenn die Böden Kenias sich wieder erholen sollen, dürfte man höchstens 1,5 Millionen Tonnen Feuerholz roden.

Bislang aber kocht Anne Odhiambo, Mitte 30, jeden Tag am offenen Feuer. Oft gibt es einen Eintopf aus Mais und Bohnen für sie, ihren Mann und die fünf Kinder. Ständig muss sie in ihrem schwarzen, verbeulten Eisentopf umrühren. Die meiste Hitze erreicht nicht den Kochtopf, sondern entweicht zu den Seiten.

Mit der Hitze kommt der Rauch. Immer wieder muss Anne Odhiambo husten. Auf die Lehmwand ihrer Kochhütte hat sich Ruß gelegt. Jede halbe Stunde legt sie einen neuen Scheit ins Feuer. Der Holzhändler verlangt für einen Tagesvorrat die Hälfte dessen, was ihr Mann am Tag verdient. Also sammelt sie ihr Holz oft selbst in einem Waldstück. Um genug Holz für drei Tage zusammenzuklauben, braucht sie sechs Stunden.

Quelle: Fink, Pierre-Christian: Öfen für alle. In: Die Zeit vom 13.07.2013 (http://www.zeit.de/2013/28/entwicklungshilfe-reiche-arme-ofen)

M12 Solaröfen retten Bäume

Der Teufelskreis von Brennholzknappheit und Bodenerosion gefährdet viele Entwicklungsländer. Das Problem kann man mit der Sonne angehen! Nachdem kleinere Sonnenkocher für Familien erprobt sind, wird nun die Solartechnologie – noch effizienter – für große Gemeinschaftsküchen eingesetzt.

Sobald die ersten Sonnenstrahlen über dem Horizont erscheinen, klettert die Köchin des indischen Waisenhauses „Nana Kantaria“ auf das Gerüst des großen Parabolspiegels vor ihrer Küche. Sie zwinkert in die Sonne und richtet den Spiegel so aus, dass die gebündelten Strahlen durch die Öffnung in der Hauswand direkt unter den schwarzen Kochtopf geworfen werden. Feuer und Rauch weichen der sanften Solartechnik. Zwei Stunden nach Sonnenaufgang ist der Reis für die 48 Kinder gar.

Damit der Großreflektor dem wechselnden Sonnenstand nachläuft, ist eine Nachführung aus Fahrrad-Zahnrädern samt Uhrwerk angebracht. Der Brennpunkt unter dem 80-Liter-Kochtopf bleibt dadurch fix. Die Sonnenfalle hat eine Leistung von 1,8 Kilowatt und wird im Brennpunkt bis zu 425 °C heiß. Der Sonnenherd kann vielfältig genutzt werden – zum Kochen von Reis und Gemüse, zum Abkochen von Trinkwasser oder auch für ein warmes Bad. Ein sieben Quadratmeter großer Parabolspiegel spart jährlich ca. vier Tonnen Brennholz.

Über 30 Schulen, Spitäler und religiöse Zentren haben in Indien schon auf solare Großküchen umgestellt. Je nach Anzahl der Esser sind mehrere Großspiegel für mehrere Kochstellen installiert. Den Rekord hält die Brahma Kumaris Spiritual University mit 24 Anlagen.

Quelle: Burkart, Walter: Solar-Öfen retten Bäume. In: Bankspiegel 2/00, H. 174 (http://www.humanistische-aktion.de/solar.htm)

M13a Fairen Handel stärken

Fairer Handel ist eine Handelspartnerschaft, die auf Dialog, Transparenz und Respekt beruht und nach mehr Gerechtigkeit im internationalen Handel strebt. Durch bessere Handelsbedingungen und die Sicherung sozialer Rechte für benachteiligte Produzenten und Arbeiter – insbesondere in den Ländern des Südens – leistet der faire Handel einen Beitrag zu nachhaltiger Entwicklung. Fair-Handels-Organisationen engagieren sich – gemeinsam mit Verbrauchern – für die Unterstützung der Produzenten, die Bewusstseinsbildung sowie die Kampagnenarbeit zur Veränderung der Regeln und der Praxis des konventionellen Welthandels.

Quelle: http://www.forum-fairer-handel.de/fairer-handel/definition/

M13b Gesamtumsatz des Fairen Handels in Deutschland 2005–2016

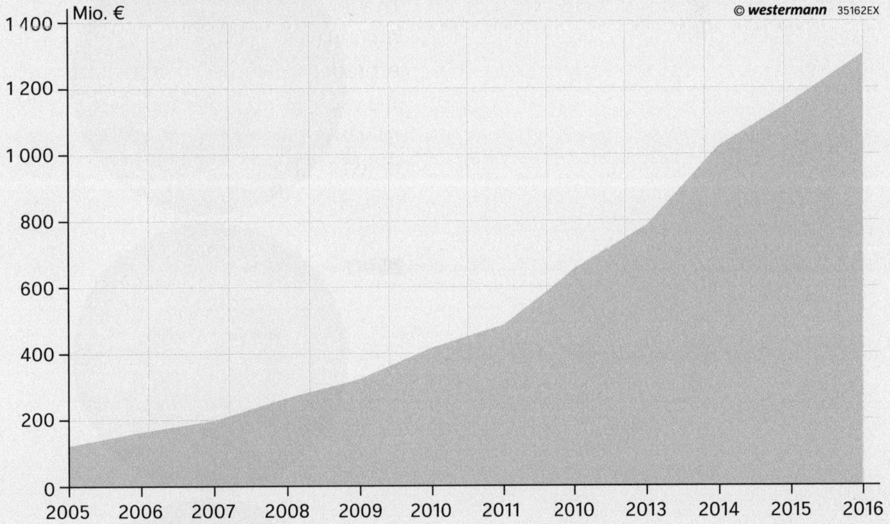

Quelle: http://www.forum-fairer-handel.de/fairer-handel/zahlen-fakten/

M14 Buen vivir – mehr als ein politisches Konzept in Bolivien und Ecuador

Buen vivir, das Gute Leben, ist der Entwurf eines alternativen Wohlstandsmodells und zugleich in zahlreichen traditionellen Praktiken der bolivianischen und ecuadorianischen Gesellschaft integriert. Oftmals steht dieses Model allerdings im Widerspruch zu den wirtschaftlichen Interessen, beispielsweise bei der Ausbeutung von Ressourcen. Dies gilt gerade für Bolivien, weil dort die neoliberale Wirtschaftspolitik Evo Morales und die Vorstellung vom Guten Leben zu gewaltigen gesellschaftlichen Spannungen führen. Deshalb sagen die Bolivianer oftmals „Escribir con los dos manos“, „Schreiben mit zwei Händen“. Besonders in den ländlichen Regionen Boliviens ist die indigene Lebensweise bis heute weit verbreitet. Kleinbauern betreiben oftmals eine traditionell diversifizierte Landwirtschaft, die keine Monokulturen kennt, sondern durch Vielfalt und Fruchtwechsel die natürliche Regenerationskraft der Böden gewährleistet. Es wird zum Teil auf kleinsten Flächen angebaut. Chemie und Agrartechnologie werden zumeist überhaupt nicht eingesetzt. Die Dorfverwaltung basiert schon seit jeher auf einem Rotationsprinzip, d. h., verschiedene Familien kümmern sich abwechselnd und jeweils für ein einzelnes Jahr um die zentralen Lebensbereiche wie Wasserversorgung, Schule oder Sport. Verantwortung, Gestaltungsmacht und Handeln bleiben in den Händen der Dorfgemeinschaft. Aber auch in den Städten wird die gemeinschaftliche Selbstverwaltung noch immer betrieben. Auch hier existiert weiterhin das Rotationsprinzip. Denn beim Organisieren und Durchführen gemeinsamer Feste wechseln sich die wohlhabenden Familien als Veranstalter ab, die ärmeren Bewohner werden aber

von den Festlichkeiten nicht ausgeschlossen. Der Entwurf Buen vivir unterscheidet sich also in mehrfachen Form von herkömmlichen Konzepten:
- Er beruft sich auf indigene Kosmosvisionen und Traditionen.
- Er bricht mit traditionellen Entwicklungskonzepten.
- Er stellt das menschliche Zusammenleben nach ökologischen und sozialen Normen ins Zentrum seiner Philosophie.
- Zentrales Element ist ein gemeinschaftliches Leben im Einklang mit und nicht auf Kosten der Natur und anderer Menschen.

Quelle: verändert nach Fatheuer, Thomas: Buen Vivir. Heinrich Böll Stiftung, Schriften zur Ökologie, Bd. 17, 2011 (https://www.boell.de/sites/default/files/Endf_Buen_Vivir.pdf)

M15 Ozonloch über der Antarktis schließt sich

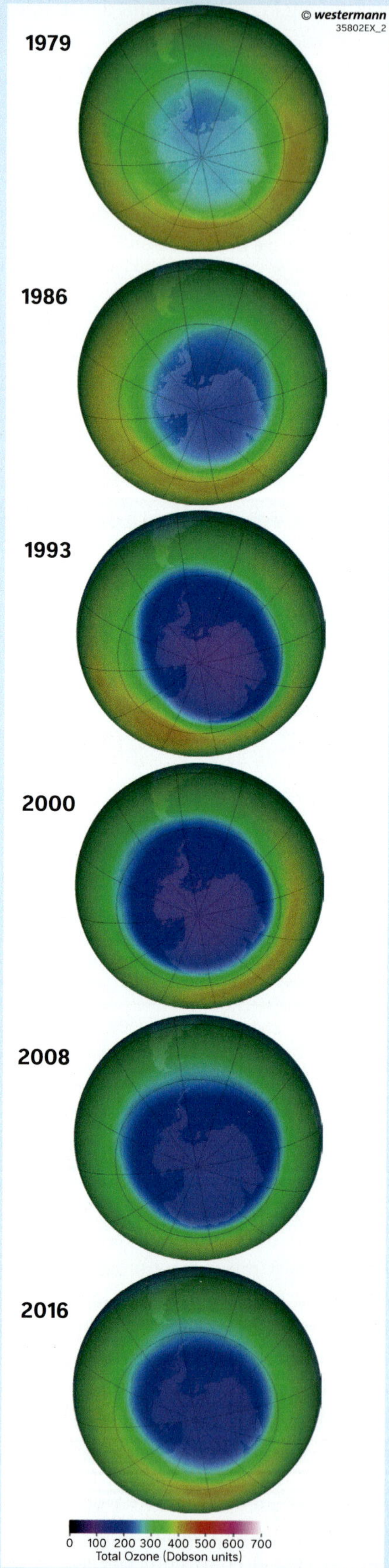

Ozonloch über der Antarktis 1979–2016

In den vergangenen 15 Jahren ist das Ozonloch um ca. 4 000 000 km^2 (entspricht etwa der halben Staatsfläche Brasiliens) geschrumpft. Da niemand so früh damit gerechnet hat, ist dies eine große Überraschung. Die Messungen weisen allerdings große Ungenauigkeiten auf, sodass der Rückgang des Ozonlochs auch deutlich kleiner oder größer sein könnte.

Das Ozonloch wurde erstmals in den 1950er-Jahren entdeckt. Verursacht wurde es durch frei werdende Fluorchlorkohlenwasserstoffe (FCKW), die zumeist aus Lösungsmitteln, Reinigungsmitteln, Kühlmitteln, Schaumstoffen, aber auch aus den praktischen, fantastischen Sprühdosen für Jedermann, vom Fliegentod über den Autolack bis zum Deo, in die Atmosphäre gelangten.

Durch das Fehlen der schützenden Ozonschicht in der Atmosphäre gelangt mehr UV-Licht auf die Erdoberfläche. Dies hat negative Auswirkungen auf die Umwelt. Beim Menschen verursacht UV-Licht Sonnenbrand und schädigt die Augen.

Zeitweise hat sich das Loch von der Antarktis bis über Teile Australiens, Südamerikas und Südafrikas erstreckt.

Mit dem Protokoll von Montréal zum Schutz der Ozonschicht aus dem Jahr 1987 wurden Fluorchlorkohlenwasserstoffe verboten. Fast alle Staaten der Erde haben es unterzeichnet; es gilt als eine der erfolgreichsten internationalen Umweltvereinbarungen.

Wenn die Entwicklung so weitergeht wie bisher, könne sich das Ozonloch bis etwa 2040 vollständig schließen.

Quelle: o. V.: Ozonloch über den Antarktis schließt sich. In: Süddeutsche Zeitung vom 01.07.2016 (http://www.sueddeutsche.de/wissen/umweltschutz-ozonloch-ueber-der-antarktis-schliesst-sich-1.3058354)

6 Entwicklungsdimensionen in ihrer Vernetzung

6.1 Beispiel: Seltene Erden

Karl-Heinz Otto

Dieses Kapitel beschäftigt sich mit folgenden Fragen:

1. Wozu brauchen wir Seltene Erden?
2. Warum zählen diese zu den „kritischen Rohstoffen"?
3. Wie sieht die Zukunft der Seltenen Erden aus?

Lange Zeit führten die Seltenen Erden (abgekürzt: SE) ein Schattendasein am Rande des Periodensystems, heute sind sie weltweit in aller Munde. Die Rohstoffgruppe der SE besteht aus insgesamt 17 Metallen. Zumeist kommen sie am selben Standort und im selben Gestein vor. Zwar werden sie nur in kleinen Mengen verwendet, gehören aber zu unserem modernen Leben wie der Punkt auf das i: kein iPod, kein PC, kein Handy, kein Flachbildschirm, kein Hybridfahrzeug, keine Windturbine und kein energieeffizientes Leuchtmittel kann ohne SE hergestellt werden. Allein in einem Hybridauto sind über zehn Kilogramm SE verbaut. Kurzum, für die Produktion von Hightech-Produkten sind die SE ebenso bedeutsam wie für die Herstellung vieler Energiespartechnologien. Wegen der zunehmenden Bedeutung moderner Umwelttechnologien ist in Zukunft mit einem markant steigenden Bedarf an SE zu rechnen. Aber die abbaubaren Reserven sind begrenzt und sie werden derzeit nur in wenigen, überwiegend politisch instabilen Ländern abgebaut. Zudem werden bei Abbau und Verarbeitung die Umwelt verschmutzt, Landschaften zerstört und radioaktiver Abfall erzeugt.

SE sind ein ideales Beispiel, um die Vernetzung der vier Entwicklungsdimensionen Wirtschaft, Politik, Gesellschaft und Umwelt zu verdeutlichen.

Literatur

Adler, B./Müller, R. (2014): Seltene Erdmetalle. Gewinnung, Verwendung und Recycling. Ilmenau.
Elsner, H. (2011): Kritische Versorgungslage mit schweren Seltenen Erden – Entwicklung „Grüner Technologien" gefährdet? Bundesanstalt für Geowissenschaften und Rohstoffe, Commodity Top News 36, Hannover.
Kingsnorth, D. J. (2014): Der globale Markt der Seltenen Erden – Ein Balanceakt. In: Kausch, P./Bertau, M./Gutzmer, J./Matschullat, J. (Hrsg.): Strategische Rohstoffe – Risikovorsorge. Berlin, Heidelberg.
Liedtke, M./Elsner, H. (2009): Seltene Erden. Bundesanstalt für Geowissenschaften und Rohstoffe, Commodity Top News 31, Hannover.
Neukirchen, F./Ries, G. (2014): Die Welt der Rohstoffe. Lagerstätten, Förderung und wirtschaftliche Aspekte. Berlin, Heidelberg.
Pohl, W. L. (2005): Mineralische und Energie-Rohstoffe. Eine Einführung zur Entstehung und nachhaltigen Nutzung von Lagerstätten. Stuttgart.
United States Geological Survey (USGS) (2015): Mineral commodity summaries 2015. Reston. (http://minerals.usgs.gov/minerals/pubs/mcs/2015/mcs2015.pdf)

Internet

https://www.usgs.gov/
http://www.bgr.bund.de/DE/Home/homepage_node.html
http://www.bmz.de/de/index.html
https://www.mineralienatlas.de

AUFGABEN

1. Erklären Sie, warum der Terminus „Seltene Erden" eine begriffliche Mogelpackung ist. (M1)
2. Markieren Sie in einem aus dem Physikbuch oder Internet herauskopierten Periodensystem die SE mit einem farbigen Stift. (M2)
3. Beschreiben Sie die weltweite Verteilung der Vorkommen von SE. (M3, M4)
4. Beschreiben Sie die Entwicklung der Weltproduktion von SE zwischen 1998 und 2014. (M5)
5. Erstellen Sie mithilfe von M6 ein Diagramm, das zeigt, wieviel SE China von 2010 bis 2014 im Vergleich zu allen übrigen Ländern produziert hat. (M6)
6. Erläutern Sie die negativen Auswirkungen der SE-Förderung, -Aufbereitung und -Anwendung für die Bevölkerung. (M8–M16)
7. Begründen Sie, weshalb der Aufbau eines funktionierenden Recyclingsystems für SE langfristig erforderlich ist. (M3, M4, M17, M18)
8. Die EU hat die SE als „kritische Rohstoffe" ausgewiesen. Nennen und diskutieren Sie Gründe dafür. (M18, M20–M22)
9. Erläutern Sie die wirtschaftsstrategische Bedeutung der SE. (M23)
10. Überprüfen Sie, welche Entwicklungsdimensionen der nachhaltigen Entwicklung beim Thema „SE" berücksichtigt werden müssen. (M24)
11. Erläutern Sie mithilfe von M24 die Begriffe der horizontalen und vertikalen Kohärenz und begründen Sie ihre Bedeutung für die nachhaltige Entwicklung. (M24 und Abb. 10 auf S. 14)
12. Wählen Sie innerhalb von M24 einen (Begriffs-)Pfad aus, der mindestens fünf Teilaspekte umfasst. Beschreiben und erklären Sie Zusammenhänge, die zwischen diesen bestehen.
13. a) Überlegen Sie zunächst für sich allein, welche Hindernisse überwunden werden müssen, damit eine zukunftssichernde Gewinnung und Nutzung der SE Realität wird.
    b) Diskutieren Sie Ihre Ergebnisse mit Ihrem Tischnachbarn.
    c) Diskutieren Sie anschließend im Klassenplenum.

Seltene Erden – Was ist das?

M1 Definition

Seltene Erden (abgekürzt: SE) ist ein Oberbegriff für eine Gruppe von einzelnen Metallen[1] bzw. chemischen Elementen[2], die zur Gruppe 3 des Periodensystems gehören. Ausgehend vom Atomgewicht werden leichte, mittlere und schwere SE unterschieden (vgl. M2). Viele SE kommen in der Natur vergesellschaftet vor.

Der Begriff „Seltene Erden" ist eigentlich missverständlich, denn er stammt noch aus der Zeit ihrer Entdeckung und beruht auf der Tatsache, dass diese zuerst in seltenen (Erz[3]-)Mineralen[4] gefunden und aus diesen in Form ihrer Oxide (früher „Erden" genannt) isoliert wurden. Das erste SE-Element Yttrium (Y) wurde 1794 vom finnischen Chemiker Johan Gadolin entdeckt. Als letztes SE-Element wurde Promethium erst 1945 von amerikanischen Atomforschern als Spaltprodukt des Urans aufgespürt.

[1] Als Metalle werden diejenigen chemischen Elemente bezeichnet, deren Atome sich untereinander zu einer Kristallstruktur mit freien Elektronen verbinden. Etwa 80 % aller chemischen Elemente sind Metalle.

[2] Ein chemisches Element ist ein sogenannter Reinstoff, der nur aus sich selbst besteht und mit chemischen Methoden nicht in unterschiedliche Einzelkomponenten aufgespalten werden kann. Derzeit sind 118 unterschiedliche chemische Elemente bekannt. Chemische Elemente können anhand der Anzahl ihrer Protonen im Atomkern (= Ordnungszahl) eindeutig voneinander unterschieden werden.

[3] Erze sind Mineralgemenge aus wertlosem Gestein und wirtschaftlich nutzbaren Metallen. Die Metalle werden aus dem Erz mechanisch und/oder chemisch herausgelöst.

[4] Ein Mineral ist ein natürlich vorkommender Feststoff mit einer einheitlichen chemischen Zusammensetzung und einem auch auf mikroskopischer Ebene gleichförmigen Aufbau. Die meisten der ca. 4000 Minerale sind kristallin.

M2 Zu den Seltenen Erden gehörende chemische Elemente

Name	Symbol	Ordnungszahl	Atomgewicht
Leichte SE			
Scandium	SC	21	45,10
Lanthan	La	57	138,92
Cer	Ce	58	140,13
Praseodym	Pr	59	140,92
Neodym	Nd	60	144,27
Mittlere SE			
Promethium	Pm	61	145,00
Samarium	Sm	62	150,43
Europium	Eu	63	152,00
Gadolinium	Gd	64	156,90
Schwere SE			
Yttrium	Y	39	88,92
Terbium	T	65	159,60
Dysprosium	Dy	66	162,46
Holmium	Ho	67	163,50
Erbium	Er	68	167,20
Thulium	Tm	69	169,40
Ytterbium	Yb	70	173,04
Lutetium	Lu	71	174,99

Quelle: Kingsnorth 2014, S. 98

Reserven und Lagerstätten

M3 Reserven und Lagerstätten der Seltenen Erden

Der durchschnittliche Gehalt an SE in der Erdkruste beträgt >180 ppm; im Vergleich kommen sie damit häufiger vor als Blei, Gold oder Platin. Der US-amerikanische Geological Survey (USGS) schätzt die weltweiten Reserven an wirtschaftlich nutzbaren SE auf 130 000 000 t (vgl. M4). Dies bedeutet eine theoretische Versorgung mit SE von über 200 Jahren (Kingsnorth 2014, S. 101).

Auffällig ist, dass die schweren SE in der Mehrheit der Lagerstätten nur in sehr geringen Konzentrationen auftreten. In der weltweit größten Abbaumine Bayan Obo (Innere Mongolei) beispielsweise machen schwere SE nur 2,3 % aller SE aus. Der Abbau besonders reiner SE (> 99,99 %) findet ebenso nur in sehr geringen Mengen statt (Pohl 2005, S. 213).

Trotz der insgesamt großen globalen Reserven konzentrieren sich sowohl die derzeit wirtschaftlich nutzbaren Vorkommen als auch die Produktion von SE auf nur wenige Länder. Die gegenwärtigen Diskussionen um die mögliche Verknappung der SE, insbesondere der schweren SE, haben global zahlreiche neue Prospektionen und Explorationen ausgelöst, u. a. in den USA, Australien, Brasilien, Kanada, Madagaskar, Malawi und Vietnam (USGS 2015, S. 129).

Laut Bundesanstalt für Geowissenschaften und Rohstoffe in Hannover gibt es insbesondere in der Arktis mehrere global bedeutsame SE-Lagerstätten. Auch Namibia besitzt eine Vielzahl von SE-Lagerstätten, die allerdings noch nicht aufgeschlossen wurden. Im Weltmaßstab existieren in Europa – abgesehen von zwei Ausnahmen – nur unbedeutende Vorkommen an SE. In Deutschland gibt es SE-Vorkommen nachweislich in Storkwitz (Sachsen), deren Abbau aufgrund der geringen Konzentration momentan jedoch noch unrentabel ist (Liedtke/Elsner 2009, S. 4). Weitere SE-Vorkommen werden in Meeresschlämmen vermutet (Neukirchen/Ries 2014, S. 30).

M4 Reserven von Seltenen Erden nach Ländern (Stand 2014)

Land	Reserven
China	55 000 000 t
Brasilien	22 000 000 t
Australien	3 200 000 t
Indien	3 100 000 t
USA	1 800 000 t
Malaysia	30 000 t
andere Staaten	41 000 000 t
Welt	130 000 000 t

Quelle: USGS 2015, S. 129

Abbau und Gewinnung

M5 Weltproduktion von Seltenen Erden 1998–2014

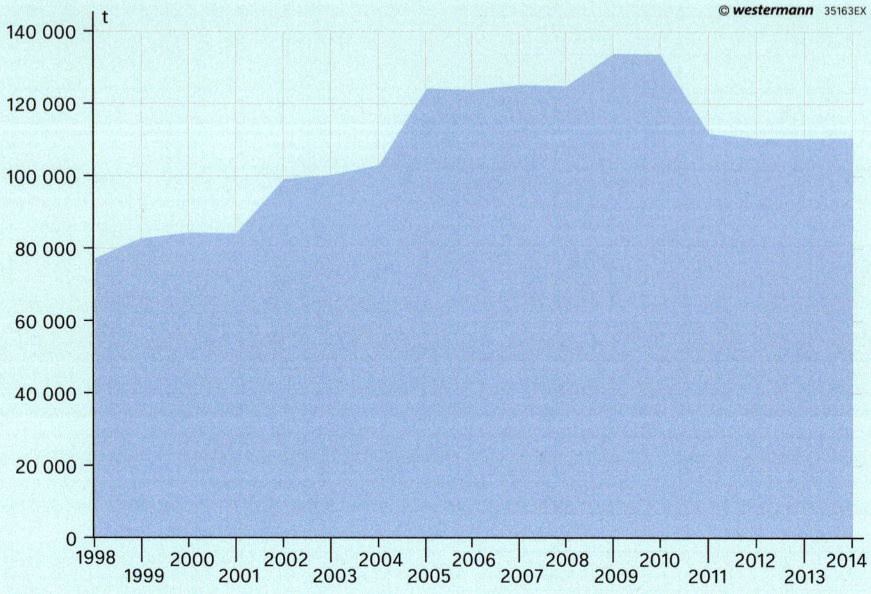

Quelle: USGS 1999–2015

M6 Weltproduktion von Seltenen Erden nach Ländern 2010–2014 (in t)

	2010	2011	2012	2013	2014
China	130 000	105 000	100 000	95 000	95 000
USA	0	0	800	5 500	7 000
Indien	2 800	2 800	2 900	2 900	3 000
Australien	0	2 200	3 200	2 000	2 500
Russland	0	0	2 400	2 500	2 500
Thailand	0	0	0	800	1 100
Malaysia	30	280	100	180	200
Vietnam	0	0	220	230	200
Welt	133 000	111 000	110 000	110 000	110 000

Quelle: USGS 2012–2015

M7 China – der bedeutendste Produzent Seltener Erden

China, der weltgrößte SE-Produzent, hat sein Exportmaximum von 31 000 t SE in 2013 bisher nicht wieder erreicht; vielmehr sind die Exportzahlen 2015 im Vergleich zu 2013 um ein Drittel gesunken. Zudem reduzieren die großen SE-Unternehmen in China aktuell ihre gesamte Produktionsmenge um 10 %, nicht zuletzt als Reaktion auf die sinkenden SE-Preise und auf die dadurch in zahlreichen chinesischen SE-Minen entstehenden Verluste. China steuert und begrenzt seine Produktion vor allem deshalb, um die eigenen Ressourcen an schweren SE für sich selbst langfristig zu erhalten. Dies könnte beim Rest der Welt schon bald zu Versorgungsproblemen mit schweren SE führen.

M8 Vom Erz zur Seltenen Erde

Aufgrund des sehr ähnlichen chemischen und physikalischen Verhaltens kommen die SE immer gemeinsam vor und können dementsprechend auch nur gemeinsam abgebaut werden. Die bergbauliche Gewinnung ebenso wie die Verarbeitung der SE ist sehr aufwendig, vor allem in Bezug auf den Energieeinsatz, die chemischen Reagenzien und die technische Expertise.

Die Gewinnung der SE-Metalle erfolgt in vier Arbeitsschritten:

1. Erzabbau

2. Erzkonzentrierung (Erzwäsche)

Die in einer Mine geförderten Erze müssen zunächst vom anhaftenden tauben Gestein getrennt werden. Das Fördergut wird dabei meist in verschiedenen Stufen gebrochen, gemahlen, gesiebt und geschlämmt sowie nach Dichteunterschieden bzw. nach seinen magnetischen Eigenschaften in die einzelnen Bestandteile zerlegt. Durch Wiederholung dieser Vorgänge erhält man ein Erzkonzentrat.

Dieser Prozess, der auch als Erzwäsche bezeichnet wird, erfolgt unter Einsatz von sehr viel Wasser. In wassergefüllten Absatzbecken setzt sich das taube Gestein ab, die Erze werden abgeschöpft. Die Nicht-Erze werden schließlich auf Spülhalden abtransportiert.

Alternative Methoden zur Erzanreicherung sind das „heap leaching" oder das „in situ leaching". Beim „heap leaching" wird das zerkleinerte Erz zunächst auf einer flüssigkeitsundurchlässigen Schicht aus Ton oder Plastikmaterial mit einer Lösung aus Ammoniumsulfat extrahiert. Dabei gehen die SE-Sulfate in Lösung. Beim „in situ leaching" pumpt man durch Bohrlöcher in die porösen Gesteinsschichten (z. B. bei Sandstein gebundenen Lagerstätten) verdünnte Schwefelsäure oder eine alkoholische Lösung von Ammoniumsulfat und löst so die SE ebenfalls in Form ihrer Sulfate aus dem Gestein heraus. Vorteil dieses Bergbauverfahrens ist, dass keine riesigen Mengen von taubem Gestein transportiert werden müssen, was kostengünstiger ist. Aus ökologischer Sicht ist diese Gewinnungsform aber besonders umstritten, da man die Kontamination Trinkwasser führender Grundwasserschichten billigend in Kauf nimmt.

3. Separation der SE aus den Konzentraten

Das durch die Erzwäsche gewonnene Erzkonzentrat enthält eine Vielzahl von Elementen unterschiedlicher anorganischer Verbindungen. Aus diesem Gemenge müssen nun die SE in Form ihrer Oxide durch einen chemischen Aufschluss separiert werden. Dazu benutzt man unterschiedliche, sowohl dem jeweiligen Mineral als auch der späteren Verwertung der Nicht-SE-Produkte angepasste Aufschlussverfahren.

4. Metallherstellung bzw. Herstellung der Legierungspulver

M9 Umweltprobleme beim Abbau und bei der Aufbereitung von Seltenen Erden

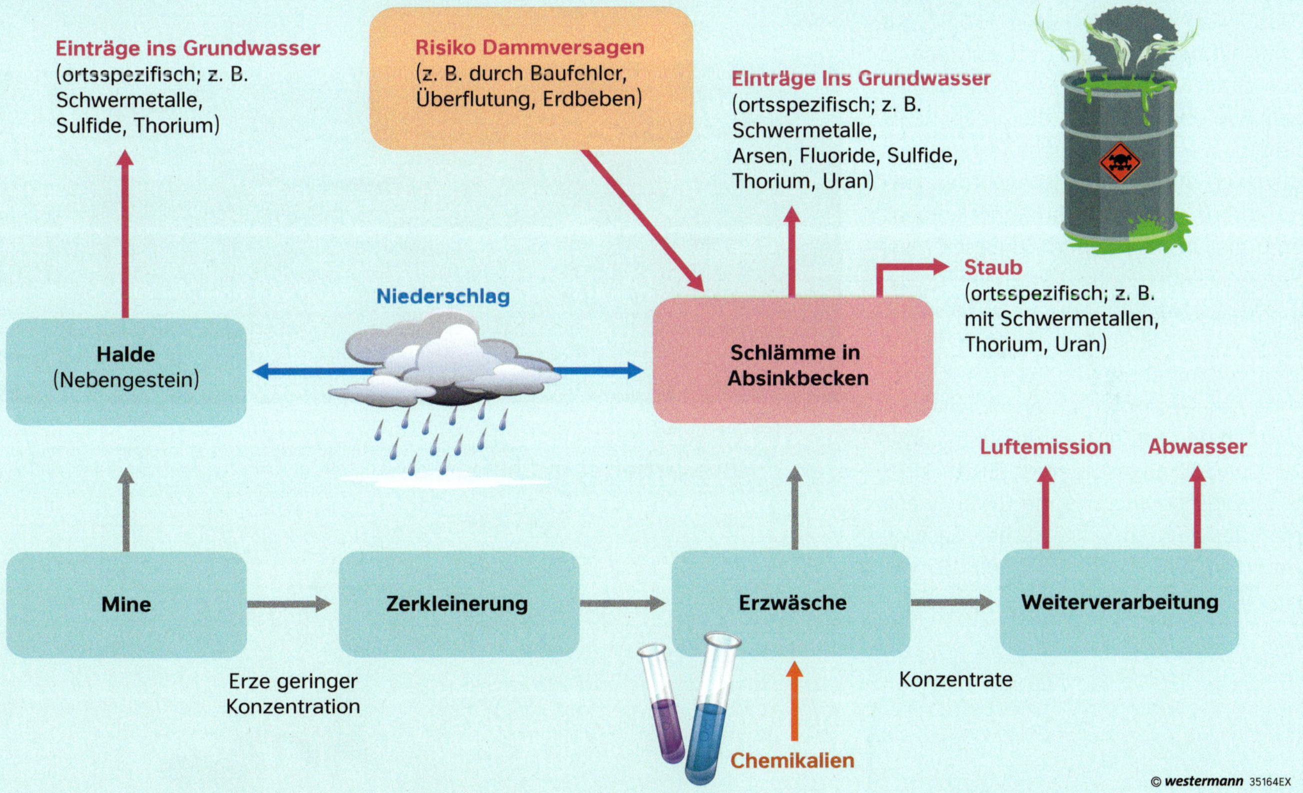

Quelle: Ökoinstitut e. V. 2012

- Durch riesige SE-Tagebaue und entsprechend große Abraumhalden, die oftmals mit dem Verlust wertvoller Wald- und Ackerflächen einhergehen, erfolgt die weiträumige Zerstörung ganzer Landschaften.
- Das Zermahlen der Gesteine bedarf großer Energiemengen. Diese werden in China insbesondere mithilfe klimaschädlicher Kohlekraftwerke bereitgestellt.
- Die meisten bekannten SE-Lagerstätten enthalten radioaktive Substanzen (Uran und Thorium) sowie Schwermetalle und Sulfide. Entsprechend hoch ist hier die Anzahl der Menschen, die an Krebs und anderen schweren Erkrankungen leiden und versterben.
- Das Trennen und Anreichern von SE verbraucht große Mengen an Wasser und Chemikalien. Allein die Minen rund um Baotou (Innere Mongolei) produzieren jedes Jahr rund 10 Mio. t Abwasser. Zurück bleiben große Mengen giftiger Schlämme, die meistens in großen, mit künstlichen Wällen umgebenen Staubecken gesammelt werden (vgl. M13, M15, M16). Das Reservoir der Mine Bayan Obo (Innere Mongolei) umfasst beispielsweise 11 km². Ein Dammbruch – ausgelöst durch ein Erdbeben, andere Naturrisiken oder bauliche Mängel – könnte zur Kontaminierung großen Landflächen und auch des Grundwassers mit Schwermetallen, Sulfiden sowie Uran und Thorium führen.

- Die beim Abbau freigesetzten giftigen und radioaktiven Elemente aus den offenen Gruben, den Abraumhalden und den Schlammreservoirs werden durch Wind in die umgrenzenden Regionen verweht und verursachen dadurch weitflächige Verschmutzungen und Verseuchungen.
- Niederschläge lassen die Giftstoffe in den Boden versickern, sodass es auch zur Kontamination des Grundwassers kommen kann.
- Bei der Förderung und Weiterverarbeitung von SE fehlt den Arbeitern oftmals die entsprechende Schutzkleidung für den Umgang mit den hochgiftigen Substanzen, die für die Lösung der SE aus den Erzen gebraucht werden (vgl. M12).
- Abgase und Abwässer haben ebenfalls drastische Auswirkungen auf die Gesundheit der Bergleute und der in der Umgebung von SE-Minen lebenden Bevölkerung. Bei den Minenarbeitern sind Krankheiten wie Schwarze Lunge und Chemikalienvergiftungen nicht unüblich. Mitunter führen die unwürdigen und gesundheitsschädigenden Arbeitsbedingungen ebenso wie die beeinträchtigten Lebensbedingungen in der Umgebung von SE-Minen neben Protesten auch zu gewalttätigen Auseinandersetzungen mit der lokalen Bevölkerung.

M10 Illegaler Abbau von Seltenen Erden

Da die SE einen relativ hohen Preis pro Einheit haben und in US-Dollar gehandelt werden, sind sie ein beliebtes Objekt für illegalen Bergbau, nicht genehmigte Produktion und unerlaubten Export. Aus China ist bekannt, dass dort vor allem in den südlichen Provinzen zahlreiche illegale Betriebe existieren, die zudem SE im höchsten Maße umweltschädigend produzieren. Arbeitsprozesse werden hier durch bewaffnete Wachmänner kontrolliert; gleichzeitig steuern und reglementieren korrupte lokale Parteifunktionäre, die häufig Mitglieder organisierter krimineller Netzwerke sind, die Produktion und Weiterverarbeitung von SE. Man schätzt, dass das Gesamtvolumen illegaler Exporte in den letzten Jahren auf maximal 20 000 t SEO angestiegen ist (Elsner 2011, S. 3). Dies ist eine enorme Größe, wenn man das mit dem chinesischen Gesamtexport in 2014 von rund 31 000 t SE vergleicht.

M11 Abbaumine von Seltenen Erden in der Mongolei

M12 Minenarbeiter in China

M13 Staubecken mit Klärschlamm in China

M14 Chinesische Arbeiter gewinnen in einem Schmelzprozess das Metall Lanthan

M15 Risiken durch Seltene Erden

Die reinen SE-Metalle sind pyrophor. Als pyrophor werden chemische Stoffe bezeichnet, die fein verteilt schon bei Raumtemperatur und an der Luft heftig mit Sauerstoff reagieren. SE-Metalle lassen sich nicht mit Wasser oder CO_2 löschen.
Einige SE-Metalle (Nd, Pr, Dy) sind sehr starke Permanentmagneten. Diese Eigenschaft muss man beim Recycling beachten. Die Magnetfelder zerstören nicht nur die Elektronik der Gabelstapler, sie wirken auch negativ auf Personen mit Herzschrittmachern.
Die größte Gefahr geht derzeit vom Gadolinium (Gd) aus. Es ist im Kontrastmittel enthalten, das weltweit für bestimmte MRT-Untersuchungen eingesetzt wird. In dieser Form ist es für den Probanden ungefährlich. Über den Urin ausgeschieden kann der Komplex aber während der durchschnittlich 28 Tage dauernden Verweilzeit in den Klärwerken nicht abgebaut werden und gelangt schließlich in die Flüsse – in Deutschland ca. 1 t Gd/Jahr. Dort zerfallen die Komplexe ganz langsam und toxische Gd-Ionen gelangen in das Grundwasser und schließlich in das Trinkwasser.

Quelle: nach Informationen von Bernhard Adler

M16 Ökologische und gesundheitliche Probleme durch den Abbau von Seltenen Erden – Fallbeispiel Mongolei

In der Inneren Mongolei werden beim Abbau von Seltenen Erden die Menschen vergiftet. Außergewöhnlich viele Arbeiter leiden dort an Krebs, Osteoporose, Haut- und Atemwegserkrankungen. Die Umwelt wird zerstört, das Abwasser der Fabriken ist toxisch und teilweise radioaktiv. Auf den Feldern der Bauern wächst wegen des giftigen Grundwassers nichts mehr und die Schafe sind krank. Die Ergebnisse staatlicher Studien zu Radioaktivität und Giften im Grundwasser werden unter Verschluss gehalten. Nirgends auf der Welt können Seltene Erden so günstig abgebaut werden wie in der Inneren Mongolei.

Quelle: https://www.mineralienatlas.de/lexikon/index.php/Mineralienportrait/Seltene%20Erden/Seltene%20Erden%20-%20Fluch%20oder%20Segen?lang=de&language=german

Verwendung und Recycling

M17 Haupteinsatzgebiete von Seltenen Erden (2015)

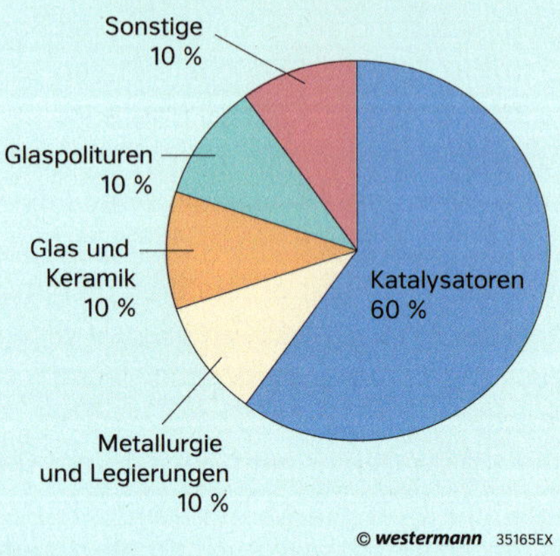

Quelle: USGS 2016

M18 Recycling von Seltenen Erden

Obwohl die Wiedergewinnung von SE schwierig und aufwendig ist, kommt man langfristig um den Aufbau eines funktionierenden Recyclingsystems nicht umhin. Im Jahre 2012 wurden nur etwa 33 % der eingesetzten SE recycelt. Davon entfallen 17 % auf Katalysatoren in der chemischen Industrie, die fortlaufend wieder regeneriert werden, 2 % auf Polituren sowie 14 % auf Akkumulatoren für den Elektroantrieb. Aber auch ca. 30 % der eingesetzten SE dienen Anwendungen, deren Produkte nur ein einziges Mal genutzt werden und mitunter gar nicht recycelfähig sind. Hierzu gehören Spezialgläser mit 7 %, Keramiken mit 5 %, einige Metalllegierungen mit 9 % und Polituren mit 9 %. Über den Rest von ca. 8 % lassen sich keine expliziten Angaben zum Stand oder den Möglichkeiten eines Recyclings treffen.

Zu den nicht substituierbaren SE-Anwendungen gehören im Grunde alle innovativen Produkte, die unsere moderne Technologiegesellschaft in den kommenden Jahren prägen werden und deren Herstellung zurzeit hohe Zuwächse zu verzeichnen hat. D. h., das Recycling solcher Altgeräte und -materialien entwickelt sich zur Überlebensstrategie einer jeden Industriegesellschaft. Es geht insbesondere um die SE-Rückgewinnung aus Energiesparlampen, Lichtleitkabeln, miniaturisierten Permanentmagneten, Ferriten und Bauteilen aus Lasergeräten, magnetooptischen Speichermaterialien, aller Arten von Monitoren, pn-LEDs, Windrädern, Kompaktdisks und in Zukunft Kühlgeräten auf Basis des magnetokalorischen Prinzips. Alle genannten Anwendungen besitzen die Gemeinsamkeit, dass die in ihnen eingesetzten SE wegen ihrer Wirkeigenschaften durch andere Elemente nicht, bestenfalls durch die Entwicklung völlig anderer Techniken ersetzbar sind.

Für einige SE-Anwendungen zeichnen sich überhaupt keine Recyclingmöglichkeiten ab. So verstreut beispielsweise eine abgefeuerte Silvesterrakete ihre bunte Farbenpracht in der Luft, die Reste fallen zu Boden und sind nicht mehr zu finden. Nicht recycelbar sind SE-Farbpigmente von Gläsern, Keramiken oder Emaillen. Nach Gebrauch gelangen sie über den Hausmüll auf Restmülldeponien. Die enthaltenen SE-Materialien lassen sich auch wegen der häufig sehr hohen Verdünnung nicht wieder zurückgewinnen.

M19 Recycelbarkeit von SE-Materialien

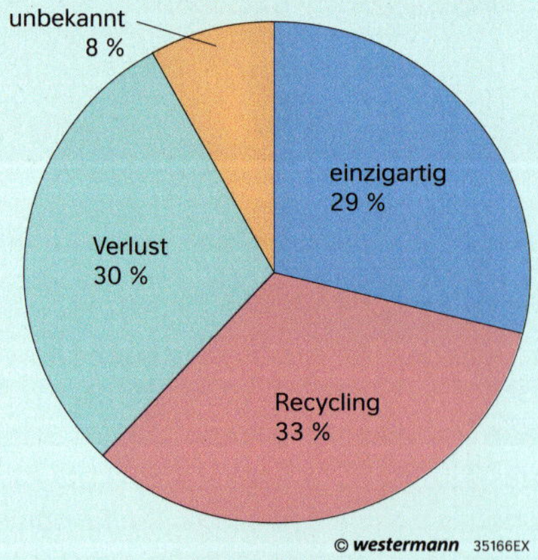

Quelle: Adler/Müller 2014, S. 148

SE = Kritische Rohstoffe

M20 Definition: Kritische Rohstoffe

Rohstoffe werden als kritisch bezeichnet, wenn das mit ihnen verbundene hohe Versorgungsrisiko in erster Linie darauf zurückzuführen ist, dass sich die weltweite Produktion zum großen Teil auf wenige Länder konzentriert. Das Risiko der Rohstoffversorgung und -verfügbarkeit wird vor allem auch dadurch erhöht, dass die produzierenden Länder von internationalen Institutionen und Rating-Agenturen als politisch instabil kategorisiert werden. In vielen Fällen kommt hinzu, dass sich der Rohstoff nur schwer ersetzen lässt und seine Recyclingquote gering ist.

M21 Kritische Rohstoffe nach Einstufung der EU

Die Europäische Kommission hat 2014 eine überarbeitete Liste kritischer Rohstoffe vorgelegt. Bei den 20 Rohstoffen handelt es sich um: Antimon, Beryllium, Borate, Chrom, Flussspat, Gallium, Germanium, Graphit, Indium, Kobalt, Kokskohle, Magnesit, Magnesium, Niob, Metalle der Platingruppe, Phosphatgestein, Silicium, schwere Seltene Erden, leichte Seltene Erden und Wolfram.

Die Liste soll dabei helfen, einen Anreiz für die Erzeugung kritischer Rohstoffe in Europa zu schaffen und die Aufnahme neuer Abbau- und Recyclingtätigkeiten zu fördern. Darüber hinaus wird die Liste von der Kommission dazu verwendet, den vorrangigen Bedarf und entsprechende Maßnahmen zu ermitteln. So kann die Kommission sich beispielsweise auf sie stützen, wenn sie Handelsabkommen aushandelt, gegen handelsverzerrende Maßnahmen vorgeht oder Forschung und Innovation fördern will. Auch für Unternehmen, die besser einschätzen möchten, ob ihre eigene Versorgung mit Rohstoffen als kritisch einzustufen ist, kann sie als Informationsquelle dienen.

Quelle: http://ec.europa.eu © Europäische Union, 1995–2017. Für die Wiedergabe und Anpassung ist allein Bildungshaus Schulbuchverlage Westermann verantwortlich.

M22 Länderkonzentration[1] und gewichtetes Länderrisiko[2] der Bergwerksförderung (2012)

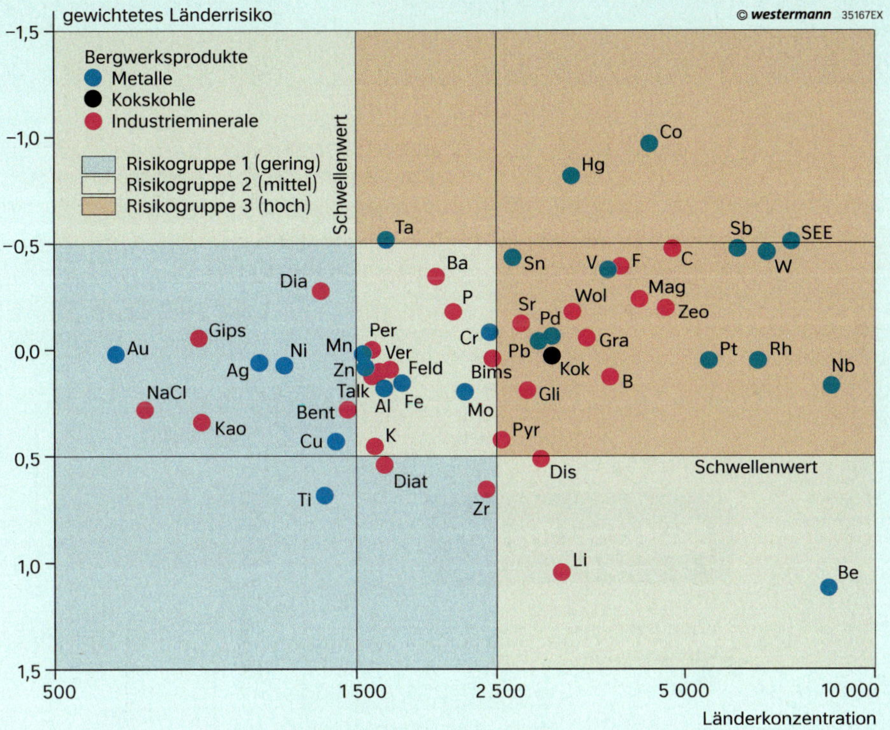

[1] Die Länderkonzentration wird mit dem Herfindahl-Hirschman-Index angegeben. Er wird durch das Summieren der quadrierten Marktanteile aller Wettbewerber errechnet. Der Index nimmt Werte zwischen 0 und 10 000 an, wobei Werte unter 1500 auf eine niedrige, zwischen 1500 und 2500 Punkten auf eine mäßige und ab 2500 auf eine hohe Konzentration hinweisen.

[2] Das gewichtete Länderrisiko errechnet sich als Summe der Anteilswerte der Länder an der Bergwerksproduktion multipliziert mit dem Länderrisiko. Die Weltbank bewertet jährlich das Länderrisiko von mehr als 200 Staaten über folgende Indikatoren: Mitspracherecht und Rechenschaftspflicht, politische Stabilität und Abwesenheit von Gewalt, Leistungsfähigkeit der Regierung, Regulierungsqualität, Rechtsstaatlichkeit sowie Korruptionsbekämpfung. Das gewichtete Länderrisiko bewegt sich in der Regel zwischen +1,5 und -1,5. Bei Werten über 0,5 wird das Risiko als niedrig eingestuft, zwischen +0,5 und -0,5 liegt ein mäßiges Risiko vor und Werte unter -0,5 gelten als kritisch.

Quelle: http://www.bgr.bund.de/DE/Gemeinsames/Nachrichten/Veranstaltungen/2015/Vortragsreihe_Berlin_2015/2015-01-14_abstract.html;jsessionid=DC0FA5510C2588E6B8E42FB5085FACD2.1_cid292

M23 Perspektiven

Das zurzeit noch wenig in der Öffentlichkeit bekannte Thema „Seltene Erden“ wird in Zukunft nicht zuletzt wegen seines ambivalenten Charakters anderen Themen den Rang ablaufen. Die SE erlangen eine immer größere wirtschaftsstrategische Bedeutung, weil sie einerseits zur Produktion hochtechnologischer Erzeugnisse unbedingt benötigt werden und deshalb unverzichtbar sind, sie andererseits meist nicht durch andere Rohstoffe ersetzbar sind. Die Beschränkung ihrer derzeit abbaubaren Vorkommen auf wenige, z. T. an der globalen Peripherie liegende Regionen/Länder (z. B. Grönland und die Mongolei) sowie das Auseinanderklaffen zwischen den Hauptabnehmerländern und den wichtigsten Produktionsländern tragen mehr und mehr zu wachsenden politischen Spannungen zwischen Produktions- und Verbraucherländern bei, zumal sich die aufgegeben geglaubten Fronten des Kalten Krieges wieder neu aufbauen.

Mit den Versorgungsengpässen und ihrer regulierten Handhabung durch die wenigen, vielfach mit einem hohen Länderrisiko versehenen SE-Förderländer ist eine politische Verschärfung der Beziehungen zwischen diesen und vielen verarbeitenden Ländern der SE-Metalle erwachsen; so z. B. die zunehmenden Spannungen zwischen dem Hauptförderland von SE, der Volksrepublik China, und den hochindustrialisierten, aber SE-armen westlichen Ländern.

Zur Entschärfung der brisanten politischen Spannungen versuchen die EU-Industrieländer und die USA die Welthandelsorganisation als Vermittler einzuschalten, bisher allerdings ohne Erfolg. Der durch die Stagnation/Reduktion der SE-Förderung eingeschränkte SE-Verbrauch trägt zur Konfliktverschärfung bei.

Angesichts der zukünftig zu erwartenden Steigerung der SE-Nachfrage ist eine Erweiterung der politischen Entspannungsmaßnahmen unbedingt erforderlich. Zur Entspannung sollte auch eine auf stärkere Rohstoffausbeute und Steigerung der Nutzungseffekte ausgerichtete Forschung beitragen, die außerdem die Suche nach Ersatzstoffen und weiteren Recyclingverfahren einschließt. Nicht zuletzt sollten politische Anstöße erfolgen, die zur Verringerung des SE-Verbrauchs beitragen und zur friedlichen Beilegung der Konflikte auf internationaler Ebene führen.

Synthese

M24 Seltene Erden – im Spannungsfeld wirtschaftlicher, politischer, gesellschaftlicher und ökologischer Faktoren (ausgewählte Zusammenhänge und Vernetzungen)

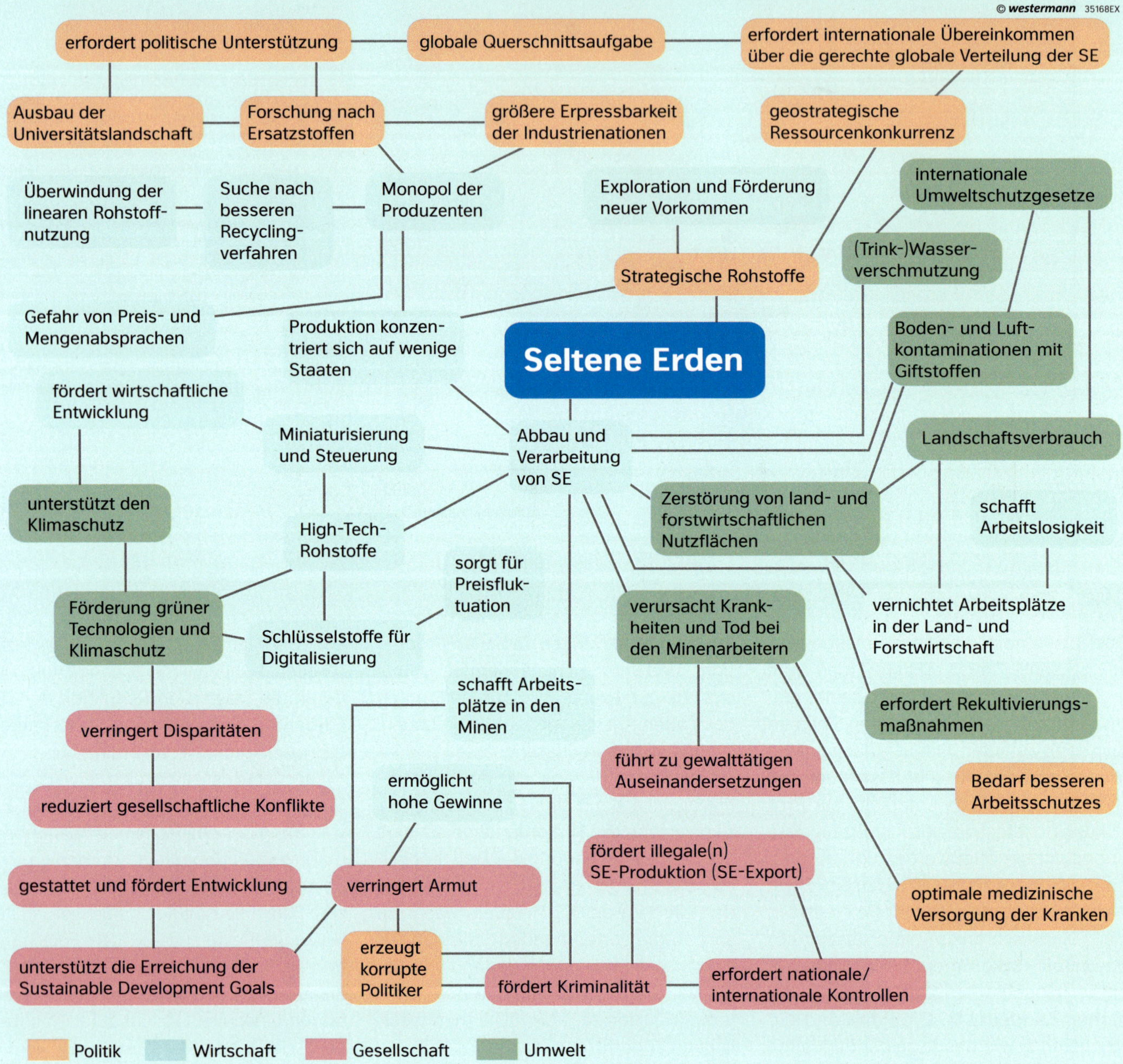

6.2 Beispiel: Globale Bevölkerungsentwicklung

Dieter Appelt

Dieses Kapitel beschäftigt sich mit folgenden Fragen:

1. Inwiefern betrifft das Bevölkerungswachstum uns und alle Bereiche der globalen Entwicklung?
2. Genauer betrachtet: Wo und wie stark wächst die Bevölkerung, wo nicht?
3. Lassen sich die Bedingungen und Folgen der Bevölkerungsentwicklung beeinflussen?

Dass wir Teil der Weltbevölkerung sind, ist nicht nur eine statistische Tatsache. Jede größere Veränderung der Bevölkerungszahl – nach oben oder unten – hat massive Auswirkungen für ein Land. Eine starke Abnahme und Vergreisung bedroht die Renten- und Gesundheitssysteme, eine große Steigerung bringt Herausforderungen für Bildung, Ernährung, Ressourcenverbrauch und wirtschaftliche Entwicklung. Während sich die Bevölkerung in den meisten Industrieländern stabilisiert hat oder sogar schrumpft, wächst die Bevölkerung in zahlreichen Entwicklungsländer in Asien und Afrika weiterhin.

Die globalen Daten und Prozesse der Bevölkerungsentwicklung bedürfen daher der Analyse mit besonderem Augenmerk auf die großen Weltprobleme wie die immer noch verbreitete Armut oder das Spannungsverhältnis von Bevölkerungs- und Wirtschaftsentwicklung. Global gesehen lebt heute die größte Jugendgeneration aller Zeiten. Sie braucht dringend eine nachhaltige Entwicklung in ihren Ländern, die sie einfordern oder anderweitig suchen wird.

Aus der Erkenntnis dieser Zusammenhänge wird auch unsere eigene Verantwortung deutlich. So haben die individuellen Entscheidungen über die Kinderzahl in der Summe nationale und globale Folgen, die auch wieder auf die Einzelnen zurückwirken. Darüber hinaus haben wir eine entwicklungspolitische Mitverantwortung für dringende Maßnahmen gegen die Extreme der globalen Bevölkerungsentwicklung. In der globalen Bevölkerungsentwicklung wirken gesellschaftliche, wirtschaftliche, politische und ökologische Faktoren eng zusammen, sowohl was die vernetzten Ursachen betrifft als auch die Folgen. Deshalb ist dieses Thema eine zentrale Frage nachhaltiger Entwicklung unserer Gegenwart und Zukunft, die eine bessere Abstimmung zwischen allen Dimensionen erfordert.

Literatur

Entwicklungsprogramm der Vereinten Nationen/UNDP (2015): Bericht über die menschliche Entwicklung 2015. Arbeit und menschliche Entwicklung. Berlin.

Food and Agricultural Organisation of the United Nations/FAO (2016): The state of food and agriculture. Rom.

Le monde diplomatique (2015): Atlas der Globalisierung 2015. Weniger wird mehr. Berlin.

United Nations Department of Economic and Social Affairs/Population Division: World Population Prospects: The 2015 Revision, Key Findings and Advance Tables.

Wissenschaftlicher Beirat der Bundesregierung Globale Umweltveränderungen/ WBGU (2011): Hauptgutachten. Welt im Wandel. Gesellschaftsvertrag für eine große Transformation. Berlin.

Wissenschaftlicher Beirat der Bundesregierung Globale Umweltveränderungen/ WBGU (2016): Hauptgutachten. Der Umzug der Menschheit: Die transformative Kraft der Städte. Berlin.

Internet

http://www.agenda21-treffpunkt.de/daten/bevolk.htm

http://www.berlin-institut.org (Berlin-Institut für Bevölkerung und Entwicklung)

http://www.bib-demografie.de (Bundesinstitut für Bevölkerungsforschung)

http://www.bpb.de (Bundeszentrale für politische Bildung)

http://www.dsw.org (Deutsche Stiftung Weltbevölkerung)

https://habitat3.org/the-new-urban-agenda/ (UN-Konferenz für Wohnen und nachhaltige Stadtentwicklung Habitat III, Beschlüsse vom 20.10.2016 in Quito)

http://www.fao.org (Food and Agriculture Organization of the United Nations)

http://www.sef-bonn.org (Stiftung Entwicklung und Frieden)

http://www.weltagrarbericht.de

https://de.wikipedia.org/wiki/Bevölkerungsentwicklung

AUFGABEN

1. Übertragen Sie M1 möglichst groß (Querformat) auf ein Blatt Papier. Ergänzen Sie im Diagramm die in M2–M4 aufgeführten bevölkerungsrelevanten Ereignisse und Einflussfaktoren.
2. Vergleichen und erklären Sie die unterschiedliche Bevölkerungsentwicklung in Afrika und Asien. (M6–M8)
3. Ermitteln Sie anhand von M9, wie viele der größten Länder 2015 zu den Industrieländern, Schwellenländern und Entwicklungsländern zählten. Wie werden sich diese Anteile in der Zukunft voraussichtlich verändern? (zur Abgrenzung von Industrie-, Schwellen- und Entwicklungsländern s. auch M31 auf S. 68)
4. Beschreiben Sie die Unterschiede zwischen den Industrie- und den Entwicklungsländern hinsichtlich der Bevölkerungsentwicklung. (M6, M10–M13)
5. Beschreiben und erklären Sie die Bevölkerungsentwicklung Deutschlands. (M14–M16)
6. Vergleichen Sie die globale Bevölkerungspyramide (M5) mit der Deutschlands (M16) und erklären Sie die Unterschiede.
7. Erklären Sie, warum viele Menschen hungern, obwohl global gesehen genug Nahrung produziert wird. (M17–M21)
8. Erläutern Sie die Situation der Kleinbauern in den Entwicklungsländern und warum sie Hoffnungsträger für die Armutsbekämpfung werden könnten. (M22)
9. Erstellen Sie wahlweise zu M24 oder M25 ein Plakat, das auf die Auswirkungen des Bevölkerungswachstums und anderer Faktoren auf die Umwelt hinweist.
10. Vergleichen Sie die Zunahme der Verstädterung in Entwicklungs- und Industrieländern. (M26–M28)
11. Stellen Sie fest, wie sich die größten Städte der Welt 2015 auf die Kontinente verteilen. (M29, Atlas)
12. Stellen Sie die besonderen Herausforderungen von Megastädten in Entwicklungsländern dar. (M30)
13. „Die zunehmende Verstädterung ist eines der Hauptprobleme des Bevölkerungswachstums.“ Nehmen Sie Stellung zu dieser These.
14. Begründen Sie, weshalb die freiwillige Familienplanung eine umfassende Entwicklung voraussetzt, die insbesondere die Frauen und Mädchen fördert. (M31, M32)
15. a) Diskutieren Sie die Einwände von Kritikern, Programme wie das der DSW (M32) seien paternalistisch gegenüber den Entwicklungsländern und griffen unzulässig in die Selbstbestimmung der Beteiligten ein.
    b) Halten Sie solche Programme für notwendig und aussichtsreich?

Geschichtliche, heutige und zukünftige Entwicklung der Weltbevölkerung

M1 Entwicklung der Weltbevölkerung von der Antike bis zum Jahr 2100

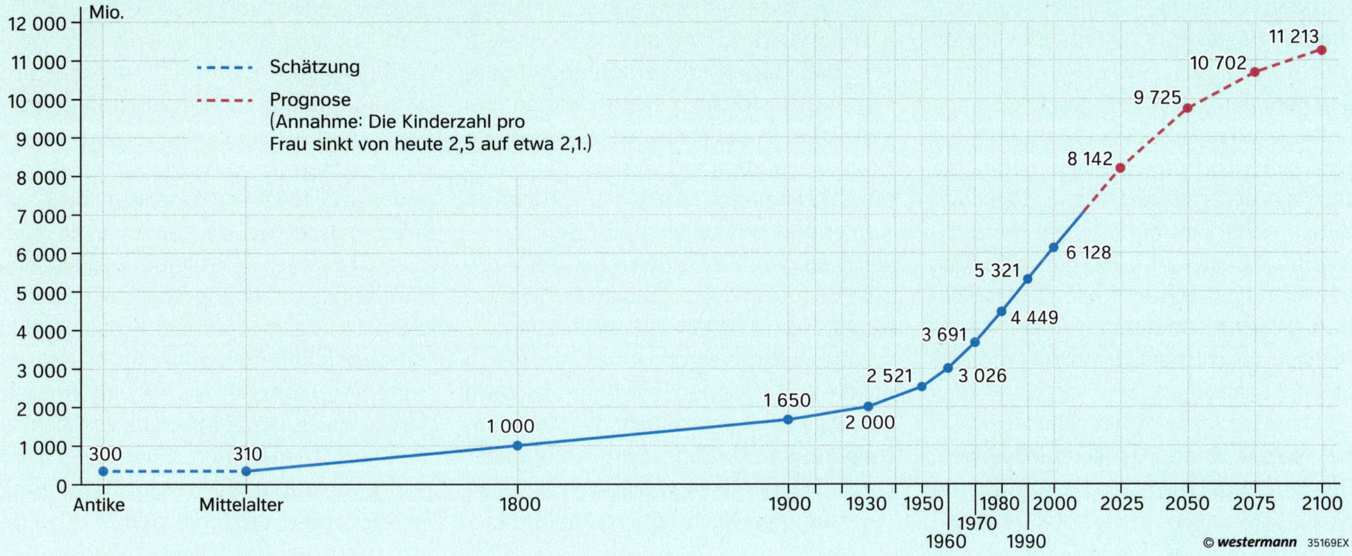

Quelle: Stiftung Weltbevölkerung (http://www.dsw.org/unsere-themen/weltbevoelkerung/)

Wovon hängt die Entwicklung der Bevölkerungszahl ab?

M2 ”Singuläre” Ereignisse im Bevölkerungsprozess

Zu einem der wichtigsten ”singulären” Ereignissen, die Auswirkungen auf die Bevölkerungszahl der Erde hatten, gehört vermutlich die Eruption des Supervulkans Toba auf Sumatra vor 70 000 Jahren. Nach einer Theorie ließen die dadurch ausgelöste Verstärkung der damaligen Eiszeit und die Folgen für die Ökologie fast alle Menschen bis auf maximal 10 000 aussterben. Das wäre eine Erklärung für den „genetischen Flaschenhals“, die Tatsache nämlich, dass alle heutigen Menschen genetisch so ähnlich sind, dass sie von wenigen Ahnen abstammen müssen. Allerdings wird diese Theorie auch bestritten, weil bei Ausgrabungen in Indien oberhalb der Ascheschicht des Toba die gleichen Steinwerkzeuge wie unterhalb gefunden wurden, also eine Kontinuität der Siedlung anzunehmen ist. Dass massive Vulkanausbrüche die Menschheit bedrohen können, zeigte auch das „Jahr ohne Sonne“ von 1816. Der indonesische Vulkan Tambora verursachte damals weltweit große Ernteausfälle und die schlimmste Hungersnot des Jahrhunderts.

Der Bevölkerungsprozess hängt aber nicht nur von solchen Großereignissen ab, sondern vor allem von der Ernährung – im positiven wie im negativen Sinn. Der Anbau von Kartoffeln und Mais breitete sich in Europa aus, nachdem sie von Amerika nach Europa verbracht wurden. Das Nahrungsangebot vergrößerte sich rapide, die Bevölkerung wuchs schnell an. Langes Regenwetter begünstigte 1845 jedoch den ebenfalls aus Amerika stammenden Pilz Phytophtera infestans so, dass die Missernte zweier Jahre über eine Million Iren verhungern ließ, die nicht die Auswanderung nach Amerika geschafft hatten.

Bekannter sind die Auswirkungen kriegerischer Konflikte in allen Geschichtsepochen. So forderte der Dreißigjährige Krieg (1616–1648) vermutlich an die sechs Millionen Opfer durch direkte Kriegseinwirkung, durch Hungersnöte und die eingeschleppte Pest. In den betroffenen Regionen überlebte oft nur ein Drittel der Bevölkerung. Bei den kriegerischen Katastrophen des 20. Jahrhunderts schlagen nicht nur die Millionen Gefallenen und die zivilen Opfer auf die Bevölkerungsstatistik durch, sondern auch die ungleiche Geschlechterverteilung und Geburtenausfälle in den Folgejahren. Der Erste Weltkrieg (1914–1918) forderte fast zehn Millionen Todesopfer an Soldaten und sieben Millionen Zivilisten. In der Folge starben weltweit 25–40 Millionen an der Spanischen Grippe, die durch die zurückkehrenden Kriegsteilnehmer aus den Kolonialreichen weltweit verbreitet wurde und viele ohnehin geschwächte Menschen dahinraffte. Unter den Opfern des Zweiten Weltkriegs (1939–1945) in Europa und Asien, über 65 Millionen Menschen, waren mehr Zivilisten als Soldaten. Allein in Russland wurden 27 Millionen Menschen in Vernichtungsfeldzügen getötet. China verlor etwa 14 Millionen Zivilisten im Pazifikkrieg.

M3 Langfristige Prozesse der Bevölkerungsentwicklung

Historisch gesehen bestimmten die menschlichen Organisationsformen, die Nutzungsformen der natürlichen Ressourcen und die technische Entwicklung den Lebensstandard der Menschen und damit ihre Familiengröße. Von den langsamen Anfängen der Steinzeit spannt sich ein großer Bogen in die Neuzeit, in der um 1800 die erste Milliarde der Erdbevölkerung erreicht wurde. 1930 war die zweite Milliarde erreicht, 1960 die dritte. Das Bevölkerungswachstum hat also eine gewaltige Beschleunigung erfahren. Mathematisch spricht man von einer exponentiellen Funktion.

In der Steinzeit lebten wahrscheinlich nur wenige Hunderttausend Menschen. Der Übergang von der steinzeitlichen Jäger- und Sammlerkultur zur Sesshaftwerdung und Städtegründung begann ab etwa 8000 v. Chr. von Mesopotamien aus. Die fortschreitende Arbeitsteilung, Fernhandel und entsprechende gesellschaftliche Strukturen erhöhten mit dem Wissenstransfer auch die Produktion und Vermarktung von Nahrungsmitteln. Diese Prozesse wurden weiter verstärkt durch die aufkommende Metallverarbeitung von Kupfer und Bronze bis zum Eisen.

Für das Römische Reich hat der deutsche Historiker Julius Beloch die Bevölkerung auf etwa 54 Millionen Menschen geschätzt – die des europäischen Teils davon auf etwa 23 Millionen Einwohner. Da erste damalige Erhebungen mehr der Steuereintreibung und der Erfassung wehrfähiger junger Männer dienten, ergaben sie keine zuverlässigen Bevölkerungszahlen. Insgesamt wird die Weltbevölkerung in der Antike bei 200–300 Millionen Menschen angenommen. Im Mittelalter stieg diese Zahl nur langsam an, weil die Geburtenraten wegen Kriegen, Nahrungsmangels und Krankheiten kaum die hohen Sterberaten übertrafen.

Grundlegend wandelte sich das Bild mit der Entdeckung Amerikas sowie vor allem mit der Industrialisierung. Die landwirtschaftlichen Fortschritte setzten einen Großteil der stark angewachsenen Landbevölkerung frei, der aber weitgehend in der arbeitsintensiven Frühindustrialisierung unterkam. Bis ins 19. Jahrhundert hinein wuchs die Bevölkerung vor allem in den Industrienationen. Eine Folge davon war eine starke Wanderungsbewegung aus Europa in die Neue Welt.

M4 Folgen der Globalisierung für die Bevölkerungsentwicklung

Als folgenschwere Ereignisse für die Bevölkerungsentwicklung sind die Entdeckung Amerikas 1492 und die weltweite Errichtung von Kolonien zu nennen. M1 zeigt, dass in der Zeit ab 1800 bis zum Ende der Kolonien um 1960 der steilste Anstieg der Weltbevölkerung eingeleitet wurde. Diese Startphase der Globalisierung hatte sowohl in der „Alten Welt“ als auch in den weltweiten Kolonialreichen erhebliche Auswirkungen auf die Bevölkerungsentwicklung:

- Die Ausbeutung der Kolonien stützte die Ernährungssicherheit in den europäischen Ländern („Kolonialwaren“).
- Die Auswanderung in die früh selbstständig gewordenen Staaten in Nord- und Südamerika sowie Australien führte dort zu eigenständig wachsenden Bevölkerungen, wenn auch teilweise auf Kosten der indigenen Bevölkerung.
- Der zunehmende Reichtum der alten Industrieländer und die besseren Überlebenschancen von Kindern förderten die Familienplanung für eine abnehmende Kinderzahl. Vor allem die neuen Möglichkeiten der Empfängnisverhütung reduzierten in den westlichen Ländern die Kinderzahl so weit, dass sie meist unter die Erhaltungsrate sank.
- Mit starker Verzögerung tritt dieser Prozess auch in den anderen Weltregionen ein. Die Bekämpfung von Krankheiten und eine bessere Versorgung führten zunächst in Asien, bald darauf in Lateinamerika, in Nordafrika sowie allmählich auch in Afrika südlich der Sahara zu einem starken Rückgang der Sterberaten. Mit einer nach wie vor hohen Geburtenrate von durchschnittlich sechs Kindern pro Frau zwischen 1960 und 1965 vermehrte sich die Bevölkerung in den Entwicklungsländern jedoch noch jährlich um 3 %.

M5 Bevölkerungspyramide der Weltbevölkerung (2015)

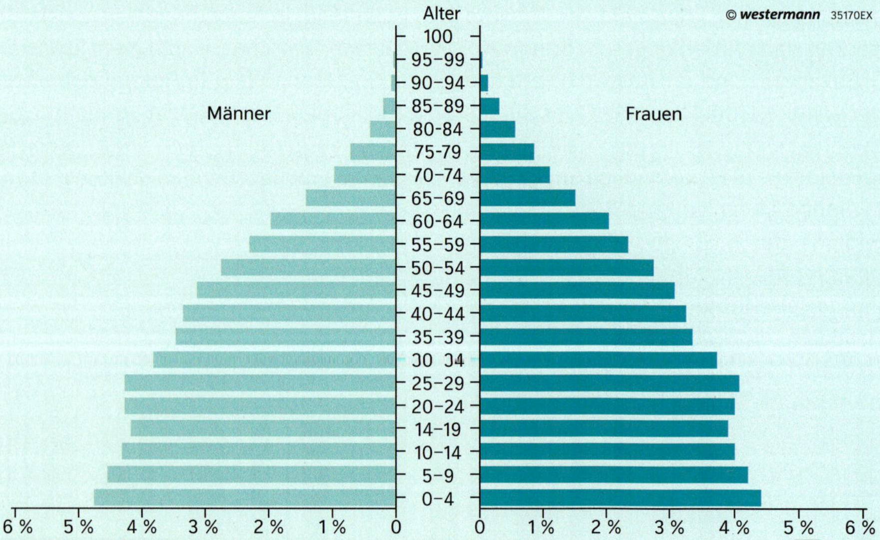

Quelle: United Nations Department of Economic and Social Affairs/Population Division. World Population Prospects: The 2015 Revision, Key Findings and Advance Tables, S. 2

Bevölkerungsentwicklung in den Weltregionen

M6 Regionale Entwicklung der Weltbevölkerung

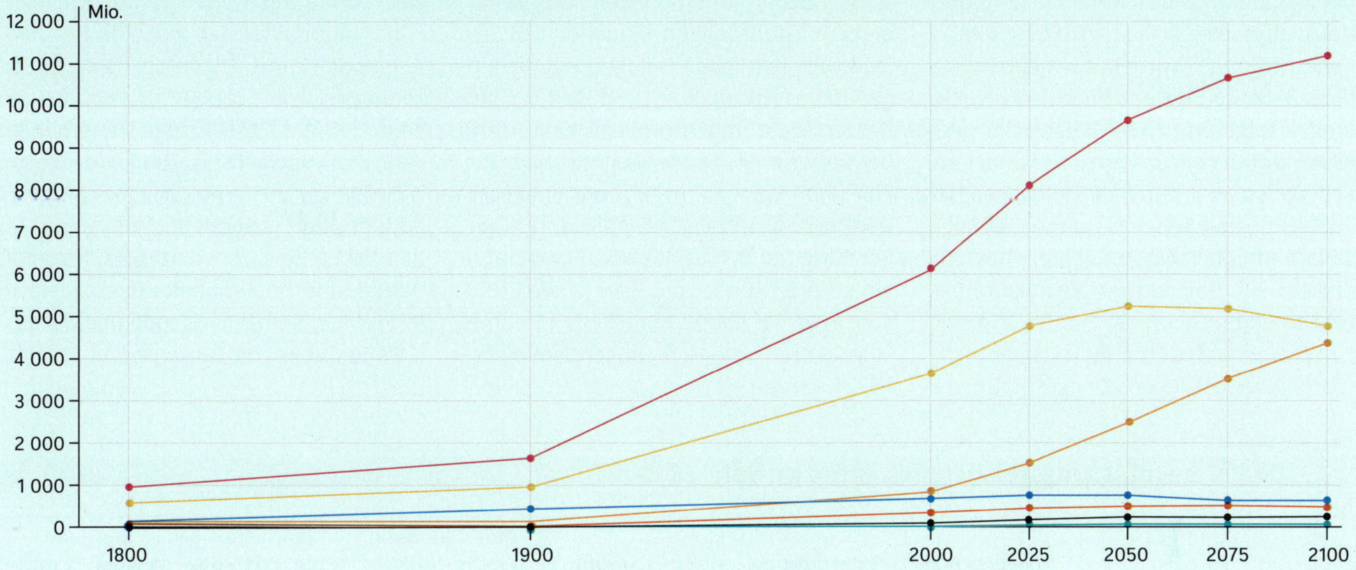

Jahr	1800	1900	2000	2025	2050	2075	2100
Welt	1 000	1 650	6 128	8 142	9 725	10 702	11 213
Afrika	107	133	808	1 504	2 478	3 525	4 387
Europa mit Russland	203	408	729	738	707	664	646
Lateinamerika + Karibik	24	74	526	695	782	780	721
Nordamerika	7	82	315	384	446	472	500
Asien mit Türkei	635	947	3717	4 774	5 267	5 194	4 889
Ozeanien, Australien, Neuseeland	2	6	31	45	57	66	71

Regionale Entwicklung der Weltbevölkerung 1800–2100

Quelle: United Nations Department of Economic and Social Affairs/Population Division. World Population Prospects: The 2015 Revision, Key Findings and Advance Tables

Seit Mitte des 20. Jahrhunderts findet das globale Bevölkerungswachstum fast ausschließlich in den Entwicklungsländern Asiens und Afrikas statt. Subsahara-Afrika trägt am meisten zum Wachstum der Erdbevölkerung auf voraussichtlich 11,2 Milliarden Menschen im Jahr 2100 bei. Vor allem der Anteil der Bevölkerung Europas an der Weltbevölkerung geht weiter zurück. Im Jahr 1970 stellten die Entwicklungsländer 65 % der Weltbevölkerung, zur Jahrtausendwende schon 80 %. 2050 werden wahrscheinlich 86 % aller Menschen in den heutigen Entwicklungsländern leben.

M7 Bevölkerungsentwicklung in Asien

Etwa ab 1800 nahm die europäische Kolonisierung der Welt zahlenmäßig größere Dimensionen an. Die Begleiterscheinungen der Kolonisierung ließen zuerst in Asien bei den an sich schon bevölkerungsreichen Ländern die Bevölkerungszahl stärker steigen. Doch wird Asien schon etwa 2050 den Scheitelpunkt erreichen und dann allmählich an Bevölkerung abnehmen. Dafür sind die beiden größten Länder der Erde überhaupt – China und Indien – maßgeblich. China konnte durch die jetzt gelockerte Ein-Kind-Politik den Zuwachs bremsen, mit den Folgen aber einer späteren Überalterung und eines ernsten Frauenmangels, da viele weibliche Föten abgetrieben wurden. Schon etwa 2020 wird Indien die Bevölkerungszahl Chinas übertreffen.

M8 Bevölkerungsentwicklung in Afrika

Afrika konnte – außer im Norden – durch die konfliktreiche Integration der traditionellen Stammesgesellschaften in große Kolonialgebiete, die ab den 1960er-Jahren neue Nationen wurden, bis heute nicht die staatliche Effizienz für gute Entwicklungserfolge erreichen. Wegen der prekären politischen und wirtschaftlichen Verhältnisse u. a. durch den fortwirkenden Tribalismus bestehen besonders in Subsahara-Afrika wenig Aussichten, noch in diesem Jahrhundert die Bevölkerungszahl zu stabilisieren. Da der Staat meist zu schwach ist, durch gute Regierungsführung verlässliche Lebensverhältnisse zu schaffen, verharren dort in den meisten Ländern 50 bis über 80 % der Menschen noch im traditionellen Subsistenzbereich. Großfamilien brauchen z. B. als landwirtschaftliche Produktionseinheiten genügend Arbeitskraft und daher viele Kinder. Die durchschnittliche Kinderzahl der betroffenen Länder liegt deshalb zur Zeit noch bei 4,7 Kindern pro Frau. Die UN-Prognose von 2015 geht von einer Senkung auf 3,1 (2045–2050) und dann auf etwa 2,1 Kinder pro Frau (2095–2100) aus. In Afrika haben Kinder bis 15 Jahre einen Anteil von 41 %, Jugendliche von 15–24 Jahren einen weiteren Anteil von 19 % an der Gesamtbevölkerung. Wegen dieses hohen Anteils junger Menschen wird Afrika auch noch weiter wachsen – als Hauptfaktor des globalen Bevölkerungswachstums. Allein Nigeria als bevölkerungsreichstes Land Afrikas könnte von heute 182 auf 752 Millionen Menschen im Jahr 2100 anwachsen. 28 Länder Afrikas könnten bis 2050 ihre Bevölkerung verdoppeln, zehn Länder könnten sogar um den Faktor 5 wachsen: Angola, Burundi, Demokratische Republik Kongo, Malawi, Mali, Niger, Somalia, Uganda und die Vereinte Republik von Tansania und Sambia.

M9 Die 20 bevölkerungsreichsten Staaten im Jahr 2015

Rang	Staat	Bevölkerung 2015 (Mio.)	Bevölkerung 2050 (Mio.)	Bevölkerung 2100 (Mio.)	Anteil an der Weltbevölkerung 2015 (%)	jährliche Wachstumsrate 2010–2015 (%)	jährliche Wachstumsrate 2015–2050 (%)
1	China	1 376	1 348	1 004	18,7	0,52	-0,10
2	Indien	1 311	1 705	1 660	17,8	1,26	0,80
3	USA	322	389	450	4,4	0,75	0,50
4	Indonesien	258	322	314	3,5	1,28	0,60
5	Brasilien	208	238	200	2,8	0,91	0,40
6	Pakistan	189	310	364	2,6	2,11	1,40
7	Nigeria	182	399	752	2,5	2,67	2,30
8	Bangladesch	161	202	170	2,2	1,20	0,70
9	Russland	143	129	117	2,0	0,04	-0,30
10	Mexiko	127	164	148	1,7	1,37	0,70
11	Japan	127	107	83	1,7	-0,12	-0,50
12	Philippinen	101	148	169	1,4	1,58	1,10
13	Äthiopien	99	188	243	1,4	2,53	1,80
14	Vietnam	93	113	105	1,3	1,12	0,50
15	Ägypten	92	151	201	1,2	2,18	1,40
16	Deutschland	81	75	63	1,1	0,06	-0,20
17	Iran	79	92	70	1,1	1,27	0,40
18	Türkei	79	96	88	1,1	1,69	0,60
19	D. R. Kongo	77	195	389	1,1	3,17	2,70
20	Thailand	68	62	42	0,9	0,38	-0,20
	Top-20	5 172	6 434	6 632	70,4		
	Welt	7 349	9 725	11 213	100,0	1,18	0,80

Quelle: http://www.agenda21-treffpunkt.de/daten/bevolk.htm

Die Weltbank und der Internationale Währungsfonds (IWF) kategorisieren Mexiko, die Volksrepublik China, Südafrika, Brasilien, Indien, Malaysia, Russland, die Philippinen, Thailand und die Türkei als **Schwellenländer**. Abgesehen von Russland sind das Entwicklungsländer, die bereits den Weg zur Industrialisierung beschreiten und bessere Indikatoren aufweisen als die ärmeren Entwicklungsländer. Wirtschaftliche Indikatoren sind z. B. überdurchschnittliche Wachstumsraten, hohe Arbeitsproduktivität bei gleichzeitig niedrigem Lohnniveau oder Investitionen in die Infrastruktur. Zu den sozialen Indikatoren zählen z. B. Grad der Alphabetisierung, Lebenserwartung.

Daten zur Beschreibung der Bevölkerungsentwicklung

M10 Geburtenrate und Fertilität

Geburtenrate: Zahl der Lebendgeborenen eines Jahres/1000 Einwohner
Fertilität: Kinderzahl pro Frau zwischen 15 und 45 Jahren

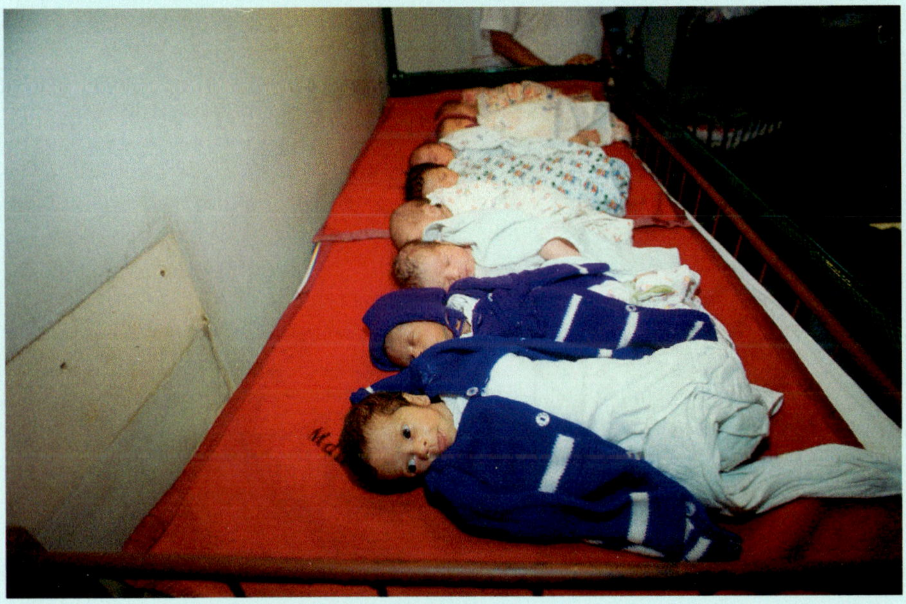

Babys in einer indischen Entbindungsstation

Viele Entwicklungsländer haben eine hohe Geburtenrate aus den folgenden Gründen:

- hoher Anteil junger Menschen an der Bevölkerung
- In Großfamilien, die patriarchalisch strukturiert und mit traditionellen ländlichen Lebensweisen und Arbeitstechniken verknüpft sind, sind viele Kinder wünschenswert.
- Eine große Kinderzahl schützt die Versorgung und das Einkommen der Eltern bei Krankheit, Unfall und Alter (Altersvorsorge).
- mangelhafte Bildung vor allem der Frauen
- fehlende oder unzureichende Möglichkeiten der Verhütung
- traditionelle und religiöse Wertvorstellungen.

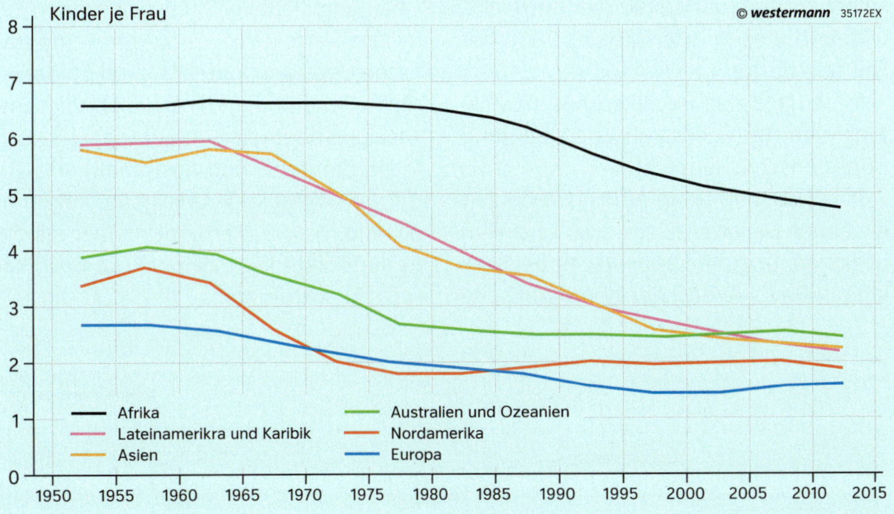

Fertilitätsrate nach Kontinenten 1950/55–2010/15 (*Mittelwerte aus Fünfjahresschritten*)

Quelle: http://www.bib-demografie.de/SharedDocs/Publikationen/DE/Download/Abbildungen/16/ 16_12a_kontinente_tfr.pdf?__blob=publicationFile&v=5

Afrika folgt dem Rückgang der Fertilität in den Industrieländern sowie in Lateinamerika und Asien in einem erheblichen Abstand. Die Fertilität in Afrika ist zwar schon von 6,5 auf 4,7 Kinder pro Frau gesunken, müsste aber den Wert 2,1 erreichen, wenn die Prognose von 11,2 Milliarden Menschen für die gesamte Weltbevölkerung von 2100 zutreffen soll.

M11 Sterberate

Sterberate: Zahl der Todesfälle eines Jahres/1000 Einwohner

In den Industrieländern wird die Sterblichkeit primär durch den großen Anteil älterer Menschen an der Gesamtbevölkerung beeinflusst. Die hohe Sterblichkeit in Entwicklungsländern ist dagegen durch eine schlechte Versorgungslage, mangelhafte hygienische Zustände und die fehlende medizinische Betreuung begründet. Auch Bürgerkriege und militärische Auseinandersetzungen in Entwicklungsländern tragen zur hohen Sterblichkeit bei. Doch nahm die Säuglings- und Kindersterblichkeit in den letzten Jahren in allen Entwicklungsländern ab, was bei der weiter auf hohem Niveau verbleibenden Geburtenrate zu einem raschen Bevölkerungswachstum in den betreffenden Ländern führte.

M12 Wachstumsrate

Wachstumsrate: Prozentuale Veränderung der Bevölkerung innerhalb eines Jahres bezogen auf das vorherige Jahr. Bei Bevölkerungsrückgang ist der Wert negativ.

Bevölkerungswachstum wird als Wachstumsrate in Prozent (meist bezogen auf ein Jahr) für ein bestimmtes Gebiet ausgedrückt. Bei einem konstanten Wachstum von 1,14 % pro Jahr dauert es etwa 50 Jahre, bis sich eine Bevölkerung verdoppelt hat. Bei 2 % verkürzt sich die Verdoppelungszeit auf 35 Jahre. Bei einer Rate von 3,5 %, die in einigen Ländern erreicht bzw. überschritten wird, beträgt die Verdoppelungszeit nur noch 20 Jahre.

Im Rückblick betrug um 1650 die Wachstumsrate 0,3 %. Nach den starken Zuwachsraten während der industriellen Revolution hatte sich die Bevölkerungszahl bis zum Jahr 1900 mit 1,6 Milliarden bereits mehr als verdreifacht. Bis 1965 hatte sie sich wiederum etwa verdoppelt auf 3,3 Milliarden Menschen; die Wachstumsrate betrug damals 2 % bei einem Verdopplungszeitraum von 36 Jahren. Die Erdbevölkerung wuchs in Jahren, in denen sich die Wachstumsrate erhöhte, exponentiell. Grund für diesen Verlauf war vor allem das starke Sinken der Sterberate bei einem nur langsamen Sinken der Geburtenrate.

Auffallend seit den 1950er-Jahren ist das starke Fallen der Geburtenrate (vgl. M10) und damit ein Sinken der Wachstumsrate der Weltbevölkerung von 2,0 % auf 1,2 %.

M13 Demografischer Übergang

Demografischer Übergang: Wandel von der vorindustriellen Bevölkerung mit hoher Geburten- und Sterberate zu einer modernen Gesellschaft mit geringer Geburten- und Sterberate

Der demografische Übergang ist ein Modell der Veränderungen von der vorindustriellen zur modernen Industriegesellschaft. Dieses Modell entspricht den Verhältnissen und Prozessen in den meisten westlichen Ländern, obwohl die Annahme, dass sich die Geburtenziffer nach dem Übergang auf ein stabiles Ersatzniveau von 2,1 Kindern pro Frau einpendeln würde, nicht die stärkeren Geburtenrückgänge in vielen Industrieländern abbildet.

Die Dynamik des Übergangs hängt mit der Lebensverlängerung vor allem durch bessere Ernährung und medizinische Versorgung zusammen, die ihrerseits eine verlässlichere Familienplanung ermöglicht. In vielen Entwicklungsländern dauert aber die wachstumsintensive Phase länger, weil die Sterberaten sinken, jedoch die Geburtenzahlen besonders in der breiten armen Bevölkerung nur langsam zurückgehen. In Afrika wird der demografische Übergang selbst bis zum Jahr 2100 nicht erreicht, während dies in Asien bereits 2050 der Fall sein dürfte.

In der globalen Bevölkerungsentwicklung wird der demografische Übergang frühestens 2100 erreicht.

Dies liegt primär an Afrika, wo derzeit die hohen Geburtenzahlen zwar zu sinken beginnen, trotzdem aber wegen der sehr jungen Bevölkerung der demografische Übergang nicht vor 2100 zu erwarten ist. In Asien erfolgt ca. 2050 der demografische Übergang, primär wegen China. Indien wird China in der Bevölkerungsentwicklung überholen. In Europa (wie auch in Nordamerika und Australien) erfolgte der demografische Übergang schon im 20. Jhd. Da die Sterberate höher als die Geburtenrate liegt, beginnt die Bevölkerung zu schrumpfen.

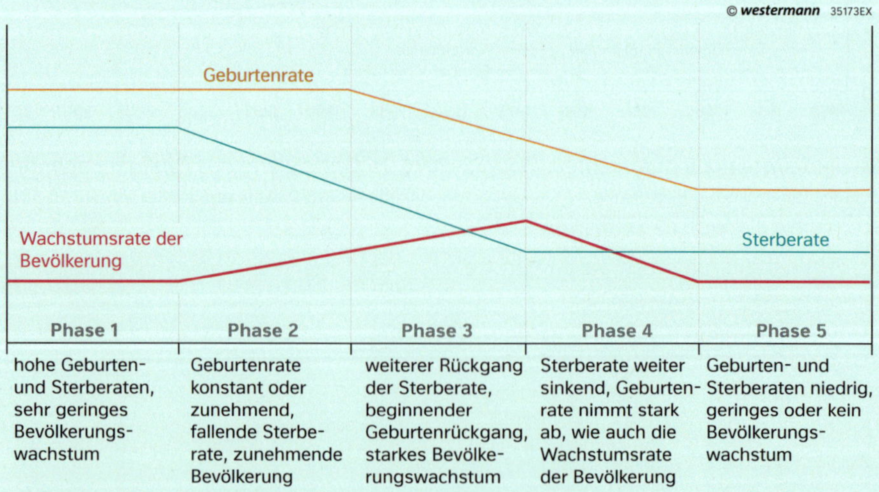

Schema des demografischen Übergangs

Bevölkerungsentwicklung in Deutschland

M14 Bevölkerungsentwicklung in Deutschland seit der Industrialisierung

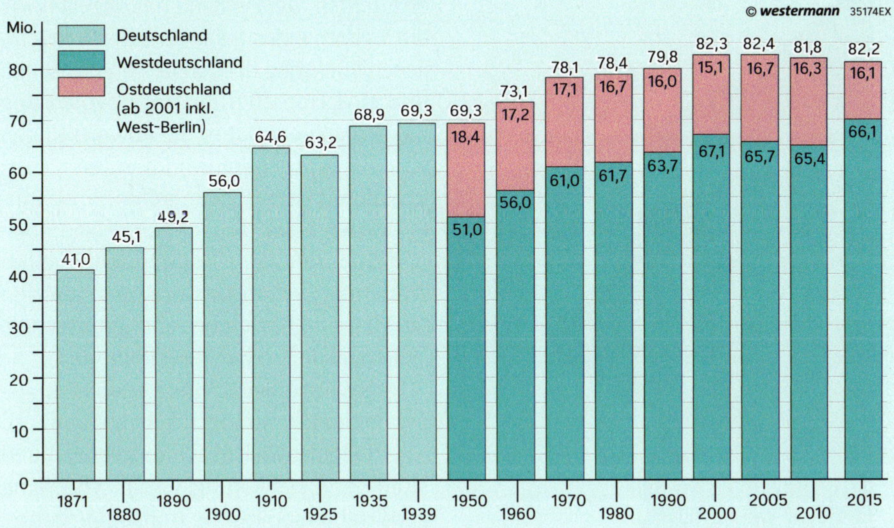

Bevölkerungsentwicklung in Deutschland 1871–2015

Quellen: Bundeszentrale für politische Bildung, 2012 (http://www.bpb.de/nachschlagen/zahlen-und-fakten/soziale-situation-in-deutschland/61532/bevoelkerungsentwicklung) und Statistisches Bundesamt, 2016 (http://www.statistik-portal.de/Statistik-Portal/de_jb01_jahrtab1.asp)

In Deutschland zeigte die Bevölkerungsentwicklung lange Zeit eine stetige Zunahme. Die Bevölkerungszahl verdoppelte sich von den 1870er-Jahren bis zur Mitte der 1990er-Jahre. Dabei spielte die Industrialisierung eine zentrale Rolle. Während es im Jahr 1800 nur rund 80 000 Manufakturarbeiter gab, stieg diese Zahl bis 1910 auf das 100-Fache (8 Millionen). Dieser Arbeitskräftebedarf der jungen Industrien konnte aus der freigesetzten Landbevölkerung gewonnen werden. Die Bevölkerung vermehrte sich von 41 Millionen im Jahr 1871 über 56 Millionen um 1900 auf knapp 69 Millionen im Jahr 1935.

Auf dem heutigen Gebietsstand Deutschlands lag die Bevölkerungszahl im Jahr 1952 zum ersten Mal bei mehr als 70 Millionen und 1991 zum ersten Mal bei mehr als 80 Millionen. Allerdings hat sich die Wachstumsdynamik des „Babybooms" im zeitlichen Verlauf zunehmend abgeschwächt. Am Jahresende 2015 lebten 82,18 Millionen Personen in Deutschland.

In West- und Ostdeutschland verlief die Bevölkerungsentwicklung gegenläufig. Während sich die Bevölkerungszahl in Westdeutschland von 1950 bis 2000 um 16,2 Millionen bzw. 31,8 Prozent erhöhte, verlor Ostdeutschland 3,3 Millionen bzw. 17,8 Prozent seiner Einwohner an den Westen. Seit 2005 ist die Bevölkerungszahl auch in Westdeutschland tendenziell rückläufig. Im Jahr 2015 wurden in Deutschland 737 575 Kinder lebend geboren. Die Zahl der Sterbefälle lag bei 925 200. Daraus ergibt sich ein Geburtendefizit (Differenz aus Geburten und Sterbefällen) von 187 625.

Erstmals nach 2002 konnten 2011 Wanderungsgewinne das Geburtendefizit mehr als ausgleichen.

Der Zuwachs der Bevölkerungszahl im Jahr 2015 war auf eine stark gestiegene Zuwanderung mit einem Wanderungsüberschuss von 1 139 000 Personen zurückzuführen. (2014: + 550 000 Personen). Von der Bevölkerung Deutschlands hatten 2015 8,7 Millionen Menschen einen ausländischen Pass, 17,1 Millionen einen Migrationshintergrund.

M15 Geburtenentwicklung in Deutschland

Für den Geburtsjahrgang 1850 betrug die Fertilitätsrate noch über fünf Kinder pro Frau. Doch schon ab dem Geburtsjahrgang 1870 setzte eine steile Abwärtsentwicklung ein. Dies war verbunden mit dem Wandel von einer landwirtschaftlich geprägten Gesellschaft mit noch hoher Kindersterblichkeit zur Industrialisierung mit wirtschaftlichen und medizinischen Fortschritten. Bereits der Geburtsjahrgang 1905 erreichte nicht mehr das für den Bestandserhalt notwendige Niveau von 2,1. Dieser Zustand hielt sich bis zu den Geburtsjahrgängen 1930 bis 1940.

Nach dem Zweiten Weltkrieg war das „Wirtschaftswunder" gepaart mit einem „Babyboom", der ab 1965 mit dem „Pillenknick" endete. Die Fertilitätsrate sank dann bis auf ca. 1,4 Kinder pro Frau.

Seit 2008 hat sich die Frauenzahl im Alter zwischen 26 und 35 Jahren stabilisiert und nimmt sogar bis 2020 zu. Deshalb wächst seit 2012 die Geburtenrate wieder, allein 2015 um 3,2 % gegenüber dem Vorjahr. Das Statistische Bundesamt meldete 2015 eine durchschnittliche Geburtenzahl pro Frau von 1,5 – dieser Wert wurde zuletzt 1982 verzeichnet. Davon erreichten Frauen mit ausländischer Staatsangehörigkeit einen Wert von 1,95 Kindern, deutsche Frauen 1,43.

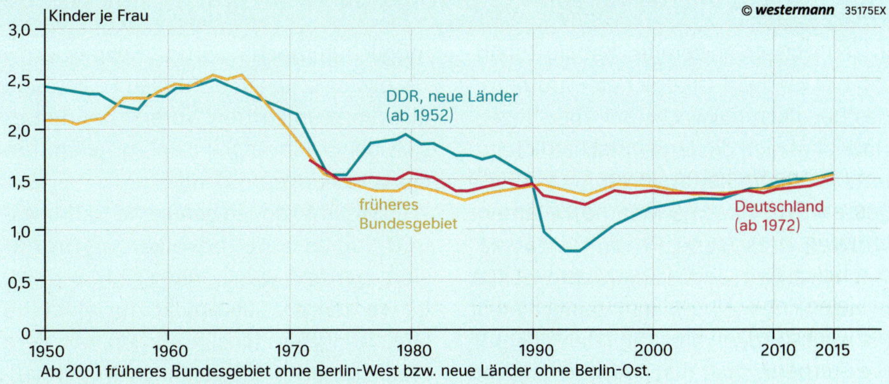

Fertilitätsrate in Deutschland 1950–2015

Quelle: Statistisches Bundesamt (https://www.destatis.de/DE/ZahlenFakten/GesellschaftStaat/Bevoelkerung/Geburten/Geburten.html)

M16 Bevölkerungspyramide Deutschlands

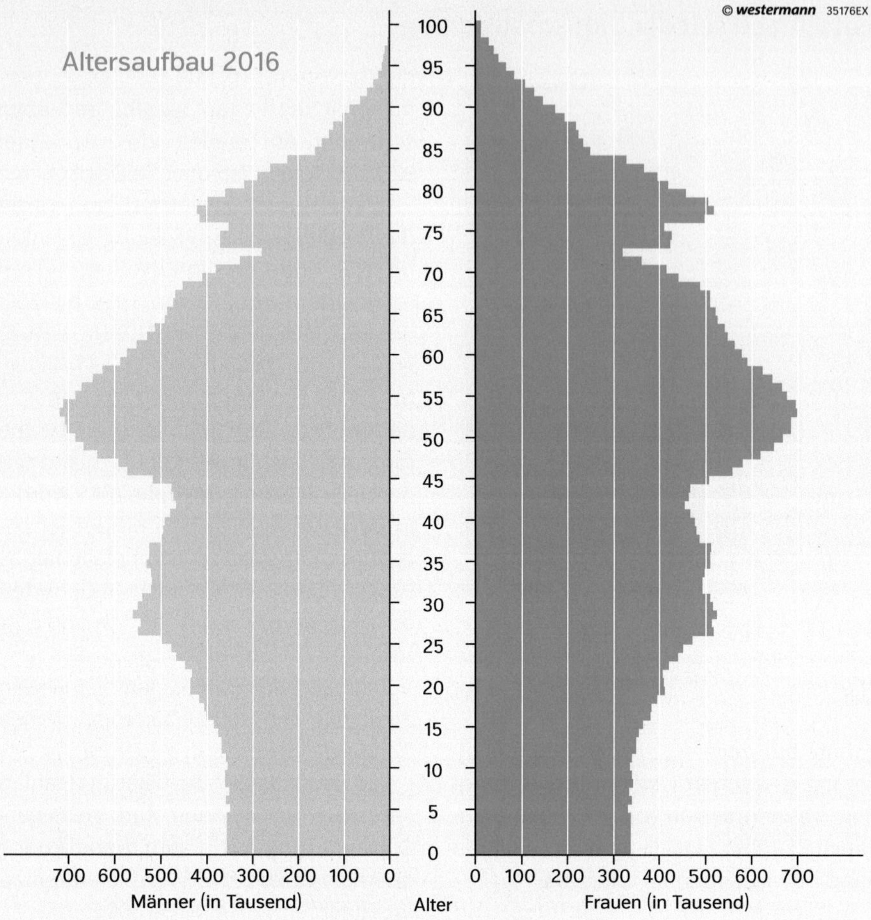

Bevölkerungspyramide Deutschlands 2016

Quelle: Statistisches Bundesamt

Die Bevölkerungspyramide zeigt in einer Momentaufnahme des Jahres 2016 die Altersverteilung der deutschen Bevölkerung getrennt nach Männern (links) und Frauen (rechts). Jeder Balken entspricht einem Geburtsjahrgang mit der Anzahl der entsprechenden Männer bzw. Frauen. Die namengebende Pyramidenform ist heute nur noch bei Entwicklungsländern mit einem breiten Sockel junger Menschen anzutreffen. Deutschland hat dagegen wie die meisten Industrieländer einen beträchtlichen Rückgang bei den jungen Menschen und eine Überalterung der Bevölkerung zu verzeichnen. Daher die Abweichungen von der Pyramidenform im unteren bzw. im oberen Bereich. Die tiefen Einschnitte bei den etwa 70-Jährigen zeigen noch den Geburtenausfall durch den Zweiten Weltkrieg. Der starke Rückgang von den 50- zu den 40-Jährigen markiert den sog. „Pillenknick" in den 1960er-Jahren.

Insgesamt spiegelt diese Bevölkerungspyramide den demografischen Wandel zu einer langfristig leicht schrumpfenden und alternden Bevölkerung. Er hat erhebliche gesellschaftspolitische Konsequenzen:

- Der niedrige Anteil von Kindern und Jugendlichen erfordert eine flexible Organisation des Bildungswesens z. B. durch Anpassung der Schulstandorte an den Bedarf.
- Der abnehmende Anteil im Erwerbsalter führt zu Fachkräftemangel und einer erhöhten Beitragsbelastung durch die Sozialversicherung für den steigenden Anteil Älterer.
- Zur Minderung der Rentenbelastung könnte die Lebensarbeitszeit verlängert werden.
- Der zunehmende Anteil Älterer beansprucht darüber hinaus das Gesundheitswesen und die entsprechenden Versicherungen.

Die Welternährung als Schlüsselfaktor der Bevölkerungsentwicklung

M17 Reicht die Nahrungsmittelproduktion für die wachsende Weltbevölkerung?

In den letzten Jahrzehnten hat die Zunahme der landwirtschaftlichen Produktion das Bevölkerungswachstum überstiegen. Dabei hat sich die landwirtschaftlich genutzte Fläche kaum vergrößert (1950–2005: von 1,4 auf 1,5 Mrd. ha), vielmehr wurden drastische Produktivitätszuwächse erzielt, sodass heute pro Hektar genutzter Fläche im Schnitt deutlich mehr geerntet werden kann. Die Intensivierung der Landwirtschaft durch Anwendung von Kunstdünger, Pflanzenschutzmitteln, neuen Sorten, Mechanisierung und nicht zuletzt Bewässerung hat diese Steigerung möglich gemacht („Grüne Revolution"). Die ökologischen und sozialen Folgen sind allerdings umstritten. Vorerst handelt es sich bei Ernährungskrisen vor allem um ein Verteilungsproblem.

Insgesamt können genügend Nahrungsmittel für die Weltbevölkerung produziert werden. Das könnte sich ändern. Es werden bis 2050 nicht nur etwa 2,6 Mrd. Menschen hinzukommen. Mit dem Wachstum der Mittelschicht in Schwellen- und Entwicklungsländern werden westliche Ernährungsstile bevorzugt, die mehr tierische Produkte enthalten und damit deutlich flächen- und emissionsintensiver sind.

Veränderungen der Preise wirken für Verbraucher und Erzeuger gegensätzlich: Während Verbraucher von steigenden Preisen negativ betroffen sind, können Erzeuger und Handel Einkommenssteigerungen verzeichnen. Komplexer stellt sich die Lage der Kleinbauern in Entwicklungsländern dar, weil sie meist kurz nach der Ernte zu niedrigen Preisen verkaufen müssen, da sie dringend Barmittel für Schulgeld, Kleidung etc. brauchen.

nach: WBGU 2011, S. 63

M18 Entwicklung der Nahrungsmittelpreise

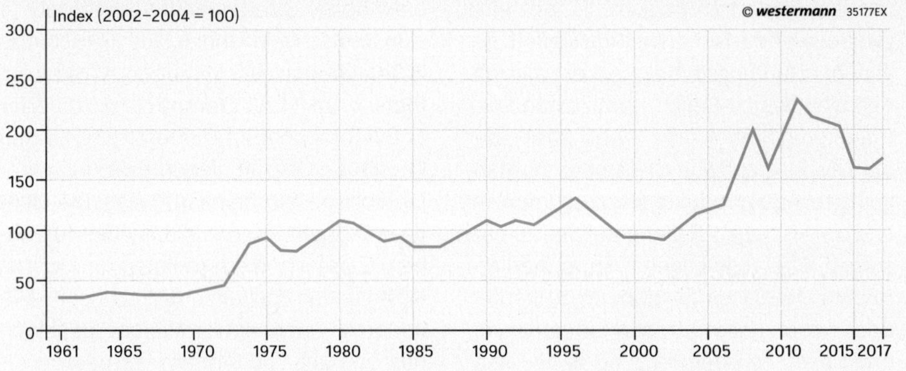

Der Anstieg der globalen Nahrungsmittelpreise hat viele Ursachen auf globaler Ebene (Spekulation mit Nahrungsmitteln, Bedarf für Tierzucht, Treibstoffe und Bioenergie ...) und lokaler Ebene (kriegerische Konflikte, Dürren ...). Er verschärft die Hungersituation besonders in armen Ländern und Bevölkerungsgruppen.

FAO-Preisindex für Nahrungsmittel 1961–2017

Quelle: FAO (http://www.fao.org/worldfoodsituation/foodpricesindex/en/)

M19 Der Welthunger-Index 2016 der Welthungerhilfe

Der Hunger in Entwicklungsländern ist seit dem Jahr 2000 dank der wirtschaftlichen Entwicklung um 29 % zurückgegangen. Doch ein Grund zur Entwarnung ist das nicht. Trotz der Fortschritte reicht das Tempo nicht annähernd aus, um das Entwicklungsziel „Kein Hunger bis 2030“ tatsächlich zu erreichen.

Noch immer sind 795 Millionen Menschen von Hunger betroffen, ungefähr eines von vier Kindern leidet unter Wachstumsverzögerung. Im Welthunger-Index (WHI) 2016 wird der Schweregrad des Hungers in sieben Ländern als „sehr ernst“ eingestuft, in weiteren 43 Ländern als „ernst“. Im Vergleich zum WHI 2000 ist aber der diesjährige Index-Gesamtwert von 30,0 auf 21,3 und damit um 29 % gefallen. Diese globalen Durchschnittswerte verschleiern jedoch dramatische Unterschiede zwischen einzelnen Regionen und Ländern. Afrika südlich der Sahara und Südasien verzeichnen mit 30,1 und 29,0 die höchsten WHI-Werte. Die Untersuchung einzelner WHI-Indikatoren auf subnationaler Ebene offenbart große Disparitäten auch innerhalb einzelner Länder wie z. B. Indien und China.

Quelle: Welthungerhilfe. Welthunger-Index 2016, Bonn 2016 (gekürzt)

M20 Konkurrenz der Landnutzungen

Der weltweite Bedarf an Nahrungsmitteln wird deutlich ansteigen. Noch mehr als in der Vergangenheit wird eine Intensivierung der Produktion auf den bereits bewirtschafteten Flächen stattfinden müssen, denn die ungebremste Umwandlung immer weiterer natürlicher Ökosysteme (insbesondere Primärwälder, Feuchtgebiete, Savannen usw.) ist aus Klimaschutz- und Naturschutzgründen keine nachhaltige Option. Die globale Entwaldung, die vornehmlich durch die Umwandlung tropischer Wälder in landwirtschaftliche Nutzfläche angetrieben wird, ist mit 13 Mio. ha pro Jahr in den letzten zehn Jahren gegenüber 16 Mio. pro Jahr in der vorhergehenden Dekade (1990–1999) zwar leicht gesunken, bleibt aber auf einem sehr hohen Niveau.

Nicht zuletzt verstärkt sich durch die Notwendigkeit des Klimaschutzes die Konkurrenz zwischen den Landnutzungen. Eine große Rolle spielt hierbei vor allem die Nutzung von Bioenergie, deren Produktion sich in den letzten zehn Jahren verdreifacht hat und weiter zunehmen wird. Durch die daraus folgende Kopplung von Energie- und Nahrungsmittelmärkten werden künftig Krisen im Energiesektor stärker auf die Nahrungsmittelpreise durchschlagen. Zudem wird der Bedarf an Biomasse zunehmen, um die bislang vor allem auf Erdöl basierende Chemieproduktion zunehmend durch biologisch produzierte Materialien zu ersetzen. Dieser Wettbewerb um knappe Flächen wird z. B. durch fortschreitende Bodendegradation sowie zunehmende Wasserknappheit weiter verschärft, insbesondere dort, wo bereits heute Dürren, Überflutungen und Armut verbreitet sind, z. B. in Afrika südlich der Sahara. Dadurch wird es dort beispielsweise vermehrt zu Konflikten zwischen Ackerbauern und Viehzüchtern kommen.

nach WBGU 2011, S. 65

M21 Fragen der Ernährungssicherung

Die Umstellung auf eine gesündere Ernährung in Industrieländern und den schnell wachsenden Mittelschichten in Entwicklungs- und Schwellenländern sollte gleichzeitig einen verringerten Konsum tierischer Produkte bedeuten. Der damit einhergehende geringere Flächenbedarf für die Ernährung würde den Druck auf die Landnutzung deutlich verringern. Jedoch gibt es noch keinen breiten wissenschaftlichen oder politischen Konsens darüber, welche Strategien für eine nachhaltige Gestaltung der globalen Landnutzung am besten geeignet sind. Dies betrifft vor allem die Techniken der Intensivierung (z. B. das Pro und Kontra zur grünen Gentechnik und zur intensiven Anwendung von Agrarchemie), Nachhaltigkeit in der landwirtschaftlichen Produktion (z. B. Berücksichtigung des Bodenschutzes oder der biologischen Vielfalt, Zusammenhang mit ländlicher Armut) sowie die Strukturen der Produktion in den höchst unterschiedlichen Regionen (industrielle Großbetriebe versus kleinbäuerliche Wirtschaft).

Als ein Symptom für globale Landnutzungskonkurrenz kann gewertet werden, dass sich in den letzten Jahren Investoren (z. B. aus Saudi-Arabien oder China) den Zugang zu fruchtbaren landwirtschaftlichen Flächen (insgesamt mehrere Mio. ha) vor allem in Afrika sichern, um dort mittels industrieller landwirtschaftlicher Produktion nationale Versorgungsdefizite zu decken bzw. durch Bodenspekulation Gewinne zu erzielen.

Mit den bisherigen Gewohnheiten würde man im Jahr 2050 drei Erden benötigen, um den Bedarf zu decken. Es gibt eine „verschwenderische Nachlässigkeit gegenüber Nahrungsmitteln", so der diesjährige Worldwatch-Bericht zum Zustand des Planeten („State of the World 2011), der als Beispiele aufzählt: „Kosmetisch ‚mangelhafte' Agrarprodukte wegzuschmeißen, essbare Fische als Beifang auf See zu entsorgen, übervolle Lager in Supermärkten und zu viel Essen für daheim zu kaufen oder zuzubereiten." In den Industrienationen bestehen demnach 40 % der Nahrungsmittelverluste aus völlig genießbaren Lebensmitteln, die von Händlern oder Verbrauchern aus verschiedenen Gründen in die Tonne geworfen werden. Zudem werden tonnenweise Lebensmittel wegen angeblicher Schönheitsfehler oder erschöpfter Quoten nicht vermarktet.

In Deutschland landen laut „Fleischatlas 2014" jährlich 346 Millionen Kilogramm Fleisch im Müll. Demnach wirft jeder Endverbraucher im Durchschnitt 4,3 Kilo Fleisch und damit sieben Prozent seiner jährlichen Fleischeinkäufe weg. Die Menge entspricht über 8500 Lkw der 40-Tonnen-Klasse. Vor diesem Hintergrund wären Mästung und Tod von umgerechnet 45 Millionen Hühnchen, vier Millionen Schweinen und 200 000 Rindern vermeidbar.

Quelle: dpa/oc: Überbevölkerung ist das größte Problem der Menschheit. In: Welt/N24 vom 01.08.2011 (gekürzt) (https://www.welt.de/wissenschaft/umwelt/article13519338/Ueberbevoelkerung-ist-groesstes-Problem-der-Menschheit.html)

M22 Kleinbauern der Entwicklungsländer als vernachlässigte Hoffnungsträger

Die Frage der globalen Ernährungssicherung erfordert einen Perspektivenwechsel von den hier bekannten landwirtschaftlichen Strukturen, ökologischen Rahmenbedingungen und Verbrauchsmustern zu den äußerst unterschiedlichen Bedingungen in anderen Weltregionen. Bis zum Jahr 2000 war die Landwirtschaft weltweit der größte Beschäftigungssektor und auch heute arbeitet eine Milliarde Menschen in der Landwirtschaft, neben der Agrarindustrie zu einem hohen Anteil für ihre Selbstversorgung. In Subsahara-Afrika gilt dies für 50 bis über 80 % der arbeitenden Bevölkerung und auch für 60 % der mithelfenden Kinder im Alter ab 5–7 Jahren – meist im informellen Sektor und im Verbund der Großfamilie. In Industrieländern arbeiten dagegen weniger als 10 % der Bevölkerung in der Landwirtschaft.

Während die Agrarindustrie nur Gewinne für wenige gebracht und die Landflucht beschleunigt hat, wurde die kleinbäuerliche Landwirtschaft in Entwicklungsländern lange als ein armer Restposten der Modernisierung betrachtet. Heute sieht man ihre Förderung als wichtigen Schlüssel für mehrere Entwicklungsziele an:

- Reduzierung von Armut und Hunger
- ökologische Ziele wie Erhaltung der Bodengesundheit, Sortenvielfalt usw.
- Vermeidung von anfälligen Monokulturen und Pestizideinsatz
- Unabhängigkeit von Zyklen und Krisen des modernen, weltmarktabhängigen Sektors
- arbeitsintensiver Beschäftigungsmarkt außerhalb der Städte, wirksam gegen Landflucht.

Um dies zu erreichen, ist eine Kombination verschiedener Fördermaßnahmen nötig, angefangen von Kleinkrediten über Saatgutbanken bis z. B. zum Straßenbau für eine bessere Anbindung ländlicher Märkte.

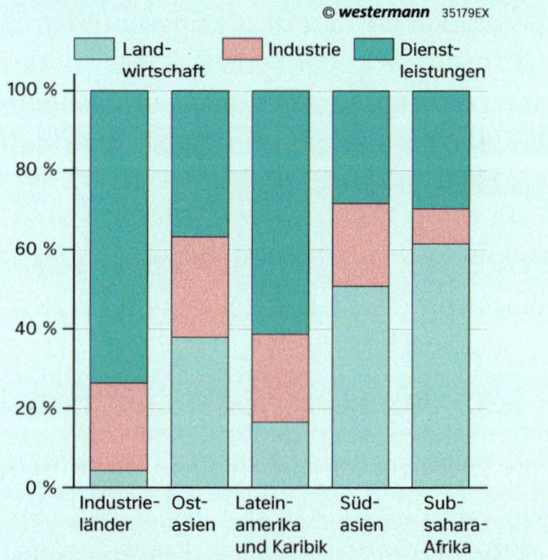

Beschäftigung nach Wirtschaftssektoren in verschiedenen Regionen der Welt (2010)

Quelle: http://www.fao.org/docrep/015/i2490e/i2490e01b.pdf

Auswirkungen des Bevölkerungswachstums auf die Umwelt

M23 Globale Stoffentnahmen 1900–2015

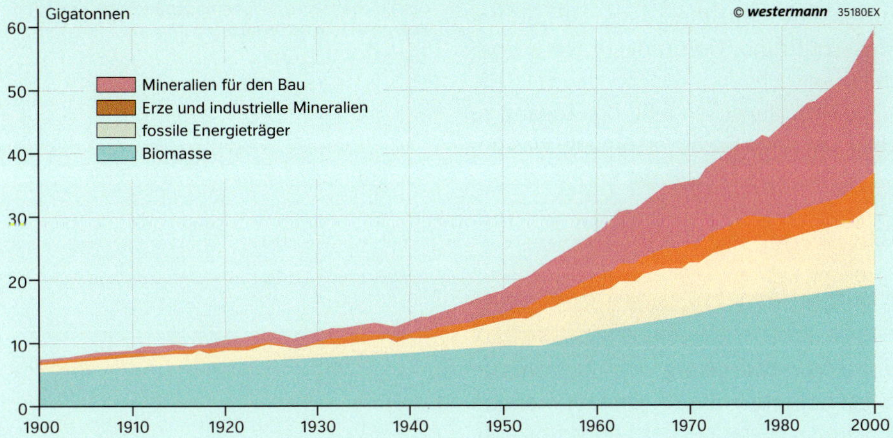

Quelle: WBGU: Hauptgutachten. Welt im Wandel. Gesellschaftsvertrag für eine große Transformation. Berlin 2011, S. 37

M24 Die Bevölkerungsentwicklung und ihre Begleitfaktoren wirken auf die Biosphäre

In der Biosphäre hat der Mensch dramatische Änderungen bewirkt. Mit zunehmender Geschwindigkeit werden Wälder, Savannen und Grasland für die Landwirtschaft gerodet. Global zeigen mehr als drei Viertel der eisfreien Fläche Anzeichen einer vom Menschen verursachten Veranderung und etwa ein Drittel der Fläche ist landwirtschaftlich genutzt, mit steigender Tendenz. Eine wachsende Weltbevölkerung mit wachsenden Ansprüchen (z. B. Konsum tierischer Produkte), eine gesteigerte Produktion von Bioenergie und stofflicher Biomassenutzung sowie eine sich ausbreitende Infrastruktur sind wichtige Gründe für den sich verstärkenden Druck auf die Landnutzung. Zudem werden Korallenriffe und Mangroven zerstört, Seen überdüngt, Flüsse betoniert und Fischressourcen übernutzt.

All dies führt zu einem massiven Verlust biologischer Vielfalt: Im Vergleich zum Mittel der Erdgeschichte ist die heutige Aussterberate der Tier- und Pflanzenarten bereits hundert- bis tausendfach erhöht. Bei den gut untersuchten Gruppen gelten große Anteile der bekannten Arten als gefährdet oder bereits ausgestorben (22 % der Säugetiere, 14 % der Vögel, 31 % der Amphibien, 28 % der Nadelhölzer und 52 % der Palmfarne). Allein durch einen ungebremsten Klimawandel droht der unwiederbringliche Verlust von 20–30 % der Tier- und Pflanzenarten. Damit steigt das Risiko plötzlicher, nicht linearer und schwer prognostizierbarer Veränderungen. Die Fähigkeit des Planeten, die Lebensgrundlage für künftige Generationen bereitzustellen, kann also nicht länger als selbstverständlich gelten.

Schutzgebiete sind eines der wichtigsten Instrumente für die Erhaltung von biologischer Vielfalt und Ökosystemleistungen. Die nachhaltige Nutzung der bewirtschafteten Flächen, die Vernetzung der Schutzgebiete mit der umliegenden Landschaft sowie eine Begrenzung des Klimawandels und der Ozeanversauerung müssen hinzukommen.

Die Biodiversitätskonvention (Convention on Biological Diversity, CBD) gilt als das wichtigste internationale Vertragswerk zur biologischen Vielfalt. Das Ziel der Weltgemeinschaft, bis 2010 einen signifikanten Rückgang der Verlustrate der biologischen Vielfalt zu erreichen, wurde aber bisher verfehlt: Die Verlustrate hat sich seither sogar beschleunigt.

nach: WBGU: Hauptgutachten. Welt im Wandel. Gesellschaftsvertrag für eine große Transformation. Berlin 2011, S. 41

M25 Die Wassernutzung wird zum globalen Problem

Wasserknappheit ist eines der größten globalen Probleme unserer Zeit. Ungefähr zwei Milliarden Menschen leben schon heute in Regionen mit Wasserknappheit oder -mangel. Da die Wasserreserven weiter schwinden und die Bevölkerung zunimmt, werden es im Jahr 2035 voraussichtlich bereits mehr als 3,5 Milliarden Menschen sein. Experten gehen davon aus, dass die Verfügbarkeit von Wasser zukünftig zu einem Hauptthema der internationalen Sicherheit wird. Doch selbst dort, wo Wasser verfügbar ist, haben fast eine Milliarde Menschen vor allem in Entwicklungsländern häufig keinen Zugang zu sauberem Trinkwasser. Deswegen sterben jedes Jahr etwa 3,5 Millionen Menschen an den Folgen von verunreinigtem Trinkwasser.

Die Gesamtnutzung von Süßwasser hat sich im letzten Jahrhundert nahezu verachtfacht und sie wächst weiter mit ca. 10 % pro Jahrzehnt, vor allem wegen der weiter zunehmenden Bewässerungslandwirtschaft. Der Einfluss des Menschen auf den globalen Wasserhaushalt steigt von Jahr zu Jahr; derzeit werden über 40 % der erneuerbaren, zugänglichen Wasserressourcen anthropogen genutzt oder reguliert. Der Klimawandel wird in vielen Regionen den Wasserhaushalt hinsichtlich Menge oder jahreszeitlicher Verteilung verschlechtern.

Wasserverschmutzung ist ein gleichermaßen großes Problem. Landwirtschaft (Versalzung, Nährstoff- und Sedimenteintrag), Industrie und Haushalte (Nähr- und Schadstoffe) belasten Seen, Flüsse und Küstengewässer, sodass erhebliche ökologische, Gesundheits- und Entwicklungsprobleme verursacht werden. In vielen Wassereinzugsgebieten fallen die Grundwasserspiegel, viele große Flüsse sind übernutzt, stark verschmutzt und biologisch verarmt, ein Viertel von ihnen erreicht wegen der starken Wassernutzung nicht mehr die Küste (z. B. Gelber Fluss in China, Colorado in Nordamerika).

2,6 Mrd. Menschen fehlt der Zugang zu einer sanitären Grundversorgung, was unmittelbare Gefährdungen der menschlichen Gesundheit mit sich bringt.

Quelle: WBGU: Hauptgutachten. Welt im Wandel. Gesellschaftsvertrag für eine große Transformation. Berlin 2011, S. 44 (gekürzt)

Das rasante Wachstum der Städte

M26 Verstädterung

Wild wachsende Slums und moderne Viertel in Mumbai (Bombay), Indien

Unter **Verstädterung** oder **Urbanisierung** (lat. urbs = Stadt) versteht man die Ausbreitung städtischer Lebensformen. Diese kann sich einerseits im Wachstum von Städten ausdrücken (physische Urbanisierung, s. Foto), andererseits durch verändertes Verhalten der Bewohner von ländlichen Gebieten (funktionale Urbanisierung).

Als **Megastädte** werden Städte, Ballungsräume oder Metropolregionen mit mehr als 10 Millionen Einwohnern bezeichnet. Bei **Weltstädten** zählt nicht nur die Einwohnerzahl, sondern auch die internationale Bedeutung.

Im Jahr 2008 lebten weltweit erstmals in der Menschheitsgeschichte mehr Menschen in Städten als auf dem Land.

M27 Verstädterung nach Weltregionen

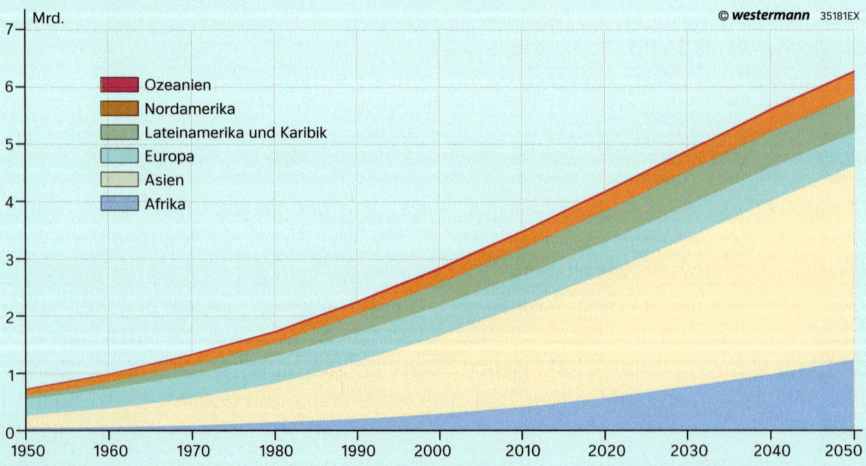

Stadtbewohner nach Kontinenten 1950–2050

Quelle: WBGU 2011, S. 60 nach UN-DESA Daten 2010

Um 1900 war London mit über 5 Millionen Einwohnern die bevölkerungsreichste Stadt der Welt. Im Jahr 1950 hatten New York und Tokio schon mehr als 10 Millionen Einwohner, 2000 gab es weltweit bereits 18 Megastädte.

Die Stadtbevölkerung wächst weltweit, aber regional unterschiedlich. Besonders rasant wachsen die Städte in Asien, während Afrika eher am Beginn dieser Entwicklung steht. In den Industrieländern überwiegt dagegen die funktionale Urbanisierung, das heißt die Ausbreitung städtischer Lebensformen in Vororte oder ländliche Räume. Die eigentlichen Stadtbewohner nehmen dort weniger zu.

Quelle: https://de.wikipedia.org/wiki/Urbanisierung und https://de.wikipedia.org/wiki/Megastadt

M28 Anteil der Stadtbevölkerung an der Gesamtbevölkerung nach Kontinenten 1950–2050

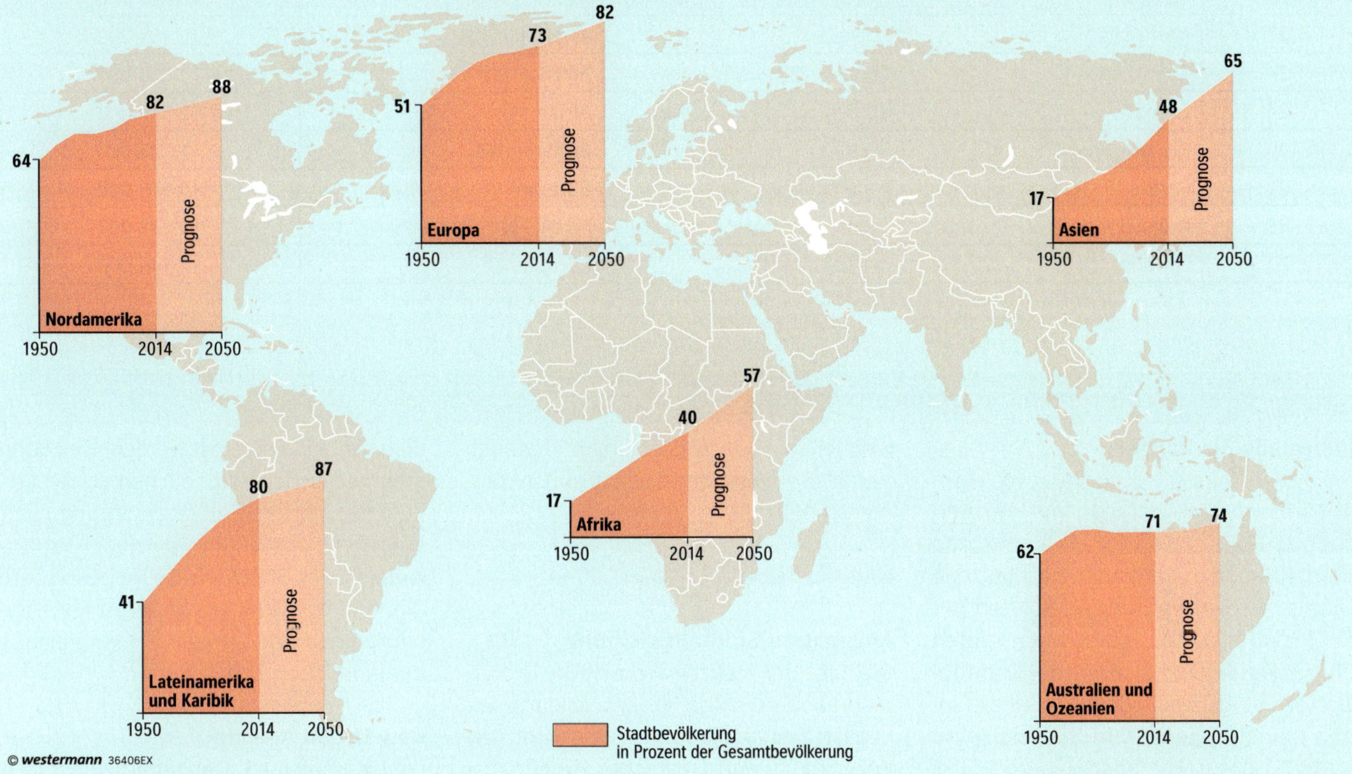

Quelle: Le monde diplomatique: Atlas der Globalisierung 2015, S. 139

M29 Megastädte und Stadtregionen über 10 Millionen Einwohnern nach Ländern und Kontinenten 2015

Rang	Stadt	Land	Kontinent	Einwohnerzahl in der Region
1	Tokio-Yokohama	Japan	Asien	37 555 000
2	Jakarta	Indonesien	Asien	29 959 000
3	Delhi	Indien	Asien	24 134 000
4	Seoul-Incheon	Südkorea	Asien	22 992 000
5	Manila	Philippinen	Asien	22 710 000
6	Shanghai	China	Asien	22 650 000
7	Karachi	Pakistan	Asien	21 585 000
8	New York	USA	Nordamerika	20 661 000
9	Mexiko-Stadt	Mexiko	Nordamerika	20 300 000
10	São Paulo	Brasilien	Südamerika	20 273 000
11	Beijing	China	Asien	19 227 000
12	Guangzhou-Foshan	China	Asien	18 316 000
13	Mumbai	Indien	Asien	17 672 000
14	Osaka-Kobe-Kyoto	Japan	Asien	17 234 000
15	Moskau	Russland	Europa	15 885 000
16	Los Angeles	USA	Nordamerika	15 250 000
17	Kairo	Ägypten	Afrika	15 206 000
18	Bangkok	Thailand	Asien	14 910 000
19	Kalkutta	Indien	Asien	14 896 000
20	Dhaka	Bangladesch	Asien	14 816 000
21	Buenos Aires	Argentinien	Südamerika	13 913 000

Rang	Stadt	Land	Kontinent	Einwohnerzahl in der Region
22	Teheran	Iran	Asien	13 429 000
23	Istanbul	Türkei	Asien, Europa	13 187 000
24	Shenzhen	China	Asien	12 860 000
25	Lagos	Nigeria	Afrika	12 549 000
26	Rio de Janeiro	Brasilien	Südamerika	11 723 000
27	Paris	Frankreich	Europa	10 975 000
28	Nagoya	Japan	Asien	10 238 000
29	London	Großbritannien	Europa	10 149 000

Quelle: http://immobilien.trust-wi.de/2015/01/die-grossten-stadte-der-welt-teil-1-2/

M30 Herausforderungen der Stadtentwicklung

Informelle Siedlungen

Die rasante Verstädterung findet vor allem in Ländern statt, die über nur unzureichende Kapazitäten für eine geregelte Städteplanung verfügen. Eine sichtbare Folge sind die besonders in Städten der Entwicklungsländer stark wachsenden Elendsviertel (Slums). 62 % der Stadtbewohner in Afrika südlich der Sahara leben in Elendsvierteln, in Südasien sind es 43 %. Insgesamt leben nahezu 1 Mrd. Menschen oder fast jeder dritte Stadtbewohner in Elendssiedlungen. Diesen informellen Siedlungen fehlen häufig städtebauliche Grundstandards und jede Form von Rechtssicherheit für die Bewohner. Oft gibt es weder Stromversorgung noch einen Zugang zu sauberem Trinkwasser oder eine hygienische Müll- und Abwasserentsorgung.

Slums liegen häufig in Überflutungsgebieten oder an ungesicherten Hängen, die durch Schlammlawinen bedroht sind. Fehlende Zufahrtsstraßen verhindern vielerorts den effektiven Zugang für Feuerwehren oder Rettungsdienste. Für die Bewohner sind solche Siedlungen dennoch attraktiv, weil sie den Zugang zu Einkommensmöglichkeiten erlauben.

Quelle: WBGU 2011, S. 61 (gekürzt)

Angepasste Stadtentwicklung

Die Lage der meisten Megastädte in warmen Ländern sollte zur Entwicklung angepasster Baustile führen, die nicht den Energieaufwand westlicher Architektur oder des globalen Einheitsstils erfordern. Dies gilt vor allem für die Isolierung von Gebäuden gegen Wärme, die Beschattung gegen Sonneneinstrahlung, Lüftungsmöglichkeiten („cross ventilation") und verdunstungsbasierte Kühlung mit einem Bruchteil des Energiebedarfs. Einfache Solarsysteme für Warmwasser, eventuell auch Fotovoltaik und Solarkocher könnten den Strombedarf soweit reduzieren, dass es nicht zu den häufigen Zusammenbrüchen der Stromversorgung kommt.

Das Wachstum der Städte und insbesondere der Slums kann durch effiziente und billige Transportverbindungen mit dem Umland gebremst werden, weil dann mehr Menschen in ländlichen Zonen verbleiben und ihre Selbstversorgung nicht aufgeben müssen. Ein partieller Broterwerb in der Stadt würde insbesondere die Männer weniger von ihren Familien entfremden und weniger zur Vergreisung der ländlichen Zonen führen.

New Urban Agenda

Die UN-Konferenz „Habitat III" zu Wohnen und nachhaltiger Stadtentwicklung hat am 20. Oktober 2016 in Quito eine New Urban Agenda beschlossen. Sie empfiehlt eine kompakte Siedlungsentwicklung mit angemessenen Freiräumen, sparsamen Umgang mit Ressourcen, Stärkung öffentlicher Verkehrsmittel und gesunde Lebensbedingungen für alle Stadtbewohner. Sie konkretisiert damit die UN-Nachhaltigkeitsziele (insbesondere SDG 11 zur Stadtentwicklung), sowie stadtbezogene Beschlüsse der UN-Klimakonferenz COP 21 in Paris.

Aufklärung und Familienplanung beeinflussen die Geburtenrate

M31 Freiwillige Familienplanung

Eine der Ursachen des Bevölkerungszuwachses ist der mangelnde Zugang zu Aufklärung und freiwilliger Familienplanung. Mehr als 220 Millionen Frauen in Entwicklungsländern würden gern verhüten, haben aber keine Möglichkeit dazu. Wenn alle Paare frei entscheiden könnten, wann und wie viele Kinder sie bekommen möchten, würden sich die Lebensperspektiven der Menschen in den ärmsten Ländern verbessern.

Jede Frau hat das Recht, frei darüber zu entscheiden, wann und wie viele Kinder sie zur Welt bringen möchte. Zumindest in der Theorie – denn jedes Jahr werden etwa 74 Millionen Frauen in Entwicklungsländern schwanger, obwohl sie das vermeiden wollen. Warum? Unter anderem, weil es an Verhütungsmitteln mangelt, dem Wissen darüber, wie zum Beispiel Kondom oder Pille richtig benutzt werden, und an einer grundlegenden Sexualaufklärung. Der Mangel an Verhütungsmitteln ist bei Frauen in armen, ländlichen Regionen am größten – und ganz besonders bei Mädchen und jungen Frauen.

Wenn alle Frauen ungehinderten Zugang zu freiwilliger Familienplanung hätten, gäbe es rund 25 Millionen weniger Abtreibungen und 21 Millionen weniger ungewollte Geburten. Zudem ließe sich das Leben von rund 70 000 Frauen retten, die jährlich an Schwangerschaftskomplikationen sterben, und es würden 500 000 Neugeborene überleben können. Wenn Frauen von dem Recht Gebrauch machen können, über die Zahl ihrer Kinder zu bestimmen, sind diese gesünder und besser gebildet, sie können eher am Erwerbsleben teilnehmen und sind produktiver.

Im Aktionsplan der UN Weltbevölkerungskonferenz 1994 in Kairo haben sich die Staaten der Welt darauf verständigt, allen Menschen Zugang zu Aufklärung, Familienplanung und entsprechenden Gesundheitsdiensten zu ermöglichen, die Mütter- und Säuglingssterblichkeit zu reduzieren und HIV und Aids vorzubeugen.

Quelle: Deutsche Stiftung Weltbevölkerung (http://www.weltbevoelkerung.de/informieren/ aufklaerung-und-familienplanung.html) (gekürzt und ergänzt)

M32 Maßnahmenkatalog der Deutschen Gesellschaft Weltbevölkerung (DSW)

1. Sexuelle Aufklärung
Aufklärung ist die Grundlage dafür, dass sich Jugendliche und Erwachsene mit Verhütungsmitteln wie Kondomen vor ungewollten Schwangerschaften und sexuell übertragbaren Krankheiten wie HIV schützen. Doch über Sexualität zu reden, gilt in vielen Gesellschaften immer noch als Tabubruch. Nicht darüber zu sprechen, ist aber sehr gefährlich. Denn so verfestigen sich Mythen rund um das Thema Sexualität und um den eigenen Körper. Das kann gravierende Folgen für Mädchen und Frauen haben, wenn sie – oft ungewollt – schwanger werden.

2. Zugang zu Familienplanung
Über Verhütungsmittel etwas zu wissen, ist das eine, sie auch verwenden zu können, das andere. Apotheken oder Krankenstationen sind häufig nicht mit Verhütungsmitteln ausgestattet, der Weg für viele Menschen zu weit. Oder vorhandene Verhütungsmittel werden nicht an Jugendliche ausgegeben, weil deren Bedarf nicht gesehen wird. In den Städten hat sich in den letzten Jahren viel getan, doch gerade in den ländlichen Gebieten muss dafür Sorge getragen werden, dass die Menschen eine Möglichkeit haben, moderne Verhütungsmethoden anzuwenden.

3. Förderung der Gesundheit
Gesundheit ist das A und O. Werdende Mütter müssen so versorgt werden, dass sie nirgendwo auf der Welt mehr um die eigene Gesundheit oder die Gesundheit ihrer Kinder fürchten müssen. Die Kindersterblichkeit hat auch einen hohen Einfluss auf die Geburtenzahl pro Frau, denn Paare sind erst bereit, weniger Nachwuchs zu bekommen, wenn sich die Überlebenschance für jedes einzelne Kind erhöht.

4. Bekämpfung von Armut und Perspektivlosigkeit
Die Bevölkerung wächst besonders in den ärmsten Ländern der Welt. Viele Kinder bieten eine Möglichkeit der Versorgung im Alter und bei Krankheit. Dabei könnte freiwillige Familienplanung die Entwicklungschancen armer Länder nachhaltig verbessern. In kleineren Familien wären die Kinder im Durchschnitt gesünder, hätten bessere Ausbildungschancen und Möglichkeiten, am Erwerbsleben teilzunehmen. Junge Menschen in Entwicklungsländern verdienen eine bessere Bildung, eine gute Gesundheitsversorgung und vor allem eine Perspektive auf einen erfüllenden Arbeitsplatz.

5. Förderung der Gleichberechtigung
Frauen sind in vielen Entwicklungsländern nicht gleichberechtigt. In Partnerschaften können sie oftmals nur schwer die Verwendung von Verhütungsmitteln und Familienplanung durchsetzen. Viele Frauen wünschen sich weniger Kinder als die Männer – doch dies geht nur, wenn sie sich ihnen gegenüber auch behaupten können.

Besser gebildete und in ihren Rechten gestärkte Frauen können informierte, selbstbestimmte Entscheidungen zur freiwilligen Familienplanung treffen. Frauen brauchen mehr Mitsprachemöglichkeiten in der Familie und der Gesellschaft, damit sie Alternativen zur reinen Mutterrolle bekommen.

6. Förderung der Bildungschancen – besonders für Mädchen
Die Welt hat in Bildungsfragen in den letzten Jahren große Sprünge gemacht. Heutzutage werden fast alle Kinder eingeschult. Doch problematisch ist zum einen die Lehrqualität und zum anderen, dass weniger Kinder auch eine weiterführende Schule besuchen. Besonders Mädchen in Entwicklungsländern werden häufig früh verheiratet oder müssen im Haushalt mitarbeiten und deshalb die Schule frühzeitig verlassen. Viele bekommen schon vor der Volljährigkeit ein Kind – und werden damit ihrer eigenen Zukunftschance beraubt. Der Besuch einer weiterführenden Schule führt dazu, dass Frauen später Kinder bekommen und Familienplanung aktiver betreiben.

Armut, die fehlende Gleichstellung der Geschlechter, fehlende Verhütungsmöglichkeiten und soziale Zwänge: Am größten ist der Bedarf in Afrika südlich der Sahara, wo die Geburtenraten am geringsten zurückgingen. Hier wird sich die Bevölkerung bis zum Ende des Jahrhunderts voraussichtlich fast vervierfachen. Das Ziel ist, den Teufelskreis aus Armut und dem Bevölkerungswachstum zu durchbrechen. Denn: Armut führt zu einem hohen Bevölkerungswachstum und ein hohes Bevölkerungswachstum führt zu mehr Armut. Dass ein Ausweg möglich ist, haben viele asiatische Staaten gezeigt: Sie haben sowohl in Bildungs- und Gesundheitsprogramme als auch in Familienplanungsinitiativen investiert – und so binnen kürzester Zeit einen enormen wirtschaftlichen Aufschwung erlebt. Dies ist auch in Afrika südlich der Sahara möglich. Zur Umsetzung dieser Maßnahmen in Afrika betreibt die DSW daher neben der politischen Arbeit z. B. etwa 400 Jugendclubs mit entsprechender Beratung, mobile Aufklärungsfahrzeuge, Gesundheitsstationen für werdende Mütter sowie erwerbsorientierte Ausbildungs- und Weiterbildungsprojekte.

Quelle: Deutsche Stiftung Weltbevölkerung (http://www.dsw.org/unsere-themen/weltbevoelkerung/) (überarbeitet)

Synthese und Ausblick

M33 Überblick über die demografischen Herausforderungen in den Entwicklungs- und Schwellenländern

Familien sind eingebettet in die soziokulturellen und wirtschaftlichen Strukturen eines Landes. Diese unterscheiden sich zwischen den individualisierten, offenen und arbeitsteiligen Lebensverhältnissen der westlichen Länder und dem auf Zusammenhalt und Konformität ausgerichteten Familienverständnis Asiens oder Afrikas. Während die Verstädterung teilweise Brücken zwischen diesen Welten schafft, verharren in Entwicklungsländern noch relativ große Anteile der Bevölkerung im traditionellen Subsistenzsektor. Dort wird weiterhin eine kleinbäuerliche Landwirtschaft zur überwiegenden Selbstversorgung betrieben, kleine Händler und Handwerker kümmern sich um den Alltagsbedarf. Die laufende Bevölkerungsverdichtung führt aber nicht nur zwischen Ackerbauern und Viehzüchtern zu zunehmenden Konflikten, sondern auch wegen der sonstigen Ressourcenverteilung.

Das generative Verhalten des Subsistenzbereichs befindet sich im Übergang von der kinderreichen Großfamilie zu kleineren Familieneinheiten bzw. zum städtischen Milieu. Da dieser Übergang nur langsam erfolgen kann, um eine krisenhafte Entwurzelung der Menschen und eine nicht zu bewältigende Landflucht zu vermeiden, ist die Förderung der landwirtschaftlichen Entwicklung in Asien und besonders in Afrika eine Kernfrage der globalen Bevölkerungsentwicklung. Sie ist zugleich ein moralisches Gebot zur Reduzierung des immer noch weit verbreiteten Hungers. Hier versagen nämlich die internationalen Agrarkonzerne, deren Systemlösungen patentierter und oft genveränderter Hochertragssorten, Dünger und Pestizide nicht mit der kleinbäuerlichen Selbstversorgung kompatibel sind. Letztere aber wird gebraucht, um die Sorten- und Artenvielfalt sowie eine „Ökonomie des Genug“ zu fördern, die in ihrer Selbstgenügsamkeit viele Arme ernähren kann.

So dualistisch wie die Bevölkerungsstruktur ist auch die Wirtschaft. In ihrem meist noch schmalen modernen Bereich sucht sie den Anschluss an Digitalisierung, Rationalisierung und Globalisierung. Der Beschäftigungseffekt reicht deshalb nicht aus, um – wie früher die Industrieländer – die in der Landwirtschaft freigesetzten Menschen in einer arbeitsintensiven Frühindustrialisierung unterbringen zu können. Auch die Verwaltung bietet nicht die ersehnte Menge von „white-collar jobs“.

In den meisten Ländern des globalen Südens ist daher die informelle Beschäftigung oder Selbstbeschäftigung der Regelfall für mehr als die Hälfte der arbeitsfähigen Bevölkerung. In 24 Ländern der Welt gilt dies für über 50 %, in 15 Ländern sogar für zwei Drittel aller Beschäftigten. Rekordhalter für ihre Kontinente sind in Asien Indien mit 84 %, in Lateinamerika Bolivien mit 76 % und in Subsahara-Afrika Mali mit 83 % (WBGU 2016, S. 51). Informelle Arbeit wird weder registriert noch besteuert, ist aber die Lebensgrundlage für viele Menschen. Sie erscheinen nach dem Geldeinkommen ärmer als sie meist tatsächlich sind, so wie sich ihre Länder in der volkswirtschaftlichen Gesamtrechnung ohne die Wertschöpfung des informellen Sektors faktisch „arm rechnen“. Die Überwindung dieser wirtschaftlichen wie politischen Risiken hängt vom Wachstum einer (jungen) Mittelschicht ab, die sich vor allem über die Bildung aus dem informellen Sektor hocharbeitet und zunehmend auch politische Teilhabe einfordert. Über die traditionelle Solidarität strahlt ihr Erfolg auch auf die ärmeren Familienmitglieder aus.

Die erfolgreich etablierte Grundbildung für alle muss darauf achten, die Jugendlichen nicht aus den Dörfern hinaus zu erziehen, sondern lebensrelevante Bildung auch für den ländlichen Raum zu vermitteln. Berufsausbildung kann sich nicht nur auf hochdifferenzierte Tätigkeiten wie in Industriegesellschaften beziehen, sondern muss Allroundpraktiker weniger Berufsfelder hervorbringen und ihnen auch kaufmännisches Wissen vermitteln. Fortbildungen für formale Befähigungen können später angeboten werden, eventuell auch Praktika in Europa. Es müssen schnellstens derartige Angebote für die stärksten Jahrgänge Jugendlicher organisiert werden, die es in Afrika und in Asien je gab. Derzeit konkurrieren zu viele Jugendliche um die wenigen Studienplätze an Universitäten. Berufsbildung existiert in Afrika kaum, obwohl die wenigen Industrien sich gegenseitig Facharbeiter abwerben.

Der Traum und die Wirklichkeit von Modernisierung klaffen noch weit auseinander, wie auch das weitgehende Scheitern des Arabischen Frühlings gezeigt hat. Revolten der in den letzten Jahrzehnten besser gebildeten, aber großenteils arbeitslosen Jugend können zwar Regierungen stürzen, aber damit allein nicht ihre politischen und wirtschaftlichen Ziele erreichen – und zwar gerade dann nicht, wenn sie halbwegs demokratische Wahlen durchsetzen und dann zahlenmäßig unterliegen.

Die globale Bevölkerungsentwicklung hängt eng mit der Frage zusammen, warum in Asien aus dem erstaunlichen Wirtschaftswachstum eine beachtliche Mittelschicht hervorging, Afrika südlich der Sahara aber in großer Gefahr ist, durch das starke Bevölkerungswachstum noch weiter in Konflikte und Not zu geraten. Während besonders die Tigerstaaten Asiens – unter oftmals autoritären Regierungen – in die Entwicklung von Bildung und Industrie investiert haben, leiden die meisten afrikanischen Länder unter tribalistischen Konflikten z. B. über die Landnutzung, über Bodenschätze und andere lokale Fragen. Eine an Allgemeinwohl und Entwicklung orientierte Regierungsführung fehlt, stattdessen bereichern sich die Machteliten unkontrolliert und bringen große Summen ins Ausland, die für die lokale Entwicklung bitter fehlen.

Die Bewältigung des starken Bevölkerungswachstums in Afrika im Sinne einer nachhaltigen Entwicklung steht also vor großen Herausforderungen hinsichtlich der politischen und wirtschaftlichen Strukturen und Maßnahmen. Hoffnungen auf ein leichteres und modernes Leben richten sich zunehmend auf das „reiche“ Europa, das man aus den Medien (fälschlich) zu kennen glaubt. Befragungen lassen befürchten, dass viele Millionen junger Afrikaner zu Flucht und Arbeitsmigration tendieren, wenn ihre Lebensumstände nicht schnell verbessert werden.

M6 auf S. 199 zeigt, dass schon 2050 den insgesamt ca. 700 Millionen Europäern wahrscheinlich 2,5 Milliarden Afrikaner gegenüber stehen werden. Im Jahr 2100 wird Europa dann auf 650 Millionen Einwohner geschrumpft sein und womöglich

4,4 Milliarden Afrikaner (40 % der Weltbevölkerung) als Nachbarn haben. Die Bevölkerungsentwicklung sollte also nicht nur global betrachtet, sondern auch auf gegensätzliche Prozesse in Nachbarregionen geprüft werden, die zu Konflikten führen können. Ein Beispiel dafür ist die unterschiedliche Bevölkerungsentwicklung in Afrika und Europa.

In dieser Situation ist zu hoffen, dass die oben untersuchten Problemfelder und die Optionen nachhaltiger Entwicklung schnell und wirksam angegangen werden, damit Afrika seine Probleme schneller lösen kann. Europa und Deutschland müssten nicht nur ihre Entwicklungspolitik in Richtung Afrika, sondern auch alle anderen Politikfelder auf ihre direkten und indirekten Auswirkungen hinsichtlich der Bevölkerungsentwicklung prüfen. Dazu gehören auch z. B. Handelsverträge oder Exportregeln usw. So wie sich Asien zeitweise nicht der vollen Wucht der Globalisierung und des Welthandels ausgesetzt und damit Erfolg hatte, müssen auch die afrikanischen Länder diese Option prüfen. Dabei ist es wichtig, dass auch die Länder Europas umfassender und partnerschaftlicher als bisher helfen.

Im Vergleich zu Afrika wird der Kontinent Asien in den nächsten Jahren seine weltpolitische Rolle weiter ausbauen. Seine Bevölkerungszahl ist dann schon wieder im Abnehmen, wird aber trotzdem bei fünf Milliarden Menschen liegen. China und andere asiatische Länder verbessern kontinuierlich ihr Technologieniveau und bauen ihre Militärpräsenz aus. Europa wird sich in diesem Zusammenhang unterschiedlichen Herausforderungen stellen müssen, u. a. auch deshalb, weil bis zum Jahr 2100 weniger als 20% der Weltbevölkerung in Europa leben.

M34 Mögliche Wechselwirkungen des unterschiedlichen demografischen Wandels in Industrie- und Entwicklungsländern

Globaler demografischer Wandel

Bevölkerungsanstieg
vorwiegend in Schwellen- und Entwicklungsländern

Mögliche Auslöser	Herausforderungen
hoher Anteil Jugendlicher	hohe Geburtenrate für familiäre Absicherung
Mangel an Aufklärung und Verhütungsmöglichkeiten	Bedarf an Schulen und Berufsbildung
zunehmende Lebensdauer	Jugendarbeitslosigkeit ➡ Jugendrevolten
Armut, hohe Lebensrisiken	politische Destabilisierung
mangelndes Wirtschaftswachstum	Ernährungsprobleme, Hunger, Wohnungsnot
	Landflucht, Verstädterung, Migration
	Bevölkerungswachstum höher als Wirtschaftswachstum
	Umweltbelastung

Bevölkerungsrückgang
vorwiegend in Industrieländern

Mögliche Auslöser	Herausforderungen
niedriger Anteil Jugendlicher	niedrige Geburtenrate, zurückgehende Jahrgangsstärken
hoher Anteil Älterer	Umbau des Bildungswesens
späte Familienbildung wegen längerer Ausbildung und Beruf der Frauen	Fachkräftemangel
Primat des Berufs, Mobilität	Belastung der Krankenversicherungen und Rentensysteme
	Bedarf an Pflegepersonal und Krankenhäusern
	Vergreisung und Bevölkerungsrückgang in weniger attraktiven Regionen und Städten ➡ Rückbau

Beispiele globaler Folgeprozesse

← Auslagerung arbeitsintensiver Produktionen
geopolitische und wirtschaftliche Gewichtsverschiebung
Rücküberweisungen von Migranten für Familien

→ Überschuss von Arbeitskraft
Kapitalflucht wegen politischer und wirtschaftlicher Unsicherheit
Migration und Flucht

Unterschiede des demografischen Wandels in Industrie- und Entwicklungsländern (nach Appelt)

Der globale demografische Wandel wird von gesellschaftlichen, wirtschaftlichen, politischen und ökologischen Faktoren beeinflusst, die sich in Industrie-, Schwellen- und Entwicklungsländern stark unterscheiden können. Dabei müssen alle sozialen Ebenen betrachtet werden, unter ihnen vor allem die Familie im Rahmen des gesellschaftlichen Gefüges.

Dabei zeigen sich Muster des Anstieges oder des Rückgangs von Bevölkerungen, die sich vorwiegend den Ländern Afrikas und Asiens bzw. den westlichen Industrieländern zuordnen lassen, wobei zu letzteren auch Japan zu zählen ist. Davon können aber einzelne Länder der Kontinente bzw. Ländergruppen abweichen.

Dort, wo sich die Bevölkerungszahlen stark nach oben oder unten verschieben, hat dies strukturelle Auswirkungen (Emergenz) und erfordert Anpassungen im gesellschaftlichen Wandel (Resilienz). Im Zeitalter der Globalisierung sind diese Entwicklungen nicht an die Staatsgrenzen gebunden. Die globale Kommunikation, die wirtschaftlichen Beziehungen und die heutigen Reisemöglichkeiten können Verbindungen zwischen den nationalen Bevölkerungsentwicklungen schaffen. Der Überschuss von Arbeitskraft in einer jungen, stark wachsenden Bevölkerung kann z. B. einen Ausgleich in Richtung schrumpfender und alternder Bevölkerungen suchen, wo dringend Pflegekräfte gebraucht werden. Dazu kommen Migrationsbewegungen aus wirtschaftlichen, politischen oder ökologischen Gründen.

Der globale demografische Wandel bedarf deshalb der politischen Gestaltung auf der jeweiligen nationalen und der internationalen Ebene, die tragfähige gesellschaftspolitische Konzepte auf demokratischer Basis voraussetzt. Dabei können die eigenen Interessen die Notwendigkeit einschließen, andere Länder entwicklungspolitisch bei der Bewältigung ihrer demografischen Herausforderungen zu unterstützen. Die nächsten Jahrzehnte wird dies vor allem für Afrika gelten, dessen Schicksal maßgeblich für die globale Bevölkerungsentwicklung sein wird.

Während Afrika bis zum Jahr 2100 auf 4,4 Milliarden Einwohner wachsen könnte, wird sich die Entwicklung in den Ländern Europas einschließlich Russlands bei ca. 650 Millionen Einwohnern einpendeln. .

Bildnachweis

alamy images, Abingdon/Oxfordshire: 8 Abb. 3 (Constantine Savvides), 147 M7 (Reinhard Dirscherl), 201 M10 (Dinodia Photos); Appelt, Dieter: 114 M17; Bengen, Harm/Comic-Cartoon-Grafik, Norden: 60 M9; Continental AG, Hannover: 5 Abb. 1; DLR Deutsches Zentrum für Luft- und Raumfahrt, Berlin: 144 (Erde); Druwe & Polastri, Cremlingen/Weddel: 185 Kabel u.; Eawag Process Engineering, Dübendorf: 136 M29; EnergieDienst, Rheinfelden (Baden): 168 u.li.; fotolia.com, New York: 12 Abb. 8 (Foto: Schwoab), 80 m.li. (Thawornnurak), 80 u.li. (Bits and Splits), 110 M11 li. (© Stihl024), 118, 138 (SkyLine), 144 Himmel (Thaut Images), 144 Welle (EpicStockMedia), 144 Talsperre (drsg98), 146 o.li. (Thaut Images), 148 o.li. (EpicStockMedia), 154 o.li. (drsg98), 168 o.li. (Visions-AD), 168 o.re. (Jürgen Fälchle), 185 Kabel o. (Peter Wienerroither), 185 Laptop (Tsiumpa), 185 Windrad (elxeneize); Getty Images, München: Titel li. (xPACIFICA), Titel m. (NurPhoto), Titel re. (Perry Mastrovito), 9 Abb. 4 (Martin Bernetti/AFP), 80 o.re. (ollo); Getty Images - Lonely Planet Images, München: 110 M11 re. (Dean); Globe Cartoon/www.globecartoon.com, Geneva: 195 (© Chappatte in NZZ am Sonntag, Zürich 30. Oktober 2011); Imago, Berlin: 130 M14 (McPHOTO/Moser); iStockphoto.com, Calgary: 124 (pinarlauridsen), 144 Wald (AVTG), 152 o.li. (AVTG), 168 u.re., 185 Auto (Nerthuz), 185 Lampe (ozgurdonmaz), 185 iPhone (LICreate); Joerg Boethling photography, Hamburg: 178 re. (Jörg Böthling); Kröner, Birgit: 116 M22; laif, Köln: 111 M11 (Cai Weishuai/China-FotoPress); Mester, Gerhard, Wiesbaden: 79 M16, 100 M20; NASA, Houston/Texas: 115 M20; NASA - Earth Observatory: 161 M5 re., 184 M15 (NASA Ozone Hole Watch); NASA Johnson Space Center, Houston/Texas: 161 M5 li.; OKAPIA KG - Michael Grzimek & Co., Frankfurt/M.: 148 M2 (Stirrup); Otto, Karl-Heinz, Bochum: 150 M4; Panther Media (panthermedia.net), München: 144 Schmetterling (Karin Rollett-Vlcek), 156 o.li. (Karin Rollett-Vlcek), 208 M26 (allouphoto); Picture-Alliance, Frankfurt/M.: 61 M15 (dpa/Maurizio Gambarini), 80 m.re., 128 M8 (dpa-ZB/Martin Schutt), 178 li. (Tobias Hase dpa), 180 M4 (AP Photo/STR), 181 M7 (WILDLIFE/T.Dressler), 190 M11 (Landov), 191 M13 (dpa/Weng Huan/ChinaFotoPress); Shutterstock.com, New York: 144 Boden (Madlen), 150 o.li. (Madlen), 162 M6 (v.apl); terre des hommes Deutschland e.V., Osnabrück: 47 (Caroline Sieg); Thomson Reuters (Markets) Deutschland, Berlin: 190 M12 (Stringer Shanghai), 191 M14 (David Gray); Tomasi, Juan Carlos, Barcelona: 80 u.re. (Juan Carlos Tomasi); TransFair e.V., Köln: 50 M5; UN-Dekade Biologische Vielfalt, Hürth: 157 M5; UN-Water, Genf: 179 M2; United Nations Development Programme (UNDP), Bratislava: 15 Abb. 11; UNO-Flüchtlingshilfe e.V., Bonn: 99 M18 (UNHCR/M.Schoeppl), version-foto, Berlin: 90 M19 (Christian Ditsch); Wikileaks.ch: 90 M20 (Lizenz: CC BY-SA 3.0 deed.en); wikimedia.commons: 80 o.li. (Dirk Ingo Franke/Lizenz: CC-BY 3.0.deed), 185 Gesteine (Brücke-Osteuropa/Lizenz: CC-BY-SA 3.0).